科学与工程计算技术丛书

MATLAB/Simulink System Simulation

MATLAB/Simulink 系统仿真

李献 骆志伟 于晋臣◎编著
Li Xian Luo Zhiwei Yu Jinchen

清華大学出版社
北京

内 容 简 介

本书在 MATLAB 2016a 的基础上由浅入深地讲解了 MATLAB/Simulink 软件的知识,内容涉及面广、涵盖了用户需要使用的各种功能。本书编排合理,自始至终采用实例描述;内容完整且各章相对独立,是一本极具参考价值的 MATLAB/Simulink 参考书。

本书分为三大部分共 16 章。第一部分主要介绍了 MATLAB 基础知识、Simulink 仿真入门、Simulink 模型建立与仿真以及 Simulink 常用命令库等;第二部分主要介绍 S-Function 的应用、控制系统仿真和 PID 控制仿真等;第三部分则涉及 Simulink 高级应用,包括模糊逻辑控制、电力系统仿真、通信系统仿真、神经网络控制仿真、滑模控制、车辆系统仿真、群智能算法仿真和图像处理仿真等。

本书以工程应用为目标,深入浅出,实例引导,讲解翔实,适合作为理工科高等院校本科生和研究生的教学用书,也可作为广大科研工程技术人员的参考用书。

图书在版编目(CIP)数据

MATLAB/Simulink 系统仿真/李献,骆志伟,于晋臣编著. —北京:清华大学出版社,2017(2023.3重印)
(科学与工程计算技术丛书)
ISBN 978-7-302-46740-3

Ⅰ. ①M··· Ⅱ. ①李··· ②骆··· ③于··· Ⅲ. ①自动控制系统－系统仿真－Matlab 软件
Ⅳ. ①TP273

中国版本图书馆 CIP 数据核字(2017)第 048628 号

责任编辑:盛东亮
封面设计:李召霞
责任校对:梁 毅
责任印制:沈 露

出版发行:清华大学出版社
    网 址:http://www.tup.com.cn,http://www.wqbook.com
    地 址:北京清华大学学研大厦 A 座   邮 编:100084
    社 总 机:010-83470000   邮 购:010-62786544
    投稿与读者服务:010-62776969,c-service@tup.tsinghua.edu.cn
    质量反馈:010-62772015,zhiliang@tup.tsinghua.edu.cn
    课件下载:http://www.tup.com.cn,010-62795954
印 装 者:三河市少明印务有限公司
经 销:全国新华书店
开 本:185mm×260mm   印 张:35.25   字 数:851 千字
版 次:2017 年 9 月第 1 版   印 次:2023 年 3 月第14次印刷
定 价:89.00 元

产品编号:072495-01

　　致力于加快工程技术和科学研究的步伐——这句话总结了 MathWorks 坚持超过三十年的使命。

　　在这期间，MathWorks 有幸见证了工程师和科学家使用 MATLAB 和 Simulink 在多个应用领域中的无数变革和突破：汽车行业的电气化和不断提高的自动化；日益精确的气象建模和预测；航空航天领域持续提高的性能和安全指标；由神经学家破解的大脑和身体奥秘；无线通信技术的普及；电力网络的可靠性等等。

　　与此同时，MATLAB 和 Simulink 也帮助了无数大学生在工程技术和科学研究课程里学习关键的技术理念并应用于实际问题中，培养他们成为栋梁之才，更好地投入科研、教学以及工业应用中，指引他们致力于学习、探索先进的技术，融合并应用于创新实践中。

　　如今，工程技术和科研创新的步伐令人惊叹。创新进程以大量的数据为驱动，结合相应的计算硬件和用于提取信息的机器学习算法。软件和算法几乎无处不在——从孩子的玩具到家用设备，从机器人和制造体系到每一种运输方式——让这些系统更具功能性、灵活性、自主性。最重要的是，工程师和科学家推动了这些进程，他们洞悉问题，创造技术，设计革新系统。

　　为了支持创新的步伐，MATLAB 发展成为一个广泛而统一的计算技术平台，将成熟的技术方法（比如控制设计和信号处理）融入令人激动的新兴领域，例如深度学习、机器人、物联网开发等。对于现在的智能连接系统，Simulink 平台可以让您实现模拟系统，优化设计，并自动生成嵌入式代码。

　　"科学与工程计算技术丛书"系列主题反映了 MATLAB 和 Simulink 汇集的领域——大规模编程、机器学习、科学计算、机器人等。我们高兴地看到"科学与工程计算技术丛书"支持 MathWorks 一直以来追求的目标：助您加速工程技术和科学研究。

　　期待着您的创新！

Jim Tung
MathWorks Fellow

PREFACE

To Accelerate the Pace of Engineering and Science. These eight words have summarized the MathWorks mission for over 30 years.

In that time, it has been an honor and a humbling experience to see engineers and scientists using MATLAB and Simulink to create transformational breakthroughs in an amazingly diverse range of applications: the electrification and increasing autonomy of automobiles; the dramatically more accurate models and forecasts of our weather and climates; the increased performance and safety of aircraft; the insights from neuroscientists about how our brains and bodies work; the pervasiveness of wireless communications; the reliability of power grids; and much more.

At the same time, MATLAB and Simulink have helped countless students in engineering and science courses to learn key technical concepts and apply them to real-world problems, preparing them better for roles in research, teaching, and industry. They are also equipped to become lifelong learners, exploring for new techniques, combining them, and applying them in novel ways.

Today, the pace of innovation in engineering and science is astonishing. That pace is fueled by huge volumes of data, matched with computing hardware and machine-learning algorithms for extracting information from it. It is embodied by software and algorithms in almost every type of system—from children's toys to household appliances to robots and manufacturing systems to almost every form of transportation—making those systems more functional, flexible, and autonomous. Most important, that pace is driven by the engineers and scientists who gain the insights, create the technologies, and design the innovative systems.

To support today's pace of innovation, MATLAB has evolved into a broad and unifying technical computing platform, spanning well-established methods, such as control design and signal processing, with exciting newer areas, such as deep learning, robotics, and IoT development. For today's smart connected systems, Simulink is the platform that enables you to simulate those systems, optimize the design, and automatically generate the embedded code.

The topics in this book series reflect the broad set of areas that MATLAB and Simulink bring together: large-scale programming, machine learning, scientific computing, robotics, and more. We are delighted to collaborate on this series, in support of our ongoing goal: to enable you to accelerate the pace of your engineering and scientific work.

I look forward to the innovations that you will create!

Jim Tung
MathWorks Fellow

MATLAB/Simulink 可用于动态系统和嵌入式系统的多领域仿真,是基于模型的设计工具。Simulink 是 MATLAB 中的一种可视化仿真工具,它基于 MATLAB 的框图设计环境,是实现动态系统建模、仿真和分析的一个软件包,被广泛应用于线性系统、非线性系统、数字控制及数字信号处理的建模和仿真中。

对于各种时变系统,包括通信、控制、信号处理、视频处理和图像处理系统,Simulink 提供了交互式图形化环境和可定制的模块库来对其进行设计、仿真、执行和测试。Simulink 可以用连续采样时间、离散采样时间或混合的采样时间进行建模,它也支持多速率系统,即系统中的不同部分具有不同的采样速率。

为了创建动态系统模型,Simulink 提供了一个建立模型方框图的图形用户接口(GUI),创建过程只需单击和拖动鼠标操作就能完成,它提供了一种快捷、直接明了的方式,使得用户可以立即看到系统的仿真结果。

1. 本书特点

(1) 由浅入深、循序渐进:本书以 MATLAB 爱好者为对象,首先从 MATLAB 使用基础讲起,再辅以 MATLAB/Simulink 在工程中的应用案例帮助读者尽快掌握 MATLAB/Simulink 进行工程应用分析的技能。

(2) 步骤详尽、内容新颖:本书结合作者多年 MATLAB/Simulink 使用经验与实际工程应用案例,将 MATLAB/Simulink 软件的使用方法与技巧详细地讲解给读者。本书在讲解过程中步骤详尽、内容新颖,并辅以相应的图片,使读者在阅读时一目了然,从而快速掌握书中的内容。

(3) 实例典型、轻松易学:通过实际工程应用案例的具体操作,读者可以更好地掌握 MATLAB/Simulink 的使用方法。本书通过综合应用案例,透彻详尽地讲解了 MATLAB/Simulink 在各方面的应用。

2. 本书内容

本书基于 MATLAB 2016a 版本,讲解了 MATLAB/Simulink 的基础知识和核心内容。本书主要围绕 MATLAB/Simulink 在工程问题中的应用进行仿真运算,内容分为三部分共 16 章。第一部分主要介绍了 MATLAB 及 Simulink 的基本操作知识;第二部分介绍了 Simulink 的控制系统仿真应用;第三部分则讲解 Simulink 的高级应用。

第一部分为 MATLAB 及 Simulink 的基本应用,包括第 1 章到第 4 章,内容涵盖矩阵的应用、MATLAB 计算基础、程序设计基础、绘图功能、微积分应用、非线性方程求解、Simulink 基本操作、Simulink 运行仿真参数设置、Simulink 子系统封装展开以及 Simulink 模块库分析等。

第二部分为 Simulink 控制系统的仿真部分,包括第 5 章到第 7 章,主要介绍采用

前言

S-Function 进行控制系统设计,采用 S 函数进行 Simulink 模块设计,控制系统计算机仿真的算法分析、控制系统数字仿真的实现和控制系统计算机仿真等。

第三部分为 Simulink 高级系统仿真应用,包括第 8 章到第 16 章,主要分析了模糊逻辑控制器的设计、电力系统仿真设计、通信系统仿真设计、Simulink 神经网络应用、滑模控制、车辆系统仿真和群智能算法控制系统仿真等。

本书附录部分介绍 Simulink 常用命令库,基本涵盖所有常用的 Simulink 命令函数。

3. 读者对象

本书适合于 MATLAB/Simulink 初学者,也适合想要研究算法和提高工程应用能力的读者,本书面向的读者群体包括:

- ★ 广大科研工作人员
- ★ 初学 MATLAB/Simulink 的技术人员
- ★ 大中专院校的教师和在校生
- ★ 相关培训机构的教师和学员
- ★ 参加工作实习的"菜鸟"
- ★ MATLAB/Simulink 爱好者
- ★ 初中级 MATLAB/Simulink 从业人员

4. 读者服务

为了方便解决本书的疑难问题,读者朋友在学习过程中遇到任何与本书有关的技术问题,都可以发邮件到邮箱 caxart@126.com,或者访问博客 http://blog.sina.com.cn/caxart,编者会尽快给予解答。

另外本书所涉及的资料(程序代码)已经上传到上面提到的博客及清华大学出版社本书页面中,读者可以下载。

5. 本书作者

本书主要由李献、骆志伟和于晋臣编著。此外,付文利、王广、张岩、温正、林晓阳、任艳芳、唐家鹏、孙国强和高飞等也参与了本书部分内容的编写工作。

虽然作者在本书的编写过程中力求叙述准确、完善,但由于水平有限,书中欠妥之处在所难免,希望读者能够及时指出,以促进本书质量的提高。

最后希望本书能够为读者的学习和工作提供帮助!

编　者

目录

目录

目录

目录

目录

MATLAB 的基本数据单位是矩阵,它的指令表达式与数学及工程中常用的形式十分相似。对于相同的数学解算问题,MATLAB 要比 C 和 FORTRAN 等语言简捷得多,并且 MATLAB 也吸收了 Maple 等软件的优点,从而使其成为一个强大的数学软件。本书从最基本的运算单元出发,介绍了 MATLAB 矩阵的表示方法、符号变量的应用和线性方程组的求解,并着重讲解了 MATLAB 在工程上的简单应用。

学习目标:

(1) 熟练掌握 MATLAB 矩阵的表示方法;

(2) 熟练运用符号变量求解实际物理模型;

(3) 熟练掌握线性规划问题的求解,以及线性齐次方程和非齐次方程的求解等;

(4) 熟练使用 MATLAB 工具解决简单工程问题等。

1.1 MATLAB 简介

相比于传统的科技编程语言,MATLAB 语言有诸多的优点,主要包括如下几方面。

1. 易用性

MATLAB 是一种解释型语言,就像各种版本的 BASIC 一样,它简单易用,可直接在 command 窗口输入命令行求解表达式的值,也可执行预先写好的大型程序。在 MATLAB 集成开发环境下,可以方便地编写、修改和调试程序。

2. 平台独立性

MATLAB 支持许多操作系统,提供了大量的平台独立的措施。在某个平台上编写的程序,在其他平台上同样可以正常运行,在某个平台上编写的数据文件也可以在其他平台上编译。因此,用户可以根据需要把 MATLAB 编写的程序移植到新平台。

3. 预定义函数

MATLAB 具有强大的预定义函数库,它提供了许多已测试和打包过的基本工程问题的函数。例如,假设你正在编写一个程序,这个程序需要计算与输入有关的统计量。在许多语言中,你需要写出所编数组的下标和执行计算所需的函数,这些函数可能包括中值和标准误差等。然而,由于成百上千的数学函数已经在 MATLAB 中编写好,所以采用 MATLAB 会让编程变得更加简单。

4. 机制独立的画图

与其他语言不同,MATLAB 有许多画图和图像处理命令。当 MATLAB 运行时,这些标绘图和图片将会出现在计算机的图像输出设备中。此功能使得 MATLAB 成为一个形象化技术数据的卓越工具。

5. 用户图形界面

MATLAB 允许程序员为他们的程序建立一个交互式的用户图形界面。利用 MATLAB 的这种功能,程序员针对无经验的用户,设计出便于操作的复杂的数据分析程序。

6. MATLAB 编译器

MATLAB 的灵活性和平台独立性是通过将 MATLAB 代码编译成与设备独立的 P 代码,然后在运行时解释 P 代码来实现的。

在 MATLAB 桌面上可以访问的窗口主要有:

(1) 命令窗口;

(2) 命令历史窗口;

(3) 启动平台;

(4) 编辑调试窗口;

(5) 工作台窗口和数组编辑器;

(6) 帮助空间窗口;

(7) 当前路径窗口。

当启动 MATLAB 后,界面如图 1-1 所示。

MATLAB 集成了很多工具箱,不同版本的 MATLAB 工具箱更新程度不同,若要查询工具箱种类以及查询工具箱版本,可直接在 MATLAB 命令窗口输入 ver 命令,按 Enter 键即可得到 MATLAB 版本信息,如图 1-2 所示。

MATLAB 的功能相当强大,可以胜任几乎所有的工程分析问题;而且 MATLAB 计算精度较高,具有强大的工具箱和矩阵处理能力,被广大学术界的研究人员所认可,因此,MATLAB 是一款高效的科学计算软件。

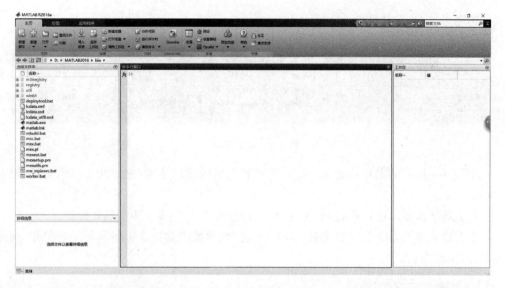

图 1-1　MATLAB 启动界面

图 1-2　ver 运行界面显示

1.2　MATLAB 的通用命令

MATLAB 的通用命令包括对 MATLAB 所有版本的功能进行阐述，对于 MATLAB 的版本没有限制。通常包括 MATLAB 菜单说明指令、MATLAB 基本工作路径设置、MATLAB 系统常量说明和 MATLAB 程序设计注解符号的使用等。

1.2.1　MATLAB 菜单说明

打开 MATLAB 软件，出现相应的 MATLAB 界面，其中最上方的菜单指令栏有程序设计的菜单按钮,具体如图 1-3 所示。

图 1-3　菜单功能区

如图 1-3 所示的菜单功能区,主页分组下的功能按钮主要完成与文件相关的操作,包括:

(1) 新建脚本:建立新的.m 文件,可以通过组合键 Ctrl+N 实现此操作。

(2) 建立新的 MATLAB 文件,单击"新建"按钮弹出如图 1-4 所示的下拉菜单,可通过单击选择文件类型。

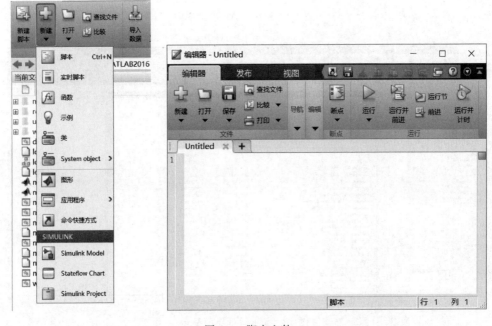

图 1-4　脚本文件

(3) 打开 MATLAB 文件,包括.m 文件、.fig 文件、.mat 文件、.prj 文件等,可以通过组合键 Ctrl+O 实现此操作。

(4) 查找文件。

(5) 对比两个 MATLAB 文件。

1.2.2　MATLAB 路径设置

MATLAB 启动后的默认目录为"X\MATLAB\work\",若不自行创建目录,则 MATLAB 环境产生的数据文件就放在这个默认目录下。建立工作目录有以下两种方法：

（1）在 DOS 环境下建立。

（2）在 Windows 环境下建立。

MATLAB 只能在启动时(由 mathabrc. m)设定的路径上搜索,不能与原定路径以外的其他目录交换信息。可用以下方式扩充搜索路径：

（1）在 MATLAB 指令窗口中输入"cd 'H:\MATLAB Edit 2016a\MATLAB Edit 2012B'"。

（2）在 MATLAB 环境下输入"pathtool",或者通过 MATLAB 指令窗口菜单 File 中的"设置路径"项设置。

1.2.3　MATLAB 系统常量说明

MATLAB 中存在一些预先定义的特殊变量,通常称为常量,常用的 MATLAB 常量如表 1-1 所示。

表 1-1　MATLAB 常用常量

常　　量	说　　明	常　　量	说　　明
i,j	虚数单位,定义为 $\sqrt{-1}$	eps	浮点运算的相对精度
pi	圆周率	realmax	最大的正实数
Inf	无穷大	realmin	最小的正实数
NaN	不定值(0/0)	ans	默认变量名

在 MATLAB 程序设计中,定义变量时应避免与常量名相同,以免改变常量的值,为计算带来不便。

MATLAB 代码输入常量如下：

```
>> i
ans =
   0.0000 + 1.0000i
>> pi
ans =
    3.1416
```

MATLAB 简称矩阵实验室,对于矩阵的运算,MATLAB 软件有着得天独厚的优势。

生成矩阵的方法有很多种：直接输入矩阵元素；对已知矩阵进行矩阵组合、矩阵转向和矩阵移位操作；读取数据文件；使用函数直接生成特殊矩阵。

表 1-2 列出了常用的特殊矩阵生成函数。

表 1-2 所示的全 0 和全 1 矩阵生成函数,在 MATLAB 中输入如下：

```
>> zeros(3)
>> ones(3)
```

表 1-2　常用的特殊矩阵生成函数

函　数　名	说　　明	函　数　名	说　　明
zeros	全 0 矩阵	eye	单位矩阵
ones	全 1 矩阵	company	伴随矩阵
rand	均匀分布随机矩阵	hilb	Hilbert 矩阵
randn	正态分布随机分布	invhilb	Hilbert 逆矩阵
magic	魔方矩阵	vander	Vander 矩阵
diag	对角矩阵	pascal	Pascal 矩阵
triu	上三角矩阵	hadamard	Hadamard 矩阵
tril	下三角矩阵	hankel()	Hankel 矩阵

运行结果如下：

```
ans =
     0     0     0
     0     0     0
     0     0     0
ans =
     1     1     1
     1     1     1
     1     1     1
```

1.2.4　MATLAB 程序注解符说明

"％"表示注释符号,用户可以在注释符号后输入相应的文字或者字母,解释某程序语句的作用,使得程序更加具有可读性。

"clc"表示清屏操作,程序运行界面通常会暂存运行过的程序代码,这会使得屏幕上有很多代码,不方便用户编写程序。采用 clc 命令可以把前面的程序全部从命令行窗口界面清除,方便用户进行后续程序的编写。

"clear"命令表示清除 Workspace 中各类型的所有数据,使得后续程序的运行变量之间不会相互冲突,编程时应该注意清除某些变量的值,以免造成程序运行错误,此类错误在较复杂的程序中很难查找。

"close all"表示关闭所有的图形窗口,便于下一程序运行时更加直观地显示图形。close all 能够为用户提供较好的图形显示界面,特别在图像和视频处理中,close all 能够较好地实现图形参数化设计,提高执行速度。

具体的程序注解符书写如图 1-5 所示。

图 1-5　程序注解符书写

1.3　MATLAB 的计算基础

MATLAB 是 Matrix&Laboratory 两个词的组合,意为矩阵工厂(矩阵实验室)。MATLAB 是由美国 Mathworks 公司发布的主要面向科学计算、可视化以及交互式程序设计的高科技计算环境。

1.3.1　MATLAB 的预定义变量

1. 元胞数组

元胞数组是 MATLAB 语言中一种特殊的数据类型。元胞数组的基本组成单位是元胞,元胞可以存放任意类型、任意大小的数组,而且同一个元胞数组中各元胞的内容可以不同。

MATLAB 中元胞数组可以通过赋值语句直接定义,也可以由 cell 函数预先分配存储空间再对元胞元素逐个赋值。直接定义元胞数组可以使用花括号{},而使用 cell 函数创建空元胞数组可以节约内存,提高执行效率。

MATLAB 中元胞数组的相关操作函数如表 1-3 所示。

表 1-3　元胞数组操作函数

函数名	说　　明	函数名	说　　明
cell	生成元胞数组	cellfun	对元胞数组中的元素指定不同的函数
cellstr	生成字符型元胞数组	iscell	判断是否为元胞数组
celldisp	显示元胞数组的内容	reshape	改变元胞数组的结构
cellplot	图形显示元胞数组的内容		

在 MATLAB 命令窗口输入命令如下：

```
>> clc
clear
close all
 A = {[1:5];'ysw swjtu yu sheng wei'}        %直接定义元胞数组
```

运行程序输出结果如下：

```
A =
    [1x5 double]
    'ysw swjtu yu sheng wei'
```

输入命令如下：

```
B = cell(1,3);                               %创建空的元胞数组
B{1,1} = [1:5];B{1,2} = ones(2);B{1,5} = 'swjtu ysw ';   %为元胞中的元素赋值
celldisp(B)                                  %显示元胞数组 B
```

运行程序输出结果如下：

```
B{1} =
    1    2    3    4    5
B{2} =
    1    1
    1    1
B{3} =
    []
B{4} =
    []
B{5} =
swjtu ysw
```

2. 结构体

在 MATLAB 语言中,结构体是另一种能够存放不同类型数据的数据类型,它与元胞数组的区别在于结构体是以指针的方式来传递数据的,而元胞数组则通过值传递的方式。结构体与元胞数组在程序中的合理使用,能够让程序简洁易懂,且操作方便。

结构体的定义也有两种方式：一种是直接赋值；另一种是通过 struct 函数来定义。

直接赋值需要指出结构体的属性名称,以指针操作符"."连接结构体变量名与属性名。对某属性进行赋值时,MATLAB 会自动生成包含此属性的结构体变量,而且在同一结构体变量中,属性的数据类型不要求完全一致,这也是 MATLAB 语言灵活性的体现。

结构体变量也可以构成数组,即结构体数组,对结构体数组进行赋值操作时,可以只对部分元素赋值,此时未被赋值的元素将赋以空矩阵,可以随时对其进行赋值。

使用 struct 函数定义结构体时,需采用如下调用方式：

结构体变量名 = struct (属性名 1,属性值 1,属性名 2,属性值 2,…)

MATLAB 中与结构体相关的操作函数如表 1-4 所示。

表 1-4　结构体操作函数

函 数 名	说 明	函 数 名	说 明
struct	生成结构体变量	isfield	判断是否为结构体变量的属性
fieldname	得到结构体变量的属性名	isstruct	判断是否为结构体变量
getfield	得到结构体变量的属性值	rmfield	删除结构体变量中的属性
setfield	设定结构体变量的属性值		

在 MATLAB 命令窗口输入命令如下：

```
clc,clear,close all
A.b1 = 111;                        % 直接赋值
A.b2 = ones(3);
A.b3 = 'Matlab 2014a';
B = struct('b1',1,'b2',ones(2),'b3','Matlab 2014a by SWJTU YSW')
```

运行程序输出结果如下：

```
B =
    b1: 1
    b2: [2x2 double]
    b3: 'Matlab 2014a by SWJTU YSW'
>> A
A =
    b1: 111
    b2: [3x3 double]
    b3: 'Matlab 2014a'
```

1.3.2　常用运算和基本数学函数

MATLAB 支持多种矩阵函数，常用的矩阵函数运算如表 1-5 所示。

表 1-5　MATLAB 常用矩阵函数运算

函 数 名	说 明	函 数 名	说 明
det	求矩阵的行列式	fliplr	矩阵左右翻转
inv	求矩阵的逆	flipud	矩阵上下翻转
eig	求矩阵的特征值和特征向量	resharp	矩阵阶数重组
rank	求矩阵的秩	rot90	矩阵逆时针旋转 90°
trace	求矩阵的迹	diag	提取或建立对角阵
norm	求矩阵的范数	tril	取矩阵的左下三角部分
poly	求矩阵特征方程的根	triu	取矩阵的右上三角部分

采用如表 1-5 所示的矩阵函数,可对如下方程组进行行列式求解。

已知线性方程组 $\begin{cases} 6x_1+3x_2+4x_3=3 \\ -2x_1+5x_2+7x_3=-4 \\ 8x_1-x_2-3x_3=-7 \end{cases}$,求解方程的解、矩阵的秩、矩阵的特征值

和特征向量、矩阵的乘幂与开方等。

1. 方程的解

方程的解采用矩阵逆运算或者采用左除运算进行求解,具体如下:

(1) 采用求逆运算:x=inv($\mathbf{A}$)b;

(2) 采用左除运算:x=A\b。

说明:

(1) 由于 MATLAB 遵循 IEEE 算法,所以即使 A 阵奇异,该运算也照样进行。但在运算结束时,一方面给出警告:"warning:Matrix is singular to working precision";另一方面,所得逆矩阵的元素都是"Inf"(无穷大)。

(2) 当 A 为"病态"时,也给出警告信息。

(3) 在 MATLAB 中,求逆 inv()函数较少使用,使用 MATLAB 时应尽量用除运算,少用逆算方法。

由方程组,可编写 MATLAB 程序如下:

```
clc,clear,close all
A = [6,3,4;
    -2,5,7;
    8,-1,-3];              %方程左边系数
B = [3;-4;-7];            %方程右边系数
x = inv(A)*B
```

运行程序输出结果如下:

```
x =
    1.0200
  -14.0000
    9.7200
```

2. 矩阵的秩

求解矩阵的秩,MATLAB 采用如下运算:

调用格式:R=rank(A)。

其中,A 为输入的矩阵;R 为输出的矩阵 A 的秩。

则由方程组,可编写 MATLAB 程序如下:

```
r = rank(A)
```

运行程序输出结果如下:

```
r =
     3
```

3. 矩阵的特征值与特征向量

求解矩阵的特征值与特征向量，MATLAB 采用如下运算：

调用格式：$[v, lambda] = eig(A)$。

其中，A 为输入的矩阵；v 为输出的矩阵 A 的特征向量；lambda 为输出的矩阵 A 的特征值。

则由方程组，可编写 MATLAB 程序如下：

```
[v, lambda] = eig(A)
```

运行程序输出结果如下：

```
v =
    0.8013   - 0.1094   - 0.1606
    0.3638   - 0.6564     0.8669
    0.4749     0.7464   - 0.4719
lambda =
    9.7326          0          0
         0   - 3.2928          0
         0          0     1.5602
```

4. 矩阵的乘幂与开方

求解矩阵的乘幂与开方，MATLAB 运算较简单，直接按照数学表达式模式输入即可求解。

则由方程组，可编写 MATLAB 程序如下：

```
A1 = A^2              %乘幂
A2 = sqrt(A)          %开方
```

运行程序输出结果如下：

```
A1 =
    62    29    33
    34    12     6
    26    22    34
A2 =
  Columns 1 through 2
    2.4495 + 0.0000i   1.7321 + 0.0000i
    0.0000 + 1.4142i   2.2361 + 0.0000i
    2.8284 + 0.0000i   0.0000 + 1.0000i
```

```
Column 3
  2.0000 + 0.0000i
  2.6458 + 0.0000i
  0.0000 + 1.7321i
```

5. 矩阵的指数与对数

求解矩阵的指数与对数,MATLAB 采用如下运算:

(1) 指数求解调用格式:y1 = exp(A);

(2) 对数求解调用格式:y2 = exp(A)。

其中,A 为输入的矩阵或者向量值;y1 为输出的矩阵 A 的指数值;y2 为输出的矩阵 A 的对数值。

则由方程组,可编写 MATLAB 程序如下:

```
A3 = exp(A)                    %指数
A4 = log(A)                    %对数
```

运行程序输出结果如下:

```
A3 =
  1.0e + 03 *
   0.4034    0.0201    0.0546
   0.0001    0.1484    1.0966
   2.9810    0.0004    0.0000
A4 =
  Columns 1 through 2
   1.7918 + 0.0000i   1.0986 + 0.0000i
   0.6931 + 3.1416i   1.6094 + 0.0000i
   2.0794 + 0.0000i   0.0000 + 3.1416i
  Column 3
   1.3863 + 0.0000i
   1.9459 + 0.0000i
   1.0986 + 3.1416i
```

6. 矩阵的提取与翻转

求解矩阵的提取与翻转,MATLAB 采用如下运算:

矩阵的提取包括矩阵上三角、矩阵下三角和矩阵的对角线元素提取等,具体如下:

(1) 矩阵上三角元素提取调用格式:y1=triu(A);

(2) 矩阵下三角元素提取调用格式:y2=tril(A);

(3) 矩阵对角线元素提取调用格式:y3=diag(A)。

其中,A 为输入的矩阵或者向量值;y1 为输出的矩阵 A 的上三角元素值,其他值为 0;y2 为输出的矩阵 A 的下三角元素值,其他值为 0;y3 为输出的矩阵 A 的对角线元素值,其他值为 0。

矩阵的翻转包括矩阵上下翻转、左右翻转、沿列翻转、沿行翻转和逆时针旋转翻转等，具体如下：

（1）矩阵上下翻转调用格式：y4＝flipud(A)；

（2）矩阵左右翻转调用格式：y5＝fliplr(A)；

（3）矩阵沿列翻转调用格式：y6＝flipdim(A,1)；

（4）矩阵沿行翻转调用格式：y7＝flipdim(A,2)；

（5）矩阵逆时针旋转翻转调用格式：y8＝rot90(A)。

其中，A 为输入的矩阵或者向量值；y4 为输出的矩阵 A 上下翻转后的矩阵；y5 为输出的矩阵 A 左右翻转后的矩阵；y6 为输出的矩阵 A 沿列翻转后的矩阵；y7 为输出的矩阵 A 沿行翻转后的矩阵；y8 为输出的矩阵 A 逆时针旋转翻转后的矩阵。

则由方程组，可编写 MATLAB 程序如下：

```
A5  = triu(A)           % 提取矩阵 A 的右上三角元素,其余元素补 0
A6  = tril(A)           % 提取矩阵 A 的左下三角元素,其余元素补 0
A7  = diag(A)           % 提取矩阵 A 的对角线元素
A8  = flipud(A)         % 矩阵 A 沿水平轴上下翻转
A9  = fliplr(A)         % 矩阵 A 沿垂直轴左右翻转
A10 = flipdim(A,1)      % 矩阵 A 沿特定轴翻转。dim = 1,按行翻转; dim = 2,按列翻转
A11 = flipdim(A,2)      % 矩阵 A 沿特定轴翻转。dim = 1,按行翻转; dim = 2,按列翻转
A12 = rot90(A)          % 矩阵 A 整体逆时针旋转 90°
```

运行程序输出结果如下：

```
A5 =
        6        3        4
        0        5        7
        0        0      - 3
A6 =
        6        0        0
      - 2        5        0
        8      - 1      - 3
A7 =
        6
        5
      - 3
A8 =
        8      - 1      - 3
      - 2        5        7
        6        3        4
A9 =
        4        3        6
        7        5      - 2
      - 3      - 1        8
A10 =
        8      - 1      - 3
      - 2        5        7
        6        3        4
```

```
A11 =
    4     3     6
    7     5    -2
   -3    -1     8
A12 =
    4     7    -3
    3     5    -1
    6    -2     8
```

7. "商"及"余"多项式

求多项式 $\dfrac{(s^2+1)(s+3)(s+1)}{s^2+2s+1}$ 的"商"及"余"多项式。

求解矩阵的"商"及"余"多项式，MATLAB 采用如下运算：

调用格式：$[q,r] = \text{deconv}(p1,p2)$。

其中，p1 为输入的分子多项式系数；p2 为输入的分母多项式系数；q 为输出的该多项式的"商"多项式；r 为输出的该多项式的"余"多项式。

则由方程组，可编写 MATLAB 程序如下：

```
clc,clear,close all
p1 = conv([1,0,1],conv([1,3],[1,1]));
p2 = [1,2,1];
[q,r] = deconv(p1,p2)
disp(['商多项式为：',poly2str(q,'t')])
disp(['余多项式为：',poly2str(r,'t')])
```

运行程序输出结果如下：

```
q =
    1     2    -1
r =
    0     0     0     4     4
商多项式为：  t^2 + 2t - 1
余多项式为：  4t + 4
```

1.3.3 数值的输出格式

1. 数值型数据

MATLAB 数值型数据包括整数（有符号和无符号）和浮点数（单精度和双精度），表 1-6 列出了数值型的不同格式。需要注意的是，数据类型默认为双精度的浮点数。

表 1-6 数值型

数 值 型		说 明	表 示 范 围
浮点型	double	双精度浮点数	$-2^{128}\sim-2^{-126},2^{-126}\sim2^{128}$
	single	单精度浮点数	$-2^{1024}\sim-2^{-1022},2^{-1022}\sim2^{1024}$
整型	int8	8 位有符号整数	$-2^7\sim2^7-1$
	int16	16 位有符号整数	$-2^{15}\sim2^{15}-1$
	int32	32 位有符号整数	$-2^{31}\sim2^{31}-1$
	int64	64 位有符号整数	$-2^{63}\sim2^{63}-1$
	uint8	8 位无符号整数	$0\sim2^8-1$
	uint16	16 位无符号整数	$0\sim2^{16}-1$
	uint32	32 位无符号整数	$0\sim2^{-32}-1$
	uint64	64 位无符号整数	$0\sim2^{64}-1$

2. MATLAB 的数值精度

MATLAB 所能表示的最小实数称为 MATLAB 的数值精度,在 MATLAB 7 以上版本中,MATLAB 的数据精度为 2^{-1074},任何绝对值小于 2^{-1074} 的实数,MATLAB 都将其视为 0。

在 MATLAB 命令窗口输入命令如下:

```
clc,clear,close all
format long
x1 = 2 ^ - 3
x2 = 2 ^ 30
```

运行程序输出结果如下:

```
x1 =
   0.125000000000000
x2 =
    1.073741824000000e + 09
```

3. MATLAB 的显示精度

MATLAB 所能显示的有效位数称为 MATLAB 的显示精度。默认状态下,若数据为整数,则以整型显示;若为实数,则以保留小数点后 4 位的浮点数显示。

MATLAB 的显示格式可由 format 函数控制,需要注意的是,format 函数并不改变原数据,只影响其在命令窗中的显示。此外还可以使用 digits 和 vpa 函数来控制显示精度。

分别使用 format、short、rat、digits 和 vpa 函数控制显示精度,在 MATLAB 命令窗口输入命令如下:

```
clc,clear,close all
pi
```

```
format long
pi
format short
pi
format rat
pi
digits(10);
vpa(pi)
vpa(pi,15)
```

运行程序输出结果如下：

```
ans =
    3.141592653589793
ans =
    3.141592653589793
ans =
    3.1416
ans =
    355/113
ans =
    3.141592654
ans =
    3.14159265358979
```

4. 字符型数据

类似于其他高级语言，MATLAB 的字符和字符串运算也相当强大。在 MATLAB 中，字符串可以用单引号(')进行赋值，字符串的每个字符(含空格)都是字符数组的一个元素。MATLAB 还包含很多字符串相关操作函数，具体见表 1-7。

表 1-7　字符串操作函数

函 数 名	说 明	函 数 名	说 明
char	生成字符数组	strsplit	在指定的分隔符处拆分字符串
strcat	水平连接字符串	strtok	寻找字符串中的记号
strvcat	垂直连接字符串	upper	转换字符串为大写
strcmp	比较字符串	lower	转换字符串为小写
strncmp	比较字符串的前 n 个字符	blanks	生成空字符串
strfind	在其他字符串中寻找此字符串	deblank	移去字符串内的空格
strrep	以其他字符串代替此字符串		

对于字符型数据，MATLAB 输入命令如下：

```
clc,clear,close all
syms a b
y = a
```

运行程序输出结果如下：

```
>> y
y =
a
```

字符串的相减运算操作如下：

```
y1 = a + 1
y2 = y1 - 2
```

运行程序输出结果如下：

```
y1 =
a + 1
y2 =
a - 1
```

字符串的相加运算操作如下：

```
y3 = y + y1
```

运行程序输出结果如下：

```
>> y + y1
ans =
2 * a + 1
```

字符串的相乘运算操作如下：

```
y4 = y * y1
```

运行程序输出结果如下：

```
>> y4 = y * y1
y4 =
a * (a + 1)
```

字符串的相除运算操作如下：

```
y5 = y/y1
```

运行程序输出结果如下：

```
>> y5 = y/y1
y5 =
a/(a + 1)
```

5. 数据类型间的转换

MATLAB 支持不同数据类型间的转换，这给数据处理带来极大方便，常用的数据类型转换函数如表 1-8 所示。

表 1-8 数据类型转换函数

函 数 名	说 明	函 数 名	说 明
int2str	整数→字符串	dec2hex	十进制数→十六进制数
mat2str	矩阵→字符串	hex2dec	十六进制数→十进制数
num2str	数字→字符串	hex2num	十六进制数→双精度浮点数
str2num	字符串→数字	num2hex	浮点数→十六进制数
base2dec	B 底字符串→十进制数	cell2mat	元胞数组→数值数组
bin2dec	二进制数→十进制数	cell2struct	元胞数组→结构体数组
dec2base	十进制数→B 底字符串	mat2cell	数值数组→元胞数组
dec2bin	十进制数→二进制数	struct2cell	结构体数组→元胞数组

字符型变量转换的命令如下：

```
clc,clear,close all
a = 'pi'
b = double(a)
b1 = str2num(a)
c = 11 * a
d = 11 * b
d = 11 * b1
```

运行程序输出结果如下：

```
a =
    pi
b =
    112        105
b1 =
    355/113
c =
    1232       1155
d =
    1232       1155
d =
    3905/113
```

1.4 MATLAB 程序设计基础

相比其他高级语言，MATLAB 程序设计比较简单，MATLAB 程序语言简单，能够较好地模拟常见的数学表达式，直观且可移植性较强，因此 MATLAB 程序设计被广大用户所接受。

1.4.1 MATLAB 基本程序设计

对于 MATLAB 程序设计而言,最好的老师莫过于帮助文档,帮助文档详细地解释了函数的使用方法以及函数的各变量定义、函数含义和输出量等,用户可以通过帮助文档方便地自学并使用各函数。

MATLAB 的联机帮助系统最为全面,单击"主页"功能区的 Help 按钮或在命令窗口中执行 helpdesk 和 doc 命令即可进入 MATLAB 的联机帮助系统,如图 1-6 所示。

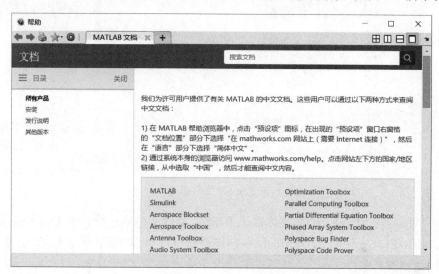

图 1-6　联机帮助系统

在窗口的文本框中输入待查询的字符,便可显示相关条目。图 1-7 展示了如何查询画图(plot)函数。用户还可以单击 ☆·(收藏夹)按钮将当前的帮助页面加入收藏,方便日后查询。

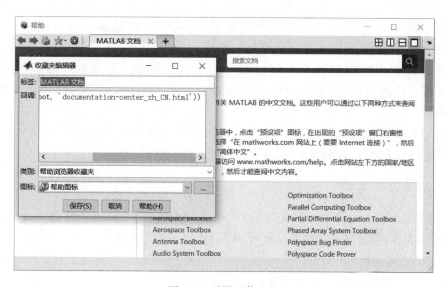

图 1-7　画图函数查询

在 MATALB 2016a 中,单击 MATLAB 主界面的"新建"工具按钮或者单击文件菜单的"新建子菜单"的"M-File"选项,就可以新建.m 文件,如图 1-8 所示。

图 1-8　M 文件编辑

用户可以进行注释的编写,字体默认为绿色,新建文件系统默认为 Untitled 文件,依次为 Untitled 1、Untitled 2、Untitled 3……用户也可以单击"另存为"按钮,从而修改文件名称,例如修改名称为"ysw"。当用户编写程序或者注释文字、字符时,光标会跟着字符移动,从而使得用户更加轻松地定位编写程序所在的位置。

在编写代码时,要及时保存阶段性成果,可以通过单击文件菜单的"保存"按钮保存当前的 M 文件。

完成代码书写之后,要试运行代码,查看是否有运行错误,然后根据错误提示针对性地对程序进行修改。

运行 MATALB 程序代码时,如果程序有误,MATLAB 会像 C 语言编译器一样报错,并给出相应的错误信息。用户可单击错误信息,MATALB 工具能够自动定位到发生错误的脚本文件(M 文件),以供用户修改。此外,用户还可以进行断点设置,可逐行或者逐段运行调试,查找相应的错误并查看相应的运行结果,从而使得编程更加简单。

MATLAB M 文件通常是使用的脚本文件,即供用户编写程序代码的文件,用户可以进行代码相关调试,进而得到优化的 MATLAB 可执行代码。

1. M 文件的类型

MATALB 程序文件分为函数调用文件和主函数文件,主函数文件通常可单独写成简单的 M 文件,单击"运行"按钮可执行 M 文件,得到相应的结果。

1) 脚本 M 文件

脚本文件通常即所谓的.m 文件,如图 1-9 所示。

图 1-9　脚本文件

　　脚本文件也是主函数文件，用户可以将脚本文件写为主函数文件，可以进行主要程序的编写，若需要调用函数来求解某个问题时，则需要调用该函数文件，输入该函数文件相应的参数值，即可得到相应的结果。

　　MATLAB 界面工作区窗口用于保存变量的值，具体如图 1-10 所示。该区域的函数值也是主函数中变量的值，该变量值还可以与相应的函数文件共享。

　　单击 ▷ 按钮可以直接运行脚本文件，如图 1-11 所示。

图 1-10　工作区变量窗口　　　　　　　图 1-11　脚本程序执行按钮

　　通过脚本 M 文件，用户将得到所需要的结果，例如求解值以及生成的图形。

　　2) 函数 M 文件

　　函数文件是可供用户调用的程序，能够避免变量之间的冲突，函数文件一方面可以节约代码行数，另一方面也可以使整体程序显得清晰明了。

　　函数文件和脚本文件有差别，函数文件通过输入变量得到相应的输出变量，其目的也是为了实现一个单独功能的代码块,返回后的变量显示在命令行窗口或者供主函数继续使用。

函数文件里的变量将作为函数文件的独立变量,不和主函数文件冲突,因此极大地扩展了函数文件的通用性,主函数中可以多次调用封装代码的函数文件,达到精简优化程序的目的。

2. M 文件的结构

脚本文件和函数文件均属于 M 文件,函数名称一般包括文件头、主体和 end 结尾。文件头首先是清除变量以及工作区空间,代码如下:

```
clc                    % 清屏
clear all;             % 删除工作区变量
close all;             % 关掉显示图形窗口
```

主体部分编写脚本文件中用到的各个变量及相应的赋值,以及公式的运算,代码如下:

```
syms a b
y = a
y1 = a + 1
y2 = y1 - 2
```

主体部分是程序主要的部分,注释部分也是必要的,通过注释,用户可以清晰地看出程序要解决的问题以及解决问题的思路。

end 结尾常常用于主函数文件中,一般的脚本文件不需要加 end 结尾,end 常和 function 搭配,代码如下:

```
function swjtu_ysw
…
end
```

end 语句表示该函数已经结束。一个函数文件可以同时嵌入多个函数,具体如下:

```
function ysw
…
end
function ysw
…
end
…
…
…
function ysw
…
end
```

具体的函数例子如下：

```matlab
function play_Callback(hObject, eventdata, handles)
fs = handles.fs * (1 + handles.FSQ);
sound(handles.x, fs);
function formant_freq_Callback(hObject, eventdata, handles)
    h = spectrum.welch;
    hs = psd(h,handles.x,'fs',handles.fs);
    figure;
plot(hs);

function exit_Callback(hObject, eventdata, handles)
cl = questdlg('Do you want to EXIT?','EXIT',...
            'Yes','No','No');
switch cl
    case 'Yes'
        close();
        clear all;
        return;
    case 'No'
        quit cancel;
end

function record_Callback(hObject, eventdata, handles)
    fs = 44100;
    y = wavrecord(88200,fs);
    [filename, pathname] = uiputfile('*.wav', 'Pick an M-file');
    cd (pathname);
    wavwrite(y,fs,filename);
    sound(y,fs);
    handles.x = y;
    handles.fs = fs;
    axes(handles.axes1);
    time = 0:1/fs:(length(handles.x) - 1)/fs;
    plot(time,handles.x);
    title('Original Signal');
    axes(handles.axes2);
    specgram(handles.x, 1024, handles.fs);
    title('Spectrogram of Original Signal');
guidata(hObject, handles);

function load_file_Callback(hObject, eventdata, handles)
    clc;
    [FileName,PathName] = uigetfile({'*.wav'},'Load Wav File');
    [x,fs] = wavread([PathName '/' FileName]);
    handles.x = x;
    handles.fs = fs;
    axes(handles.axes1);
    time = 0:1/fs:(length(handles.x) - 1)/fs;
```

```
    plot(time,handles.x);
    title('Original Signal');
    axes(handles.axes2);
    specgram(handles.x(:,1), 1024, handles.fs);
    title('Spectrogram of Original Signal');
guidata(hObject,handles);

function load_random_Callback(hObject, eventdata, handles)
    clc;
    fs = 8200;
    x = randn(5 * fs,1);
    handles.x = x;
    handles.fs = fs;
    axes(handles.axes1);
    time = 0:1/fs:(length(handles.x) - 1)/fs;
    plot(time,handles.x);
    title('Original Signal');
    axes(handles.axes2);
    specgram(handles.x, 1024, handles.fs);
    title('Spectrogram of Original Signal');
guidata(hObject, handles);

function slider2_Callback(hObject, eventdata, handles)
    handles.FSQ = (get(hObject,'Value'));
    set(handles.edit1, 'String', [sprintf('%.1f',handles.FSQ) '']);
guidata(hObject, handles);
```

函数文件实现了代码的精简操作，用户可以多次调用，阶跃代码行数。在 MATLAB 编程中，函数名称也无须刻意声明，因此整个程序可操作性极大。

MATLAB 中的函数类型较多，常用的有匿名函数、M 文件主函数、嵌套函数、子函数、私有函数和重载函数。

函数句柄用于间接调用一个函数的 MATLAB 值或数据类型。在调用其他函数时可以传递函数句柄，也可在数据结构中保存函数句柄备用。

引入函数句柄是为了使 feval 及借助于它的泛函指令的工作更加可靠，特别是在反复调用的情况下，使用函数句柄更加高效，它可以使函数调用像变量调用一样方便灵活，提高函数调用速度和软件重用性，扩大子函数和私有函数的可调用范围，并迅速获得同名重载函数的位置和类型信息。

函数句柄可以通过命令 fhandle＝@functionname 来创建，例如 trig_f＝@sin 或 sqr＝@(x)x.^2。

使用句柄调用函数的形式是 fhandle(arg1,arg2,…,argn)或 fhandle()（无参数）。

创建和调用函数句柄的输入命令如下：

```
clc,clear,close all
sin_f = @sin;
a = sin_f(pi)
```

```
myadd = @(x,y) x * sin(y);
b1 = myadd(1,1)
```

运行程序输出结果如下：

```
a =
      1/8165619676597685
b1 =
    1327/1577
```

1.4.2　MATLAB 程序控制语句的运用

与一般的 C 和 C++ 等语言相似，MATLAB 程序具有很多函数程序编写句柄，用户可以采用这些判别语句进行程序编写，具体的判别语句包括分支控制语句(if 结构和 switch 结构)、循环控制语句(for 循环、while 循环、continue 语句和 break 语句)和程序终止语句(return 语句)，下面分别进行介绍。

1. 程序分支控制语句

程序分支控制语句包括 if 结构和 switch 结构，if 与 else 或 elseif 连用，偏向于是非选择，当某个逻辑条件满足时执行 if 后的语句，否则执行 else 语句。

switch 和 case、otherwise 连用，偏向于各种情况的列举，当表达式结果为某个或某些值时，执行特定 case 指定的语句段，否则执行 otherwise 语句。其中 if 语句在实际编程中运用较多，具体的 if 语句用法如下：

```
clc,
clear,
close all
a = 1;
if a == 1
    b = 0
else
    b = 1
end
```

运行程序输出结果如下：

```
b =
     0
```

具体的 switch 语句用法如下：

```
clc,clear,close all
a = 11;
switch a
```

```
    case 1
    b = 0
    otherwise
    b = 1
end
```

运行程序输出结果如下：

```
b =
     1
```

2. 程序循环控制语句

循环控制语句能够循环处理大规模的数据，特别是矩阵的运算，一个矩阵包括 M 行 N 列，对 M 行 N 列数据进行处理时，循环语句显得尤为重要。MATLAB 提供了两类循环语句，分别是 for 循环和 while 循环。

for 循环指定了循环的次数，如 M 行数据处理，则循环 M 次。

while 循环则判别条件是否成立，若成立则继续在循环体中运行，若不成立则跳出循环体。如果设置参数不合理，可能会导致死循环，因此在使用 while 时，应该注意判别语句的使用。

与 for 和 while 搭配的结束循环的语句有 end、break 和 continue 等，end 表示循环结束，break 表示内嵌判别语句下的结束循环，continue 语句使得当前次循环不向下执行，直接进入下一次循环。

for 循环直接指定循环的次数，具体的语法格式如下：

```
clc,
clear,
close all
a = 0
for i = 1:3
    a = a + 1
end
```

运行程序输出结果如下：

```
a =
     0
a =
     1
a =
     2
a =
     3
```

3. 程序终止控制语句

return 语句能够使程序立即退出循环，节约程序执行时间，特别是在内嵌循环中，应该使用 return 语句跳出循环。例如,查找某一个元素,如果找到了该元素则立即跳出,具体的 return 语句使用如下:

```
clc,
clear,
close all
b = 0
i = 0
if i < 2
    i = i + 1
    b = b + 1
else
    return;
end
```

运行程序输出结果如下:

```
b =
    0
i =
    0
i =
    1
b =
    1
```

顺序执行 return 语句时,立即跳出循环结构体,return 语句更多地用在 MATLAB 函数 M 文件中。

1.5　MATLAB 的绘图功能

MATLAB 具有丰富且卓越的图形可视化功能,这使得数学计算结果可以方便地实现可视化,而且得到的图形可方便地插入 word 和 latex 等其他排版系统中,这是其他编程语言所不能及的。

1.5.1　离散数据图形绘制

一个二元实数标量对(x_0,y_0)可以用平面上的一个点来表示,一个二元实数标量数组$[(x_1,y_1)(x_2,y_2)\cdots(x_n,y_n)]$可以用平面上的一组点来表示,对于离散函数 $Y = f(X)$,当 X 为一维标量数组 $X=[x_1,x_2,\cdots,x_n]$时,根据函数关系可以求出 Y 相应为一维标量 $Y=[y_1,y_2,\cdots,y_n]$。

当把这两个向量数组在直角坐标系中用点序列来表示时,就实现了离散函数的可视化。

应当注意的是,MATLAB 无法实现无限区间上的数据的可视化。

离散数据的图形绘制代码如下：

```
clc,clear,close all
x = 1:10;
y = rand(10,1);
plot(x,y,'bo-')
xlabel('x')
ylabel('y')
```

运行该程序,得到的图形如图 1-12 所示。

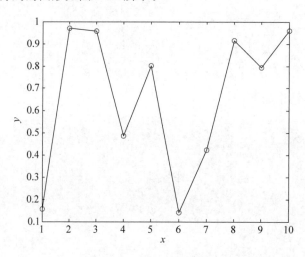

图 1-12　离散数据图形绘制

1.5.2　函数图形绘制

MATLAB 无法画出真正的连续函数,只是将步长尽量取到最小,因此在实现连续函数的可视化时,首先也必须在一组离散自变量上计算连续函数的结果,然后将自变量数组和结果数组在图形中表示出来。

当然,这些离散的点还是无法表现函数的连续性,为了更形象地表现函数的规律及其连续变化,通常采用以下两种方法：

(1) 对离散区间进行更细的划分,逐步趋近函数的连续变化特性,直到达到视觉上的连续效果；

(2) 把每两个离散点用直线连接,以每两个离散点之间的直线来近似表示两点间的函数特性。

函数 $y=\tan(\pi x)$ 图形绘制的 MATLAB 代码如下：

```
clc,clear,close all
x = -11:0.1:10;
y = tan(x * pi);
plot(x,y,'r--')
xlabel('x')
```

```
ylabel('y')
axis tight
```

运行该程序,得到的图形如图 1-13 所示。

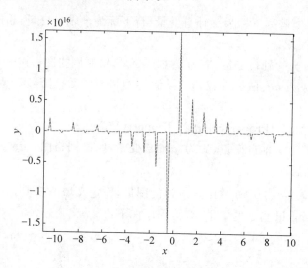

图 1-13 连续函数图形绘制

1.5.3 网格图绘制

三维网格图和曲面图的绘制比三维曲线图的绘制稍显复杂,主要是因为绘图数据的准备以及三维图形的色彩、明暗、光照和视角等的处理。绘制函数 $z=f(x,y)$ 的三维网格图的过程如下。

1)确定自变量 x 和 y 的取值范围和取值间隔

```
x = x1:dx:x2, y = y1:dy:y2
```

2)构成 xoy 平面上的自变量采样"格点"矩阵
(1)利用"格点"矩阵的原理生成矩阵:

```
x = x1:dx:x2; y = y1:dy:y2;
X = ones(size(y)) * x;
Y = y * ones(size(x));
```

(2)利用 meshgrid 指令生成"格点"矩阵:

```
x = x1:dx:x2; y = y1:dy:y2;
[X,Y] = meshgrid(x,y);
```

3)计算在自变量采样"格点"上的函数值:$Z=f(X,Y)$
绘制网格图的基本 mesh 指令的语法格式如下。

(1) mesh(X,Y,Z)：

其功能为以 X 为 x 轴自变量、Y 为 y 轴自变量,绘制网格图；XY 均为向量,若 X、Y 长度分别为 m、n,则 Z 为 m×n 的矩阵,即[m,n]＝size(Z),则网格线的顶点为(X_j,Y_i,Z_{ij})。

(2) mesh(Z)：

其功能为以 Z 矩阵列下标为 x 轴自变量、行下标为 y 轴自变量,绘制网格图；

(3) mesh(X,Y,Z,C)：

其功能为以 X 为 x 轴自变量、Y 为 y 轴自变量,绘制网格图；其中 C 用于定义颜色,如果不定义 C,则成为 mesh(X,Y,Z),其绘制的网格图的颜色随着 Z 值(即曲面高度)成比例变化。

(4) mesh(X,Y,Z,'PropertyName',PropertyValue,…)：

其功能为以 X 为 x 轴自变量、Y 为 y 轴自变量,绘制网格图；PropertyValue 用来定义网格图的标记等属性。

绘制 $z=f(x,y)=(1-x)^{-\frac{1}{2}}\ln(x-y)$ 的图形,作定义域的裁剪。

(1) 观察 meshgrid 指令的效果,编写程序如下：

```
clc,clear,close all
a = - 0.98;b = 0.98;c = - 1;d = 1;n = 10;
x = linspace(a,b,n); y = linspace(c,d,n);
[X,Y] = meshgrid(x,y);
plot(X,Y,' + ')
```

运行程序输出图形如图 1-14 所示。

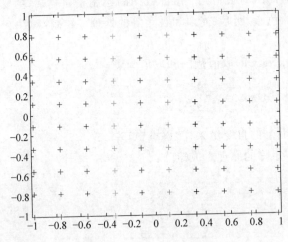

图 1-14　meshgrid 散点图

(2) 作函数的定义域裁剪,观察上述三维绘图指令的效果,编程如下：

```
clear,clf,
a = - 1;b = 1;c = - 15;d = 15;n = 20;eps1 = 0.01;
x = linspace(a,b,n);y = linspace(c,d,n);
[X,Y] = meshgrid(x,y);
```

```
for i = 1:n                                    %计算函数值 z,并作定义域裁剪
    for j = 1:n
        if (1 - X(i,j))< eps1 | X(i,j) - Y(i,j)< eps1      %if 语句
            z(i,j) = NaN;                      %作定义域裁剪,定义域以外的函数值为 NaN
        else
            z(i,j) = 1000 * sqrt(1 - X(i,j))^ - 1. * log(X(i,j) - Y(i,j));
        end
    end
end
zz = - 20 * ones(1,n);plot3(x,x,zz),grid off,hold on     %画定义域的边界线
mesh(X,Y,z)                                    %绘图,读者可用 meshz、surf 或 meshc 替换
view([ - 56.5,38]);
xlabel('x'),ylabel('y'),zlabel('z'),    box on   %把三维图形封闭在箱体里
```

运行程序输出图形如图 1-15 所示。

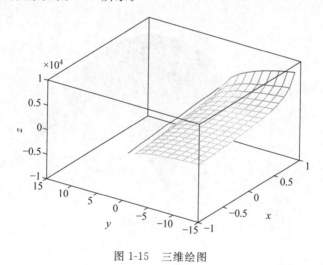

图 1-15　三维绘图

1.5.4　曲面图的绘制

曲面图的绘制由 surf 指令完成,该指令的调用格式与 mesh 指令类似,具体如下:
(1) surf (X,Y,Z);
(2) surf (Z);
(3) surf (X,Y,Z,C);
(4) surf(X,Y,Z,'PropertyName',PropertyValue,…)。

与 mesh 指令不同的是,mesh 指令所绘制的图形是网格划分的曲面图,而 surf 指令绘制得到的是平滑着色的三维曲面图,着色的方式是:在得到相应的网格点后,依据该网格所代表的节点的色值(由变量 C 控制)来定义这一网格的颜色。

采用 surf 命令实现曲面的绘制,程序如下:

```
clc,clear,close all
X = -10:1:10;
Y = -10:1:10;
[X,Y] = meshgrid(X,Y);
Z = - X.^2 - Y.^2 + 10;
surf(X,Y,Z)
xlabel('x')
ylabel('y')
zlabel('z')
axis tight
colormap(jet)
shading interp
set(gca,'Ydir','reverse');
set (gcf, 'color', 'w')
```

运行程序输出图形如图 1-16 所示。

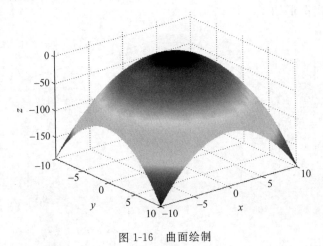

图 1-16　曲面绘制

1.5.5　特殊图形绘制

对于不同的三维曲面绘制,MATLAB 提供了不同的画图函数,例如 slice 切片函数、quiver3 三维箭头标记函数和 sphere 等,因此 MATLAB 丰富的图形可视化工具箱函数应用相当广泛。

空间曲线及其运动方向的表现,可编程如下:

```
clc,clear,close all
t = 0:0.1:1.5;
Vx = 2 * t;
Vy = 2 * t.^2;
Vz = 6 * t.^3 - t.^2;
x = t.^2;
y = (2/3) * t.^3;
z = (6/4) * t.^4 - (1/3) * t.^3;    % 由速度得到曲线
plot3(x,y,z,'r.-'),               % 画飞行轨迹
```

```
hold on
% 算数值梯度
Vx = gradient(x);
Vy = gradient(y);
Vz = gradient(z);
quiver3(x, y, z, Vx, Vy, Vz),          % 画速度矢量图
grid on                                % 栅格化
xlabel('x')
ylabel('y')
zlabel('z')
```

运行程序输出图形如图 1-17 所示。

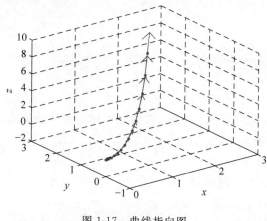

图 1-17　曲线指向图

1.6　微积分问题的 MATLAB 求解

大多数实际工程问题常常可简化为微分方程,特别是在热力学、进化和物理方程等问题中,微分方程的求解至关重要。

1.6.1　符号微积分

符号变量在工程问题中应用较多,对于一个工程问题而言,一般首先从变量出发,把问题用符号变量表示出来(得到符号矩阵),然后通过符号变量求解得到一般表达式,根据该表达式,代入相应的初始条件,即可得到具体的解。

1. 极限

MATLAB 提供了求极限的函数 limit(),该函数调用格式为 $y = \text{limit}(\text{fun}, x, x0)$。

其中,y 为返回的函数极限值;fun 为要求解的函数;x 为函数自变量;x0 位函数自变量的取值,x 趋近于 x0。

MATLAB 求解极限问题的 limit 函数,编程如下:

```
clc,clear,close all
syms x a
I1 = limit('(sin(x) - sin(3 * x))/sin(x)',x,0)
I2 = limit('(tan(x) - tan(a))/(x - a)',x,a)
I3 = limit('(3 * x - 5)/(x^3 * sin(1/x^2))',x,inf)
```

运行程序输出结果如下：

```
I1 =
 - 2

I2 =
tan(a)^2 + 1

I3 =
3
```

2. 微分

diff 是求微分最常用的函数，其输入参数既可以是函数表达式，也可以是符号矩阵。

MATLAB 常用的格式是 diff(f, x, n)。

其中，f 关于 x 求 n 阶导数。

MATLAB 求解导数问题，编程如下：

```
clc,clear,close all
syms x y
f = sym('exp( - 2 * x) * cos(3 * x^(1/2))')
diff(f,x)
g = sym('g(x,y)')                          %建立抽象函数
f = sym('f(x,y,g(x,y))')                    %建立复合抽象函数
diff(f,x)
diff(f,x,2)
```

运行程序输出结果如下：

```
f =
exp( - 2 * x) * cos(3 * x^(1/2))

ans =
 - 2 * exp( - 2 * x) * cos(3 * x^(1/2)) - (3 * exp( - 2 * x) * sin(3 * x^(1/2)))/(2 * x^(1/2))

g =
g(x, y)

f =
f(x, y, g(x, y))

ans =
D([3], f)(x, y, g(x, y)) * diff(g(x, y), x) + D([1], f)(x, y, g(x, y))
```

```
ans =
 (D([3, 3], f)(x, y, g(x, y)) * diff(g(x, y), x) + D([1, 3], f)(x, y, g(x, y))) * diff(g(x,
y), x) + D([1, 3], f)(x, y, g(x, y)) * diff(g(x, y), x) + D([3], f)(x, y, g(x, y)) * diff(g
(x, y), x, x) + D([1, 1], f)(x, y, g(x, y))
```

数值求导指令 diff，程序如下：

```
clc,clear,close all
x = linspace(0,2 * pi,50);
y = sin(x);
dydx = diff(y)./diff(x);
plot(x(1:49),dydx),grid
```

运行程序输出图形如图 1-18 所示。

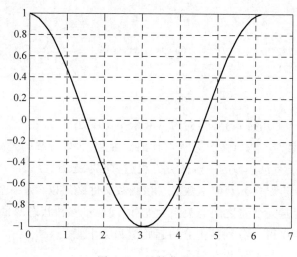

图 1-18　导数曲线图

3. 积分

int()函数是求积分最常用的函数，其输入参数可以是函数表达式。

常用的格式是 int(f，r，x0，x1)。

其中，f 为所要积分的表达式；r 为积分变量，若为定积分，则 x0 与 x1 为积分上下限。

求解积分函数 int，编写程序如下：

```
clc,clear,close all
syms   x y z
I1 = int(sin(x * y + z),z)
I2 = int(1/(3 + 2 * x + x^2),x,0,1)
I3 = int(1/(3 + 2 * x + x^2),x, − inf,inf)
```

运行程序输出结果如下：

```
I1 =
    − cos(z + x * y)
I2 =
    − (2 ^ (1/2) * (atan(8 ^ (1/2)/4) − atan(2 ^ (1/2))))/2
I3 =
    (pi * 2 ^ (1/2))/2
```

1.6.2　微分方程的数值解

常用的求解微积分方程数值解的 MATLAB 函数调用如下：

```
[t, x] = ode23('xprime', t0, tf, x0, tol, trace)
[t, x] = ode45('xprime', t0, tf, x0, tol, trace)
```

或

```
[t, x] = ode23('xprime', [t0, tf], x0, tol, trace)
[t, x] = ode45('xprime', [t0, tf], x0, tol, trace)
```

说明：

（1）两个指令的调用格式相同，均为 Runge-Kutta 法。

（2）该指令是针对一阶常微分方程设计的。因此，假如待解的是高阶微分方程，那么必须先演化为形如 $\dot{x} = f(x,t)$ 的一阶微分方程组，即"状态方程"。

（3）xprime 是定义 $f(x,t)$ 的函数名。该函数文件必须以 $\dot{x}$ 为一个列向量输出，以 t，x 为输入参量（注意输入变量之间的关系为先"时间变量"后"状态变量"）。

（4）输入参量 t0 和 tf 分别是积分的起始值和终止值。

（5）输入参量 x0 为初始状态列向量。

（6）输出参量 t 和 x 分别给出"时间向量"和相应的"状态向量"。

（7）tol 控制解的精度，可默认。ode23 默认为 tol＝1.e−3；ode23 默认为tol＝1.e−6。

（8）输入参量 trace 控制求解的中间结果是否显示，可默认，默认为 tol＝0，不显示中间结果。

（9）一般地，两者分别采用自适应变步长（即当解的变化较慢时采用较大的步长，从而使得计算速度快；当解的变化速度较快时步长会自动变小，从而使得计算精度更高）的二、三阶 Runge-Kutta 算法和四、五阶 Runge-Kutta 算法，ode45 比 ode23 的积分分段少，运算速度快。

求下列微分方程组：

$$\begin{cases} z_1' = z_2 \\ z_2' = z_3 \\ z_3' = x^{-1}z_3 - 3x^{-2}z_2 + 2x^{-3}z_1 + 9x^3\sin x \end{cases}$$

在区间 $H=[0.1, 60]$ 上满足条件：$x=0.1$ 时，$z_1=1$，$z_2=1$，$z_3=1$ 的特解。

建立方程组的函数文件如下：

```
function dz = dzdx1(x,z)
dz(1) = z(2);
dz(2) = z(3);
dz(3) = z(3) * x^(-1) - 3 * x^(-2) * z(2) + 2 * x^(-3) * z(1) + 9 * x^3 * sin(x);
dz = [dz(1);dz(2);dz(3)];
end
```

编写主程序如下：

```
clc,clear,close all
H = [0.1,60];
z0 = [1;1;1];
[x,z] = ode15s('dzdx1',H,z0);
plot(x,z(:,1),'g--',x,z(:,2),'b*--',x,z(:,3),'mp--')
xlabel('轴\it x');
ylabel('轴\it y')
grid on
legend('方程解 z1 的曲线','方程解 z2 的曲线', '方程解 z3 的曲线')
```

运行程序输出结果如图 1-19 所示。

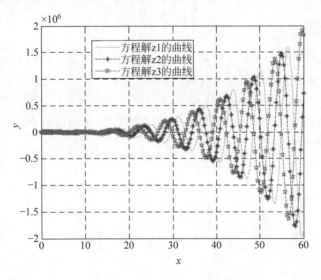

图 1-19　数值结果图

1.6.3　龙贝格积分法微积分运算

龙贝格积分法采用里查森外推算法来加快复合梯形求积公式的收敛速度，它的算法如下，其中 $T_m^{(i)}$ 是一系列逼近原定积分的龙贝格积分值。

（1）计算：

$$T_1^{(0)} = \frac{b-a}{2}\left[f(a) + f(b)\right]$$

（2）对 $k=1,2,3,\cdots$，计算下列各步：

$$T_1^{(k)} = \frac{1}{2}\left[T_1^{(k-1)} + \frac{b-a}{2^{k-1}} \sum_{j=1}^{2^{k-1}} f\left(a + \frac{(2j-1)(b-a)}{2^k}\right) \right]$$

对 $m=1,2,\cdots,k$ 和 $i=k,k-1,k-2,\cdots,1$，计算：

$$T_{m+1}^{i-1} = \frac{4^m T_m^i - T_m^{i-1}}{4^m - 1}$$

（3）精度控制。

上面的计算过程如表 1-9 所示。

表 1-9　龙贝格积分计算表格

$T_1^{(0)}$			
$T_1^{(1)}$	$T_2^{(0)}$		
$T_1^{(2)}$	$T_2^{(1)}$	$T_3^{(0)}$	
$T_1^{(3)}$	$T_2^{(2)}$	$T_3^{(1)}$	
$T_1^{(4)}$	$T_2^{(3)}$	$T_3^{(2)}$	
$\vdots$	$\vdots$	$\vdots$	

随着计算步骤的增加，$T_m^{(i)}$ 越来越逼近积分 $\int_a^b f(x)\mathrm{d}x$。下面是用 $T_m^{(m)}$ 来逼近 $\int_a^b f(x)\mathrm{d}x$ 的 MATLAB 代码。

在 MATLAB 中编程实现龙贝格积分法的函数为 $[\mathrm{I},\mathrm{step}]=\mathrm{Roberg(f,a,b,eps)}$。

功能：龙贝格积分法求函数的数值积分。

调用格式：$[\mathrm{I},\mathrm{step}]=\mathrm{Roberg(f,a,b,eps)}$。

其中，I 为积分值；step 为积分划分的子区间次数；f 为函数名；a 为积分下限；b 为积分上限；eps 为积分精度。

龙贝格积分的 MATLAB 代码如下：

```
function [I, step] = Roberg(f, a, b, eps)
% 龙贝格积分法
% I:积分值
% step: 积分划分的子区间次数
% f:函数名
% a:积分下限
% b:积分上限
% eps: 积分精度
if(nargin == 3)
    eps = 1.0e - 4;
end;
M = 1;
tol = 10;
k = 0;
T = zeros(1, 1);
h = b - a;
```

```
T(1,1) = (h/2) * (subs(sym(f),findsym(sym(f)),a) + subs(sym(f),findsym(sym(f)),b));
    % 初始值

while tol > eps
    k = k + 1;
    h = h/2;
    Q = 0;
    for i = 1:M
        x = a + h * (2 * i - 1);
        Q = Q + subs(sym(f),findsym(sym(f)),x);
    end
    T(k + 1,1) = T(k,1)/2 + h * Q;
    M = 2 * M;
    for j = 1:k
        T(k + 1,j + 1) = T(k + 1,j) + (T(k + 1,j) - T(k,j))/(4 ^ j - 1);
    end
    tol = abs(T(k + 1,j + 1) - T(k,j));
end
I = T(k + 1,k + 1);
step = k;
```

利用龙贝格积分法数值积分求解积分 $\int_{-1}^{1} x^2 \mathrm{d}x$。

在 MATLAB 命令窗口中输入下列命令：

```
>> [q,s] = Roberg('x ^ 2', -1,1)
q =
    0.6667
s =
    2
```

由龙贝格积分法可得到 $\int_{-1}^{1} x^2 \mathrm{d}x \approx 0.6667$。

1.6.4　有限差分方法求边值问题

有限差分方法是求微分方程数值解最常用的方法。有限差分方法的基本思想是：首先将求解区域分割成很多有限个小区域，得到内节点的集合；在内节点上，或用差商代替微商，或用数值积分的方法将微分方程离散化，并得到截断误差，舍去截断误差，建立差分方程组；然后结合定解条件，解差分方程，得到数值解。

有限差分方法适用于求常微分方程边值问题的数值解，解常微分方程初值问题的数值解时，应用该方法有时较困难。

考虑线性边值问题 $y'' = q_1(x)y' + q_2(x)y + q_3(x), x \in [a,b], y(a) = \alpha, y(b) = \beta$ 的有限差分方法。

对于 $\boldsymbol{AY} = \boldsymbol{B}$，其中，

$$A = \begin{bmatrix} -(2+h^2 q_2(x_1)) & 1-\dfrac{q_1(x_1)}{2}h & & & \\ 1+\dfrac{q_1(x_2)}{2}h & -(2+h^2 q_2(x_2)) & 1-\dfrac{q_1(x_2)}{2}h & & \\ & \ddots & & & \\ & & 1+\dfrac{q_1(x_{n-2})}{2}h & -(2+h^2 q_2(x_{n-2})) & 1-\dfrac{q_1(x_{n-2})}{2}h \\ & & & 1+\dfrac{q_1(x_{n-1})}{2}h & -(2+h^2 q_2(x_{n-1})) \end{bmatrix}$$

$$Y = \begin{bmatrix} y(x_1) \\ y(x_2) \\ \vdots \\ y(x_{n-2}) \\ y(x_{n-1}) \end{bmatrix}, \quad B = \begin{bmatrix} h^2 q_3(x_1) - \left[1+\dfrac{q_1(x_1)}{2}h\right]\alpha \\ h^2 q_3(x_2) \\ \vdots \\ h^2 q_3(x_{n-2}) \\ h^2 q_3(x_{n-1}) - \left[1-\dfrac{q_1(x_{n-1})}{2}h\right]\beta \end{bmatrix}$$

用有限差分方法求如下边值问题：

$$y''(x) = \frac{x}{1+x^2}y'(x) + \frac{3}{1+x^2}y(x) + \frac{6x-3}{1+x^2}, \quad x \in [0,1], y(0)=1, y(1)=2$$

的数值解，将$[0,1]$分别平均分成 $n=6$ 等份和 $n=36$ 等份，说明 n 对数值解的误差的影响，并与精确解比较。

由边值问题，可得 $q_1(x) = \dfrac{x}{1+x^2}$，$q_2(x) = \dfrac{3}{1+x^2}$，$q_3(x) = \dfrac{6x-3}{1+x^2}$。

在 MATLAB 中编程实现的有限差分方法的函数为

$$[k, A, B1, X, Y, y, wucha, p] = yxcf(q1, q2, q3, a, b, alpha, beta, h)$$

功能：有限差分方法求函数的边值问题。

调用格式：$[k, A, B1, X, Y, y, wucha, p] = yxcf(q1, q2, q3, a, b, alpha, beta, h)$。

其中，q1、q2、q3：方程系数；a 为方程 y 的初始化值 x0；b 为方程 y 的区间终值 xn；alpha 为 y(a)对应的值；beta 为 y(b)对应的值；h 为求解步长；k 为计算迭代步数；A 为 **AY**=**B** 矩阵系数；B1 为 **AY**=**B** 矩阵系数；Y 为 **AY**=**B** 矩阵向量；y 为求解目标方程的边值；wucha 为求解误差；p 等于[k', X', y, wucha']，为一个矩阵。

编写相应的有限元差分方法的程序，MATLAB 代码如下：

```
function [k, A, B1, X, Y, y, wucha, p] = yxcf(q1, q2, q3, a, b, alpha, beta, h)
n = fix((b - a)/h);
X = zeros(n + 1, 1);
Y = zeros(n + 1, 1);
A1 = zeros(n, n);
A2 = zeros(n, n);
A3 = zeros(n, n);
A = zeros(n, n);
B = zeros(n, 1);
for k = 1:n
    X = a:h:b;
    k1(k) = feval(q1, X(k));
    A1(k + 1, k) = 1 + h * k1(k)/2;
    k2(k) = feval(q2, X(k));
    A2(k, k) = - 2 - (h.^2) * k2(k);
    A3(k, k + 1) = 1 - h * k1(k)/2;
    k3(k) = feval(q3, X(k));
end
for k = 2:n
    B(k, 1) = (h.^2) * k3(k);
end
B(1, 1) = (h.^2) * k3(1) - (1 + h * k1(1)/2) * alpha;
B(n - 1, 1) = (h.^2) * k3(n - 1) - (1 + h * k1(n - 1)/2) * beta;
A = A1(1:n - 1, 1:n - 1) + A2(1:n - 1, 1:n - 1) + A3(1:n - 1, 1:n - 1);
B1 = B(1:n - 1, 1);
Y = A\B1; Y1 = Y';
y = [alpha; Y; beta];
for k = 2:n + 1
    wucha(k) = norm(y(k) - y(k - 1)); k = k + 1;
```

```
        end
        X = X(1:n+1);
        y = y(1:n+1,1);
        k = 1:n+1;
        wucha = wucha(1:k,:);
        plot(X,y(:,1),'mp--')
        xlabel('轴\it x');
        ylabel('轴\it y'),
        legend('是边值问题的数值解 y(x)的曲线')
        title('用有限差分法求线性边值问题的数值解的图形'),
        p = [k',X',y,wucha'];
```

由 $q_1(x) = \dfrac{x}{1+x^2}, q_2(x) = \dfrac{3}{1+x^2}, q_3(x) = \dfrac{6x-3}{1+x^2}$,建立 M 文件如下:

```
function y = q1(x)
y = x/(1 + x^2);
end


function y = q2(x)
y = 3/(1 + x^2);
end


function y = q3(x)
y = (6 * x - 3)/(1 + x^2);
end
```

主函数程序如下:

```
clc,clear,close all
n = 6;
a = 0;
b = 1;
alpha = 1;
beta = 2;
h = (b - a)/n;
[k, A, B, X, Y, y, wucha, p] = yxcf(@q1,@q2,@q3,a,b,alpha,beta,h),
x = 0:h:1;
y1 = 1 + x.^3,
wu = y1' - y;
[k',X',y,y1',wucha',wu],
hold on
plot(x,y1,'bo--')
legend('边值问题的数值解 y(x)的曲线','边值问题的精确解 y(x)的曲线')
title('n = 6,用有限差分法求线性边值问题的数值解及其精确解的图形')
hold off
```

运行程序得到 $n=6$ 时的计算结果和图形如图 1-20 所示。

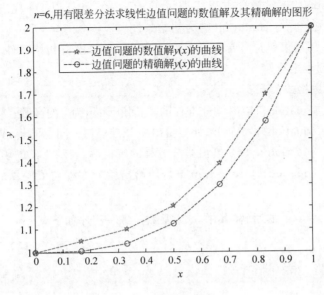

图 1-20　有限差分法

1.6.5　样条函数求积分

MATLAB 中的样条工具箱中提供了求样条函数积分的函数 fnint。函数 fnint 的常见用法如下：

$$q = fnint(Y)$$

它表示求取样条函数 Y 的积分。

在使用函数 fnint 求积分之前,必须用样条工具箱中的函数 csape 对被积分函数进行样条插值拟合。

利用样条函数求解积分 $\int_0^3 \sin x \, \mathrm{d}x$,在 MATLAB 命令窗口中输入下列命令：

```
>> x = 0:0.1:3;
>> y = sin(x);
>> Y = csape(x,y,'second', [0, 0])       % 对被积函数进行样条插值拟合
>> q = fnval(fnint(Y),3)                  % 样条操作函数 fnval 计算在给定点处的样条函数值
q = 1.9900
```

所以,由样条积分可得到 $\int_0^3 \sin x \, \mathrm{d}x \approx 1.9900$。

1.6.6　常微分方程符号解

MATLAB 常微分方程符号解的语法是：

```
dsolve('equation','condition')
```

其中,equation 代表常微分方程式即 $y' = g(x, y)$,且须以 Dy 代表一阶微分项 y',D2y 代表二阶微分项 y'';condition 则为初始条件。

函数 dsolve 用来求解符号常微分方程、方程组,如果没有初始条件,则求出通解;如果有初始条件,则求出特解。

dsolve 的调用格式如下:

(1) dsolve('equation')给出微分方程的解析解,表示为 t 的函数;

(2) dsolve('equation', 'condition')给出微分方程初值问题的解,表示为 t 的函数;

(3) dsolve('equation', 'v')给出微分方程的解析解,表示为 v 的函数;

(4) dsolve('equation', 'condition', 'v')给出微分方程初值问题的解,表示为 v 的函数。

求方程 $y'(t) = \sqrt{at}$ 的通解,其中,a 为常数。编写程序如下:

```
clc,clear,close all
y1 = dsolve('Dy = sqrt(a) * t','t')
```

运行程序输出结果如下:

```
y1 =
C2 + (a^(1/2) * t^2)/2
```

1.7　非线性方程与线性规划问题求解

最优化理论和方法日益受到重视,且已经渗透到生产、管理、商业、军事、决策等各个领域。下面应用 MATLAB 来快速解决最优化问题,结合"最优化问题"、"MATLAB 优化工具箱"和"MATLAB 编程"三方面进行讲述。

1.7.1　非线性方程组求解

非线性方程组的标准形式为

$$F(x) = 0$$

其中:x 为向量,$F(x)$ 为函数向量。

MATLAB 函数:fsolve。

调用格式如下:

(1) x = fsolve(fun,x0)。

其中,用 fun 定义向量函数,其方式为:先定义方程函数 function F = myfun (x),F =[表达式 1;表达式 2;…表达式 m];保存为 myfun. m,然后调用 x = fsolve (@myfun,x0),x0 为初始估计值。

(2) x = fsolve(fun,x0,options)。

(3) [x,fval] = fsolve(…),其中,fval=F(x),即函数值向量。

(4) [x,fval,exitflag] = fsolve(…)。

（5）$[x, fval, exitflag, output] = fsolve(\cdots)$。

（6）$[x, fval, exitflag, output, jacobian] = fsolve(\cdots)$，其中，jacobian 为解 x 处的 Jacobian 阵，其余参数与前面参数相似。

求下列系统的根：

$$\begin{cases} 2x_1 + 3x_2 = e^{-2x_1} \\ -x_1 + x_2 = e^{-\sqrt{x_2}} \end{cases}$$

化为标准形式

$$\begin{cases} 2x_1 + 3x_2 - e^{-2x_1} = 0 \\ x_1 - x_2 + e^{-\sqrt{x_2}} = 0 \end{cases}$$

设初值点为 $x_0 = [1, 1]$。

先建立如下方程函数文件：

```
function F = myfun(x)
F = [2 * x(1) + 3 * x(2) - exp( - 2 * x(1));
    x(1) - x(2) + exp( - sqrt(x(2)))];
```

主函数程序如下：

```
function my_fun
    format short
    x0 = [1; 1];                          % 初始点
    options = optimset('Display', 'iter');   % 优化
    [x, fval] = fsolve(@myfun, x0, options)
end
```

运行程序输出结果如下：

```
>> my_fun
                        Norm of      First - order   Trust - region
   Iteration  Func - count    f(x)          step        optimality   radius
       0          3        23.8003                          14.2        1
       1          6         1.47447          1             3.53         1
       2          9         0.107024         0.519802       1.46         2.5
       3         12         1.92325e - 05    0.0618697      0.0178       2.5
       4         15         1.92902e - 13    0.000968099    1.39e - 06   2.5
       5         18         1.36781e - 28    1.83761e - 07  2.73e - 14   2.5
Equation solved.

fsolve completed because the vector of function values is near zero
as measured by the default value of the function tolerance, and
the problem appears regular as measured by the gradient.
< stopping criteria details >
x =
    - 0.0763
    0.4392
```

```
fval =
   1.0e - 13 *
   - 0.0400
     0.1099
```

1.7.2　无约束最优化问题求解

MATLAB 利用函数 fminsearch 求无约束多元函数的最小值。

函数：fminsearch。

调用格式如下：

(1) x = fminsearch(fun,x0)，其中，x0 为初始点，fun 为目标函数的表达式字符串或 MATLAB 自定义函数的函数柄。

(2) x = fminsearch(fun,x0,options)，其中，options 查 optimset。

(3) [x,fval] = fminsearch(…)用于求解最优点的函数值。

(4) [x,fval,exitflag] = fminsearch(…)，其中，exitflag 与单变量情形一致。

(5) [x,fval,exitflag,output] = fminsearch(…)，其中，output 与单变量情形一致。

注意：fminsearch 采用了 Nelder-Mead 型简单搜寻法。

求下列函数的最小值点：

$$y = 2x_1^3 + x_1 x_2^4 - 10x_1 x_2$$

编写 MATLAB 程序如下：

```
clc,clear,close all
X = fminsearch('2 * x(1)^3 + x(1) * x(2)^4 - 10 * x(1) * x(2)',  [0,0])
```

运行程序结果如下：

```
X =
    1.3025    1.3572
```

或在 MATLAB 编辑器中建立如下函数文件：

```
function   f = myfun(x)
f = 2 * x(1)^3 + x(1) * x(2)^4 - 10 * x(1) * x(2);
```

保存为 myfun. m,在命令窗口输入：

```
>> X = fminsearch ('myfun',  [0,0])
```

或

```
>> X = fminsearch(@myfun,  [0,0])
```

运行程序结果如下：

```
X =
    1.3025    1.3572
```

1.7.3　线性规划问题

线性规划(Linear Programming)问题是目标函数和约束条件均为线性函数的问题。

函数：linprog。

调用格式如下：

(1) x ＝ linprog(f,A,b)用于求 $\min f'x, x \in R^n$。

(2) x ＝ linprog(f,A,b,Aeq,beq),其中等式约束 Aeq·x＝beq,若约束条件中没有不等式约束 A·x≤b,则 A＝[ ],b＝[ ]。

(3) x ＝ linprog(f,A,b,Aeq,beq,lb,ub),指定 x 的范围 lb≤x≤ub,若约束条件中没有等式约束 Aeq·x＝beq,则 Aeq＝[ ],beq＝[ ]。

(4) x ＝ linprog(f,A,b,Aeq,beq,lb,ub,x0),其中设置初值 x0。

(5) x ＝ linprog(f,A,b,Aeq,beq,lb,ub,x0,options),其中,options 为指定的优化参数。

(6) [x,fval] ＝ linprog(…)返回目标函数最优值,即 fval＝$f'x$。

(7) [x,lambda,exitflag] ＝ linprog(…),其中,lambda 为解 x 的 Lagrange 乘子。

(8) [x, lambda,fval,exitflag] ＝ linprog(…),其中,exitflag 表示终止迭代的错误条件。

(9) [x,fval, lambda,exitflag,output] ＝ linprog(…),其中,output 为关于优化的一些信息。

说明：exitflag＞0 表示函数收敛于解 x,exitflag＝0 表示超过函数估值或迭代的最大数字,exitflag＜0 表示函数不收敛于解 x；lambda＝lower 表示下界 lb,lambda＝upper 表示上界 ub,lambda＝ineqlin 表示不等式约束,lambda＝eqlin 表示等式约束,lambda 中的非 0 元素表示对应的约束是有效约束；output＝iterations 表示迭代次数,output＝algorithm 表示使用的运算规则,output＝cgiterations 表示 PCG 迭代次数。

求解下列优化问题：

$$(x_1 + x_2 + x_3)_{\min}$$

其中,

$$\begin{cases} x_1 - x_2 + x_3 \leqslant 20 \\ 3x_1 + 2x_2 + 4x_2 \leqslant 42 \\ 3x_1 + 2x_2 \leqslant 30 \\ x_1, x_2, x_3 \geqslant 0 \end{cases}$$

编写 MATLAB 程序如下：

```
clc,clear,close all
f = [1,1,1];
A = [1, - 1,1;3,2,4;3,2,0];
b = [20; 42; 30];
lb = zeros(3,1);
[x,fval,exitflag,output,lambda] = linprog(f,A,b,[],[],lb)
lambda.ineqlin
lambda.lower
```

运行程序结果如下：

```
Optimization terminated.
x =
    1.0e - 11 *
    0.5990
    0.0298
    0.9977
fval =
    1.6266e - 11
exitflag =
    1
output =
        iterations: 6
         algorithm: 'interior - point'
      cgiterations: 0
           message: 'Optimization terminated.'
     constrviolation: 0
      firstorderopt: 1.2889e - 11
lambda =
    ineqlin: [3x1 double]
      eqlin: [0x1 double]
      upper: [3x1 double]
      lower: [3x1 double]
ans =
    1.0e - 12 *
    0.0147
    0.1781
    0.4296
ans =
    1.0000
    1.0000
    1.0000
```

1.7.4 二次型规划问题

MATLAB 中的函数 quadprog 用于解决二次规划问题（Quadratic Programming）问题，且已经取代了低版本 MATLAB 中的 qp 函数。

函数：quadprog。

调用格式如下：

（1）$x = quadprog(H,f,A,b)$，其中，H、A、f、b 为标准形中的参数，x 为求得的目标函数的最小值。

（2）$x = quadprog(H,f,A,b,Aeq,beq)$，其中，Aeq、beq 满足等约束条件 $Aeq \cdot x = beq$。

（3）$x = quadprog(H,f,A,b,Aeq,beq,lb,ub)$，其中，lb、ub 分别为解 x 的下界与上界。

（4）$x = quadprog(H,f,A,b,Aeq,beq,lb,ub,x0)$，其中，x0 为设置的初值。

（5）$x = quadprog(H,f,A,b,Aeq,beq,lb,ub,x0,options)$，其中，options 为指定的优化参数。

（6）$[x,fval] = quadprog(\cdots)$，其中，fval 为目标函数最优值。

（7）$[x,fval,exitflag] = quadprog(\cdots)$，其中，exitflag 与线性规划中参数意义相同。

（8）$[x,fval,exitflag,output] = quadprog(\cdots)$，其中，output 与线性规划中参数意义相同。

（9）$[x,fval,exitflag,output,lambda] = quadprog(\cdots)$，其中，lambda 与线性规划中参数意义相同。

求解如下二次规划问题：

$$\left(\frac{1}{2}x_1^2 + x_2^2 - x_1 x_2 - 2x_1 - 6x_2 \right)_{\min}$$

其中，

$$\begin{cases} x_1 + x_2 \leqslant 2 \\ -x_1 + 2x_2 \leqslant 2 \\ 2x_1 + x_2 \leqslant 3 \\ x_1 \geqslant 0, x_2 \geqslant 0 \end{cases}$$

由 $f(x) = \frac{1}{2}x'Hx + f'x$，则 $H = \begin{bmatrix} 1, -1 \\ -1, 2 \end{bmatrix}, f = \begin{bmatrix} -2 \\ -6 \end{bmatrix}, x = \begin{bmatrix} x_1 \\ x_2 \end{bmatrix}$。

MATLAB 编程如下：

```
>> H = [1, -1; -1,2];
>> f = [-2; -6];
>> A = [1,1; -1,2; 2,1];
>> b = [2; 2; 3];
>> lb = zeros(2,1);
>> [x,fval,exitflag,output,lambda] = quadprog(H,f,A,b,[ ],[ ],lb)
```

运行程序输出结果如下：

```
x =                          % 最优解
    0.6667
    1.3333
```

```
fval =                        %最优值
    - 8.2222
exitflag =                    %收敛
     1
output =
      iterations: 3
       algorithm: 'medium - scale: active - set'
    firstorderopt: [ ]
     cgiterations: [ ]
lambda =
       lower: [2x1 double]
       upper: [2x1 double]
       eqlin: [0x1 double]
     ineqlin: [3x1 double]
>> lambda. ineqlin
ans =
    3.1111
    0.4444
         0
>> lambda. lower
ans =
    0
    0
```

说明：第一个和第二个约束条件有效，其余无效。

1.8　本章小结

本章主要介绍了 MATLAB 常见的应用功能。MATLAB 是一款强大的数据处理软件，能够适应各种系统，并能够通过矩阵运算，快速实现问题的求解。本章以 MATLAB 基本运算为主，讲解了 MATLAB 基本命令的使用和相关的程序设计方法，并介绍了 MATLAB 绘图工具的使用，MATLAB 微积分运算以及线性规划、非线性规划问题的求解等，整章内容较为充实。

第 **2** 章 Simulink 仿真入门

Simulink 是 MATLAB 最重要的组件之一,它提供了一个动态系统建模、仿真和综合分析的集成环境。在该环境中,无须编写大量程序,而只需要通过简单直观的鼠标操作,就可构造出复杂的系统。Simulink 具有适应面广、结构和流程清晰及仿真精细、贴近实际、效率高、灵活等优点。基于以上优点,Simulink 已被广泛应用于控制理论和数字信号处理的复杂仿真和设计,同时有大量的第三方软件和硬件可应用于 Simulink。

学习目标:

(1) 学习和掌握 Simulink 基本操作;

(2) 学习和掌握 Simulink 运行仿真参数设置;

(3) 学习和掌握 Simulink 创建模型的方法;

(4) 学习和掌握 Simulink 简单的仿真分析等。

2.1 Simulink 基本操作

Simulink 用于动态系统和嵌入式系统的多领域仿真,它是基于模型的设计工具。对各种时变系统,包括通信、控制、信号处理、视频处理和图像处理系统,Simulink 提供了交互式图形化环境和可定制模块库来进行设计、仿真、执行和测试。

Simulink 具有很多优点,具体如下:

(1) 具备丰富的可扩充的预定义模块库;

(2) 拥有交互式的图形编辑器以组合和管理直观的模块图;

(3) 可以以设计功能的层次性来分割模型,实现对复杂设计的管理;

(4) 通过 Model Explorer 导航、创建、配置并搜索模型中的任意信号、参数和属性,生成模型代码;

(5) 提供 API 用于与其他仿真程序的连接或与手写代码集成;

(6) 使用 Embedded MATLAB 模块在 Simulink 和嵌入式系统执行中调用 MATLAB 算法;

(7) 使用定步长或变步长运行仿真,根据仿真模式(包括 Normal,

Accelerator，Rapid Accelerator)来决定以解释性的方式运行或以编译 C 代码的形式来运行模型；

（8）使用图形化的调试器和剖析器以检查仿真结果，诊断设计的性能和异常行为；

（9）可访问 MATLAB 从而对结果进行分析与可视化，定制建模环境，定义信号参数和测试数据；

（10）利用模型分析和诊断工具来保证模型的一致性，确定模型中的错误。

2.1.1 运行 Simulink

MATLAB 有两种启动 Simulink 的方式，具体如下：

（1）在 MATLAB 命令窗口中输入 Simulink，结果将在桌面上出现一个称为 Simulink Library Browser 的窗口，该窗口列出了按功能分类的各种模块的名称，具体如图 2-1 所示。等待计算机反应后，弹出 Simulink 窗口，如图 2-2 所示。

图 2-1　在命令窗口输入 Simulink

（2）用户也可以通过 MATLAB 主窗口的快捷按钮打开 Simulink Library Browser 窗口，相应地打开 Simulink Library Browser 模块库窗口，如图 2-3 所示。

图 2-2　Simulink Library Browser 窗口　　　　图 2-3　Simulink 快捷图标

2.1.2　Simulink 模块库

Simulink 模块库包括很多工具箱,这使得用户能够针对不同行业的数学模型进行快速设计。如图 2-2 所示,左侧的模块库和工具箱(Block and Toolboxes)栏中列出了各领域开发的仿真环节库。

主要的仿真环节库有:

(1) 控制系统工具箱(Control System Toolbox);

(2) 通信模块工具箱(Communications Blockset);

(3) 数字信号处理模块工具箱(DSP Blockset);

(4) 非线性控制模块工具箱(NCD Blockset);

(5) 定点处理模块工具箱(Fixed-Point Blockset);

(6) 状态流(StateFlow);

(7) 系统辨识模块工具箱(System ID Blockset);

(8) 神经网络模块工具箱(Neural Network Blockset);

(9) 模糊逻辑工具箱(Fuzzy Logic Toolbox)。

其中,控制系统工具箱应用最为广泛,具体的 Simulink 模块库如下:

1) 常用模块库

常用模块如图 2-4 所示,包括用户常用的模块集,通常该常用模块为一般 Simulink 模型的基本构建模块,例如输入、输出、示波器、常数输出、加减运算和乘除运算等。

2) 连续函数模块

连续函数模块如图 2-5 所示,主要用于控制系统的拉氏变换,主要为积分环节、传递函数、抗饱和积分和延迟环节等。

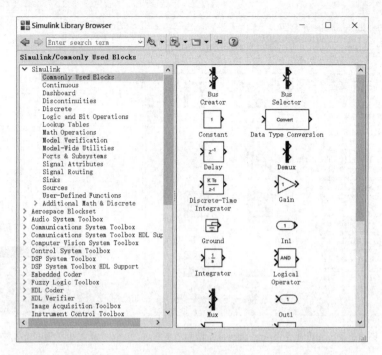

图 2-4　常用模块库

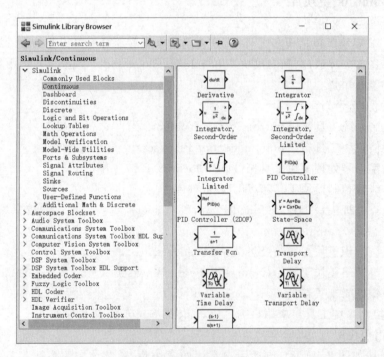

图 2-5　连续函数模块

3）非连续函数模块

非连续函数模块如图 2-6 所示，主要包括死区、信号的一阶导数 Rate Limiter 模块、阶梯状输出 Quantizer 模块、约定信号输出的上下界 Saturation 以及 Relay 环节等。

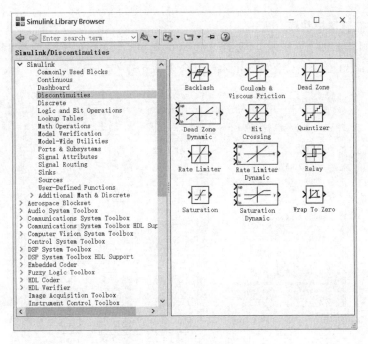

图 2-6　非连续函数模块

4）离散函数模块

离散函数模块如图 2-7 所示,主要将拉氏变换后的传递函数经 Z 变换离散化,从而实现传递函数的离散化建模。离散化系统容易进行程序移植,因此广泛应用在各种控制器仿真设计中。具体的离散模块库包括延时 Delay 环节、导数 Difference、离散零极点配置 Discrete Zero-Pole 和离散时间积分环节等。

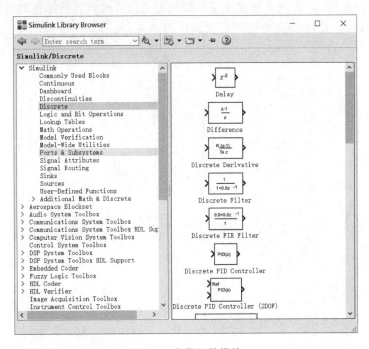

图 2-7　离散函数模块

5）逻辑控制器模块库

逻辑控制器如图 2-8 所示，主要用于逻辑位运算，在常用的系统建模中较少用到，主要包括位清除 Bit Clear、位设置 Bit Set、组合逻辑运算 Combinatorial Logic 等。

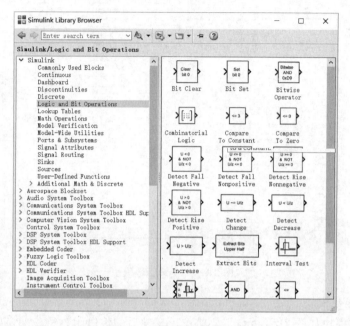

图 2-8　逻辑控制器模块库

6）查表模块库

查表模块库如图 2-9 所示，包括 1-D Lookup Table、2-D Lookup Table、Direct Lookup Table(n-D)等，作用是根据模块参数的定义值对输入进行插值映射输出，输出的值定义为 Table 参数，方便用户进行定义和应用。

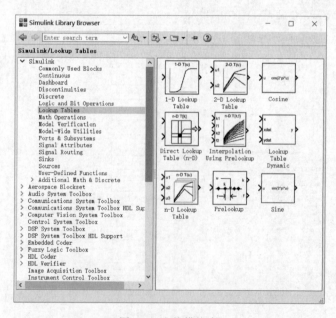

图 2-9　查找模块库

7）数学模块库

数学模块库如图 2-10 所示，主要包括绝对值计算 Abs、加减运算 Add、放大缩小倍数运算 Gain 和乘除运算 Product 等，用户可根据模型表达式构建相应的不同模块，实现表达式计算的功能，该数学模块库基本涵盖了所有的基本运算功能。

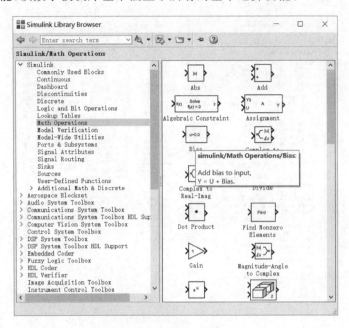

图 2-10　数学模块库

8）数据输出显示库

数据输出显示库如图 2-11 所示，包括输出端 Out1、示波器 Scope 和数据显示 Display 等模块，方便用户搭建模型后，进行仿真观察模型输出参数值的变化图。

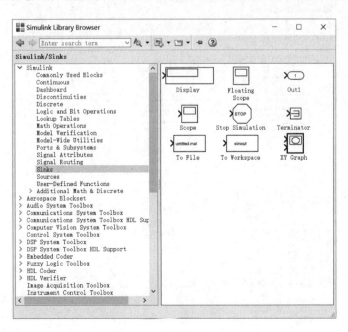

图 2-11　数据输出显示库

9）信号源模块库

信号源模块库如图 2-12 所示，该模块库包含白噪音发生器 Band-Limited White Noise、时钟发生器 Clock、常数设置 Constant、正弦函数 Sine 和阶跃响应函数 Step 等，用户可以根据需要，选择不同的信号发生器进行系统响应仿真。

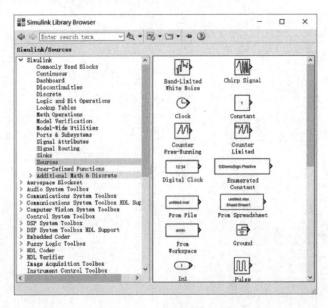

图 2-12　信号源模块库

10）用户自定义模块

用户自定义模块如图 2-13 所示，该模块主要供用户自己编写相应的程序进行系统仿真，从而实现快速建模仿真。

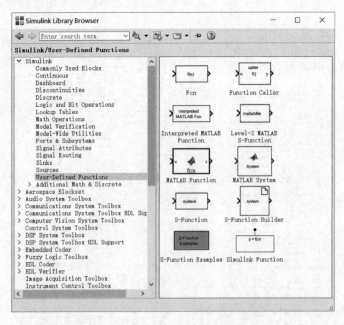

图 2-13　用户自定义模块

另外,还有模型验证库 Model-Verification、子系统模块库 Ports&Subsystems、航空器模块库 Aerospace Blockset 和通信模块 Communications System Toolbox 等,用户可以根据实际问题背景以及模型需要,选择不同的模块进行设计。

2.1.3 Simulink 模块的操作

图 2-14 所示为 Simulink 模块仿真图。

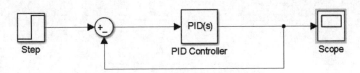

图 2-14 Simulink 模块仿真图

该 Simulink 模块仿真图的搭建,主要有以下几步:

(1) 在命令行窗口输入 Simulink,打开 Simulink 模块库界面,如图 2-15 所示。

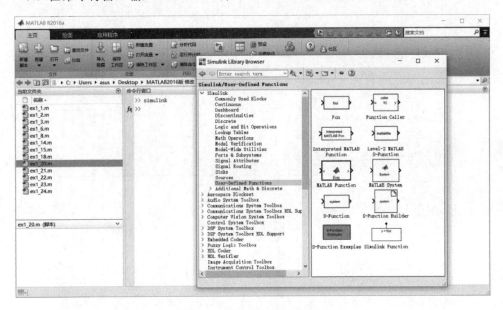

图 2-15 Simulink 模块库界面

(2) 新建一个仿真文件,单击 Simulink Library Browser 界面左上方 File 下的图标,弹出新建的 Simulink 文件,如图 2-16 所示。

(3) 单击新建文件的"保存"按钮,进行该 Simulink 文件的保存操作并命名,在此程序中,命名为"ysw2_1",即生成一个 Simulink 文件 ysw2_1.slx。

(4) 在 Simulink Library Browser 界面上进行每一个仿真元件的寻找,查询位置如图 2-17 所示。

(5) 输入 Step 进行查找,得到相应的查找结果,如图 2-18 所示。

(6) 选择查询的结果并拖放到新建的 Simulink 文件 ysw2_1.slx 下,依次查询其他的 sum、PID 和 scope 元件,将它们放入 Simulink 文件 ysw2_1.slx 下,如图 2-19 所示。

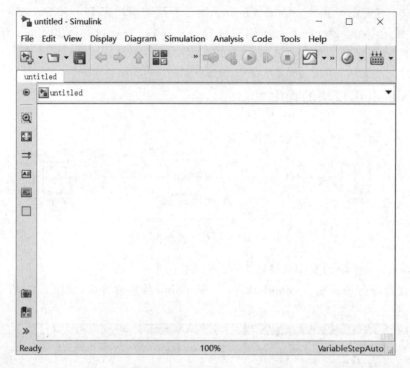

图 2-16   新建的 Simulink 文件

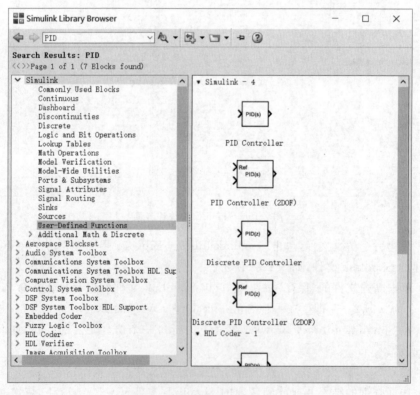

图 2-17   仿真元件的寻找

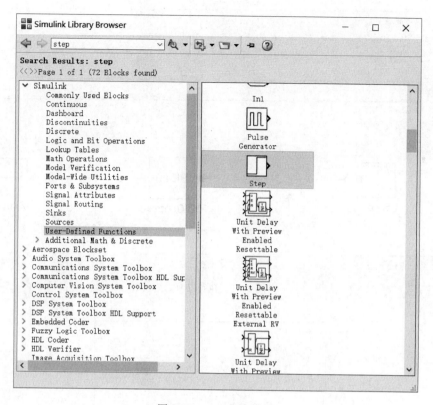

图 2-18　step 查询结果

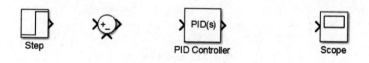

图 2-19　元件查找

（7）依次搭建每一个模块，通过连线构成一个系统，得到相应的仿真结果如图 2-20 所示。

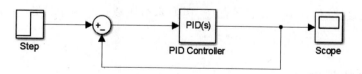

图 2-20　Simulink 仿真结果

图 2-20 所示的仿真模型与图 2-14 的 Simulink 模块仿真图一致，设置相应元器件的参数，单击该仿真文件的"运行"按钮，进行模型仿真，如图 2-21 所示。

（8）待仿真结束，单击示波器，弹出示波器图形界面，如图 2-22 所示。

至此，一个简单的 Simulink 模型由搭建、仿真到生成图形的过程，全部结束。

Simulink 模型搭建较简单，关键是 Simulink 模型所代表的数学模型，通常情况下，数学模型限制了 Simulink 资源的使用。

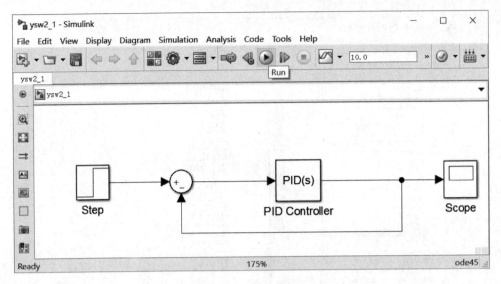

图 2-21　执行按钮

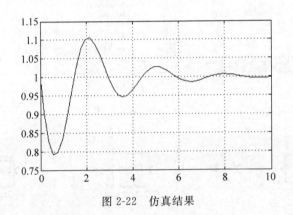

图 2-22　仿真结果

2.2　运行仿真及参数设置简介

　　Simulink 仿真文件建立后,常常会出现仿真故障诊断问题,导致仿真不通过,系统会提示仿真步长设置、仿真参数设置等问题,因此本节主要讨论 Simulink 仿真文件的运行及参数设置。

2.2.1　模型的创建

　　Simulink 模型窗口的常用菜单如表 2-1 所示。

　　1. 模块的复制

　　在 Simulink 模型搭建过程中,模块的复制能够为用户提供快捷的操作方式,具体的复制操作如下:

表 2-1　模型窗口常用菜单

菜　单　名	菜　单　项	功　　能
File	New→Model	新建模型
	Model properties	模型属性
	Preferences	Simulink 界面的默认设置选项
	Print…	打印模型
	Close	关闭当前 Simulink 窗口
	Exit MATLAB	退出 MATLAB 系统
Edit	Create subsystem	创建子系统
	Mask subsystem…	封装子系统
	Look under mask	查看封装子系统的内部结构
	Update diagram	更新模型框图的外观
View	Go to parent	显示当前系统的父系统
	Model browser options	模型浏览器设置
	Block data tips options	鼠标位于模块上方时显示模块内部数据
	Library browser	显示库浏览器
	Fit system to view	自动选择最合适的显示比例
	Normal	以正常比例(100%)显示模型
Simulation	Start/Stop	启动/停止仿真
	Pause/Continue	暂停/继续仿真
	Simulation Parameters…	设置仿真参数
	Normal	普通 Simulink 模型
	Accelerator	产生加速 Simulink 模型
Format	Text alignment	标注文字对齐工具
	Filp name	翻转模块名
	Show/Hide name	显示/隐藏模块名
	Filp block	翻转模块
	Rotate block	旋转模块
	Library link display	显示库链接
	Show/Hide drop shadow	显示/隐藏阴影效果
	Sample time colors	设置不同的采样时间序列的颜色
	Wide nonscalar lines	粗线表示多信号构成的向量信号线
	Signal dimensions	注明向量信号线的信号数
	Port data types	标明端口数据的类型
	Storage class	显示存储类型
Tools	Data explorer…	数据浏览器
	Simulink debugger…	Simulink 调试器
	Data class designer	用户定义数据类型设计器
	Linear Analysis	线性化分析工具

1) 不同模型窗口(包括模型库窗口)之间的模块复制

(1) 选定模块,用鼠标将其拖到另一模型窗口。

(2) 选定模块,使用菜单的 Copy 和 Paste 命令。

(3) 选定模块,使用工具栏的 Copy 和 Paste 按钮。

2）在同一模型窗口内的复制模块（如图1-8所示）

（1）选定模块，按下鼠标右键并拖动模块到合适的地方，释放鼠标。

（2）选定模块，按住Ctrl键，再用鼠标拖动对象到合适的地方，释放鼠标。

（3）使用菜单和工具栏中的Copy和Paste按钮。

具体复制操作如图2-23所示。

图2-23　模块的复制

2．模块的移动

（1）在同一模型窗口中移动模块，选定需要移动的模块，用鼠标将模块拖到合适的地方。

（2）在不同模型窗之间移动模块，用鼠标移动的同时按下Shift键。

（3）当模块移动时，与之相连的连线也随之移动。

3．模块的删除

删除模块时，应选定待删除模块，按Delete键；或者使用菜单Edit、Clear或Cut。

4．改变模块大小

选择需要改变大小的模块，出现"小黑块"编辑框后，用鼠标拖动编辑框，可以实现放大或缩小，具体如图2-24所示。

5．模块的翻转

1）模块翻转180°

选定模块，选择菜单Format→Flip Block可以将模块旋转180°。

2）模块翻转90°

选定模块，选择菜单Format→Rotate Block可以将模块旋转90°，如果一次翻转不能达到要求，可以通过多次翻转来实现，或者使用Ctrl＋R快捷键实现模块的翻转。具体如图2-25所示。

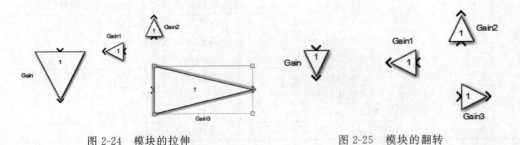

图2-24　模块的拉伸　　　　　　　　图2-25　模块的翻转

6．模块名的编辑

（1）修改模块名：单击模块下面或旁边的模块名，出现虚线编辑框就可对模块名进行修改。

（2）模块名字体设置：选定模块，选择菜单 Format→Font，打开字体对话框设置字体。

（3）模块名的显示和隐藏：选定模块，选择菜单 Format→Hide/Show name，可以隐藏或显示模块名。

（4）模块名的翻转：选定模块，选择菜单 Format→Flip name，可以翻转模块名。

2.2.2　模块的连接与简单处理

1. 模块间连线

（1）先将光标指向一个模块的输出端，待光标变为十字符后，按下鼠标右键并拖动，直到另一模块的输入端。

（2）按住 Ctrl 键，并选中两个模块，Simulink 模块之间将自动连线，在模块很密集的情况下，该方法能够解决用户不好连线的问题。

Simulink 模块之间自动连线如图 2-26 所示。

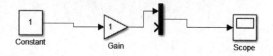

图 2-26　Simulink 模块之间自动连线

2. 信号线的分支和折曲

1）分支的产生

将光标指向信号线的分支点上，按下鼠标右键，光标变为十字符，拖动鼠标直到分支线的终点，释放鼠标；或者按住 Ctrl 键，同时按下鼠标左键拖动鼠标到分支线的终点，如图 2-27 所示。

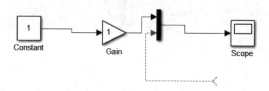

图 2-27　信号线的分支

2）信号线的折线

选中已存在的信号线，将光标指向折点处，按住 Shift 键，同时按下鼠标左键，当光标变成小圆圈时，用鼠标拖动小圆圈将折点拉至合适处，释放鼠标，如图 2-28 所示。

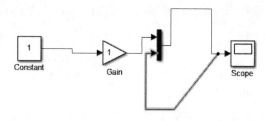

图 2-28　信号线的折线操作

3. 信号线文本注释(Label)

（1）添加文本注释：双击需要添加文本注释的信号线，则出现一个空的文字填写框，在其中输入文本即可。

（2）修改文本注释：单击需要修改的文本注释，出现虚线编辑框即可修改文本。

（3）移动文本注释：单击标识，出现编辑框后，就可以移动编辑框。

（4）复制文本注释：单击需要复制的文本注释，按下 Ctrl 键同时移动文本注释，或者使用菜单和工具栏的复制操作。

文本注释操作具体如图 2-29 所示。

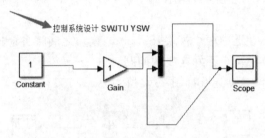

图 2-29　文本注释

4. 在信号线中插入模块

如果模块只有一个输入端口和一个输出端口，则该模块可以直接被插入到一条信号线中。

具体在信号线中插入模块时，信号线将自动连接，如图 2-30 所示。

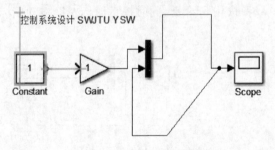

图 2-30　模块连线自动识别

2.2.3　仿真参数设置简介

在模型窗口选择菜单 Simulation→Model Configuration parameters，则会打开参数设置对话框，如图 2-31 所示。

1. Solver 页的参数设置

1) 仿真的起始和结束时间

仿真时间设置包括仿真的起始时间(Start time)和仿真的结束时间(Stop time)。

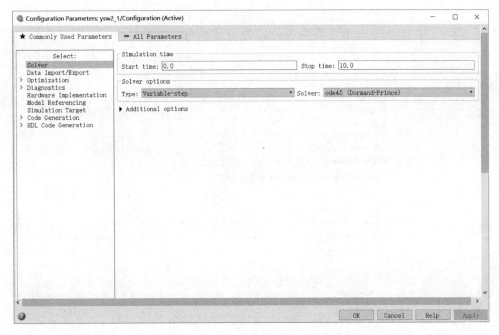

图 2-31　Solver 页的参数设置

2）仿真步长

仿真的过程一般是求解微分方程组，Solve options 的内容是针对解微分方程组的设置选项。

3）仿真解法

可在 Type 的右边设置仿真解法的具体算法类型。

4）输出模式

根据需要选择输出模式（Output options），可以达到不同的输出效果。

2. Data Import/Export 的设置

如图 2-32 所示，可以设置 Simulink 从工作空间输入数据、初始化状态模块，也可以把仿真的结果、状态模块数据保存到当前工作空间。

Data Import/Export 设置包括以下内容：

（1）从工作空间装载数据（Load from workspace）。

（2）保存数据到工作空间（Save to workspace）。

（3）Time 栏：勾选 Time 栏后，模型将把（时间）变量以在右边空白栏填写的变量名（默认名为 tout）存放于工作空间。

（4）States 栏：勾选 States 栏后，模型将把其状态变量以在右边空白栏填写的变量名（默认名为 xout）存放于工作空间。

（5）Output 栏：如果模型窗口中使用输出模块 Out，那么就必须勾选 Output 栏，并填写在工作空间中的输出数据变量名（默认名为 yout）。

（6）Final state 栏：勾选 Final state 栏后，将在右边空白栏填写的名称（默认名为

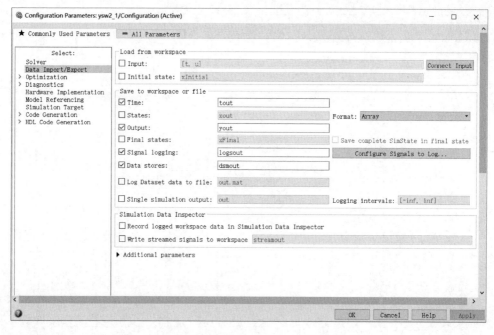

图 2-32　Data Import/Export 的设置

xFinal)存放于工作空间。

（7）变量存放选项（Save options）：Save options 必须与 Save to workspace 配合使用。

2.3　子系统及其封装

子系统类似于编程语言中的子函数。建立子系统有两种方法：在模型中新建子系统以及在已有的子系统的基础上建立。

2.3.1　创建子系统

打开 Simulink 模型库，建立相应的模型，并创建一个子系统。

在模型窗口中，用鼠标拖出的虚线框框住控制对象中的中间模块连接部分，选择菜单 Edit→Create subsystem，则系统如图 2-33 所示。

双击子系统，则会出现 Subsystem 模型窗口，如图 2-34 所示。

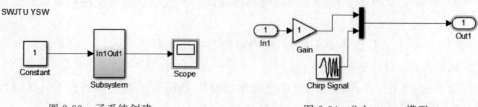

图 2-33　子系统创建　　　　　　　　　　　图 2-34　Subsystem 模型

可以看到子系统模型除了用鼠标框住的两个环节,还自动添加了一个输入模块 In1
和一个输出模块 Out1。该输入模块和输出模块将应用在主模型中作为用户的输入和输
出接口,如图 2-35 所示。运行仿真结果如图 2-36 所示。

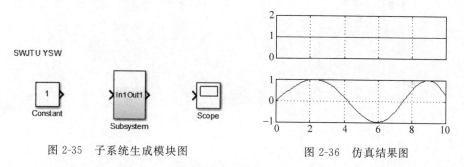

图 2-35　子系统生成模块图　　　　图 2-36　仿真结果图

新建一个 PID 控制器,在图 2-33 所示模型的基础上建立新子系统,利用 Simulink 模
型库中的模块搭建 PID 控制器,如图 2-37 所示。

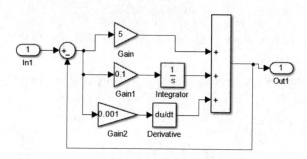

图 2-37　PID 子系统

将图 2-37 中的所有对象都复制到新的空白模型窗口中,双击打开子系统
Subsystem,则出现如图 2-37 所示的子系统模型窗口。子系统创建好后,复制粘贴操作
都是整体进行。

添加模型构成反馈环形成闭环系统,如图 2-38 所示。

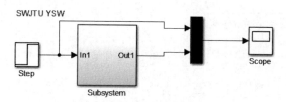

图 2-38　PID 闭环系统

运行仿真文件,得到结果如图 2-39 所示。
创建的子系统可以打开和修改,但不能再解除子系统设置。

2.3.2　使能子系统

建立一个用使能子系统(Enabled Subsystem)控制正弦信号为半波整流信号的模型。

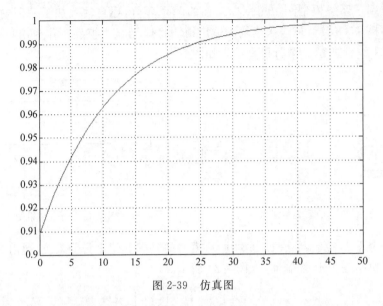

图 2-39　仿真图

模型由正弦信号 Sine Wave 为输入信号源,示波器 Scope 为接收模块,使能子系统 Enabled Subsystem 为控制模块。

连接模块,将 Sine Wave 模块的输出作为 Enabled Subsystem 的控制信号,模型如图 2-40 所示。

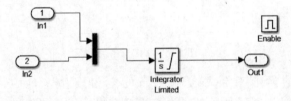

图 2-40　使能子系统

使能系统设置和 Out1 输出模块设置分别如图 2-41 和图 2-42 所示。

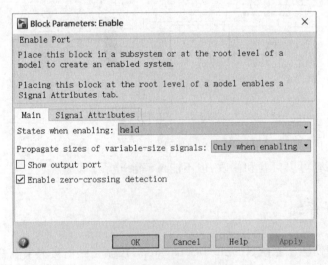

图 2-41　使能模块属性

Block Parameters: Out1 ×

Outport

Provide an output port for a subsystem or model. The 'Output when disabled' and 'Initial output' parameters only apply to conditionally executed subsystems. When a conditionally executed subsystem is disabled, the output is either held at its last value or set to the 'Initial output'.

Main | Signal Attributes

Port number:

1

Icon display: Port number

Source of initial output value: Dialog

Output when disabled: held

Initial output:

[]

OK Cancel Help Apply

图 2-42　Out1 输出模块属性

由此得到使能子系统如图 2-43 所示。

对该使能子系统进行仿真,由于 Enabled Subsystem 的控制为正弦信号,大于零时执行输出,小于零时就停止,则示波器显示为半波整流信号,如图 2-44 所示。

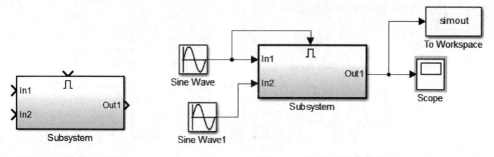

图 2-43　使能子系统　　　　图 2-44　使能系统仿真模型

运行仿真文件,输出结果如图 2-45 所示。

2.3.3　触发子系统

建立一个用触发子系统(Triggered Subsystem)控制正弦信号输出阶梯波形的模型。

模型由正弦信号 Sine Wave 为输入信号源,示波器 Scope 为接收模块,触发子系统 Triggered Subsystem 为控制模块,选择 Sources 模块库中的 Pulse Generator 模块为控制信号。

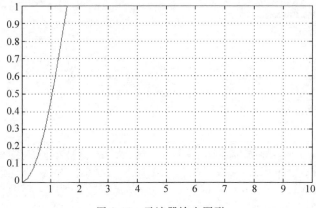

图 2-45　示波器输出图形

连接模块,将 Pulse Generator 模块的输出作为 Triggered Subsystem 的控制信号,如图 2-46 所示。

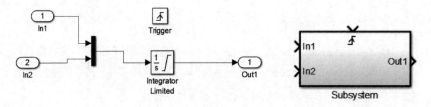

图 2-46　触发子系统

开始仿真,由于 Triggered Subsystem 的控制为正弦信号模块的输出,示波器输出如图 2-47 所示。

运行仿真文件,输出结果如图 2-48 所示。

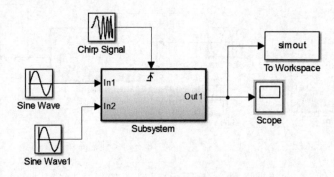

图 2-47　触发子系统模型

2.3.4　使能触发子系统

使能触发子系统(Enabled and Triggered Subsystem)就是触发系统和使能子系统的组合,含有触发信号和使能信号两个控制信号输入端,触发事件发生后,Simulink 检查使能信号是否大于 0,大于 0 就开始执行。

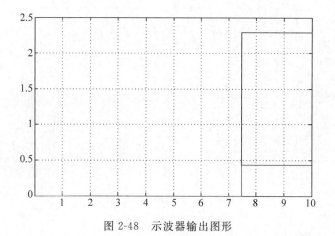

图 2-48　示波器输出图形

模型由正弦信号 Sine Wave 为输入信号源,示波器 Scope 为接收模块,触发子系统 Triggered Subsystem 为控制模块,使能子系统 Enabled Subsystem 为控制模块,选择 Sources 模块库中的 Random Number 模块为控制信号。

连接模块,将 Random Number 模块的输出作为 Triggered Subsystem 的控制信号,正弦信号 Sine wave 模块的输出作为 Enabled Subsystem 的控制信号,如图 2-49 所示。

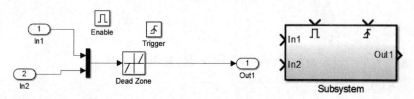

图 2-49　触发子系统

开始仿真,由于 Triggered Subsystem 的控制为正弦信号 Sine Wave 模块的输出,示波器输出如图 2-50 所示。

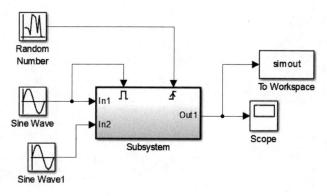

图 2-50　触发子系统模型

运行仿真文件,输出结果如图 2-51 所示。

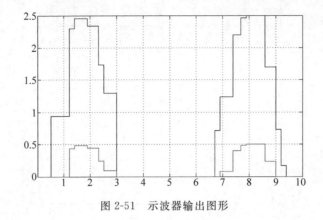

图 2-51　示波器输出图形

2.3.5　封装子系统

1. 封装子系统的步骤

(1) 选中子系统双击打开,给需要进行赋值的参数指定一个变量名;

(2) 选择菜单 Edit→Mask subsystem,出现封装对话框;

(3) 在封装对话框中的设置参数,主要有 Icon、Parameters、Initialization 和 Documentation 4 个选项卡。

2. Icon 选项卡

Icon 选项卡用于设定封装模块的名字和外观,如图 2-52 所示。

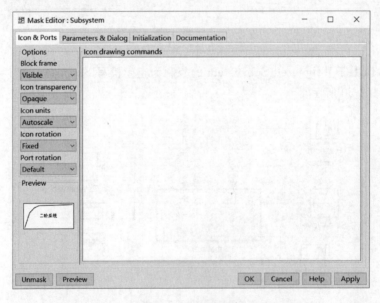

图 2-52　Icon 选项卡

Drawing commands 栏用于建立用户化的图标,可以在图标中显示文本、图像、图形或传递函数等。在 Drawing commands 栏中的命令如 Examples of drawing commands 的下拉列表所示,包括 plot、disp、text、port_label、image、patch、color、droots、dploy 和 fprintf。

3. Parameters & Dialog 选项卡

Parameters & Dialog 选项卡用于输入变量名称和相应的提示,如图 2-53 所示。

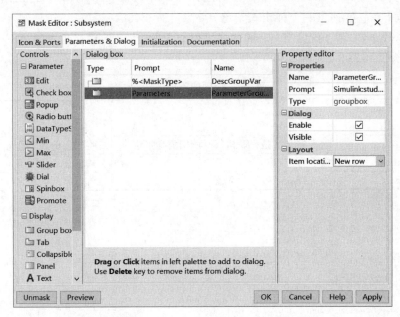

图 2-53　Parameters & Dialog 选项卡

用户可以从左侧添加功能进入 Dialog box 中,然后通过右击对该模块进行删除、复制和剪切等操作,具体如图 2-54 所示。

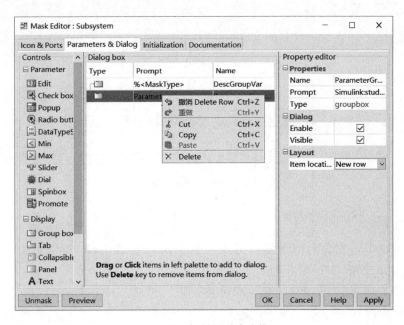

图 2-54　复制和删除功能

Dialog Parameters 选项卡中各选项的含义如下：

（1）Prompt：输入变量的提示，其内容会显示在输入提示中。

（2）Variable：输入变量的名称。

（3）Type：给用户提供设计编辑区的选择。Edit 提供一个编辑框；Checkbox 提供一个复选框；Popup 提供一个弹出式菜单。

（4）Evaluate：用于配合 Type 的选项提供相应的变量值，它有两个选项 Evaluate 和 Literal，其含义如表 2-2 所示。

表 2-2　选项的不同含义

Type \ Evaluate	on	off
Edit	输入的文字是程序执行时所用的变量值	将输入的内容作为字符串
Checkbox	输出为 1 和 0	输出为 on 或 off
Popup	将选择的序号作为数值，第一项为 1	将选择的内容当作字符串

4．Initialization 选项卡

Initialization 选项卡用于初始化封装子系统，具体如图 2-55 所示。该界面主要用于用户参数的初始化设置。

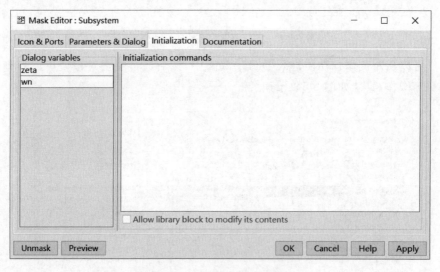

图 2-55　Initialization 选项卡

5．Documentation 选项卡

Documentation 选项卡用于编写与该封装模块对应的 Help 和说明文字，分别有 Type、Description 和 Help 栏。如图 2-56 所示。

（1）Type 栏：用于设置模块显示的封装类型。

（2）Description 栏：用于输入描述文本。

（3）Help 栏：用于输入帮助文本。

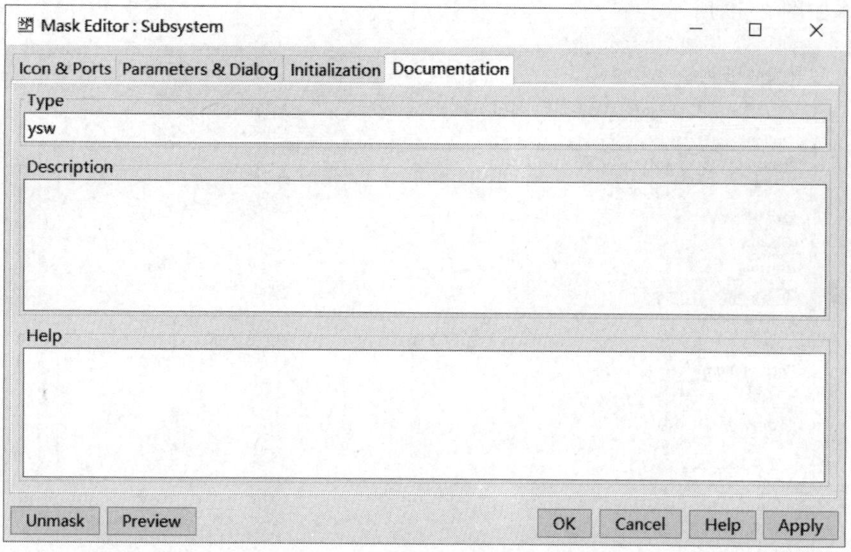

图 2-56 Documentation 选项卡

6. 按钮

参数设置对话框中的 Apply 按钮用于将修改的设置应用于封装模块；Unmask 按钮用于将封装撤销，双击该模块就不会出现定制的对话框。

例如创建一个二阶系统，并将该子系统进行封装。

创建一个二阶系统，将其闭环系统构成子系统并封装，将阻尼系数 zeta 和无阻尼频率 wn 作为输入参数。

（1）创建模型，并将系统的阻尼系数用变量 zeta 表示，无阻尼频率用变量 wn 表示，如图 2-57 所示。

（2）用虚线框框住反馈环，选择菜单 Edit→Create Subsystem，则产生子系统，如图 2-58 所示。

图 2-57 二阶系统

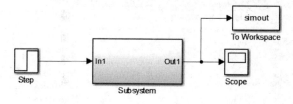

图 2-58 子系统

（3）封装子系统，选择菜单 Edit→Mask Subsystem，出现封装对话框，将 zeta 和 wn 作为输入参数。

在 Icon 选项卡中的 Icon drawing commands 栏中添加文字并绘制曲线，命令如下：

```
disp('二阶系统')
plot([0 1 2 3 10], - exp( - [0 1 2 3 10]))
```

具体如图 2-59 所示。

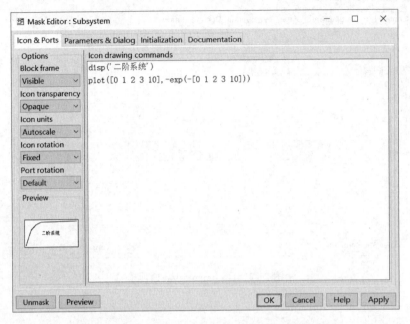

图 2-59　在 Icon drawing commands 栏中写程序

在 Parameters&Dialog 选项卡中，单击 <kbd>Parameter Edit</kbd> 按钮添加两个输入参数，设置 Prompt 分别为"阻尼系数"和"无阻尼振荡频率"，并设置 Type 栏分别为 Popup 和 Edit，对应的 Variable 为 zeta 和 wn，如图 2-60 所示。

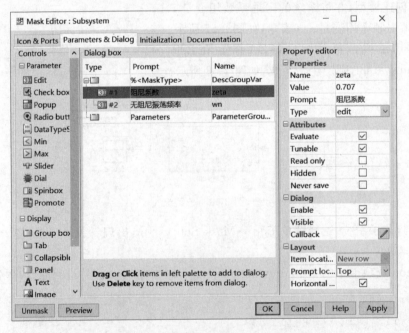

图 2-60　参数设置

在 Initialization 选项卡中初始化输入参数，如图 2-61 所示。

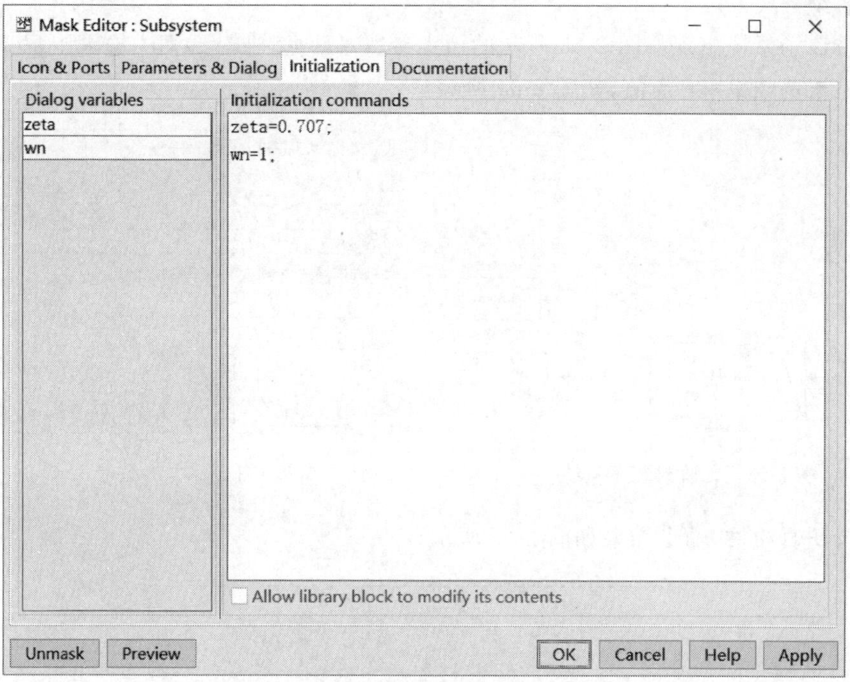

图 2-61　参数初始化

在 Documentation 选项卡中输入提示和帮助信息，如图 2-62 所示。

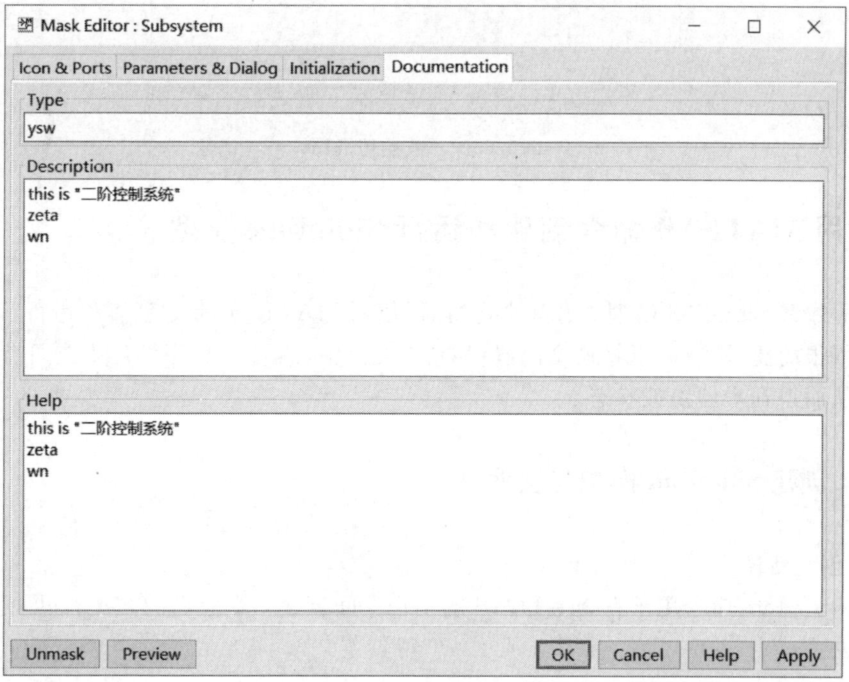

图 2-62　输入提示和帮助信息

单击 OK 按钮,完成参数设置,然后双击该封装子系统,则出现如图 2-63 所示的二阶封装子系统。

双击该子系统出现如图 2-63 所示的输入参数对话框,在对话框中输入阻尼系数 zeta 和无阻尼振荡频率 wn 的值,如图 2-64 所示。

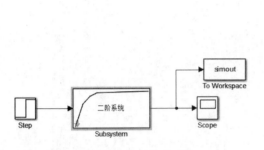 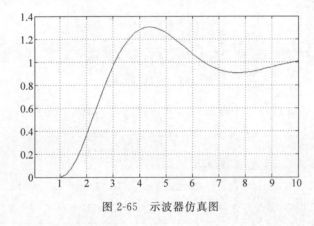

图 2-63　二阶封装子系统　　　　　　　　图 2-64　参数输入

运行仿真文件,输出结果如图 2-65 所示。

图 2-65　示波器仿真图

2.4　用 MATLAB 命令创建和运行 Simulink 模型

当程序和 Simulink 模型结合起来运行时,使用 MATLAB 命令创建和运行 Simulink 模型显得很简捷,用户可以将模型内嵌到 GUI 设计中,或者在程序设计中进行参数的循环运算从而得到最佳模拟状态。

2.4.1　创建 Simulink 模型与文件

1) 创建新模型

new_system 命令用于在 MATLAB 的工作空间创建一个空白的 Simulink 模型。

语法:

```
new_system('newmodel',option)      %创建新模型
```

说明：

（1）newmodel：表示模型名。

（2）option 选项可以是 Library 和 Model 两种，也可以省略，默认为 Model。

2）打开模型

open_system 命令用于打开逻辑模型，在 Simulink 模型窗口显示该模型。

语法：

```
open_system('model')          %打开模型
```

说明：

model：表示模型名。

3）保存模型

save_system 命令用于保存模型为模型文件，扩展名为 . slx。

语法：

```
save_system('model',文件名)        %保存模型
```

说明：

（1）model：模型名可省略，如果不给出模型名，则自动保存当前的模型。

（2）文件名：指保存的文件名，是字符串，也可省略，如果不省略则保存为新文件。

例如，用 MATLAB 命令创建新模型如下：

```
new_system('Ex0711model')            % 创建逻辑模型
open_system('Ex0711model')           % 打开模型
save_system('Ex0711model','Ex0711')  % 保存模型文件
```

2.4.2　添加模块和信号线

1）添加模块

使用 add_block 命令在打开的模型窗口中添加新模块。

语法：

```
add_block('源模块名','目标模块名','属性名 1',属性值 1,'属性名 2',属性值 2,…)
```

说明：

（1）源模块名：表示一个已知的库模块名，或在其他模型窗口中定义的模块名。Simulink 自带的模块为内在模块，例如正弦信号模块为 built-in/Sine Wave。

（2）目标模块名：表示在模型窗口中使用的模块名。

2）添加信号线

模块需要用信号线连接起来，添加信号线使用 add_line 命令。

语法：

```
add_line('模块名','起始模块名/输出端口号', '终止模块名/输入端口号')
add_line('模块名',m)
```

说明：

（1）模块名：表示在模型窗口中的模块名。

（2）m：表示有两列元素的矩阵，每列给出一个转折点坐标。

用 MATLAB 命令添加四个模块连接成一个二阶系统模型，代码如下：

```
clc,clear,close all
open_system('ysw2_9.slx');
add_block('built-in/Step','ysw2_9/Step','position',[20,100,40,120]) %添加阶跃信号模块
add_block('built-in/Sum','ysw2_9/Sum','position',[60,100,80,120])   %添加 Sum 模块
%添加传递函数模块
add_block('built-in/Transfer Fcn','ysw2_9/Fcn1','position',[120,90,200,130])
%添加示波器模块
add_block('built-in/Scope','ysw2_9/Scope','position',[240,100,260,120])
add_line('ysw2_9','Step/1','Sum/1')                                 %添加连线
add_line('ysw2_9','Sum/1','Fcn1/1')
add_line('ysw2_9','Fcn1/1','Scope/1')
add_line('ysw2_9','Fcn1/1','Sum/2')
```

程序中 position 为位置属性，模块名为 ysw2_9。结果出现如图 2-66 所示的模型。

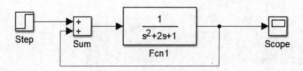

图 2-66　生成仿真图

3）删除模块

删除示波器模块可使用如下代码：

```
delete_block('ysw2_9/Scope')
```

结果出现如图 2-67 所示的模型。

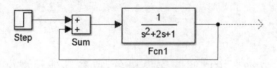

图 2-67　删除示波器模块

2.4.3　设置模型和模块属性

1）模型属性的获得

对 Simulink 模型进行属性的获取分析，MATLAB 函数如下：

```
f1 = simget('模型文件名')
```

说明：

模型文件名：默认为当前分析的 Simulink 文件。

对如图 2-66 所示的模型进行属性的获取分析，代码如下：

```
clc,clear,close all
open_system('ysw2_9.slx');
f1 = simget('ysw2_9')
```

运行程序输出结果如下：

```
f1 =

           AbsTol: 'auto'          %绝对允许误差限
            Debug: 'off'           %是否允许跟踪调试
       Decimation: 1               %输出位数,每1个点输出1次
     DstWorkspace: 'current'       %输出量工作空间
   FinalStateName: ''              %状态变量名
        FixedStep: 'auto'          %定步长
     InitialState: []              %初始状态向量
      InitialStep: 'auto'          %初始步长
         MaxOrder: 5               %最高算法阶次
       SaveFormat: 'Array'         %变量类型
     MaxDataPoints: 1000           %最大返回点数
          MaxStep: 'auto'          %最大步长
          MinStep: []              %最小步长
     OutputPoints: 'all'           %输出点
  OutputVariables: 'ty'            %输出变量
           Refine: 1               %插值点
           RelTol: 0.0010          %相对误差
           Solver: 'ode45'         %仿真算法
     SrcWorkspace: 'base'          %输入量工作空间
            Trace: ''              %是否逐步显示
       ZeroCross: 'on'             %检测过零点
```

2）设置模块和信号线属性

设置如图 2-66 所示模型中各模块的属性，程序如下：

```
clc,clear,close all
open_system('ysw2_9.slx');
set_param('ysw2_9','StopTime','15')                %设置采样停止时间
set_param('ysw2_9/Step','time','0')                %设置阶跃信号上升时间
set_param('ysw2_9/Sum','Inputs','+-')              %设置 Sum 模块信号的符号
set_param('ysw2_9/Fcn1','Denominator','[1 0.6 0]')  %设置传递函数分母
```

系统模型框图如图 2-68 所示。

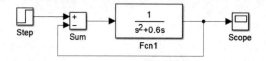

图 2-68　仿真参数设置

2.4.4　仿真

使用 sim 命令可以在命令窗口方便地对模型进行分析和仿真。

语法：

```
[t,x,y] = sim('model',timespan,options,ut)        % 利用输入参数进行仿真,输出矩阵
[t,x,y1,y2, …] = sim('model',timespan,options,ut)  % 利用输入参数进行仿真,逐个输出
```

说明：

（1）model：表示模型名；

（2）timespan：是仿真时间区间,可以是[t0, tf],表示起始时间和终止时间,也可以是[],利用模型对话框设置时间,如果是标量则指终止仿真时间；

（3）options 参数为模型控制参数；

（4）ut 为外部输入向量；

（5）t 为时间列向量；

（6）x 为状态变量构成的矩阵；

（7）y 为输出信号构成的矩阵,每列对应一路输出信号。

仿真中 timespan、options 和 ut 参数都可省略。

运行二阶系统的阶跃响应,代码如下：

```
[t,x,y] = sim('Ex0711',[0,15]);
plot(t,x(:,2))
```

运行仿真输出结果如图 2-69 所示。

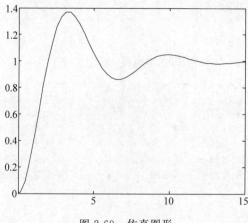

图 2-69　仿真图形

2.5　本章小结

　　本章主要介绍了 MATLAB/Simulink 工具的使用,包括 Simulink 的仿真入门操作、Simulink 运行仿真参数的设置、Simulink 子系统的创建和封装、Simulink(使能)触发子系统的创建与仿真,以及用 MATLAB 命令代码进行 Simulink 模型创建与仿真,整体结构框架清晰明了,可帮助读者循序渐进地掌握 Simulink 的简单使用。

第3章 Simulink 模型的建立与仿真

Simulink 是 MATLAB 的仿真工具箱,它是面向框图的仿真软件。Simulink 能用绘制方框图代替程序,结构和流程清晰;利用 Simulink 可智能化地建立和运行仿真,仿真精细、贴近实际。Simulink 适应面广。可应用于线性、非线性系统,连续、离散及混合系统,以及单任务、多任务离散事件系统。采用 Simulink 模块库能够方便地进行模型的编辑和仿真构建。

学习目标:

(1) 学习 Simulink 基本库原件;

(2) 学习 Simulink 各模块的使用;

(3) 学习 Simulink 各模块的参数配置;

(4) 学习使用 Simulink 各模块搭建仿真框图。

3.1 Simulink 模块库简介

在 MATLAB 命令行窗口输入 simulink,打开 Simulink 工具箱,进行 Simulink 工具箱模块库的学习。Simulink 模块库很庞大,以下将主要介绍常规的 Simulink 应用模块,包括信号源模块组、连续模块组、离散模块组、查表模块组、用户自定义函数模块组、数学运算模块组、非线性模块组、输出池模块组、信号与系统模块组、子系统模块组、常用模块组、其他工具箱与模块集等。

3.2 信号源模块组

Simulink 模块库中提供了丰富的信号源模块组,下面逐一介绍。

3.2.1 Clock 模块

时钟模块以及时钟模块的属性如图 3-1 所示。

时钟模块如图 3-1 所示,在 Simulink 仿真中,时钟模块主要用于计时,效果很直观。

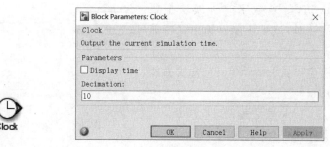

图 3-1 时钟模块

在时钟模块的属性窗口中：

（1）Display time：如果该复选框被选中，则该时钟模块在仿真过程中，界面将显示时间，如果不显示，则可将其输入到工作区中。

（2）Decimation：默认为 10，Decimation 的数值可以为任意整数，在仿真过程中，随着时钟不断地更新，其数值不断增加，例如对于 10s 的仿真，系统 Decimation 默认为 10，则表示系统将以 1s、2s、3s、…、10s 依次递增。

搭建时钟模块如图 3-2 所示。

运行仿真文件，输出结果如图 3-3 所示。

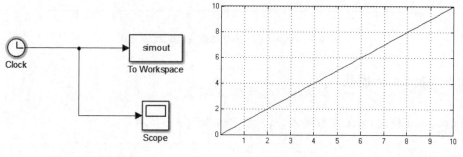

图 3-2 时钟使用   图 3-3 时钟模块示波器时钟变化图

3.2.2 Digital Clock 模块

数字时钟模块以及数字时钟模块的属性如图 3-4 所示。

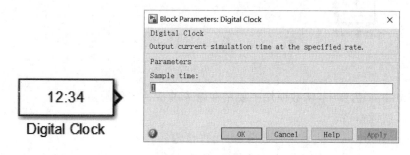

图 3-4 数字时钟模块

在 Simulink 仿真中，数字时钟模块主要用于离散系统的计时，该模块能够输出保持前一次的值不变。

对于其属性窗口：Sample time 表示采样时间，默认值为 1s。

搭建 Digital Clock 模块如图 3-5 所示。

运行仿真文件，输出结果如图 3-6 所示。

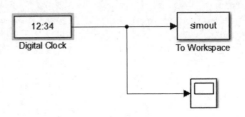

图 3-5　Digital Clock 模块使用

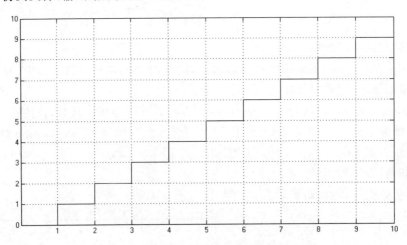

图 3-6　Digital Clock 模块示波器时钟变化图

3.2.3　Constant 模块

Constant 模块，表示常数输入，其模块属性如图 3-7 所示。

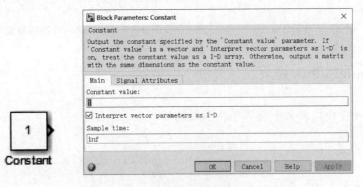

图 3-7　Constant 模块

在 Simulink 仿真中，常数模块主要用在输入的量为定值的情况。

对于其属性窗口：

（1）Constant value：表示常数值，由用户指定。

（2）Sample time：表示采样时间，默认值为 inf，也可以设置为与系统的采样时间相一致。

搭建 Constant 模块如图 3-8 所示。

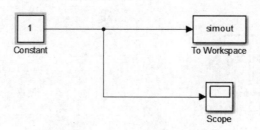

图 3-8　Constant 模块使用

运行仿真文件,输出结果如图 3-9 所示。

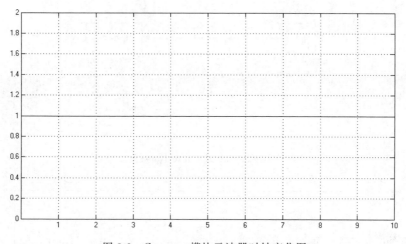

图 3-9　Constant 模块示波器时钟变化图

3.2.4　Band-Limited White Noise 模块

Band-Limited White Noise 模块产生服从正态分布的随机数,用于混合系统或者连续系统,用户可以采样该模块产生比系统最小时间常数更小的相关时间的随机序列来模拟白噪声的效果,通常噪声的相关时间 t 可计算如下:

$$t = \frac{2\pi}{100 f_{max}}$$

其中,f_{max}(rad/s)表示系统的带宽。

采用时间 t 作为换算因子,保证了一个连续系统对我们需要近似模拟的白噪声应具有的系统方差(系统噪声),Band-Limited White Noise 模块属性如图 3-10 所示。

对于其属性窗口:

(1) Noise power:表示白噪声 PSD 的幅度,默认值为 0.1。

(2) Sample time:表示采样时间,默认值为 0.1。

(3) Seed:表示随机数信号发生器的初始种子,默认值为[23341]。

搭建 Band-Limited White Noise 模块如图 3-11 所示。

运行仿真文件,输出结果如图 3-12 所示。

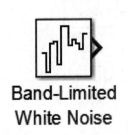
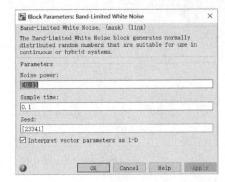

图 3-10　Band-Limited White Noise 模块

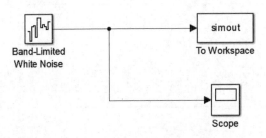

图 3-11　Band-Limited White Noise 模块使用

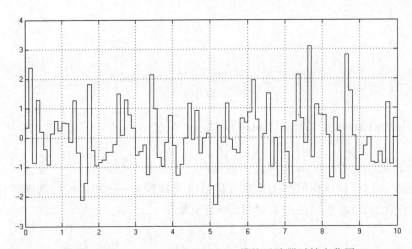

图 3-12　Band-Limited White Noise 模块示波器时钟变化图

3.2.5　Chirp Signal 模块

Chirp Signal 模块产生频率随时间线性增加的正弦信号,即调频信号,该模块可用于非线性系统的谱分析,且以矢量或标量输出。

Chirp Signal 模块的模块属性如图 3-13 所示。

对于其属性窗口:

(1) Initial frequency(Hz):表示信号的初始化频率,指定为标量或矢量,默认值为

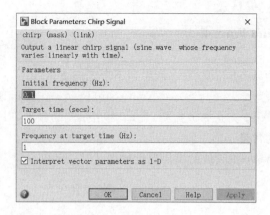

图 3-13　Chirp Signal 模块

0.1。

（2）Target time(secs)：表示频率变化的最大时间，默认值为 100。

（3）Frequency at target time(Hz)：表示对应目标时间的信号频率，输入为矢量或标量，默认值为 1。

搭建 Chirp Signal 模块如图 3-14 所示。

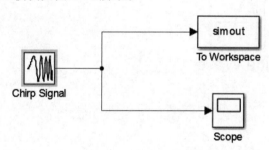

图 3-14　Chirp Signal 模块使用

运行仿真文件，输出结果如图 3-15 所示。

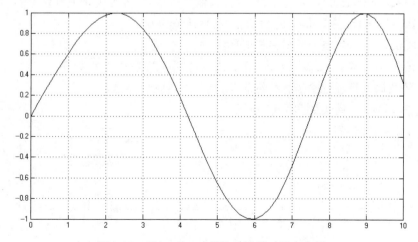

图 3-15　Chirp Signal 模块示波器时钟变化图

3.2.6　Sine Wave 模块

Sine Wave 正弦波模块,产生如下形式的正弦波:
$$f(t) = \text{Amp} \cdot \sin(\text{Freq} \cdot t + \text{Phase}) + \text{Bias}$$

其中,Amp 为正弦波振幅,Freq 为正弦波的频率,Phase 为初始相位,Bias 为正弦波上下移动的常量。

Sine Wave 正弦波的模块属性如图 3-16 所示。

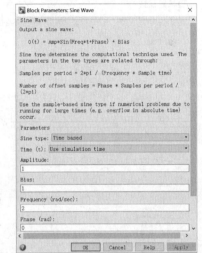

图 3-16　Sine Wave 正弦波模块

对于其属性窗口:

(1) Amplitude:表示正弦信号的振幅,指定为标量或矢量,默认值为 1。

(2) Bias:表示正弦信号离 0 均值线的偏移量,默认值为 0。

(3) Frequency(rad/sec):表示对应目标信号频率,输入为矢量或标量,默认值为 1。

(4) Phase(rad):表示信号的初始相位,默认值为 0。

(5) Sample time:表示系统采样时间。

(6) Inter vector parameters as 1-D:该复选框可以选中,也可以不选,选中表示信号按照一行的数据矢量进行输出;不勾选,则信号以列向量存储。

搭建 Sine Wave 模块如图 3-17 所示。

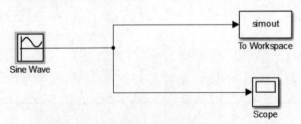

图 3-17　Sine Wave 模块使用

运行仿真文件,输出结果如图 3-18 所示。

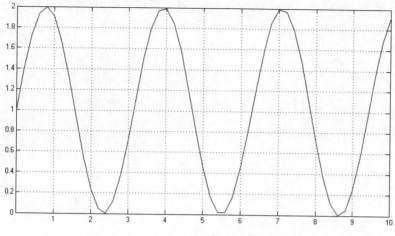

图 3-18　Sine Wave 模块示波器时钟变化图

3.2.7　Pulse Generator 模块

Pulse Generator 模块产生等间隔的脉冲波形,脉冲宽度就是脉冲持续高电平期间的数字采样周期数,脉冲周期等于脉冲持续高电平、低电平的数字采样周期之和,相位延迟则是起始脉冲所对应的数字采样周期数。

Pulse Generator 的模块属性如图 3-19 所示。

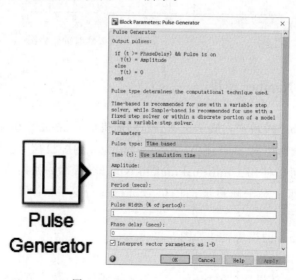

图 3-19　Pulse Generator 模块

对于其属性窗口:

(1) Amplitude:表示脉冲信号的振幅,指定为标量或矢量,默认值为 1。

(2) Period(secs):表示脉冲数字采样周期,默认值为 10。

(3) Pulse width(％of period):表示脉冲宽度,输入为矢量或标量,默认值为 5。

（4）Phase delay(secs)：表示信号的相位延迟,默认值为 0。

（5）Inter vector parameters as 1-D：该复选框可以选中,也可以不选,选中表示信号按照一行的数据矢量进行输出;不勾选,则信号以列向量存储。

搭建 Pulse Generator 模块如图 3-20 所示。

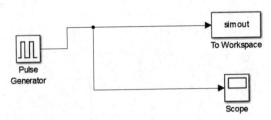

图 3-20　Pulse Generator 模块使用

运行仿真文件,输出结果如图 3-21 所示。

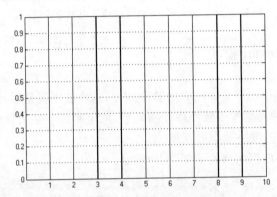

图 3-21　Pulse Generator 模块示波器时钟变化图

3.2.8　Random Number 模块

Random Number 模块产生服从正态分布的随机信号,在每次仿真开始时,种子都设置为指定的值,默认的情况下,产生方差为 1、均值为 0 的随机信号。如果想获得均匀分布的随机信号,则可以使用 Uniform Random Number 模块;如果仿真器对于比较平滑的信号能够积分,那么对于随机波动的信号进行积分运算,则需要采用 Band-Limited White Noise 信号。

Random Number 的模块属性如图 3-22 所示。

对于其属性窗口:

（1）Mean：表示随机信号的均值,指定为标量或矢量,默认值为 0。

（2）Variance：表示随机信号的方差,默认值为 1。

（3）Seed：表示随机种子,输入为矢量或标量,默认值为 0。

（4）Sample time：表示信号的采样时间,默认值为 0.1。

搭建 Random Number 模块如图 3-23 所示。运行仿真文件,输出结果如图 3-24 所示。

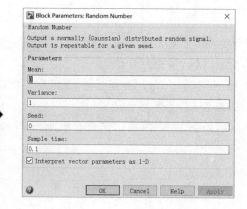

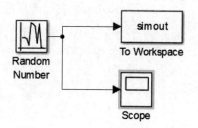

图 3-22 Random Number 模块

图 3-23 Random Number 模块使用

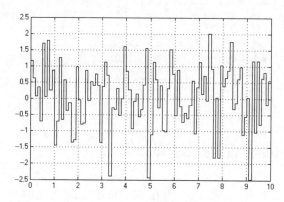

图 3-24 Random Number 模块示波器时钟变化图

3.2.9 Step 模块

Step 模块产生阶跃信号,Step 常用于控制系统仿真中,用于测试系统的稳定性和敛散性。Step 模块在指定时间产生一个可定义上、下电平的阶跃信号,Step 产生一个矢量或标量进行输出。

Step 的模块属性如图 3-25 所示。

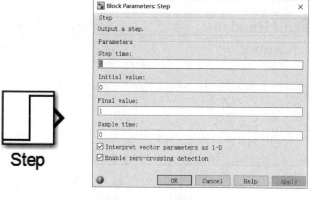

图 3-25 Step 模块

对于其属性窗口：

（1）Step time：表示初始阶跃的时间，指定为标量或矢量，系统默认值为1。

（2）Initial value：表示仿真的初始时间，系统默认值为0。

（3）Final time：表示仿真的结束时间，输入为矢量或标量，系统默认值为1。

（4）Sample time：表示信号的采样时间，系统默认值为0。

搭建 Step 模块如图 3-26 所示。运行仿真文件，输出结果如图 3-27 所示。

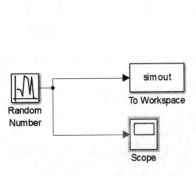

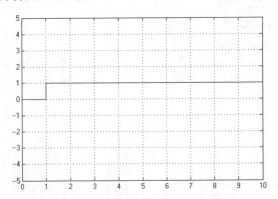

图 3-26　Step 模块使用 　　　　　　图 3-27　Step 模块示波器时钟变化图

3.2.10　Uniform Random Number 模块

Uniform Random Number 模块产生在整个指定时间周期内均匀分布的随机信号，信号的起始种子可由用户指定。将 Seed 种子指定为矢量，可以产生矢量随机数序列。

Uniform Random Number 的模块属性如图 3-28 所示。

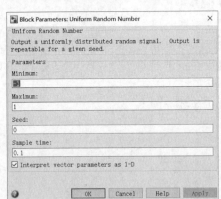

图 3-28　Uniform Random Number 模块

对于其属性窗口：

（1）Minimum：表示时间间隔的最小值，指定为标量或矢量，系统默认值为－1。

（2）Maximum：表示时间间隔的最大值，指定为标量或矢量，系统默认值为1。

（3）Seed：表示随机序列发生器的初始种子，输入为矢量或标量，系统默认值为0。

（4）Sample time：表示信号的采样时间，系统默认值为0.1。

搭建 Uniform Random Number 模块如图 3-29 所示。运行仿真文件,输出结果如图 3-30 所示。

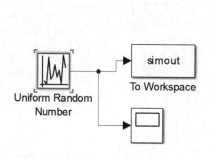

图 3-29 Uniform Random Number
模块使用

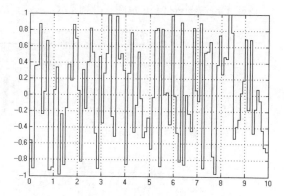

图 3-30 Uniform Random Number 模块示波器
时钟变化图

3.3 连续模块组

连续模块仿真主要用于系统的积分分析。对于一个系统而言,传递函数的构建显得尤为重要。

3.3.1 Derivative 模块

Derivative 模块表示微分环节,为时间的一阶导数 $\dfrac{\Delta u}{\Delta t}$,其中,$\Delta u$ 为输入的变化量,Δt 为前两次仿真时间点之差。

Derivative 模块的仿真精度取决于时间步长 Δt,步长越小,结果越平滑,相应的结果越精确。如果输入为离散信号,当输入变化时,输入的连续导数是冲击信号,否则为 0。为得到离散型系统的离散导数,可采用

$$y(k) = \frac{1}{\Delta t}\big[u(k) - u(k-1)\big]$$

相应的 Z 变换为

$$\frac{Y(z)}{u(z)} = \frac{1 - z^{-1}}{\Delta t} = \frac{z-1}{\Delta t \cdot z}$$

Derivative 的模块属性如图 3-31 所示。

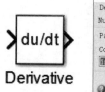

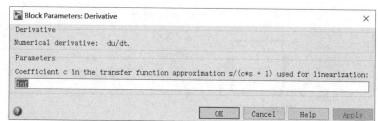

图 3-31 Derivative 模块

对于其属性窗口：Coefficient c in the transfer function approximation s/(c∗s+1) used for linearization 表示步长的设置，指定为标量或矢量，默认值为 inf(无穷大)。

搭建 Derivative 模块如图 3-32 所示。运行仿真文件，输出结果如图 3-33 所示。

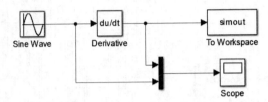

图 3-32　Derivative 模块使用

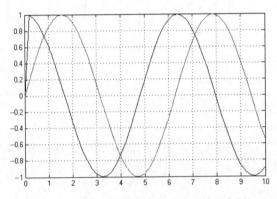

图 3-33　Derivative 模块示波器时钟变化图

3.3.2　Integrator 模块

Integrator 模块表示积分环节，为时间的一阶导数 $\int u\mathrm{d}t$，其中，u 为输入的变化量，$\mathrm{d}t$ 为前两次仿真时间点之差。

Integrator 的模块属性如图 3-34 所示。

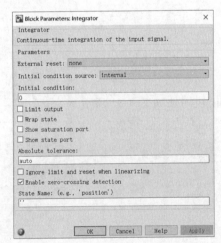

图 3-34　Integrator 模块

对于其属性窗口：

(1) External reset：设置信号的触发事件(rising、falling、either、level、level hold 和 none)，默认设置为 none，即保持系统原态。

(2) Initial condition source：表示参数输入的状态，分为外部输入 external 和内部输入 internal，通常默认设置为 internal。

(3) Initial condition：表示状态的初始条件，用于设置 Initial condition source 的参数。

(4) Limit output：若选中，则可以设置积分的上界(Upper saturation limit)和下界(Lower saturation limit)。

(5) Upper saturation limit：表示积分上界，默认值为 inf。

(6) Lower saturation limit：表示积分下界，默认值为 inf。

(7) Show saturation port：若选中，则表示模块增加一个饱和输出端口。

(8) Show state port：若选中，则表示模块增加一个输出端口。

(9) Absolute tolerance：表示模块状态的绝对容限，默认值为 auto。

(10) Ignore limit and reset when linearizing：若勾选此选项，则表示当系统为线性化系统时，前面的积分上下限制和触发事件无效，默认为不勾选。

(11) Enable zero-crossing detection：使系统通过零点检验，默认勾选。

搭建 Integrator 模块如图 3-35 所示。运行仿真文件，输出结果如图 3-36 所示。

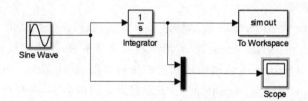

图 3-35　Integrator 模块使用

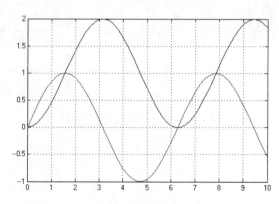

图 3-36　Integrator 模块示波器时钟变化图

3.3.3　Transfer Fcn 模块

Transfer Fcn 模块用于表征传递函数，具体的传递函数的表达式如下：

$$H(s) = \frac{y(s)}{u(s)} = \frac{a_n s^n + a_{n-1} s^{n-1} + \cdots + a_1 s + a_0}{b_m s^m + b_{m-1} s^{m-1} + \cdots + b_1 s + b_0}$$

其中,$y(s)$ 为系统输出,$u(s)$ 为系统输入,传递函数的计算则通过用户得到的系统模型而来,对于一个收敛性系统而言,分母中 s 的最高次幂大于分子中 s 的最高次幂。

Transfer Fcn 的模块属性如图 3-37 所示。

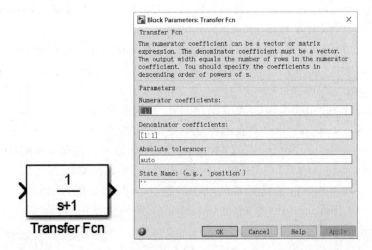

图 3-37　Transfer Fcn 模块

对于其属性窗口:

(1) Numerator coefficients:表示传递函数分子系数,系统默认值为 [1]。

(2) Denominator coefficients:表示传递函数分母系数,系统默认值为 [1 1]。

(3) Absolute tolerance:表示模块状态的绝对容限,默认值为 auto。

(4) State Name(e. g. , 'position'):表示状态空间的名字,用户可以不加以定义。

搭建 Transfer Fcn 模块如图 3-38 所示。运行仿真文件,输出结果如图 3-39 所示。

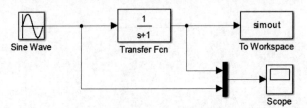

图 3-38　Transfer Fcn 模块使用

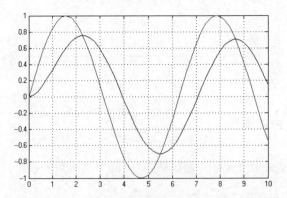

图 3-39　Transfer Fcn 模块示波器时钟变化图

3.3.4　Transport Delay 模块

Transport Delay 模块用于延时系统的输入,延时的时间可以由用户指定。在仿真过程中,模块将输入点和仿真时间存储在一个缓冲器内,该缓冲器的容量由 Initial buffer size 参数指定。若输入点数超出缓冲器的容量,模块将配置额外的存储区。

Transport Delay 模块不能对离散信号进行插值计算,模块返回区间 $t - t_{delay}$(当前时间减去时间延迟)对应的离散值。

Transport Delay 的模块属性如图 3-40 所示。

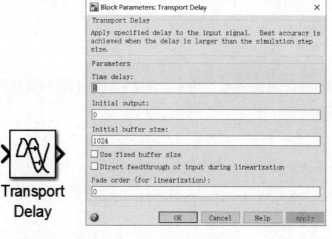

图 3-40　Transport Delay 模块

对于其属性窗口:

(1) Time delay:表示系统延时量,系统默认值为 1。

(2) Initial output:表示系统在开始仿真和 Time delay 之间产生的输出,系统默认值为 0。

(3) Initial buffer size:表示储存点数的初始存储区配置,系统默认值为 auto。

(4) Use fixed buffer size:储存点数的初始存储区配置为固定值,用户可以不加以定义。

搭建 Transport Delay 模块如图 3-41 所示。运行仿真文件,输出结果如图 3-42所示。

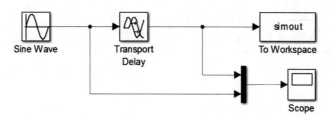

图 3-41　Transport Delay 模块使用

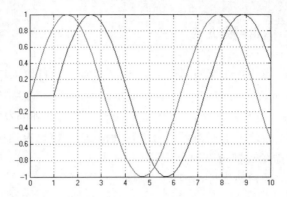

图 3-42　Transport Delay 模块示波器时钟变化图

3.3.5　Zero-Pole 模块

Zero-Pole 模块用于表征一个以 Laplace 算子 s 为变量的零点、极点和增益的系统，其传递函数可表示为：

$$H(s) = \frac{y(s)}{u(s)} = \frac{a_n s^n + a_{n-1} s^{n-1} + \cdots + a_1 s + a_0}{b_m s^m + b_{m-1} s^{m-1} + \cdots + b_1 s + b_0}$$

它的变形为以 s 为变量的零点、极点和增益的系统，如下：

$$H(s) = K \frac{Z(s)}{P(s)} = K \frac{(s - Z(1))(s - Z(2)) \cdots (s - Z(n))}{(s - P(1))(s - P(2)) \cdots (s - P(m))}$$

其中，Z 代表零点；P 为极点矢量；K 为增益。

Zero-Pole 模块的输入和输出宽度等于零点矩阵的行数。

Zero-Pole 的模块属性如图 3-43 所示。

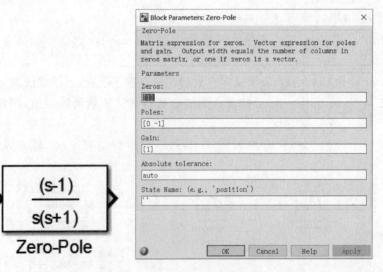

图 3-43　Zero-Pole 模块

对于其属性窗口：

(1) Zeros：表示系统传递函数零点向量，系统默认值为[1]。

（2）Poles：表示系统传递函数极点向量，系统默认值为[0 -1]。

（3）Gain：表示系统传递函数增益向量，系统默认值为[1]。

（4）Absolute tolerance：表示模块状态的绝对容限，系统默认值为 auto。

（5）State Name(e. g. , 'position')：表示状态空间的名字，用户可以不加以定义。

搭建 Zero-Pole 模块如图 3-44 所示。运行仿真文件，输出结果如图 3-45 所示。

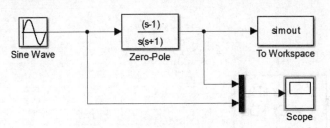

图 3-44　Zero-Pole 模块使用

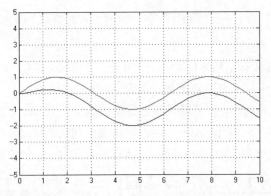

图 3-45　Zero-Pole 模块示波器时钟变化图

3.3.6　State-Space 模块

State-Space 模块用于表征一个控制系统的状态空间，具体的状态空间的表达式如下：

$$\begin{cases} \dot{x} = Ax + Bu \\ y = Cx + Du \end{cases}$$

其中，x 为状态矢量；u 为输入矢量；y 为输出矢量。

State-Space 的模块属性如图 3-46 所示。

对于其属性窗口：

（1）A：表示系统状态空间矩阵系数，必须是一个 $n \times n$ 矩阵，n 为状态数，系统默认值为 1。

（2）B：表示系统状态空间矩阵系数，必须是一个 $n \times m$ 矩阵，m 为状态数，系统默认值为 1。

（3）C：表示系统状态空间矩阵系数，必须是一个 $r \times n$ 矩阵，r 为状态数，系统默认值

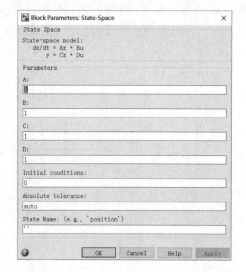

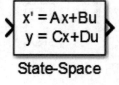

图 3-46　State-Space 模块

为 1。

（4）D：表示系统状态空间矩阵系数，必须是一个 $r×m$ 矩阵，系统默认值为 1。

（5）Initial conditions：表示初始状态矢量，系统默认值为 0。

（6）Absolute tolerance：表示模块状态的绝对容限，系统默认值为 auto。

（7）State Name(e. g. , 'position')：表示状态空间的名字，用户可以不加以定义。

搭建 State-Space 模块如图 3-47 所示。运行仿真文件，输出结果如图 3-48 所示。

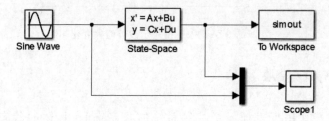

图 3-47　State-Space 模块使用

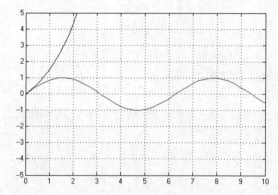

图 3-48　State-Space 模块示波器时钟变化图

3.4　离散模块组

现实系统中有很多系统都是离散系统,系统根据采样时间点进行数据采集分析,Simulink 中离散系统的表征主要是根据 Z 变换进行系统仿真建模。

3.4.1　Discrete Transfer Fcn 模块

对于 Discrete Transfer Fcn 模块,由通常的拉普拉斯变换后,得到相应的传递函数,再经过 Z 变换,得到离散系统传递函数,具体如下:

$$H(z) = \frac{num(z)}{den(z)} = \frac{a_n z^n + a_{n-1} z^{n-1} + \cdots + a_0 z^0}{b_m z^m + b_{m-1} z^{m-1} + \cdots + b_0 z^0}$$

其中,num(z)为离散系统传递函数的分子系数,den(z)为离散系统传递函数的分母系数。

Discrete Transfer Fcn 的模块属性如图 3-49 所示。

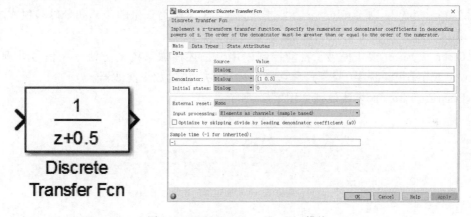

图 3-49　Discrete Transfer Fcn 模块

对于其属性窗口:

(1) Numerator:表示系统分子系数矢量,系统默认值为[1]。

(2) Denominator:表示系统分母系数矢量,系统默认值为[1 2]。

(3) Sample time(−1 for inherited):表示系统采样时间,系统默认值为[−1]。

(4) Initial states:表示系统初始状态矩阵,系统默认值为 0。

搭建 Discrete Transfer Fcn 模块,设置采样时间为 0.1s,如图 3-50 所示。运行仿真文件,输出结果如图 3-51 所示。

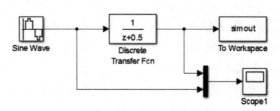

图 3-50　Discrete Transfer Fcn 模块使用

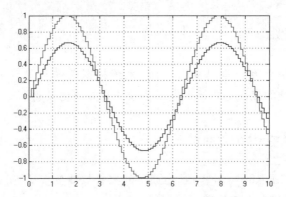

图 3-51　Discrete Transfer Fcn 模块示波器时钟变化图

3.4.2　Discrete Filter 模块

Discrete Filter 模块可实现无限冲激响应(IIR)和有限冲激响应(FIR)滤波器,用户可用 Numerator 和 Denominator 参数指定以 z^{-1} 的升幂为矢量的分子和分母多项式的系数。分母的阶数大于或等于分子的系数。

Discrete Filter 模块提供了自动控制中用 z 描述离散系统的方法。在信号处理中,Discrete Filter 模块提供了 z^{-1}(延迟算子)多项式以描述数字滤波器。

Discrete Filter 的模块属性如图 3-52 所示。

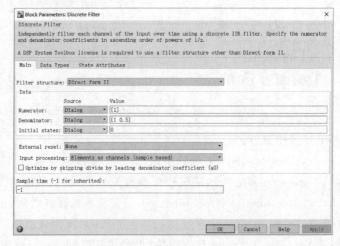

图 3-52　Discrete Filter 模块

对于其属性窗口:

(1) Numerator:表示系统分子系数矢量,系统默认值为[1]。

(2) Denominator:表示系统分母系数矢量,系统默认值为[1　2]。

(3) Sample time:表示系统采样时间,系统默认值为 -1。

(4) Initial states:表示系统初始状态矩阵,系统默认值为 0。

搭建 Discrete Filter 模块,设置采样时间为 0.1s,如图 3-53 所示。运行仿真文件,输出结果如图 3-54 所示。

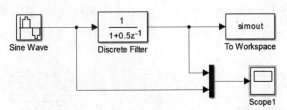

图 3-53　Discrete Filter 模块使用

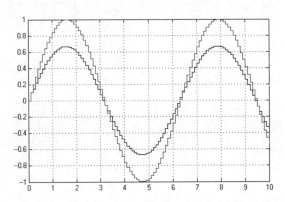

图 3-54　Discrete Filter 模块示波器时钟变化图

3.4.3　Unit Delay 模块

Unit Delay 模块将输入矢量延迟,并保持在同一个采样周期里。若模块的输入为矢量,则系统所有输出量均被延迟一个采样周期,本模块相当于一个 z^{-1} 的时间离散算子。

Unit Delay 的模块属性如图 3-55 所示。

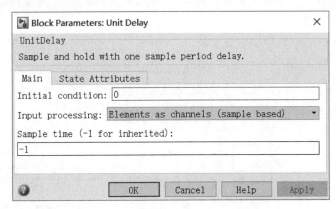

图 3-55　Unit Delay 模块

对于其属性窗口:

(1) Initial condition:在模块未被定义时,模块的第一个仿真周期按照正常非延迟状态输出,系统默认值为 0。

（2）Input processing：表示基于采样的元素通道。

（3）Sample time（−1 for inherited）：表示系统采样时间，系统默认值为−1。

搭建 Unit Delay 模块，设置采样时间为 0.1s，如图 3-56 所示。运行仿真文件，输出结果如图 3-57 所示。

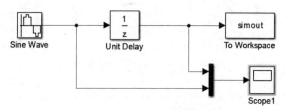

图 3-56　Unit Delay 模块使用

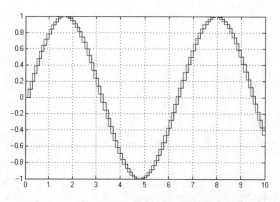

图 3-57　Unit Delay 模块示波器时钟变化图

3.4.4　Memory 模块

Memory 模块将前一个集成步的输入作为输出，相当于对前一个集成步内的输入进行采样-保持。

Memory 的模块属性如图 3-58 所示。

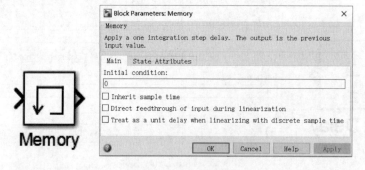

图 3-58　Memory 模块

对于其属性窗口：

（1）Initial condition：表示系统初始集成步的输出，系统默认值为 0。

（2）Inherit sample time：系统默认不被选中，若选中该复选框，表示使系统采样时间从驱动模块继承。

搭建 Memory 模块，设置采样时间为 0.1s，如图 3-59 所示。运行仿真文件，输出结果如图 3-60 所示。

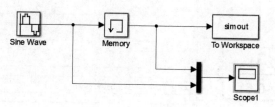

图 3-59　Memory 模块使用

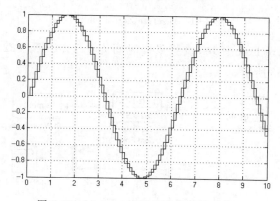

图 3-60　Memory 模块示波器时钟变化图

3.4.5　Discrete Zero-Pole 模块

对于 Discrete Zero-Pole 模块，由通常的拉普拉斯变换后，得到相应的传递函数，再经过 Z 变换，得到离散系统传递函数，具体如下：

$$H(z) = \frac{\text{num}(z)}{\text{den}(z)} = \frac{a_n z^n + a_{n-1} z^{n-1} + \cdots + a_0 z^0}{b_m z^m + b_{m-1} z^{m-1} + \cdots + b_0 z^0}$$

转化为离散零极点传递函数为

$$H(z) = K \frac{Z(z)}{P(z)} = K \frac{(z - Z_1)(z - Z_2) \cdots (z - Z_n)}{(z - P_1)(z - P_2) \cdots (z - P_m)}$$

其中，Z 表示零点矢量；P 表示极点矢量；K 表示系统增益。系统要求 $m \geqslant n$，若极点和零点是复数，它们必须是复共轭对。

Discrete Zero-Pole 的模块属性如图 3-61 所示。

对于其属性窗口：

（1）Zeros：表示系统零点矩阵，系统默认值为[1]。

（2）Poles：表示系统极点矩阵，系统默认值为[0　0.5]。

（3）Gain：表示系统增益，系统默认值为 1。

（4）Sample time(−1 for inherited)：表示系统采样时间，系统默认值为 1。

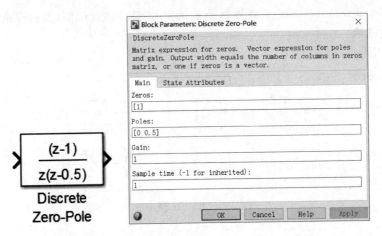

图 3-61 Discrete Zero-Pole 模块

搭建 Discrete Zero-Pole 模块,设置采样时间为 0.1s,如图 3-62 所示。运行仿真文件,输出结果如图 3-63 所示。

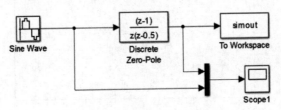

图 3-62 Discrete Zero-Pole 模块使用

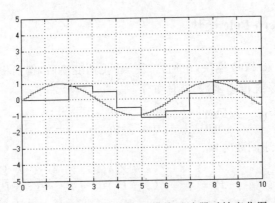

图 3-63 Discrete Zero-Pole 模块示波器时钟变化图

3.4.6 Discrete State-Space 模块

Discrete State-Space 模块可实现如下的离散系统:

$$\begin{cases} x(n+1) = Ax(n) + Bu(n) \\ y(n) = Cx(n) + Du(n) \end{cases}$$

其中,u 为输入;x 为状态;y 为输出。

Discrete State-Space 的模块属性如图 3-64 所示。

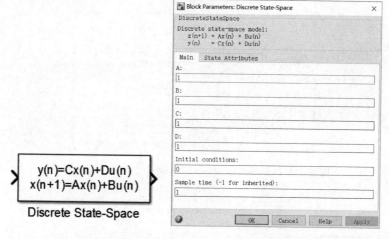

图 3-64　Discrete State-Space 模块

对于其属性窗口：

（1）A：表示系统状态空间矩阵系数，必须是一个 $n\times n$ 矩阵，n 为状态数，系统默认值为 1。

（2）B：表示系统状态空间矩阵系数，必须是一个 $n\times m$ 矩阵，m 为状态数，系统默认值为 1。

（3）C：表示系统状态空间矩阵系数，必须是一个 $r\times n$ 矩阵，r 为状态数，系统默认值为 1。

（4）D：表示系统状态空间矩阵系数，必须是一个 $r\times m$ 矩阵，系统默认值为 1。

（5）Initial conditions：表示初始状态矢量，系统默认值为 0。

（6）Sample time（−1 for inherited）：表示系统采样时间，系统默认值为 1。

搭建 Discrete State-Space 模块，设置采样时间为 0.1s，如图 3-65 所示。运行仿真文件，输出结果如图 3-66 所示。

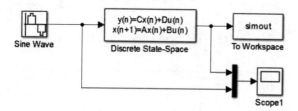

图 3-65　Discrete State-Space 使用

3.4.7　Zero-Order Hold 模块

Zero-Order Hold 模块实现一个以指定采样率的采样与保持函数操作，模块接收一个输入，并产生一个输出，输入和输出可以是标量或矢量。

Zero-Order Hold 的模块属性如图 3-67 所示。

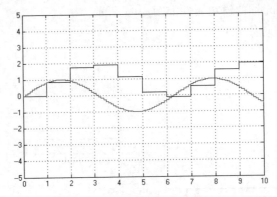

图 3-66　Discrete State-Space 模块示波器时钟变化图

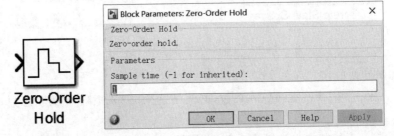

图 3-67　Zero-Order Hold 模块

对于其属性窗口：Sample time(−1 for inherited)表示系统采样时间,系统默认值为1。

搭建 Zero-Order Hold 模块,设置采样时间为 0.1s,如图 3-68 所示。运行仿真文件,输出结果如图 3-69 所示。

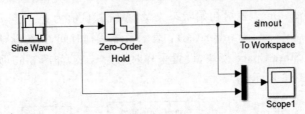

图 3-68　Zero-Order Hold 使用

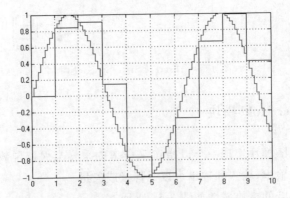

图 3-69　Zero-Order Hold 模块示波器时钟变化图

3.5　查表模块组

MATLAB Simulink 查表模块分为一维查找表模块(1-D Lookup Table)和二维查找表模块(2-D Lookup Table),主要实现信号的插值功能。

(1) 一维查找表模块:可实现对单路输入信号的查表和线性插值。

(2) 二维查找表模块:根据给定的二维平面网格上的高度值,把输入的两个变量经过查找表、插值,计算出模块的输出值,并返回该值。

3.5.1　1-D Lookup Table 模块

一维查找表模块的模块属性如图 3-70 所示。

图 3-70　1-D Lookup Table 模块

对于其属性窗口:

(1) Number of table dimensions:一维查找表模块默认为 1,表示是一维的查表数据。

(2) Table data:系统默认为 tanh([-5:5]),双曲正切函数,取值范围为 -5 到 5 之间。

搭建 1-D Lookup Table 模块,设置采样时间为 0.1s,如图 3-71 所示。运行仿真文件,输出结果如图 3-72 所示。

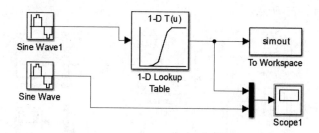

图 3-71　1-D Lookup Table 使用

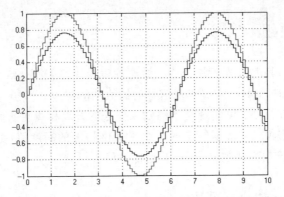

图 3-72　1-D Lookup Table 模块示波器时钟变化图

3.5.2　2-D Lookup Table 模块

2-D Lookup Table 模块的属性如图 3-73 所示。

图 3-73　2-D Lookup Table 模块

对于其属性窗口：

(1) Number of table dimensions：一维查找表模块默认为 1，表示一维的查表数据。

(2) Table data：系统默认为 tanh([−5:5])，双曲正切函数，取值范围为 −5 到 5 之间。

搭建 2-D Lookup Table 模块，设置采样时间为 0.1s，如图 3-74 所示。运行仿真文件，输出结果如图 3-75 所示。

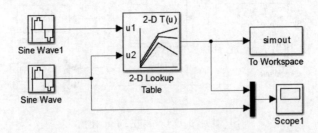

图 3-74　2-D Lookup Table 使用

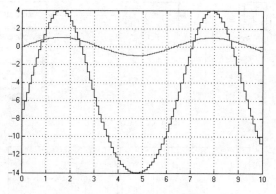

图 3-75　2-D Lookup Table 模块示波器时钟变化图

3.6　用户自定义函数模块组

　　MATLAB Simulink 提供了用户自定义函数模块,该模块可方便用户设计自己的仿真模型,实现模型的易移植性等特点。

3.6.1　Fcn 模块

　　Fcn 模块用于实现系统的数学表达式快捷计算,u(i)表示矢量的第 i 个元素。MATLAB 数学函数包括 abs、acos、asin、cos、log 和 tanh 等。模块的输入可以是一个标量或矢量,输出总为标量。

　　Fcn 的模块属性如图 3-76 所示。

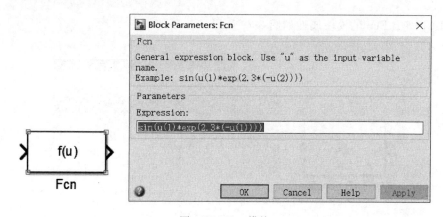

图 3-76　Fcn 模块

　　对于其属性窗口: Expression 表示系统默认方程式为 $\sin(u(1)*\exp(2.3*(-u(2))))$,用于函数定义。

　　搭建 Fcn 模块,设置采样时间为 0.1s,如图 3-77 所示。运行仿真文件,输出结果如图 3-78 所示。

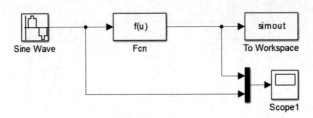

图 3-77　Fcn 使用

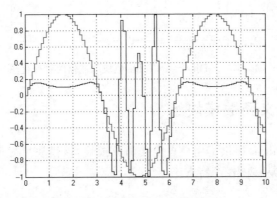

图 3-78　Fcn 模块示波器时钟变化图

3.6.2　MATLAB Fcn 模块

　　MATLAB Fcn 模块便于用户快速定义自己的函数,且能够完全适应 Fcn 模块。MATLAB Fcn 模块具有较强的程序移植功能,用户可以开发相应的算法,这也是一种嵌入式编程。

　　MATLAB Fcn 的模块属性如图 3-79 所示。

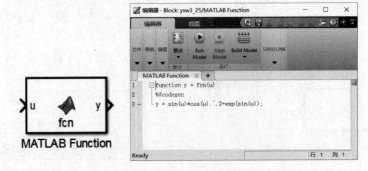

图 3-79　Fcn 模块

　　如图 3-79 所示 MATLAB Fcn 模块,双击该模块,将弹出其程序编写窗口,用户可以在此窗口下输入如下代码:

```
function y = fcn(u)
% 生成代码
y = sin(u) * cos(u).^.2 + exp(sin(u));
```

搭建 MATLAB Fcn 模块,设置采样时间为 0.1s,如图 3-80 所示。运行仿真文件,输出结果如图 3-81 所示。

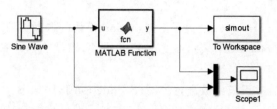

图 3-80　MATLAB Fcn 使用

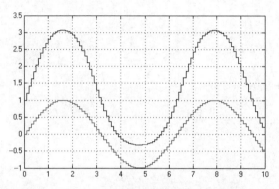

图 3-81　MATLAB Fcn 模块示波器时钟变化图

3.6.3　S-Function 模块

用户可以编写 M 文件供 S-Function 模块调用,需要遵循 S-Function 函数的格式,该模块允许附加参数直接赋给 S-Function。S-Function 有两个端口,一个输入端口,一个输出端口,输入端口的维数可以由用户函数指定,主要以行向量的形式进行输入和输出。

S-Function 的模块属性如图 3-82 所示。

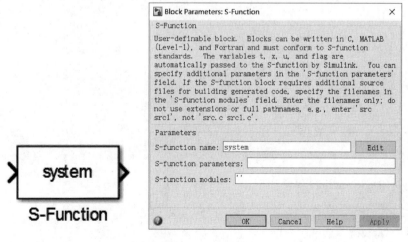

图 3-82　S-Function 模块

对于其属性窗口：

（1）S-Function name：表示 S-Function 的函数文件名称，单击 Edit 按钮即可打开该函数文件。

（2）S-Function parameters：表示 S-Function 模块的参数，一般默认为空。

（3）S-Function modules：表示 S-Function 模块，默认为''，一般无须编辑，采用系统默认设置。

采用 PID 控制器对正弦函数进行控制，S-Function 程序如下：

```
function [sys,x0,str,ts] = spacemodel(t,x,u,flag)

switch flag,
case 0,
    [sys,x0,str,ts] = mdlInitializeSizes;
case 1,
    sys = mdlDerivatives(t,x,u);
case 3,
    sys = mdlOutputs(t,x,u);
case {2,4,9}
    sys = [];
otherwise
    error(['Unhandled flag = ',num2str(flag)]);
end
function [sys,x0,str,ts] = mdlInitializeSizes
sizes = simsizes;
sizes.NumContStates   = 0;
sizes.NumDiscStates   = 0;
sizes.NumOutputs      = 1;
sizes.NumInputs       = 3;
sizes.DirFeedthrough  = 1;
sizes.NumSampleTimes  = 1;          %至少需要一个采样点
sys = simsizes(sizes);
x0  = [];
str = [];
ts  = [0 0];
function sys = mdlOutputs(t,x,u)
kp = 10;
ki = 2;
kd = 1;
ut = kp * u(1) + ki * u(2) + kd * u(3);
sys(1) = ut;
```

控制对象 S-Function 程序如下：

```
function [sys,x0,str,ts] = spacemodel(t,x,u,flag)
switch flag,
case 0,
```

```
    [sys,x0,str,ts] = mdlInitializeSizes;
case 1,
    sys = mdlDerivatives(t,x,u);
case 3,
    sys = mdlOutputs(t,x,u);
case {2,4,9}
    sys = [];
otherwise
    error(['Unhandled flag = ',num2str(flag)]);
end
function [sys,x0,str,ts] = mdlInitializeSizes
sizes = simsizes;
sizes.NumContStates   = 2;
sizes.NumDiscStates   = 0;
sizes.NumOutputs      = 1;
sizes.NumInputs       = 1;
sizes.DirFeedthrough  = 0;
sizes.NumSampleTimes  = 1;              %至少需要一个采样点
sys = simsizes(sizes);
x0   = [0;0];
str  = [];
ts   = [0 0];
function sys = mdlDerivatives(t,x,u)    %时变模型
ut = u(1);
J = 20 + 10 * sin(6 * pi * t);
K = 400 + 300 * sin(2 * pi * t);
sys(1) = x(2);
sys(2) = - J * x(2) + K * ut;
function sys = mdlOutputs(t,x,u)
sys(1) = x(1);
```

搭建 S-Function 模块,设置采样时间为 0.1s,如图 3-83 所示。

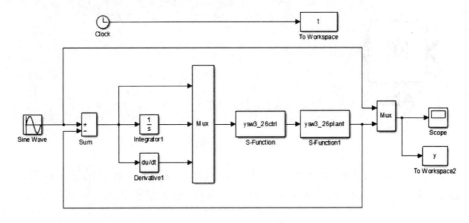

图 3-83　S-Function 使用

运行仿真文件,输出结果如图 3-84 所示。

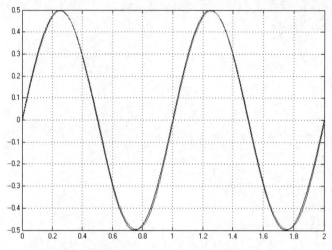

图 3-84　S-Function 模块示波器时钟变化图

3.7　数学运算模块组

数学运算模块主要针对基本运算符号进行模块化设计,用户可以很方便地进行输入信号的加、减、乘、除等基本运算,从而加速模型设计。

3.7.1　Abs 模块

Abs 模块用于绝对值操作,即对输入的矢量或者标量进行取绝对值运算。

Abs 的模块属性如图 3-85 所示。

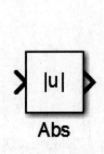
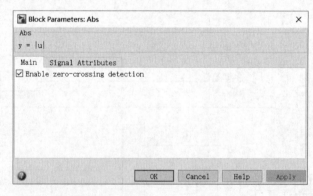

图 3-85　Abs 模块

对于其属性窗口：Enable zero-crossing detection 表示开启模块的过零检测。

搭建 Abs 模块,如图 3-86 所示。运行仿真文件,输出结果如图 3-87 所示。

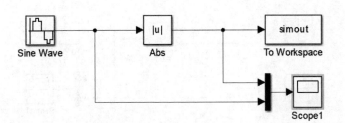

图 3-86　Abs 使用

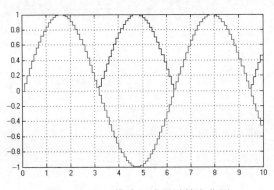

图 3-87　Abs 模块示波器时钟变化图

3.7.2　Add 模块

Add 模块用于加减运算,即对输入的矢量或标量进行加减操作。

Add 的模块属性如图 3-88 所示。

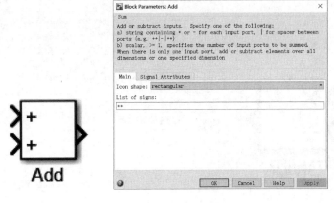

图 3-88　Add 模块

对于其属性窗口:List of signs 表示符号设置,可以设置为"十一",表示第一个输入为正,第二个输入为负;也可以为"一十",表示第一个输入为负,第二个输入为正;设置为"十十",表示第一个输入为正,第二个输入为正;设置为"一一",表示第一个输入为负,第二个输入为负;系统默认为"十十"。

搭建 Add 模块,如图 3-89 所示。运行仿真文件,输出结果如图 3-90 所示。

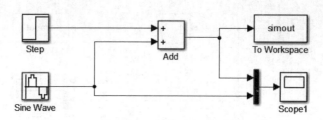

图 3-89   Add 使用

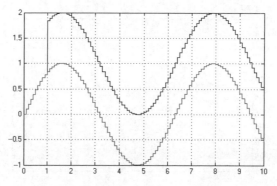

图 3-90   Add 模块示波器时钟变化图

3.7.3   Divide 模块

Divide 模块用于乘除运算,即对输入的矢量或标量进行乘除操作。

Divide 的模块属性如图 3-91 所示。

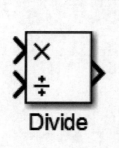

图 3-91   Divide 模块

对于其属性窗口:

(1) Number of inputs:表示符号设置,可以设置为"＊/",表示第一个输入为分子,第二个输入为分母;也可以设置为"/＊",表示第一个输入为分母,第二个输入为分子;设置为"＊＊",表示第一个输入为分子,第二个输入为分子,两者直接相乘;设置为"//",表示第一个输入为分母,第二个输入为分母,两者直接相乘;系统默认为"＊/"。

（2）Multiplication：包括两个选项 Element-wise（.＊）和 Matrix（＊）。其中，Element-wise（.＊）表示元素点乘，Matrix（＊）表示矩阵相乘。

搭建 Divide 模块，如图 3-92 所示。运行仿真文件，输出结果如图 3-93 所示。

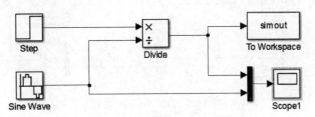

图 3-92　Divide 使用

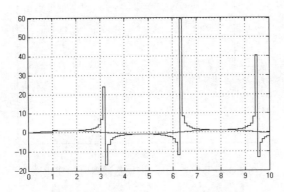

图 3-93　Divide 模块示波器时钟变化图

3.7.4　Dot Product 模块

Dot Product 模块用于点乘运算，即对输入的矢量或标量进行点乘操作，是 Simulink 提供的快捷模块。

Dot Product 的模块属性如图 3-94 所示。

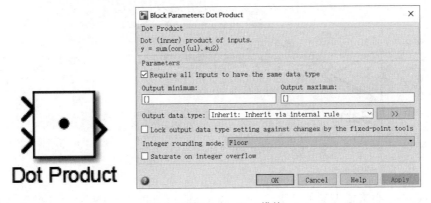

图 3-94　Dot Product 模块

对于其属性窗口：

（1）Output minimum：指定模块输出的最小值，默认是［］。

（2）Output maximum：指定模块输出的最大值，默认是[ ]。

搭建 Dot Product 模块，如图 3-95 所示。运行仿真文件，输出结果如图 3-96 所示。

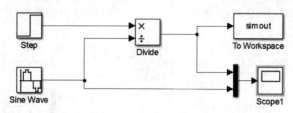

图 3-95　Dot Product 使用

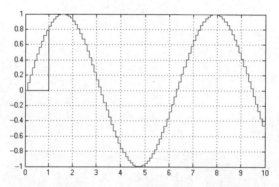

图 3-96　Dot Product 模块示波器时钟变化图

3.7.5　Gain 模块

Gain 模块，即增益模块，用于对输入的矢量或标量乘以放大增益倍数，是 Simulink 提供的快捷模块。增益模块的输入可以为矩阵也可以为向量。

Gain 的模块属性如图 3-97 所示。

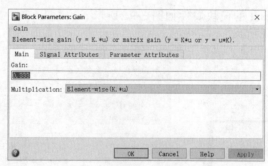

图 3-97　Gain 模块

对于其属性窗口：

（1）Gain：表示输入的增益数值，可以为矩阵，也可以为数值，对输入的矢量或者标量进行点乘运算，实现放大或者缩小输入量的功能。

（2）Multiplication：包括两个选项 Element-wise（. ＊）和 Matrix（＊）。其中，Element-wise（. ＊）表示元素点乘，Matrix（＊）表示矩阵相乘。

搭建 Gain 模块,如图 3-98 所示。运行仿真文件,输出结果如图 3-99 所示。

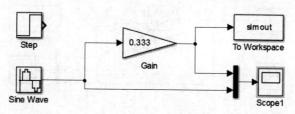

图 3-98　Gain 使用

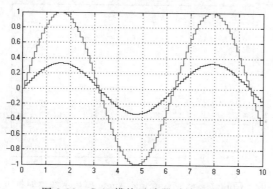

图 3-99　Gain 模块示波器时钟变化图

3.7.6　Complex to Magnitude-Angle 模块

Complex to Magnitude-Angle 模块接受双精度复信号,Complex to Magnitude-Angle 模块输出输入信号的幅值和相角,输入信号可以为矢量或者为标量。

Complex to Magnitude-Angle 的模块属性如图 3-100 所示。

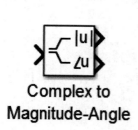
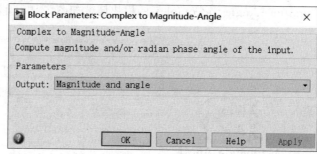

图 3-100　Complex to Magnitude-Angle 模块

对于其属性窗口:Output 输出分为 Magnitude、Angle 和 Magnitude and angle,分别用于输出输入信号的振幅、相角、振幅和相角。

搭建 Complex to Magnitude-Angle 模块,如图 3-101 所示。运行仿真文件,输出结果如图 3-102 所示。

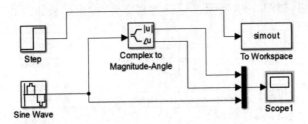

图 3-101　Complex to Magnitude-Angle 使用

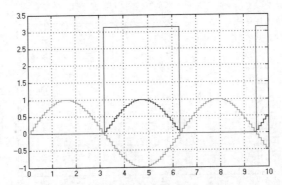

图 3-102　Complex to Magnitude-Angle 模块示波器时钟变化图

3.7.7　Magnitude-Angle to Complex 模块

Magnitude-Angle to Complex 模块的输出信号为双精度复信号。Magnitude-Angle to Complex 模块能将一个幅度和一个相角信号变换为复信号输出,输入信号可以为矢量或标量。如果输入信号是一个标量,则它映射到所有复输出信号的对应成分(幅度或相角)上。

Magnitude-Angle to Complex 的模块属性如图 3-103 所示。

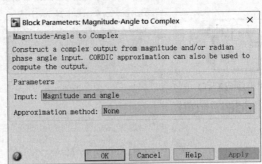

图 3-103　Magnitude-Angle to Complex 模块

对于其属性窗口:Input 输入分为 Magnitude、Angle 和 Magnitude and angle,分别为输入信号的振幅、相角、振幅和相角。

搭建 Magnitude-Angle to Complex 模块,如图 3-104 所示。运行仿真文件,输出结果如图 3-105 所示。

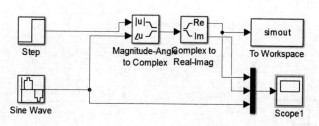

图 3-104　Magnitude-Angle to Complex 使用

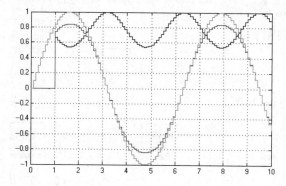

图 3-105　Magnitude-Angle to Complex 模块示波器时钟变化图

3.8　非线性模块组

非线性系统在实际中应用较多,由于理想的线性系统对于仿真控制存在很大的缺陷,因此,Simulink 提供了可供用户使用的非线性模块组。

3.8.1　Backlash 模块

Backlash 模块的主要功能是实现输入和输出变化同步。当输入量改变方向时,输入的初始变化对输出没有影响。

存在回差的系统有如下三种可能:

(1) 分离模式——输入信号不控制输出,输出保持为常数;

(2) 正向工作模式——输入以正斜率上升,而输出等于输入减去死区宽度的一半;

(3) 负向工作模式——输入以负斜率上升,而输出等于输入加上死区宽度的一半。

Backlash 的模块属性如图 3-106 所示。如果初始输入落在死区以外,Initial output 参数值将决定模块是正向工作还是负向工作,并且决定在仿真开始时的输出是输入加上死区宽度的一半还是减去死区宽度的一半。

对于其属性窗口:

(1) Deadband width:表示死区宽度,系统默认为 1。

(2) Initial output:表示初始输出值,默认值为 0。

(3) Initial processing:设置为 Elements as channels (sample based),表示以数值元素进行输入输出。

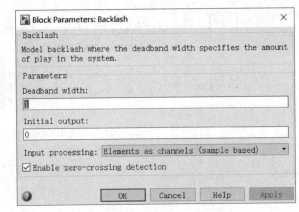

图 3-106　Backlash 模块

搭建 Backlash 模块,如图 3-107 所示。运行仿真文件,输出结果如图 3-108 所示。

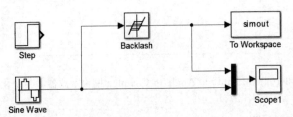

图 3-107　Backlash 使用

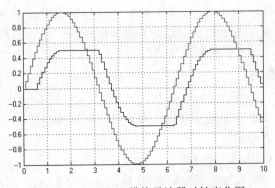

图 3-108　Backlash 模块示波器时钟变化图

3.8.2　Coulomb & Viscous Friction 模块

Coulomb & Viscous Friction 模块用于建立库仑力和粘滞力模型。该模块建立的是在零点不连续而其余点线性的增益模型。偏置对应库仑力;增益对应粘滞力。该模块由如下的函数表达式表示:

$$y = \text{sign}(u) \cdot (\text{Gain} \cdot | u | \cdot \text{offset})$$

其中,y 是输出,u 是输入,Gain 和 offset 为模块参数。

Coulomb & Viscous Friction 的模块属性如图 3-109 所示。

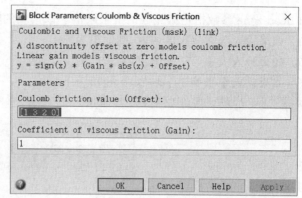

图 3-109　Coulomb & Viscous Friction 模块

对于其属性窗口：

（1）Coulomb friction value（Offset）：表示偏置，适应所有的输入，系统默认值为 $[1 \quad 3 \quad 2 \quad 0]$。

（2）Coefficient of viscous friction（Gain）：表示在非零输入点的信号增益，系统默认值为 1。

搭建 Coulomb & Viscous Friction 模块，如图 3-110 所示。运行仿真文件，输出结果如图 3-111 所示。

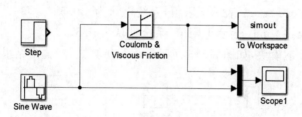

图 3-110　Coulomb & Viscous Friction 使用

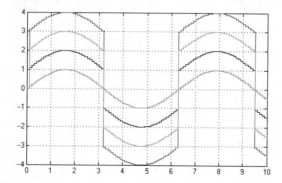

图 3-111　Coulomb & Viscous Friction 模型示波器时钟变化图

3.8.3　Dead Zone 模块

Dead Zone 模块产生指定范围（称为截止区）内的零输出。用 Start of dead zone 和

End of dead zone 参数指定截止区的上下限值。该模块的输入和输出的关系如下：

（1）如果输入落在截止区域内,则输出为 0；

（2）如果输入大于等于上限值,则输出为上限值；

（3）如果输入小于等于下限值,则输出为下限值。

Dead Zone 的模块属性如图 3-112 所示。

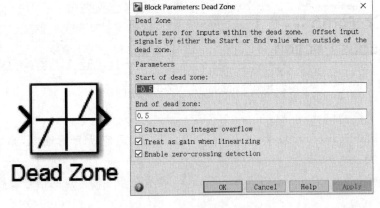

图 3-112　Dead Zone 模块

对于其属性窗口：

（1）Start of dead zone：表示下限值,系统默认为−0.5。

（2）End of dead zone：表示上限值,系统默认为 0.5。

搭建 Dead Zone 模块,如图 3-113 所示。运行仿真文件,输出结果如图 3-114 所示。

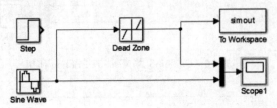

图 3-113　Dead Zone 使用

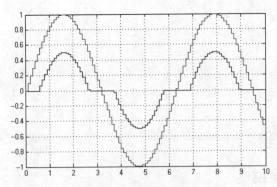

图 3-114　Dead Zone 模块示波器时钟变化图

3.8.4 Quantizer 模块

Quantizer 模块是量化输入的模块,用于将平滑的输入信号变为阶梯状输出。模块接收并输出双精度信号,输出计算采用四舍五入法,产生与零点对称的输出,具体如下:

$$y = q \cdot \text{round}(u/q)$$

其中,u 为一个整数;q 为 Quantization interval 参数,系统默认值为 0.5。

Quantizer 的模块属性如图 3-115 所示。

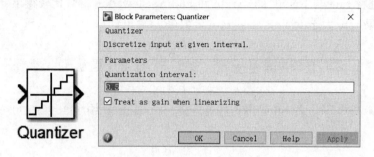

图 3-115　Quantizer 模块

对于其属性窗口:Quantization interval 表示量化输出的时间间隔。Quantizer 模块的输出允许值为 $n \times q$,其中,n 为一个整数,q 为 Quantization interval 参数,系统默认值为 0.5。

搭建 Quantizer 模块,如图 3-116 所示。运行仿真文件,输出结果如图 3-117 所示。

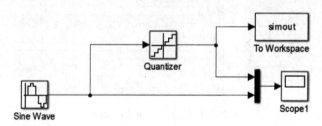

图 3-116　Quantizer 使用

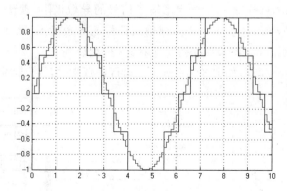

图 3-117　Quantizer 模块示波器时钟变化图

3.8.5 Rate Limiter 模块

Rate Limiter 模块限定通过该模块的信号的一阶导数,以使输出端的变化不超过指定界限,导数根据以下方程计算得到:

$$\text{rate} = \frac{u(i) - y(i-1)}{t(i) - t(i-1)}$$

其中,$u(i)$ 和 $t(i)$ 为当前模块的输入和时间,$y(i-1)$ 和 $t(i-1)$ 为前一时间的输出和时间,输出通过将 rate 与 Rising slew rate 和 Falling slew rate 参数比较得出:

(1) 如果 rate 大于 Rising slew rate 参数(R),输出计算为

$$y(i) = \Delta t \cdot R + y(i-1)$$

(2) 如果 rate 小于 Falling slew rate 参数(F),输出计算为

$$y(i) = \Delta t \cdot F + y(i-1)$$

(3) 如果 rate 大于 Falling slew rate 参数(F),且小于 Rising slew rate 参数(R),输出计算为

$$y(i) = u(i)$$

Rate Limiter 的模块属性如图 3-118 所示。

图 3-118　Rate Limiter 模块

对于其属性窗口:

(1) Rising slew rate:表示一个递增输入信号的导数极限,默认为 1。

(2) Falling slew rate:表示一个递减输入信号的导数极限,默认为 −1。

(3) Initial condition:表示系统初始化状态值,默认为 0。

搭建 Rate Limiter 模块,如图 3-119 所示。运行仿真文件,输出结果如图 3-120 所示。

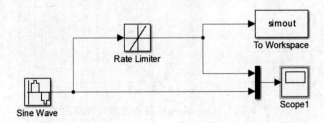

图 3-119　Rate Limiter 使用

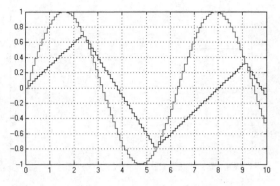

图 3-120　Rate Limiter 模块示波器时钟变化图

3.8.6　Saturation 模块

Saturation 模块用于对输入信号的上限、下限进行约束,如输入值大于等于上限;则取上限值,如输入值小于等于下限,则取下限值。

Saturation 的模块属性如图 3-121 所示。

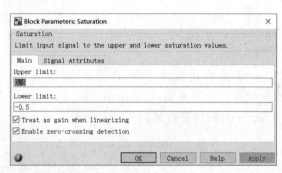

图 3-121　Saturation 模块

对于其属性窗口:

(1) Upper limit:用于限定输入信号的上限,如输入值大于等于该值,则取该值,系统默认值为 0.5。

(2) Lower limit:用于限定输入信号的下限,如输入值小于等于该值,则取该值,系统默认值为 -0.5。

搭建 Saturation 模块,如图 3-122 所示。运行仿真文件,输出结果如图 3-123 所示。

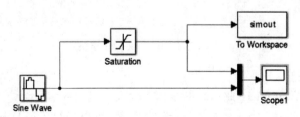

图 3-122　Saturation 使用

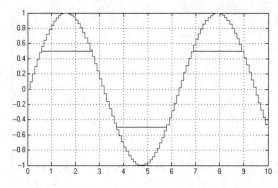

图 3-123　Saturation 模块示波器时钟变化图

3.9　信号与系统模块组

信号与系统模块主要对信号进行仿真运算,在信号系统中应用广泛,例如总线设置、数据存储、数据写和数据读操作等。Simulink 库涵盖范围广,因此适用于多学科的交叉运算。

3.9.1　Bus Selector 模块

Bus Selector 模块接受来自 mux 模块或者其他 Bus Selector 模块的信号,Bus Selector 模块只有一个输入端口,输出端口的数量取决于 Muxed output 复选框的状态。

Bus Selector 的模块属性如图 3-124 所示。

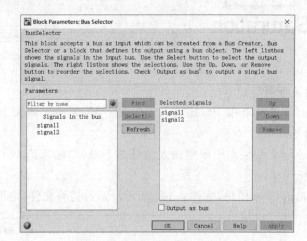

图 3-124　Bus Selector 模块

对于其属性窗口:

(1) Signals in the bus:此列表框显示在输入母线上的信号。

(2) Secreted signals:此列表框显示输出信号,可以通过 Up、Down 和 Remove 按钮进行信号的上下移动和删除,如果在 Secreted signals 列表选中的输出信号不是 Bus

Selector 模块的输入,则信号前将以"???"显示。

搭建 Bus Selector 模块,如图 3-125 所示。运行仿真文件,输出结果如图 3-126 所示。

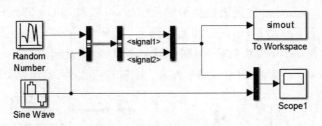

图 3-125　Bus Selector 使用

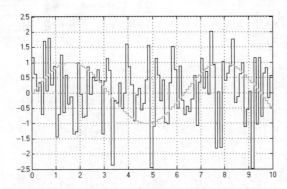

图 3-126　Bus Selector 模块示波器时钟变化图

3.9.2　Bus Creator 模块

Bus Creator 模块的输入信号可以是矢量或标量信号,Bus Creator 创建 Bus 输出信号,可供其他 Bus 模块调用。

Bus Creator 的模块属性如图 3-127 所示。

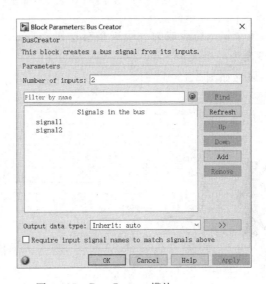

图 3-127　Bus Creator 模块

对于其属性窗口：

（1）Number of inputs：表示输入信号的个数。

（2）Secreted signals：此列表框显示输入信号，可以通过 Up、Down、Add 和 Remove 按钮进行信号的上下移动、增加信号和删除信号，如果在 Secreted signals 列表选中的输出信号不是 Bus Selector 模块的输入，则信号前将以"???"显示。

搭建 Bus Creator 模块，如图 3-128 所示。运行仿真文件，输出结果如图 3-129 所示。

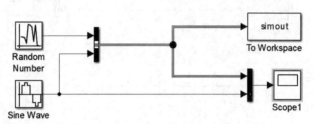

图 3-128　Bus Creator 使用

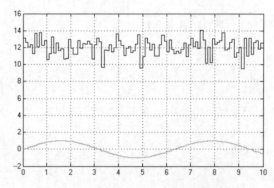

图 3-129　Bus Creator 示波器时钟变化图

3.9.3　Mux 模块

Mux 模块将多个输入行合成为一个矢量行输出。每一个输入行可携带一个标量或矢量信号，模块输出为一个矢量。

Mux 的模块属性如图 3-130 所示。

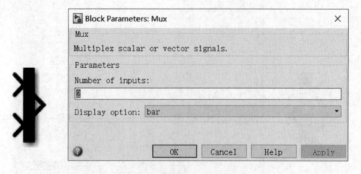

图 3-130　Mux 模块

对于其属性窗口：

（1）Number of inputs：表示输入信号的个数或者宽度。行输出的宽度等于行输入宽度之和。

（2）Display option：主要有三个选项 none、names 和 bar。none 表示 Mux 显示在模块图标的外观，names 表示在每一个端口显示信号名，bar 表示以实心前景色显示模块图标。搭建 Mux 模块，如图 3-131 所示。运行仿真文件，输出结果如图 3-132 所示。

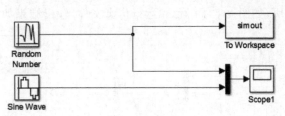

图 3-131　Mux 使用

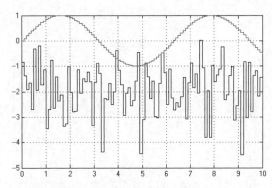

图 3-132　Mux 模块示波器时钟变化图

3.9.4　Demux 模块

Demux 模块将一个输入信号分成为多个行输出，每一行可包含一个标量或矢量信号，Simulink 通过 Number of outputs 参数决定输出信号的行数或宽度。

Demux 的模块属性如图 3-133 所示。

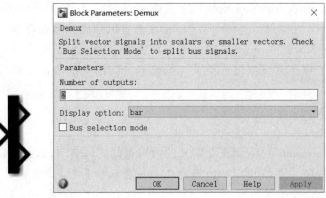

图 3-133　Demux 模块

对于其属性窗口：

（1）Number of outputs：表示输出信号的个数或者宽度。行输出的总宽度之和等于行输入宽度。

（2）Display option：主要有三个选项：none、names 和 bar。none 表示 Mux 显示在模块图标的外观，names 表示在每一个端口显示信号名，bar 表示以实心前景色显示模块图标。

搭建 Demux 模块，如图 3-134 所示。运行仿真文件，输出结果如图 3-135 所示。

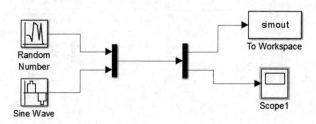

图 3-134　Demux 使用

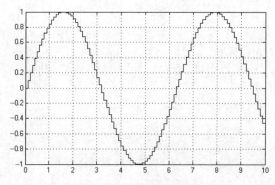

图 3-135　Demux 示波器时钟变化图

3.9.5　Data Store Memory 模块

Data Store Memory 模块用于定义共享数据存储区，该存储区是与 Data Store Read 模块和 Data Store Write 模块共享的存储空间。

（1）若 Data Store Memory 模块是在最高一级的系统中，则处于模型中任何位置的 Data Store Read 模块和 Data Store Write 模块都可以访问该数据存储区。

（2）若 Data Store Memory 模块处于子系统中，并且 Data Store Read 和 Data Store Write 模块也位于该子系统或位于子系统的模型分层结构的下级子系统中，则也能访问该数据存储区。

Data Store Memory 的模块属性如图 3-136 所示。

对于其属性窗口：

（1）Data Store name：表示正在定义的数据存储区的名字，系统默认值为字母 A。

（2）Initial value：系统设定初始值为 0，系统默认值为 0。

（3）Signal type：通常仿真中需要指定，分为实数 real、自动 auto 和复数 complex。

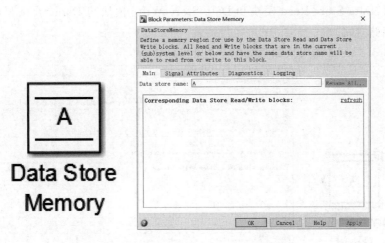

图 3-136　Data Store Memory 模块

（4）Data type：通常仿真中需要指定，分为 double、auto、uint8、single、uint16、uint32、boolean、fixdt(1,16)和 fixdt(1,16,0)等。

搭建 Data Store Memory 模块，如图 3-137 所示。运行仿真文件，输出结果如图 3-138 所示。

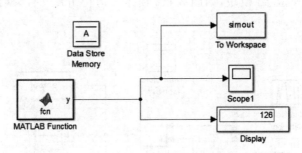

图 3-137　Data Store Memory 使用

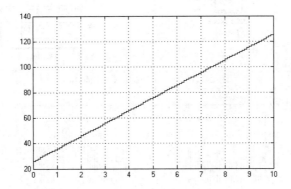

图 3-138　Data Store Memory 模块示波器时钟变化图

3.9.6　Data Store Read 模块

Data Store Read 模块从已经定义的一个共享数据存储区 Data Store Memory 模块

中读取数值,Data Store Read 模块和 Data Store Write 模块与 Data Store Memory 模块共享数据存储空间。

Data Store Read 的模块属性如图 3-139 所示。

图 3-139　Data Store Read 模块

对于其属性窗口：Data store name 表示正在定义的数据存储区的名字,默认值为字母 A。

搭建 Data Store Read 模块,如图 3-140 所示。运行仿真文件,输出结果如图 3-141所示。

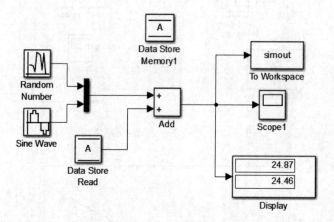

图 3-140　Data Store Read 使用

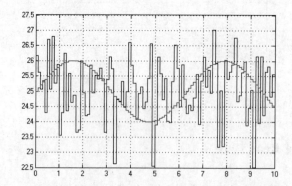

图 3-141　Data Store Read 模块示波器时钟变化图

3.9.7 Data Store Write 模块

Data Store Write 模块定义一个共享数据存储区 Data Store Memory 模块，将输入的数据源写入数值，并将该数值用 Data Store Read 读出和显示。Data Store Write 模块和 Data Store Read 模块与 Data Store Memory 模块共享数据存储空间。

Data Store Write 的模块属性如图 3-142 所示。

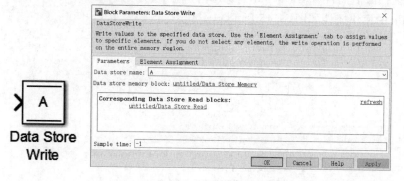

图 3-142 Data Store Write 模块

对于其属性窗口：Data Store name 表示正在定义的数据存储区的名字，默认值为字母 A。搭建 Data Store Write 模块，如图 3-143 所示。

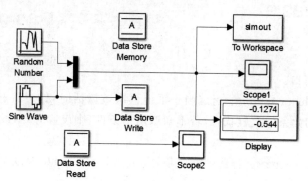

图 3-143 Data Store Write 使用

运行仿真文件，输出结果如图 3-144 所示。

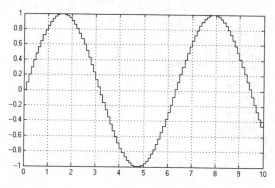

图 3-144 Data Store Write 模块示波器时钟变化图

141

3.9.8　Enable 模块

加上 Enable 模块的子系统就成为"使能（激活）子系统"，只有当进入 Enable 端口的输入大于 0 时，这种子系统才运行。

仿真运行时，Simulink 按照初始条件将包含在使能子系统内的模块初始化，当一个使能子系统被激活而再启动时，States when enabling 参数决定该子系统内模块的状态。

Enable 的模块属性如图 3-145 所示。

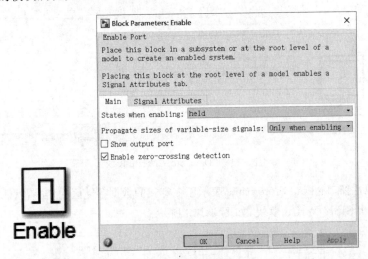

图 3-145　Enable 模块

对于其属性窗口：

（1）States when enabling：指定当子系统再次被激活时，处理状态的方式。设置为 Reset，表示按照初始条件设置状态，若不知道初始条件，则设置为 0；设为 held 表示保持原有状态。

（2）Show output port：若选中该选项，Simulink 给 Enable 模块划分一个输出端口并输出使能信号。

搭建 Enable 模块，如图 3-146 所示。相应的子系统如图 3-147 所示。

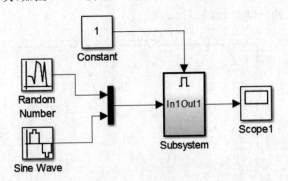

图 3-146　Enable 使用

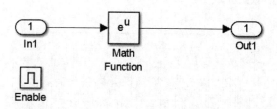

图 3-147 Enable 子系统

运行仿真文件,输出结果如图 3-148 所示。

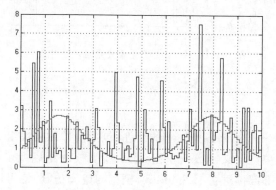

图 3-148 Enable 模块示波器时钟变化图

3.9.9 Ground 模块

Ground 模块可用于链接那些输入端口未与其他模块相连的模块,若用户运行一个带有这样的模块的模型,则 Simulink 就会发布警告。若使用该 Ground 模块,将这些模块"接地",可避免警示出现,Ground 模块输出 0 值信号。

Ground 模块的输入类型和其他模块的数据类型相同。

Ground 的模块属性如图 3-149 所示。

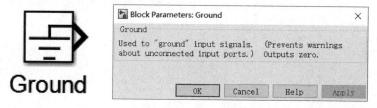

图 3-149 Ground 模块

搭建 Ground 模块,如图 3-150 所示。运行仿真文件,输出结果如图 3-151 所示。

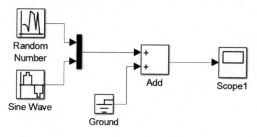

图 3-150 Ground 使用

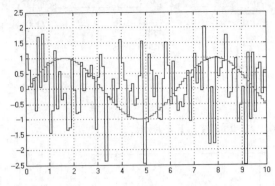

图 3-151　Ground 模块示波器时钟变化图

3.10　本章小结

　　本章主要介绍了 Simulink 各模块组的组件,包括信号源模块组、连续模块组、离散模块组、查表模块组、用户自定义函数模块组、数学运算模块组以及信号与系统模块组,并对每一个模块组的内部部件进行了 Simulink 模型构建和仿真,使得读者能够快速掌握该模块的使用。

第**4**章 Simulink常用命令库分析

Simulink 模型库包含的模块很庞大,充分地利用每一个模块,并且熟练了解和掌握每一个模块的属性显得尤为重要,编写 Simulink 模型代码有利于用户更好地掌握这些模块的属性和参数值的含义。Simulink 命令代码属于底层代码,不如直接在 Simulink 模型库中搭建模型直观,然而 Simulink 程序代码能够内嵌到很多可视化界面下,从而简化显示的界面,特别是在 GUI 界面下调用 Simulink 仿真时,Simulink 命令代码会表现出一定的优势。

学习目标:

(1) 熟练掌握 Simulink 命令的表示方法;

(2) 熟练运用 Simulink 命令代码建模。

4.1 Simulink 中常用的模块库

Simulink 中常用的模块库主要包括如下几种。

(1) 信宿(Sinks)模块库:包括显示或将输出回写的模块。

Display:显示输入的值。

Output:创建子系统的输出端口或外部输出端口。

Scope、Float Scope:显示仿真时产生的信号。

StopSimulation:当输入不等于零时停止仿真。

Terminator:将未连接的输出端口作为终端。

XY Graph:显示 XY 坐标图。

(2) 信源(Sources)模块库:包括产生各种信号的模块。

Band-Limited White Noise:为连续系统引入白噪声。

Chirp Signal:产生一个扫频信号。

Clock:产生和显示仿真时间。

Constant:产生一个常量值。

Digital Clock:在特定的采样间隔产生仿真时间。

Ground:将未连接的输入端口接地等。

(3) 连续(Continuous)模块库:包括线性函数模型,包括微分单元(Derivative)、积分单元(Integrator)、线性状态空间系统单元(State-Space)、线性传递函数单元(Transfer Fcn)、延时单元(Transport Delay)、可变传输延时单元(Variable Transport Delay)和指定零极点输入函数单元(Zero-Pole)。

（4）数学操作(Simulink Math Operations 和 Fixed-Point Blockset Math)模块库：包含常用的数学函数模块。包括输入信号绝对值的单元(Abs)、计算一个复位信号幅度或相位的单元(Complex to Magnitude-Angle)以及计算一个复位信号的实部与虚部的单元(Complex to Real-Imag)等。

（5）通信模块库(Comunication Blockset)

① 信源(Comm Sources)：在这个库中，可以形成随机或伪随机信号，也可以读取文件或模拟压控振荡器(VCO)来产生非随机信号。

Bernoulli Random Binary Generator：产生伯努利分布的二进制随机数。

Binary Vector Noise Generator：产生可以控制"1"的个数的二进制随机向量。

Random-Integer Generator：产生范围在(0～M－1)内的随机整数。

Poisson Int Generator：产生泊松分布的随机整数。

PN Sequence Generator：产生伪随机序列。

Gaussian Noise Generator：产生离散高斯白噪声。

Rayleigh Noise Generator：产生瑞利分布的噪声。

Uniform Noise Generator：产生在一个特定区域内的均匀噪声。

Voltage-Controlled Oscillator：实现压控振荡器。

② 信宿(Comm Sinks)：此库中提供了信宿和显示的模块，以便于分析通信系统。

Triggered Write to File：在输入信号上升沿向文件写入数据。

Enor Rate Calculation：计算输入信号的误比特率和误符号率。

③ 信源编码(Source Coding)模块库：信源编码分为两个基本步骤，即信源编码和信源译码。信源编码用量化的方法将一个源信号转化成一个数字信号。所得信号的符号都是在某个有限范围内的非负整数。信源译码就是从信源编码的信号中恢复出原来的信息。

④ 信道(Channel)模块库：提供各种通信信道模型，如高斯白噪声信道等。

⑤ 错误侦测与校验(Error Detection Correction)模块库：提供用于分析输入输出的模块，例如计算误码率的模块。

⑥ 调制解调(Modulation)模块：分为数字调制解调和模拟调制解调，再细分又可分为幅度调制、相位调制以及频率调制。

4.2 Simulink 命令代码

与 MATLAB 基本文件中的代码编写一样，Simulink 代码也是由函数构成，实现不同的函数功能，从而实现模块的构建程序化。具体的 Simulink 代码命令如表 4-1 所示。

表 4-1　Simulink 命令以及功能描述

命 令 代 码	功 能 描 述
new_system	新建一个 Simulink 系统模型
open_system	打开一个存在的系统
close_system	关闭 Simulink 模型
bdclose	关闭 Simulink 模型
save_system	保存一个系统
add_block	给一个系统添加一个模块
find_system	寻找一个系统、模块、连线或注释
delete_block	给一个系统添加一个模块
replace_block	替换一个系统内的一个模块
add_line	给一个系统添加一条线
delete_line	从一个系统中删除线
get_param	获取一个参数值
set_param	设置参数值
gcb	获取当前模块的路径名
gcs	获取当前系统的路径名
gcbh	获取当前模块的句柄
bdroot	获取根级系统名
simulink	打开 Simulink 模块库

4.2.1　Simulink 系统路径

对于一个系统而言,通常需要指定相关的路径,一般有以下三种模式:

(1) 确认一个系统,不需要指定系统名称,直接指定为 system。

(2) 确认一个子系统,则需要按照层次来进行指定,包括子系统到目标子系统的路径以及系统名称,并用"/"分隔,具体如下:

```
system/subsystem1/…/subsystem
```

(3) 确认一个系统中的模块,指定包含该模块的系统的路径和目标模块名,具体如下:

```
system/subsystem1/…/subsystem/block
```

4.2.2　获取 Simulink 模型参数值

对于用代码驱动的 Simulink 模型,首先需要打开 Simulink 模型,然后才可以进行编辑,具体的模型如图 4-1 所示。运行仿真输出结果如图 4-2 所示。

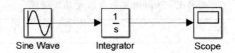

图 4-1　Simulink 模型

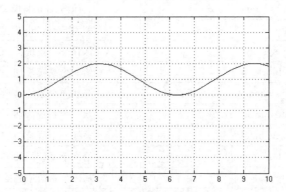

图 4-2　Simulink 模型示波器输出波形

采用 Simulink 代码方式打开该模型,具体的调用如下:

```
open_system('model.slx')
```

其中,model. slx 为 Simulink 模型名称。
采用如下代码打开模型:

```
clc,clear,closeall
open_system('ysw4_1.slx');
```

运行程序输出结果如图 4-1 所示。
对该打开的 Simulink 模型进行参数获取,具体的调用格式如下:

```
get_param('model.slx', st1,st2);
```

其中,model. slx 为 Simulink 模型名称;st1、st2 为模型(或模型中模块)的属性,主要有采样时间和幅度等。
对该打开的模型进行参数获取,具体的程序如下:

```
get_param('ysw4_1/Sine Wave','Sample time')
```

运行程序输出结果如下:

```
> In ysw4_2 at 3
ans =
0
```

对于正弦函数的采样时间,其属性框图如图 4-3 所示。

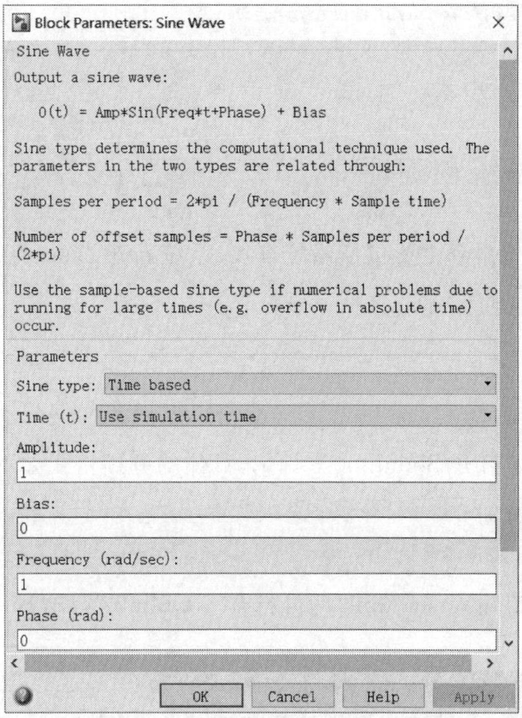

图 4-3　正弦函数的采样时间

从图 4-3 中的 Sample time 和程序输出结果可看出，该函数能够较准确地获取该模块的参数。

如果模块中包括一个换行符或者回车，则必须将模型中模块名称所在的路径指定为一个字符串，并用 sprintf('\n') 作为换行符。

例如，下面的命令先将换行符赋值给 ysw，然后获取 Sine Wave 模块的幅度 Amplitude 参数值，具体的编程如下：

```
clc,clear,close all
open_system('ysw4_1.slx');
ysw1 = sprintf('\n');
get_param(['ysw4_1.slx/Signal',ysw1,'Generator'],'Amplitude')
```

运行程序输出结果如下：

```
> In ysw4_2 at 3
ans =
1
```

输出结果和正弦函数幅度值相同。

如果模块中包括一个斜线号(/)，则当指定模块名称时，应保留下来。例如，下面的命令将获取 ysw2_1.slx 仿真文件中 Signal/Noise 模块的 Location 参数值。

```
get_param('ysw4_1.slx/Signal//Generator','Amplitude')
```

不过这种情况，较少出现。

4.3 Simulink 系统创建命令

Simulink 系统创建命令主要包括系统查找、系统新建、系统打开、系统关闭和系统保存等操作命令。

4.3.1 simulink 命令

simulink 命令用于打开 Simulink 工具箱，具体的调用格式如下：

```
simulink
```

直接在命令行窗口输入 simulink 即可打开 Simulink 窗口，具体如图 4-4 所示。

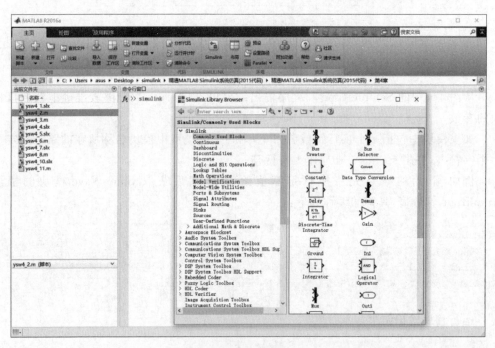

图 4-4 打开 Simulink 窗口

对于第一次使用 Simulink 的用户而言，本命令将激活 Simulink 工具，在激活的 Simulink 工具箱界面，用户可根据需要搭建模型。

4.3.2 simulink3 命令

simulink3 命令用于打开 Simulink 模块库，具体的调用格式如下：

```
simulink3
```

直接在命令行窗口输入该命令,如果已经打开 Simulink 工具箱,则输入该命令将激活 Simulink 模块以及模型执行初始化等。

在命令行窗口输入 simulink3,弹出如图 4-5 所示窗口。

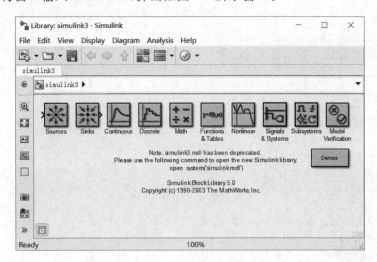

图 4-5　Simulink 模块库

4.3.3　find_system 命令

find_system 命令用于查找系统、模块、连线以及注释。其具体调用格式如下:

```
find_system(sys,'constraint',cv,'p1',v1,'p2',v2,'p3',v3,…)
```

其中,sys 为指定的系统或者子系统所在的路径名;constraint 为指定的系统或子系统的约束条件;cv 为当前系统或子系统中指定的模块;p1、p2、p3 等为模块的属性名;v1、v2、v3 等为 p1、p2、p3 等模块的属性名的参数值。

该命令返回一个目标句柄或路径。对于 find_system 命令而言,如果 sys 是一个句柄或句柄矢量,find_system 命令在所搜寻的目标上返回一个句柄矢量;如果 sys 省略,find_system 命令将搜索到所有打开的系统。

如果 constraint 约束条件省略,find_system 将采用默认约束条件值。

参数名可以忽略空格,但数值字符串可以有空格,所有从程序中输入的参数都可以是字符串值。

可供用户指定的搜索约束条件如表 4-2 所示。

具体的 find_system 使用方法如下:

```
find_system
```

表 4-2　搜索约束条件

名　　称	数 据 类 型	描　　述
SearchDepth	标量	限制搜索深度,按指定级别进行搜索; 0 表示搜索打开的系统; 1 表示搜索最高级系统的模块或子系统; 2 表示搜索最高级系统及其子系统; 系统默认为所有级
LookUnderMasks	On｜Off	如果为 On,表示搜索延伸至封装系统内,系统默认为 Off
FollowLinks	On｜Off	如果为 On,表示跟随链接进入库模块搜索,系统默认为 Off
FindAll	On｜Off	如果为 On,表示扩展到系统内连线和注释,系统默认为 Off

运行程序输出结果如下:

```
ans =
    'ysw4_7'
    'ysw4_7/Scope'
    'ysw4_5'
    'ysw4_5/Integrator'
    'ysw4_5/Mux'
    'ysw4_5/Scope'
    'ysw4_5/Sine Wave'
    'ysw4_4'
    'ysw4_4/Integrator'
    'ysw4_4/Mux'
    'ysw4_4/Scope'
    'ysw4_4/Sine Wave'
    'ysw4_1'
    'ysw4_1/Integrator'
    'ysw4_1/Scope'
    [1x23 char]
```

若要返回所有打开的方框图名,具体的使用方法如下:

```
open_bd_ysw = find_system('Type','block_diagram')
```

运行程序输出结果如下:

```
open_bd_ysw =
    'ysw4_7'
    'ysw4_5'
    'ysw4_4'
    'ysw4_1'
```

如图 4-6 所示的封装子系统,获取其子系统中的模块名称,编写代码如下:

```
open_bd_ysw1 = find_system('ysw4_7/Subsystem','SearchDepth',1,'blockType','Abs')
```

运行程序输出结果如下：

```
open_bd_ysw1 =
    'ysw4_7/Subsystem/Abs'
```

获取系统的连线和注释，代码如下：

```
open_bd_ysw1 = find_system('ysw4_7/Subsystem','FindAll','on','type','line')
```

运行程序输出结果如下：

```
open_bd_ysw1 =
    1.0e + 03 *
    1.9570
    1.9580
    1.9490
    1.9630
    1.9650
```

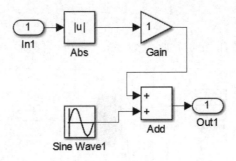

图 4-6　子系统模块

4.3.4　new_system 命令

new_system 命令用于创建一个新(空)的 Simulink 系统，new_system 命令不打开系统窗口。

具体的调用格式如下：

```
new_system('sys')
```

其中，sys 指定了一个路径，新系统将是在该路径下创建一个子系统。

具体的使用方式如下：

```
clc,clear,close all
bdclose
new_system('ysw4_9');        %新建一个 ysw4_9 系统
```

4.3.5　open_system 命令

open_system 命令打开一个 Simulink 系统窗口或一个模块对话框。

具体的使用格式如下：

```
open_system('sys')
open_system('blk')
open_system('blk','force')
```

其中，sys 指定了一个路径，新系统将在该路径下创建一个子系统。

blk 是具体的模块路径名，该命令打开指定模块的相关对话框。如果模块的 OpenFcn 收回参数已经定义了，则程序将进行赋值。

force 为强制打开路径下的一个系统中的子系统或者一个封装系统；具体的使用方式如下：

```
clc,clear,close all
bdclose all
open_system('ysw4_4')          % 打开 Simulink 库窗口
```

运行程序输出结果如图 4-7 所示，open_system 自动打开当前路径下的仿真模型。

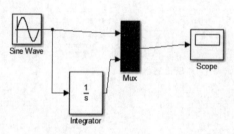

图 4-7　open_system 使用

4.3.6　save_system 命令

save_system 命令用于保存一个 Simulink 系统，其具体的调用格式如下：

```
save_system
save_system('sys')
save_system('sys','newname')
```

其中，直接使用 save_system 表示保存当前模型；save_system('sys')用于打开编辑的模型，sys 为该模型的路径名和其模型名称；newname 代表该模型保存为一个新的模型名称，且新模型自动保存在用户当前工作路径。

具体的使用格式如下：

```
clc,clear,close all
bdclose all
open_system('ysw4_7')          %打开 Simulink 库窗口
save_system('ysw4_7','ysw4_10')
```

运行程序,输出结果如图 4-8 所示,系统自动保存为 ysw4_10.slx 的文件。

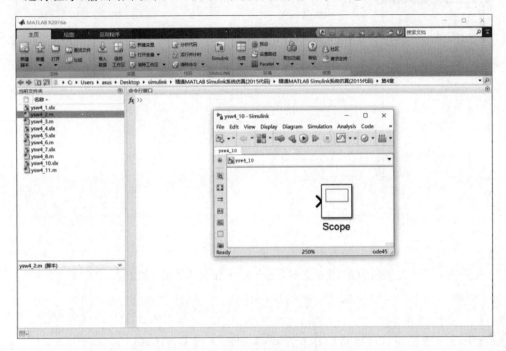

图 4-8　系统保存

4.3.7　bdclose 命令

bdclose 命令用于无条件关闭某一个或所有的 Simulink 系统窗口,其调用方法为直接在命令行窗口输入如下代码:

```
bdclose
```

输入该代码后,所有打开的 Simulink 模型将关闭。
当然用户也可以指定关闭某一个 Simulink 模型,具体的调用格式如下:

```
bdclose('sys')
```

其中,sys 代表当前路径下的 Simulink 模型名称,具体的使用如下:

```
bdclose('ysw4_7')
```

运行程序输出结果将关闭当前打开的 ysw4_7.slx 模型,具体如图 4-9 所示。

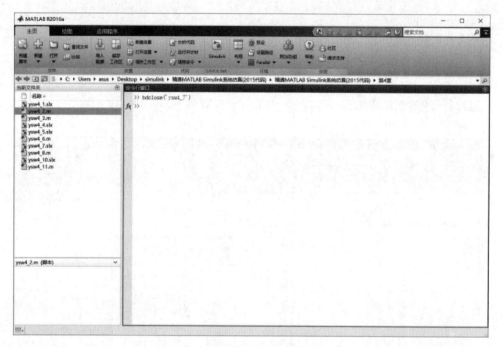

图 4-9　关闭指定模型

使用 bdclose 关闭所有的模型窗口,还有另一种表达方式,如下:

```
bdclose(all)
```

其中,all 表示所有打开的 Simulink 模型,功能类似于直接使用 bdclose。

4.4　Simulink 模型模块操作命令

Simulink 模型模块操作是 Simulink 命令中较难的一部分,模块操作需要定位模块的各个参数以及模块之间的连接关系,掌握 Simulink 模块操作命令至关重要。

4.4.1　add_block 命令

add_block 命令表示向一个模型文件中增加模块,具体的调用格式如下:

```
add_block('src','dest')
add_block('src','dest','parameter1','value1', 'parameter2','value2',…)
```

其中,src 为模块的路径名和模块名称的字符串;dest 为 src 中模块复制产生出来的新模块,该模块参数和源模块参数一致,只是模块名称有所更改;parameter1 为模块的参数值名称,每一个模块属性框中有多个参数,用户均可以进行相关设置;value1 为参数设置的具体值。

具体的 add_block 命令使用如下:

```
clc,clear,close all
bdclose
open_system('ysw4_7.slx');
add_block('built-in/Sine Wave','ysw4_7/Sine Wave');
```

运行程序输出结果如图 4-10 所示。

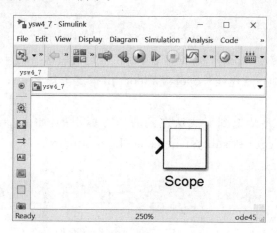

图 4-10　增加 Sine Wave 模块

4.4.2　delete_block 命令

delete_block 命令表示向一个模型文件中删除模块，具体的调用格式如下：

```
delete_block('src')
```

其中，src 为模块的路径名和模块名称的字符串。
具体的 delete_block 命令使用如下：

```
clc,clear,close all
bdclose
open_system('ysw4_7.slx');
delete_block('ysw4_7/Sine Wave')
```

运行程序输出结果如图 4-11 所示。

图 4-11　删除 Sine Wave 模块

4.4.3　add_line 命令

add_line 命令用于给指定的 Simulink 系统添加一条连线，并返回一个新连线的句

柄,按直接连线和分支连线划分有两种实现方法:

(1) 利用连线连接的模块端口命令;

(2) 指定定义线段点的位置。

具体的调用格式如下:

(1) 格式一:

```
H = add_line('sys','oport','iport')
```

其中,add_line('sys','oport','iport')表示在指定模块输出端口 oport 与指定模块输入端口 iport 之间添加一条连线。oport 和 iport 由指定模块名和一个端口标识符组成,格式为 block/port。

大多数模块端口是从上到下或从左到右编号标识的,如 subsystem_name/Eable,subsystem_name/Trigger 和 subsystem_name/Integrator 等。

(2) 格式二:

```
H = add_line('sys',points)
```

其中,H＝add_line('sys',points)用于给一个系统添加一条分支连线,数组 points 的每一行指定在线段上某一点的 x 和 y 坐标,原点在窗口的左上角。信号从第一行定义的点流向最后一行定义的点。若新连线的起点靠近某一个已有的模块或连线,则它们就自动连接起来。同样,若连线的末端靠近一个已有的输入,则它们也自动连接。

具体的 add_line()函数的使用如下:

```
clc,clear,close all
bdclose all
open_system('ysw4_10')          % 打开 Simulink 库窗口
add_line('ysw4_10','Sine Wave/1','Scope/1')
```

运行程序输出结果如图 4-12 所示。

图 4-12   add_line 使用

4.4.4   delete_line 命令

delete_line 命令表示删除一个 Simulink 系统中的一条连线。具体的调用格式也有两种:

(1) 格式一:

```
delete_line('sys','oport','iport')
```

delete_line('sys','oport','iport')命令删除从一个指定模块的输出端口 oport 到指定模块输入端口 iport 之间的连线。oport 和 iport 字符串由一个模块名及端口标识符组成,以 block/port 形式表示。大多数模块端口进行从上到下或从左到右的编号以便标识,如 scope/1 或 Gain/1 等。

使能端口、触发端口及状态端口是以名称进行标识的,如 sussystem_name/Eable、subsystem_name/Trigger 和 subsystem_name/Integrator 等。

（2）格式二：

```
delete_line('sys',[x,y])
```

delete_line('sys',[x,y])表示删除系统中含有指定坐标点[x,y]的一条连线。delete_line 函数具体的使用如下：

```
add_line('ysw4_10','Sine Wave/1','Scope/1')
delete_line('ysw4_10','Sine Wave/1','Scope/1')
```

运行程序输出图形如图 4-13 所示。

图 4-13   Simulink 模型信号线删除

4.4.5   replace_block 命令

replace_block 命令用于替换一个 Simulink 模型中的模块,主要的调用格式如下：
（1）格式一：

```
replace_block('sys','blk1','blk2','noprompt')
```

该命令用 blk2 模块替换 sys 中的所有模块或封装类型为 blk1 的模块。

其中,sys 为仿真系统的路径名和文件名；blk1、blk2 等为单独的模块；noprompt 为系统执行显示对话框；设定 noprompt,则表示替换过程中不显示对话框,不添加 noprompt,则 Simulink 将显示一个对话框并要求用户在替换之前选择匹配模块。

（2）格式二：

```
replace_block('sys','parameter','value','blk',…)
```

该命令用 blk 替换 sys 中所有指定参数 parameter 为设定值的模块。用户可以指定任意数量的参数值 value。

具体使用 replace_block 时,首先打开系统,代码如下：

```
clc,clear,close all
bdclose all
open_system('ysw4_10')          % 打开 Simulink 库窗口
```

输出图形如图 4-14 所示,替换其中的 Scope,代码如下：

```
replace_block('ysw4_10','Scope','Integrator')
```

运行程序输出结果如图 4-15 所示。

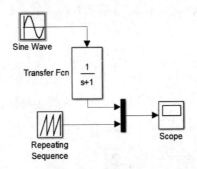

图 4-14 原始模型

单击图 4-15 中的确认按钮,执行替换功能,生成结果如图 4-16 所示。模块成功替换,然而模块的名称没有改变,但功能实现改变。

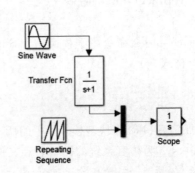

图 4-15 替换对话框

图 4-16 最终替换模型

对替换后的模型增加 Scope 进行仿真,如图 4-17 所示。结果表明模块成功替换,并且功能完全替换。

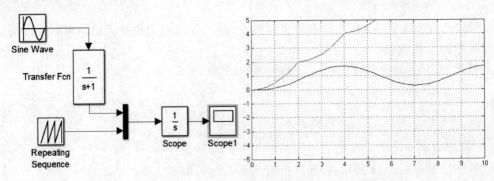

图 4-17 仿真结果

4.5 获取 Simulink 文件路径

提取 Simulink 文件路径名,可方便用户对某一个指定路径下的文件进行操作,从而无须进行 MATLAB 工作路径设置,提高了运行效率。

4.5.1 gcb 命令

gcb 命令用于获取当前模块路径名称,调用格式如下:

```
gcb
gcb('sys')
```

其中,gcb 为返回当前系统中当前模块的具体路径名称; sys 为模型文件所在的路径名和文件名的字符串。

当前模块指如下四种模块中的一种:

(1) 在编辑过程中,当前模块为最近点击过的模块;

(2) 在对包含 S-Function 模块的仿真过程中,当前模块为最近执行其相应 MATLAB 函数的 S-Function 模块;

(3) 在回复期间,当前模块为正在执行其恢复程序的模块;

(4) 在 MaskInitialization 字符串赋值期间,当前模块为正在封装赋值的模块。

具体的 gcb 使用如下:

```
clc,clear,close all
bdclose all
open_system('ysw4_10')          %打开 Simulink 库窗口
A = gcb
B = gcb('ysw4_10')
```

运行程序输出结果如下:

```
A =
ysw4_10/Sine Wave
B =
ysw4_10/Sine Wave
```

4.5.2 gcbh 命令

gcbh 命令用于获取当前系统中的当前模块的句柄,具体的调用格式如下:

```
gcbh
```

gcbh 命令返回当前系统中的当前模块的句柄。

具体的 gcbh 使用如下：

```
clc,clear,close all
gcbh
```

运行程序输出结果如下：

```
ans =
    5.1702
```

4.5.3 gcs 命令

gcs 命令用于获取当前系统的路径名，具体的调用格式如下：

```
gcs
```

gcs 命令返回当前系统的具体路径名。

其中，当前系统指如下四种系统中的一种：

（1）在编辑过程中，当前系统或子系统为最近点击过的系统或子系统；

（2）在对包含 S-Function 模块的仿真过程中，当前系统为最近执行其相应 MATLAB 函数的 S-Function 模块进行赋值的系统或子系统；

（3）在回复期间，当前系统为正在执行其恢复程序的系统或子系统；

（4）在 MaskInitialization 字符串赋值期间，当前系统为正在封装赋值的当前系统或子系统。

具体的 gcs 使用如下：

```
clc,clear,close all
gcs
```

运行程序输出结果如下：

```
ans =
    ysw4_10
```

4.5.4 bdroot 命令

bdroot 命令返回 Simulink 系统的名称，其调用格式如下：

```
bdroot
bdroot('obj')
```

其中，obj 为一个系统或者一个模型的路径名称，该命令返回包含指定目标的最高级系统名称。

具体的使用如下：

```
clc,clear,close all
bdclose
open_system('ysw4_7.slx');
bdroot('ysw4_7/Scope')
```

运行代码输出结果如下：

```
ans =
ysw4_7
```

4.6　获取 Simulink 模型参数命令

Simulink 模型参数命令包括 Simulink 模型参数的获取和模型参数的设置，这为 Simulink 模型中各模块参数的设置提供了便捷方法，Simulink 模型参数命令主要为 get_param 和 set_param。

4.6.1　get_param 命令

get_param 命令用于获取系统和模块参数值。其主要调用格式如下：
(1) 格式一：

```
get_param('obj','parameter')
```

其中，obj 为某系统或模块的路径名称；parameter 为该系统或模块的某一个属性参数。

该命令返回指定参数值，参数名忽略空格。
(2) 格式二：

```
get_param({object},'parameter')
```

该命令接受一个具体的路径区分符的单元数组，这使用户能得到所有在单元数组中指定的目标的共有参数值。
(3) 格式三：

```
get_param(handles,'parameter')
```

其中，handles 为目标系统或模型的句柄。该命令返回目标句柄的指定参数。
(4) 格式四：

```
get_param('obj','objectparameter')
```

该命令返回一个描述 obj 参数的结构,返回结构的每一栏对应一个详细的参数,并有参数名。例如 Name 栏对应于目标的 Name 参数,每一个参数栏包含三个字段：Name、Type 和 Attritutes,它们分别指定参数的名称(如 Gain)、数据类型(如字符串)以及属性(如 read-only)。

(5) 格式五：

```
get_param('obj','DialogParameter')
```

该命令返回一个含有指定模块的参数表。

具体的 get_param 命令使用如下：

```
clc,clear,close all
bdclose all
open_system('ysw4_10')            %打开 simulink 库窗口
get_param('ysw4_10/Scope1','Ymin')
```

运行程序输出结果如下：

```
ans =
 - 5
```

若要显示当前系统中所有模块的模块类型,可编程如下：

```
blks = find_system(gcs,'Type','block');
get_param(blks,'BlockType')
```

运行程序输出结果如下：

```
ans =
    'Mux'
    'SubSystem'
    'Integrator'
    'Scope'
    'Sin'
    'TransferFcn'
```

若要获取正弦函数 Sine Wave 模块的对话框参数,可编程如下：

```
get_param('ysw4_10/Sine Wave','DialogParameters')
```

运行程序输出结果如下：

```
ans =
          SineType: [1x1 struct]
        TimeSource: [1x1 struct]
         Amplitude: [1x1 struct]
```

```
        Bias: [1x1 struct]
   Frequency: [1x1 struct]
       Phase: [1x1 struct]
     Samples: [1x1 struct]
      Offset: [1x1 struct]
  SampleTime: [1x1 struct]
VectorParams1D: [1x1 struct]
```

4.6.2　set_param 命令

set_param 命令用于设置 Simulink 系统和模块参数,其具体调用格式如下:

```
set_param('obj','parameter1',value1,'parameter2',value2,… )
```

其中,obj 为一个系统或模块的路径,该命令将参数设置为指定值,参数名忽略空格;parameter 为该系统或模块的属性参数;value 为 parameter 属性的参数值。

用户可以在仿真期间改变工作空间的模块参数值,并且通过这些改变更新模块图。步骤:首先在命令窗口改变参数值;然后激活模型窗口;最后单击编辑菜单中的更新按钮即可。

对如图 4-18 所示的模型进行参数设置,set_param 命令的具体使用如下:

```
clc,clear,close all
bdclose all
open_system('ysw4_10')          % 打开 Simulink 库窗口
set_param('ysw4_10','Solver','ode15s','StopTime','3000')
```

运行程序输出结果 4-19 所示。

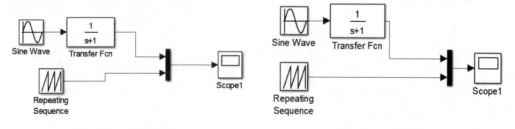

图 4-18　参数设置前　　　　　　　　　　　　图 4-19　参数设置后

Sine Wave 属性如图 4-20 所示,对模型中 Sine Wave 属性进行采样时间设置,编程如下:

```
set_param('ysw4_10/Sine Wave','Sample time','0.01')
```

运行程序输出结果如图 4-21 所示。

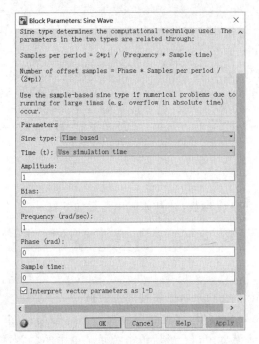

图 4-20 Sine Wave 属性   图 4-21   Sine Wave 属性采样时间更改

对如图 4-22 所示的 Sine Wave 模型的位置进行设置，代码如下：

```
set_param('ysw4_10/Sine Wave','Position',[120,100,150,130])
```

运行程序输出结果如图 4-23 所示。

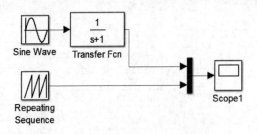

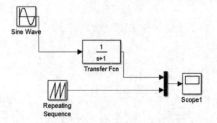

图 4-22 仿真模型中 Sine Wave 位置   图 4-23   Sine Wave 的位置更改

4.7 Simulink 代码建模

本节内容主要介绍 Simulink 代码建模，并对建立的 Simulink 仿真模型进行仿真运算。Simulink 代码在 MATLAB 脚本文件(.m 文件)里面编写，可以方便用户进行调试。

(1) 建立 Simulink 仿真文件。

Simulink 仿真代码编写的第一步是建立一个 Simulink 仿真系统，并且代码编写要在系统处于打开激活状态下进行。

具体新建系统的代码如下：

```
clc,clear,close all
new_system('ysw4_4');      % 新建一个 ysw4_4 系统
```

新建好一个系统后,接下来需要打开 Simulink 仿真系统模块库,具体的代码如下:

```
open_system('simulnik3')      % 打开 Simulink 库窗口
```

打开 Simulink 仿真系统模块库后,用户就可进行模型的搭建。

(2) 增加模块。

下面构建如图 4-24 所示的仿真模型。

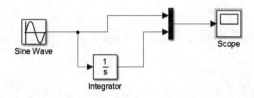

图 4-24　Simulink 仿真模型

由于模型中包含 Sine Wave、Integrator、Mux 和 Scope 四个模块,因此用户需要用 Simulink 代码分别增加这四个模块,具体的代码如下:

```
add_block('built - in/Sine Wave','ysw4_4/Sine Wave');
add_block('built - in/Scope','ysw4_4/Scope');
add_block('built - in/Mux','ysw4_4/Mux');
add_block('built - in/Integrator','ysw4_4/Integrator');
```

代码执行完毕后,模型建立结果如图 4-25 所示。

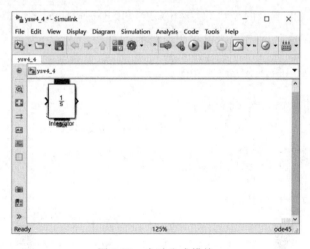

图 4-25　自动生成模块

用户可手动拖动重叠在一起的模块,如图 4-26 所示。

对照图 4-26 所示的模型,其中,Mux 模块引脚输入默认为 4,双击该模型进行修改,如图 4-27 所示,得到如图 4-28 所示的模型。

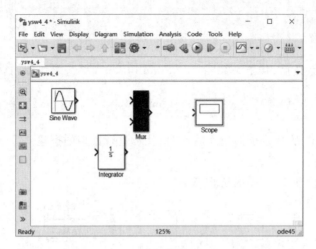

图 4-26   拖动模块视图

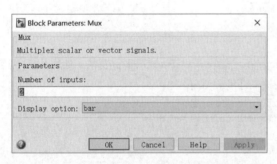

图 4-27   Mux 参数修改

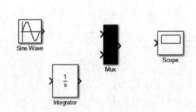

图 4-28   修改后的仿真模型

（3）连接模块信号线。

搭建好如图 4-28 所示的模块后，接下来就可以连接模块信号线，可采用如下代码将 Sine Wave 输出和 Mux 的第一个输入连接起来：

```
add_line('ysw4_4','Sine Wave/1','Mux/1')
```

运行程序输出结果如图 4-29 所示。

接下来连接 Sine Wave 和 Integrator 模块的信号线，代码如下：

```
add_line('ysw4_4',[90,20;80,85;120,90])
```

运行程序输出结果如图 4-30 所示。

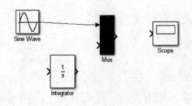

图 4-29   Sine Wave 输出和 Mux 的
第一个输入连接

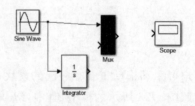

图 4-30   Sine Wave 和 Integrator 模块的
信号线连接

连接 Integrator 模块和 Mux 模块的第二个输出信号线,代码如下:

```
add_line('ysw4_4','Integrator/1','Mux/2')
```

运行程序输出结果如图 4-31 所示。

最后连接 Mux 模块的输出引脚和 Scope 的输入引脚,具体如下:

```
add_line('ysw4_4','Mux/1','Scope/1')
```

至此,全部的信号线连接完成,具体如图 4-32 所示。

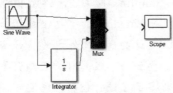
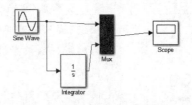

图 4-31　连接 Integrator 模块和 Mux 模块的
　　　　第二个输出信号线

图 4-32　模型搭建完成仿真图

对照图 4-24 所示的模型,图 4-32 模型较合理,能够实现 Simulink 模型的快速搭建。运行仿真文件输出结果如图 4-33 所示。

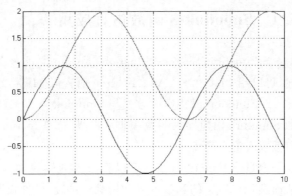

图 4-33　示波器输出图形

4.8　本章小结

MATLAB/Simulink 是强大的数据处理模块,能够适应各种系统,并能够通过矩阵运算实现问题的快速求解。本章主要介绍了 Simulink 命令应用功能,并采用 Simulink 命令进行模型的搭建和修改,达到快速建模的目的。

第5章 基于Simulink的S函数建模

S 函数(S-Function)是一个 Simulink 模块。S 函数中的输出值是状态、输入和时间的函数。S 函数是 Simulink 的重要组成部分,Simulink 为编写 S 函数提供了各种模板文件,这些模板文件定义了 S 函数完整的框架结构,用户可以根据自己的需要加以剪裁。本章主要引导用户从最简单的 S 函数编写出发,逐步掌握 S 函数进行控制系统设计。

学习目标:

(1) 熟练掌握 MATLAB S 函数编写;

(2) 熟练掌握 S 函数用于控制系统建模;

(3) 熟练掌握 S 函数编写 Simulink 模块等。

5.1 Simulink S 函数仿真应用

S-Function(System Function)是 Simulink 模块的计算机语言描述,可以用 M、C/C++、Ada、Fortran 语言以 MEX 文件的形式编写。

S-Function 以特殊的方式与 Simulink 方程求解器交互,这种交互和 Simulink 内建模块的做法非常相似。S-Function 模块可以是连续、离散或者混合系统。

通过 S-Function,用户可以将自己的模块加入 Simulink 模型中,从而实现自定义的算法或者利用操作系统、硬件设备进行交互。

5.1.1 Simulink S 函数仿真过程

Simulink 模型的执行依照下述几个步骤。

首先是初始化阶段。在这一阶段,Simulink 将库模块集合到模型,确定传播宽度、数据类型和采样时间,评估模块参数,确定模块执行顺序,分配内存。然后是仿真阶段,此时 Simulink 进入一个仿真循环,循环的每次执行对应一个仿真步。

在每个仿真步中,Simulink 按初始化阶段确定的顺序执行各个模块。

对每个模块而言,Simulink 计算模块在当前采样时间的状态、微分和输出,这将持续到仿真结束。

5.1.2　S函数的回调方法

S函数包括一系列回调(Callback)方法,用以执行每个仿真步骤所需的任务。在一个模型的仿真过程中,针对每个仿真步骤,Simulink 将调用相应的 S 函数方法。S 函数执行的方法包括:

(1) 初始化:在首次仿真循环中执行。Simulink 初始化 S 函数,在这一步骤中 Simulink 将:

① 初始化 SimStruct,这是一种 Simulink 结构,包含了 S 函数的信息;

② 设置输入输出端口的个数和纬度;

③ 设置模块的采样次数;

④ 分配存储区域和数组长度。

(2) 计算下一采样点:如果定义了一个可变采样步长的模块,这一步将计算下一次采样点,即计算下一步长。

(3) 计算在主要时间步中的输出:这一步结束之后,模块的输出端口在当前时间步是有效的。

(4) 更新主要时间步中的离散状态:所有的模块在该回调方法中,必须执行一次每次时间步都要执行的活动,例如为下一次仿真循环更新离散状态。

(5) 积分:用于具有连续状态或(和)具有非采样过零的模型。如果用户的 S 函数具有连续状态,Simulink 在最小采样步长调用 S 函数的输出和微分部分。这也是 Simulink 之所以能够计算 S 函数的状态的原因。如果用户 S 函数(仅针对 C MEX)具有非采样过零,Simulink 在最小采样步长调用 S 函数的输出和微分部分,从而确定过零点。

5.2　M-file S 函数应用

用 M 语言编写的 S 函数称为 M-file S-functions,根据 API 版本不同,分为 Level-1 和 Level-2 类型。

Level-1 的 M-file S 函数支持采用 M 语言实现具有全部功能的 Simulink 模块。

Level-2 的 M-file S-functions APIs 非常接近于 C MEX-file S-functions,有许多相同特性可以使用。

在 MATLAB 主界面中直接输入 sfundemos,即可调出 S 函数的编程例子。

```
>> sfundemos
```

执行上述命令将弹出如图 5-1 所示菜单。

单击如图 5-1 中的 MATLAB file S-functions,弹出 MATLAB file S-functions Level-2 和 Level-1 两种类型,如图 5-2 所示。

分别单击 Level-1 和 Level-2,弹出相应的案例分析界面,如图 5-3 和图 5-4 所示。

单击 Level-1 中的 Continuous time variable step MATLAB file 模块,弹出如图 5-5 所示的仿真文件模型。对该仿真模型进行仿真操作,得到如图 5-6 所示图形。

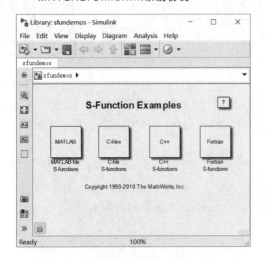

图 5-1　S 函数例子

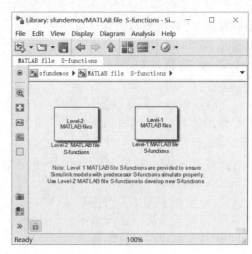

图 5-2　Level-2 和 Level-1 S 函数

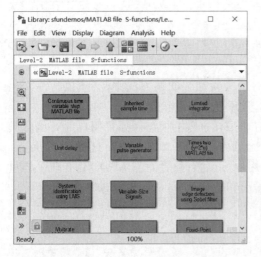

图 5-3　Level-2 例程

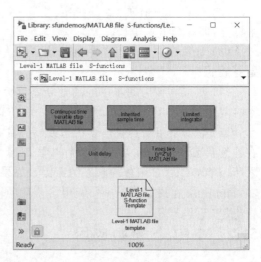

图 5-4　Level-1 例程

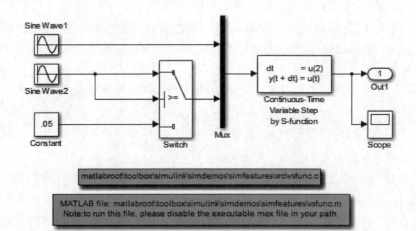

图 5-5　仿真模型

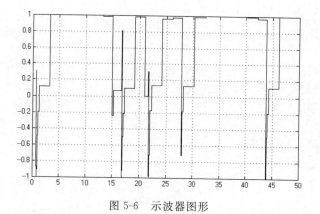

图 5-6　示波器图形

单击 Continuous time variable step by S-function 模块，弹出如图 5-7 所示界面。

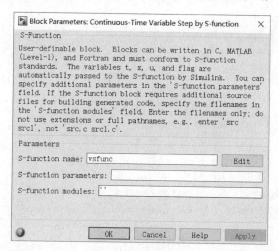

图 5-7　Continuous time variable step by S-function 模块

单击右侧的 Edit 按钮，弹出用户用 S 函数编写的函数文件，具体的程序如下：

```
/*   File    : vsfunc.c
 *   Abstract:
 *      Example C-file S-function for defining a continuous system.
 *      Variable step S-function example.
 *      This example S-function illustrates how to create a variable step
 *      block in Simulink.  This block implements a variable step delay
 *      in which the first input is delayed by an amount of time determined
 *      by the second input:
 *      dt      = u(2)
 *      y(t+dt) = u(t)
 *   Copyright 1990-2013 The MathWorks, Inc.
 */
#define S_FUNCTION_NAME vsfunc
#define S_FUNCTION_LEVEL 2
#include "simstruc.h"
```

```
# define U(element) ( * uPtrs[element])          / * Pointer to Input Port0 * /
/ * Function: mdlInitializeSizes ===============================================
 * Abstract:
 *     The sizes information is used by Simulink to determine the S - function
 *     block's characteristics (number of inputs, outputs, states, etc.).
 * /
static void mdlInitializeSizes(SimStruct * S)
{
    ssSetNumSFcnParams(S, 0);                       / * Number of expected parameters * /
    if (ssGetNumSFcnParams(S) != ssGetSFcnParamsCount(S)) {
        return; / * Parameter mismatch will be reported by Simulink * /
    }
    ssSetNumContStates(S, 0);
    ssSetNumDiscStates(S, 1);
    if (!ssSetNumInputPorts(S, 1)) return;
    ssSetInputPortWidth(S, 0, 2);
    ssSetInputPortDirectFeedThrough(S, 0, 1);
    if (!ssSetNumOutputPorts(S, 1)) return;
    ssSetOutputPortWidth(S, 0, 1);
    ssSetNumSampleTimes(S, 1);
    ssSetNumRWork(S, 0);
    ssSetNumIWork(S, 0);
    ssSetNumPWork(S, 0);
    ssSetNumModes(S, 0);
    ssSetNumNonsampledZCs(S, 0);
    ssSetSimStateCompliance(S, USE_DEFAULT_SIM_STATE);
    if (ssGetSimMode(S) == SS_SIMMODE_RTWGEN && !ssIsVariableStepSolver(S)) {
        ssSetErrorStatus(S, "S - function vsfunc.c cannot be used with Simulink Coder "
                            "and Fixed - Step Solvers because it contains variable"
                            " sample time");
    }
    ssSetOptions(S, SS_OPTION_EXCEPTION_FREE_CODE);
}
/ * Function: mdlInitializeSampleTimes ==========================================
 * Abstract:
 *     Variable - Step S - function
 * /
static void mdlInitializeSampleTimes(SimStruct * S)
{
    ssSetSampleTime(S, 0, VARIABLE_SAMPLE_TIME);
    ssSetOffsetTime(S, 0, 0.0);
    ssSetModelReferenceSampleTimeDefaultInheritance(S);
}
# define MDL_INITIALIZE_CONDITIONS
/ * Function: mdlInitializeConditions ===========================================
 * Abstract:
 *     Initialize discrete state to zero.
 * /
static void mdlInitializeConditions(SimStruct * S)
```

```
{
    real_T * x0 = ssGetRealDiscStates(S);
    x0[0] = 0.0;
}
#define MDL_GET_TIME_OF_NEXT_VAR_HIT
static void mdlGetTimeOfNextVarHit(SimStruct * S)
{
    InputRealPtrsType uPtrs = ssGetInputPortRealSignalPtrs(S,0);

    /* Make sure input will increase time */
    if (U(1) <= 0.0) {
        /* If not, abort simulation */
        ssSetErrorStatus(S,"Variable step control input must be "
                          "greater than zero");
        return;
    }
    ssSetTNext(S, ssGetT(S) + U(1));
}
/* Function: mdlOutputs ===================================================
 * Abstract:
 *       y = x
 */
static void mdlOutputs(SimStruct * S, int_T tid)
{
    real_T * y = ssGetOutputPortRealSignal(S,0);
    real_T * x = ssGetRealDiscStates(S);

    /* Return the current state as the output */
    y[0] = x[0];
}
#define MDL_UPDATE
/* Function: mdlUpdate ====================================================
 * Abstract:
 *     This function is called once for every major integration time step.
 *     Discrete states are typically updated here, but this function is useful
 *     for performing any tasks that should only take place once per integration
 *     step.
 */
static void mdlUpdate(SimStruct * S, int_T tid)
{
    real_T           * x    = ssGetRealDiscStates(S);
    InputRealPtrsType uPtrs = ssGetInputPortRealSignalPtrs(S,0);

    x[0] = U(0);
}
/* Function: mdlTerminate =================================================
 * Abstract:
 *     No termination needed, but we are required to have this routine.
 */
```

```
static void mdlTerminate(SimStruct * S)
{
}
# ifdef   MATLAB_MEX_FILE        / *  Is this file being compiled as a MEX – file? * /
# include "simulink.c"           / *  MEX – file interface mechanism * /
# else
# include "cg_sfun. h"           / *  Code generation registration function * /
# endif
```

对比 Level-1 MATLAB Files，单击 Level-2 MATLAB Files，仍选择 Continuous time variable step by S-function 模块，弹出仿真模型如图 5-8 所示，运行仿真文件得到相应的输出图形如图 5-9 所示。

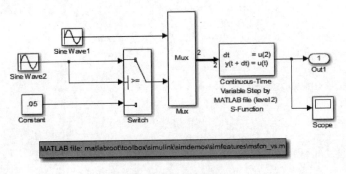

图 5-8　仿真模型

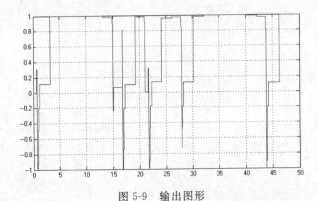

图 5-9　输出图形

编辑 msfcn_vs S-function 文件，弹出 S-function 函数文件，具体如下：

```
function msfcn_vs(block)
% Level – 2 MATLAB file S – Function for continuous time variable step demo.
%    Copyright 1990 – 2009 The MathWorks, Inc.
  setup(block);
% endfunction
function setup(block)
  %% Register number of input and output ports
```

```
    block.NumInputPorts   = 1;
    block.NumOutputPorts  = 1;
    %% Setup functional port properties to dynamically
    %% inherited.
    block.SetPreCompInpPortInfoToDynamic;
    block.SetPreCompOutPortInfoToDynamic;
    block.InputPort(1).Dimensions        = 2;
    block.InputPort(1).DirectFeedthrough = true;
    block.OutputPort(1).Dimensions       = 1;
    %% Set block sample time to variable sample time
    block.SampleTimes = [-2 0];
    %% Set the block simStateCompliance to default (i.e., same as a built-in block)
    block.SimStateCompliance = 'DefaultSimState';
    %% Register methods
    block.RegBlockMethod('PostPropagationSetup',    @DoPostPropSetup);
    block.RegBlockMethod('InitializeConditions',    @InitConditions);
    block.RegBlockMethod('Outputs',                 @Output);
    block.RegBlockMethod('Update',                  @Update);
% endfunction
function DoPostPropSetup(block)
    %% Setup Dwork
    block.NumDworks = 1;
    block.Dwork(1).Name = 'X';
    block.Dwork(1).Dimensions        = 1;
    block.Dwork(1).DatatypeID        = 0;
    block.Dwork(1).Complexity        = 'Real';
    block.Dwork(1).UsedAsDiscState = true;
% endfunction
function InitConditions(block)
    %% Initialize Dwork
    block.Dwork(1).Data = 0;
% endfunction
function Output(block)
    block.OutputPort(1).Data = block.Dwork(1).Data;
    %% Set the next hit for this block
    block.NextTimeHit = block.CurrentTime + block.InputPort(1).Data(2);
% endfunction
function Update(block)
    block.Dwork(1).Data = block.InputPort(1).Data(1);
% endfunction
```

对比 Level-1 MATLAB Files 和 Level-2 MATLAB Files，Level-2 MATLAB Files 更加简洁，且结构更清晰，模型采用块输入的方式，使得编程更加简单，因此 Level-2 MATLAB Files 将逐渐取代 Level-1 MATLAB Files。在较高版本的 Simulnik S-Function 中，系统逐渐强化 Level-2 MATLAB Files 应用，而相应地弱化 Level-1 MATLAB Files 应用。

5.3　M-file S 函数模板

在 MATLAB 主界面中直接输入：

```
edit sfuntmpl
```

即可弹出 S 函数模板编辑的 M 文件环境，用户在里面修改即可。具体如下：

```
function [sys,x0,str,ts,simStateCompliance] = sfuntmpl(t,x,u,flag)
% SFUNTMPL General MATLAB S - Function Template
%    With MATLAB S - functions, you can define you own ordinary differential
%    equations (ODEs), discrete system equations, and/or just about
%    any type of algorithm to be used within a Simulink block diagram.
%    The general form of an MATLAB S - function syntax is:
%        [SYS,X0,STR,TS,SIMSTATECOMPLIANCE] = SFUNC(T,X,U,FLAG,P1,...,Pn)
%    What is returned by SFUNC at a given point in time, T, depends on the
%    value of the FLAG, the current state vector, X, and the current
%    input vector, U.
%    FLAG    RESULT              DESCRIPTION
%    -----   ------              ------------------------------------------
%    0       [SIZES,X0,STR,TS]   Initialization, return system sizes in SYS,
%                                initial state in X0, state ordering strings
%                                in STR, and sample times in TS.
%    1       DX                  Return continuous state derivatives in SYS.
%    2       DS                  Update discrete states SYS = X(n + 1)
%    3       Y                   Return outputs in SYS.
%    4       TNEXT               Return next time hit for variable step sample
%                                time in SYS.
%    5                           Reserved for future (root finding).
%    9       []                  Termination, perform any cleanup SYS = [].
%    The state vectors, X and X0 consists of continuous states followed
%    by discrete states.
%    Optional parameters, P1,...,Pn can be provided to the S - function and
%    used during any FLAG operation.
%    When SFUNC is called with FLAG = 0, the following information
%    should be returned:
%        SYS(1) = Number of continuous states.
%        SYS(2) = Number of discrete states.
%        SYS(3) = Number of outputs.
%        SYS(4) = Number of inputs.
%                 Any of the first four elements in SYS can be specified
%                 as - 1 indicating that they are dynamically sized. The
%                 actual length for all other flags will be equal to the
%                 length of the input, U.
%        SYS(5) = Reserved for root finding. Must be zero.
%        SYS(6) = Direct feedthrough flag (1 = yes, 0 = no). The s - function
%                 has direct feedthrough if U is used during the FLAG = 3
```

```
%                   call. Setting this to 0 is akin to making a promise that
%                   U will not be used during FLAG = 3. If you break the promise
%                   then unpredictable results will occur.
%       SYS(7)  = Number of sample times. This is the number of rows in TS.
%       X0      = Initial state conditions or [ ] if no states.
%       STR     = State ordering strings which is generally specified as [ ].
%       TS      = An m - by - 2 matrix containing the sample time
%                   (period, offset) information. Where m = number of sample
%                   times. The ordering of the sample times must be:
%                   TS = [0      0,      : Continuous sample time.
%                         0      1,      : Continuous, but fixed in minor step
%                                              sample time.
%                      PERIOD OFFSET, : Discrete sample time where
%                                        PERIOD > 0 & OFFSET < PERIOD.
%                        - 2      0];    : Variable step discrete sample time
%                                          where FLAG = 4 is used to get time of
%                                          next hit.
%                   There can be more than one sample time providing
%                   they are ordered such that they are monotonically
%                   increasing. Only the needed sample times should be
%                   specified in TS. When specifying more than one
%                   sample time, you must check for sample hits explicitly by
%                   seeing if
%                      abs(round((T - OFFSET)/PERIOD) - (T - OFFSET)/PERIOD)
%                   is within a specified tolerance, generally 1e - 8. This
%                   tolerance is dependent upon your model's sampling times
%                   and simulation time.
%                   You can also specify that the sample time of the S - function
%                   is inherited from the driving block. For functions which
%                   change during minor steps, this is done by
%                   specifying SYS(7) = 1 and TS = [ - 1 0]. For functions which
%                   are held during minor steps, this is done by specifying
%                   SYS(7) = 1 and TS = [ - 1 1].
%       SIMSTATECOMPLIANCE = Specifices how to handle this block when saving and
%                            restoring the complete simulation state of the
%                            model. The allowed values are: 'DefaultSimState',
%                            'HasNoSimState' or 'DisallowSimState'. If this value
%                            is not speficicied, then the block's compliance with
%                            simState feature is set to 'UknownSimState'.
%   Copyright 1990 - 2010 The MathWorks, Inc.
% The following outlines the general structure of an S - function.
switch flag,
    %%%%%%%%%%%%%%%%%%%%
    % Initialization %
    %%%%%%%%%%%%%%%%%%%%
    case 0,
      [sys,x0,str,ts,simStateCompliance] = mdlInitializeSizes;
    %%%%%%%%%%%%%%%%
    % Derivatives %
```

```
    %%%%%%%%%%%%%%%
  case 1,
      sys = mdlDerivatives(t,x,u);
    %%%%%%%%%%
    % Update %
    %%%%%%%%%%
  case 2,
      sys = mdlUpdate(t,x,u);
    %%%%%%%%%%%
    % Outputs %
    %%%%%%%%%%%
  case 3,
      sys = mdlOutputs(t,x,u);
    %%%%%%%%%%%%%%%%%%%%%%%%
    % GetTimeOfNextVarHit %
    %%%%%%%%%%%%%%%%%%%%%%%%
  case 4,
      sys = mdlGetTimeOfNextVarHit(t,x,u);
    %%%%%%%%%%%%%
    % Terminate %
    %%%%%%%%%%%%%
  case 9,
      sys = mdlTerminate(t,x,u);
    %%%%%%%%%%%%%%%%%%%%%%
    % Unexpected flags %
    %%%%%%%%%%%%%%%%%%%%%%
  otherwise
      DAStudio.error('Simulink:blocks:unhandledFlag', num2str(flag));
end
% end sfuntmpl


% mdlInitializeSizes
% Return the sizes, initial conditions, and sample times for the S-function.
function [sys,x0,str,ts,simStateCompliance] = mdlInitializeSizes
% call simsizes for a sizes structure, fill it in and convert it to a
% sizes array.
% Note that in this example, the values are hard coded.  This is not a
% recommended practice as the characteristics of the block are typically
% defined by the S-function parameters.
sizes = simsizes;
sizes.NumContStates  = 0;
sizes.NumDiscStates  = 0;
sizes.NumOutputs     = 0;
sizes.NumInputs      = 0;
sizes.DirFeedthrough = 1;
sizes.NumSampleTimes = 1;     % at least one sample time is needed
sys = simsizes(sizes);
% initialize the initial conditions
x0  = [];
```

```matlab
% str is always an empty matrix
str = [];
% initialize the array of sample times
ts  = [0 0];
% Specify the block simStateCompliance. The allowed values are:
%    'UnknownSimState', < The default setting; warn and assume DefaultSimState
%    'DefaultSimState', < Same sim state as a built-in block
%    'HasNoSimState',   < No sim state
%    'DisallowSimState' < Error out when saving or restoring the model sim state
simStateCompliance = 'UnknownSimState';
% end mdlInitializeSizes


% mdlDerivatives
% Return the derivatives for the continuous states.
function sys = mdlDerivatives(t, x, u)
sys = [];
% end mdlDerivatives


% mdlUpdate
% Handle discrete state updates, sample time hits, and major time step
% requirements.
function sys = mdlUpdate(t, x, u)
sys = [];
% end mdlUpdate


% mdlOutputs
% Return the block outputs.
function sys = mdlOutputs(t, x, u)
sys = [];
% end mdlOutputs


% mdlGetTimeOfNextVarHit
% Return the time of the next hit for this block.   Note that the result is
% absolute time.   Note that this function is only used when you specify a
% variable discrete-time sample time [-2 0] in the sample time array in
% mdlInitializeSizes.
function sys = mdlGetTimeOfNextVarHit(t, x, u)
sampleTime = 1;     % Example, set the next hit to be one second later.
sys = t + sampleTime;
% end mdlGetTimeOfNextVarHit


% mdlTerminate
% Perform any end of simulation tasks.
function sys = mdlTerminate(t, x, u)
sys = [];
% end mdlTerminate
```

由上述 S 函数程序模块,可看出 S 函数格式如下:

```
[sys,x0,str,ts,simStateCompliance] = sfuntmpl(t,x,u,flag)
```

S 函数默认的四个输入参数:t、x、u、flag。

S 函数默认的四个输出函数:sys、x0、str、ts。

各个参数的含义如下:

(1) t:代表当前的仿真时间,该输入决定了下一个采样时间。

(2) x:表示状态向量,行向量,引用格式为 x(1)、x(2)。

(3) u:表示输入向量。

(4) flag:控制在每一个仿真阶段调用哪一个子函数的参数,由 Simulink 在调用时自动取值。

(5) sys:表示通用的返回变量,返回的数值决定 flag 值。

① mdlUpdate:列向量,引用格式为 sys(1,1)、sys(2,1)。

② mdlOutputs:行向量,引用格式为 sys = x. 。

(6) x0:表示初始的状态值,列向量,引用格式为 x0=[0;0;0]。

(7) str:空矩阵,无具体含义。

(8) ts:表示包含模块采样时间和偏差的矩阵,[period, offset],当 ts 为−1 时,表示与输入信号同采样周期。

S 函数具体包括的函数名称及功能如表 5-1 所示。

表 5-1　S 函数子函数

S 函数仿真	仿 真 阶 段
mdlInitialization	初始化
mdlGetTimeofNextVarHit	计算下一个采样点
mdlOutputs	计算输出
mdlUpdate	更新离散状态
mdlDerivatives	计算导数
mdlTerminate	结束仿真

5.3.1　S 函数工作方式

S 函数工作方式如下:

```
switch flag,
  case 0,
    [sys,x0,str,ts,simStateCompliance] = mdlInitializeSizes;
  case 1,
    sys = mdlDerivatives(t,x,u);
  case 2,
    sys = mdlUpdate(t,x,u);
  case 3,
    sys = mdlOutputs(t,x,u);
```

```
case 4,
    sys = mdlGetTimeOfNextVarHit(t,x,u);
case 9,
    sys = mdlTerminate(t,x,u);
otherwise
    DAStudio.error('Simulink:blocks:unhandledFlag', num2str(flag));
end
```

其中,flag = 0 时,调用 mdlInitializeSizes 函数,定义 S 函数的基本特性,包括采样时间、连续或者离散状态的初始条件和 Sizes 数组;flag = 1 时,调用 mdlDerivatives 函数,计算连续状态变量的微分方程,求所给表达式的等号左边状态变量的积分值的过程;flag = 2 时,调用 mdlUpdate 函数,用于更新离散状态、采样时间和主时间步的要求;flag = 3 时,调用 mdlOutputs 函数,计算 S 函数的输出;flag = 4 时,调用 mdlGetTimeOfNextVarHit 函数,计算下一个采样点的绝对时间,该方法仅供用户在 mdlInitializeSize 里说明一个可变的离散采样时间;flag = 9 时,调用 mdlTerminate 函数,结束仿真任务。

5.3.2　S 函数仿真过程

S 函数仿真过程中的主要函数如下:

```
function [sys,x0,str,ts,simStateCompliance] = mdlInitializeSizes
sizes = simsizes;
sizes.NumContStates  = 0;
sizes.NumDiscStates  = 0;
sizes.NumOutputs     = 0;
sizes.NumInputs      = 0;
sizes.DirFeedthrough = 1;
sizes.NumSampleTimes = 1;              %至少需要一个采样点
sys = simsizes(sizes);
x0  = [];
str = [];
ts  = [0 0];
simStateCompliance = 'UnknownSimState';
function sys = mdlDerivatives(t,x,u)
sys = [];
function sys = mdlUpdate(t,x,u)
sys = [];
function sys = mdlOutputs(t,x,u)
sys = [];
function sys = mdlGetTimeOfNextVarHit(t,x,u)
sampleTime = 1;                        %   例如设置下一个采样在1s之后
sys = t + sampleTime;
function sys = mdlTerminate(t,x,u)
sys = [];
```

由函数调用顺序得 S 函数仿真步骤如下：

(1) 初始化：mdlInitializeSizes，初始化 S 函数，即 simsizes。

(2) 初始化 SimStruct，包含了 S 函数的所有信息，主要设置如下：

① 设置输入 u、输出端口 sys；

② 设置采样时间 ts；

③ 分配存储空间 str。

(3) 数值积分：mdlDerivatives，用于连续状态的求解和非采样过零点，分如下两种情况：

① 如果存在连续状态，调用 mdlDerivatives 和 mdlOutputs 两个子函数；

② 如果存在非采样过零点，调用 mdlOutputs 和 mdlZeroCrossings 子函数，以定位过零点。

(4) 更新离散状态：mdlUpdate。

(5) 计算输出：mdlOutputs，计算所有输出端口的输出值。

(6) 计算下一个采样时间点：mdlGetTimeOfNextVarHit。

(7) 仿真结束：mdlTerminate，在仿真结束时调用。

5.3.3　S 函数的编写

(1) 参数初始设定：初始化 sizes 结构，再调用 simsizes 函数。

sizes 结构体在程序中体现如下：

```
sizes = simsizes;
sizes.NumContStates  = 0;
sizes.NumDiscStates  = 0;
sizes.NumOutputs     = 0;
sizes.NumInputs      = 0;
sizes.DirFeedthrough = 1;
sizes.NumSampleTimes = 1;        % 至少需要一个采样点
sys = simsizes(sizes);
```

其中，NumContStates 表示连续状态的个数；NumDiscStates 表示离散状态的个数；NumOutputs 表示输出变量的个数；NumInputs 表示输入变量的个数；DirFeedthrough 表示有无直接馈入，值为 1 时表示输入直接传到输出口；NumSampleTimes 表示采样时间的个数，值为 1 时表示只有一个采样周期；Simsizes 函数的调用：sys = simsizes(sizes)，即将 sizes 结构体中的信息传递给 sys。

(2) 状态的动态更新：

① 连续模块的状态更新由 mdlDerivatives 函数来进行；

② 离散模块的状态更新由 mdlUpdate 函数来进行；

③ 输出信号的计算：计算出模块的输出信号，系统的输出仍然由 sys 变量返回。

5.3.4 M文件S函数的模块化

S函数为Simulink的系统函数,是能够响应Simulink求解器命令的函数,它采用非图形化的方法实现一个动态系统。

在动态系统仿真设计、分析中,用户可以使用S-Function模块来调用S函数。

(1) S-Function模块是一个单输入单输出的模块,如果有多个输入与输出信号,可以使用Mux模块与Demux模块对信号进行组合和分离操作。

(2) 在S-Function模块的参数设置对话框中,包含了调用的S函数名和用户输入的参数列表,如图5-10所示。

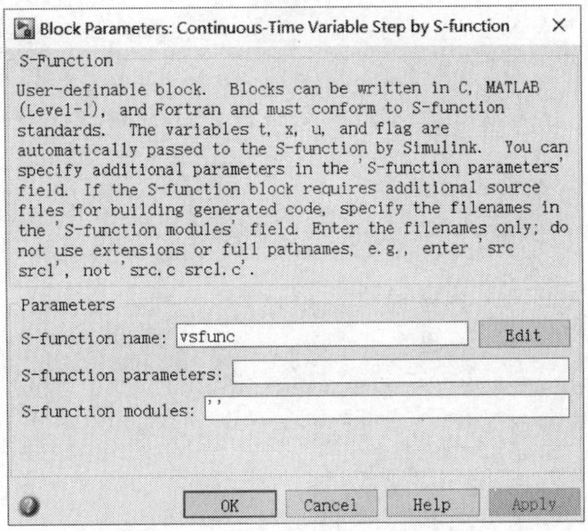

(3) S-Function模块以图形的方式提供给用户调用S函数的接口,S函数中的源文件必须由用户自行编写。

(4) S-Function模块中的S函数名和参数值列表必须与用户填写的S函数源文件的名称和参数列表(包括参数的顺序)完全一致。

具体的M文件S函数流程如图5-11所示。

图5-10 S-Function模块函数调用

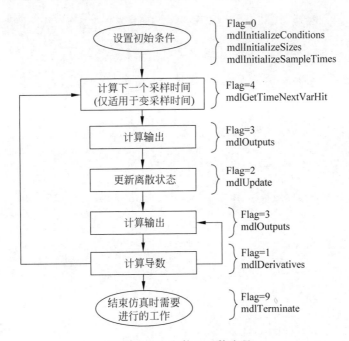

图5-11 M文件S函数流程

5.4 M-file S 函数实现

【例 5-1】 用 S 函数实现 gain 模块。

增益值作为 S 函数用户自定义参数由用户输入。

（1）对 M 文件 S 函数的主函数定义进行修改，增加新的参数，并采用新的函数名：

```
function [sys,x0,str,ts,simStateCompliance] = sfun_ysw(t,x,u,flag)
```

（2）由于增益参数仅用于计算输出值，因而对 mdlOutputs 的调用可修改如下：

```
case 3,
    sys = mdlOutputs(t,x,u);
```

（3）修改初始化例程：

```
sizes.NumContStates    = 0;
sizes.NumDiscStates    = 0;
sizes.NumOutputs       = 1;
sizes.NumInputs        = 1;
sizes.DirFeedthrough   = 1;
sizes.NumSampleTimes   = 0;        %至少需要一个采样点
sys = simsizes(sizes);
```

（4）mdlOutputs 子函数的定义也进行相应的修改，将增益作为参数输入：

```
function sys = mdlOutputs(t,x,u)
sys = 2 * u;
```

输出通过增益和输入的乘积得到，并通过 sys 返回。

完整的 S 函数如下：

```
function [sys,x0,str,ts,simStateCompliance] = sfun_ysw(t,x,u,flag)
switch flag,
  %初始化
  case 0,
    [sys,x0,str,ts,simStateCompliance] = mdlInitializeSizes;
  %微分
  case 1,
    sys = mdlDerivatives(t,x,u);
  %更新
  case 2,
    sys = mdlUpdate(t,x,u);
  %输出
  case 3,
    sys = mdlOutputs(t,x,u);
  %计算下一个采样时间
```

```
    case 4,
      sys = mdlGetTimeOfNextVarHit(t,x,u);
    % 结束
    case 9,
      sys = mdlTerminate(t,x,u);
    % 其他情况
    otherwise
      DAStudio.error('Simulink:blocks:unhandledFlag', num2str(flag));
end


% mdlInitializeSizes
function [sys,x0,str,ts,simStateCompliance] = mdlInitializeSizes
sizes = simsizes;
sizes.NumContStates  = 0;
sizes.NumDiscStates  = 0;
sizes.NumOutputs     = 1;
sizes.NumInputs      = 1;
sizes.DirFeedthrough = 1;
sizes.NumSampleTimes = 0;          % 至少需要一个采样点
sys = simsizes(sizes);
% 设置初始条件
x0  = [];
% str 总是空矩阵
str = [];
% 初始化采样时间矩阵
ts  = [];
simStateCompliance = 'UnknownSimState';


% mdlDerivatives
function sys = mdlDerivatives(t,x,u)
sys = [];


% mdlUpdate
function sys = mdlUpdate(t,x,u)
sys = [];


% mdlOutputs
function sys = mdlOutputs(t,x,u)
sys = 2 * u;


% mdlGetTimeOfNextVarHit
function sys = mdlGetTimeOfNextVarHit(t,x,u)
sampleTime = 1;                    % 例如设置下一个采样时间为 1s 之后
sys = t + sampleTime;


% mdlTerminate
function sys = mdlTerminate(t,x,u)
sys = [];
```

搭建仿真模型,如图 5-12 所示。运行仿真模型得到如图 5-13 所示结果。

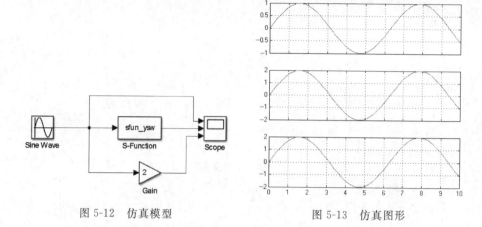

图 5-12 仿真模型   图 5-13 仿真图形

如图 5-13 所示,采用系统增益模块 Gain 与 S 函数编写程序的执行效果一样。

【例 5-2】 用 M 文件 S 函数实现一个积分器。

(1) 修改 S 函数模板的第一行:

```
function [sys,x0,str,ts,simStateCompliance] = sfun_ysw_s(t,x,u,flag)
```

(2) 初始状态应当传递给 mdlInitializeSizes:

```
% 微分
case 1,
    sys = mdlDerivatives(t,x,u);
% 更新
case 2,
    sys = mdlUpdate(t,x,u);
% 输出
case 3,
    sys = mdlOutputs(t,x,u);
```

(3) 设置初始化参数:

```
sizes = simsizes;
sizes.NumContStates  = 1;
sizes.NumDiscStates  = 0;
sizes.NumOutputs     = 1;
sizes.NumInputs      = 1;
sizes.DirFeedthrough = 1;
sizes.NumSampleTimes = 0;         % 至少需要一个采样点
sys = simsizes(sizes);
% 设置初始条件
x0  = [0];
% str 总是空矩阵
```

```
str = [];
%初始化采样时间矩阵
ts  = [];
simStateCompliance = 'UnknownSimState';
```

（4）编写状态方程：

```
function sys = mdlDerivatives(t,x,u)
sys = u;
```

（5）添加输出方程：

```
function sys = mdlOutputs(t,x,u)
sys = x;
```

完整的 S 函数如下：

```
function [sys,x0,str,ts,simStateCompliance] = sfun_ysw_s(t,x,u,flag)
switch flag,
    %初始化
    case 0,
        [sys,x0,str,ts,simStateCompliance] = mdlInitializeSizes;
    %微分
    case 1,
        sys = mdlDerivatives(t,x,u);
    %更新
    case 2,
        sys = mdlUpdate(t,x,u);
    %输出
    case 3,
        sys = mdlOutputs(t,x,u);
    %计算下一个采样点
    case 4,
        sys = mdlGetTimeOfNextVarHit(t,x,u);
    %结束
    case 9,
        sys = mdlTerminate(t,x,u);
    %其他情况
    otherwise
        DAStudio.error('Simulink:blocks:unhandledFlag', num2str(flag));
end


% mdlInitializeSizes
function [sys,x0,str,ts,simStateCompliance] = mdlInitializeSizes
sizes = simsizes;
sizes.NumContStates  = 1;
sizes.NumDiscStates  = 0;
sizes.NumOutputs     = 1;
```

```
sizes.NumInputs       = 1;
sizes.DirFeedthrough  = 1;
sizes.NumSampleTimes  = 0;              %至少需要一个采样点
sys = simsizes(sizes);
%设置初始条件
x0  = [0];
%str 总是一个空矩阵
str = [];
%初始化采样时间矩阵
ts  = [];
simStateCompliance = 'UnknownSimState';

%mdlDerivatives
function sys = mdlDerivatives(t,x,u)
sys = u;

%mdlUpdate
function sys = mdlUpdate(t,x,u)
sys = [];

%mdlOutputs
function sys = mdlOutputs(t,x,u)
sys = x;

%mdlGetTimeOfNextVarHit
function sys = mdlGetTimeOfNextVarHit(t,x,u)
sampleTime = 1;                 %例如,设置下一个采样时间为1s之后
sys = t + sampleTime;

%mdlTerminate
function sys = mdlTerminate(t,x,u)
sys = [];
```

令输入的初始状态为 0,搭建仿真模型,如图 5-14 所示。运行仿真模型得到如图 5-15 所示的结果。

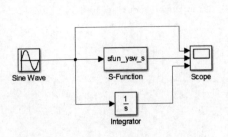

图 5-14　仿真模型

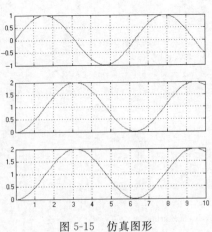

图 5-15　仿真图形

如图 5-15 所示，采用系统积分模块 Integrator 与 S 函数编写程序的执行效果一样。

5.5 本章小结

S 函数为 Simulink 的系统函数，是能够响应 Simulink 求解器命令的函数，它采用非图形化的方法实现一个动态系统。S 函数可以开发新的 Simulink 模块，可以与已有的代码相结合进行仿真，采用文本方式输入复杂的系统方程。M 文件 S 函数可以扩展图形能力，C MEX S 函数可以提供与操作系统交互的接口。S 函数的语法结构是为实现一个动态系统而设计的（默认用法），其他 S 函数的用法是默认用法的特例（如用于显示等目的）。

第6章 控制系统Simulink仿真

控制系统 Simulink 仿真的主要内容包括控制系统的数学模型、基本原理、分析方法、计算机仿真算法分析、数字仿真的实现和计算机仿真工具等。良好的控制系统对控制器要求较低,系统的复杂度是影响系统稳定性的因素之一。对于 Simulink 系统仿真,有必要熟知控制系统并掌握其稳定性判据。

学习目标:

(1) 熟练掌握 MATLAB 控制系统的频率域分析;

(2) 熟练掌握 MATLAB 幅相频率分析;

(3) 熟练掌握 MATLAB 对数频率特性分析;

(4) 熟练掌握使用 MATLAB 工具解决开环系统的 Bode 图、奈奎斯特频率稳定判据分析和稳定裕度分析等。

6.1 控制系统频域分析

时域分析法具有直观、准确的优点。如果描述系统的微分方程是一阶或二阶的,求解后可利用时域指标直接评估系统的性能。然而实际系统往往是高阶的,要建立和求解高阶系统的微分方程比较困难,而且按照给定时域指标设计高阶系统也不是容易实现的事。

频域法是基于频率特性或频率响应对系统进行分析和设计的一种图解方法,故又称为频率响应法,频率法的优点较多,具体如下:

(1) 只要求出系统的开环频率特性,就可以判断闭环系统是否稳定。

(2) 由系统的频率特性所确定的频域指标与系统的时域指标之间存在一定的对应关系,而系统的频率特性又很容易和它的结构、参数联系起来。因而可以根据频率特性曲线的形状选择系统的结构和参数,使之满足时域指标的要求。

(3) 频率特性不但可由微分方程或传递函数求得,而且还可以用实验方法求得。这对于某些难以用机理分析方法建立微分方程或传递函数的元件(或系统)而言,具有重要的意义。因此,频率法得到了广泛的应用,它也是经典控制理论中的重点内容。

6.1.1 频率特性的定义

关于频率特性,首先看如图 6-1 所示的 R-C 电路。

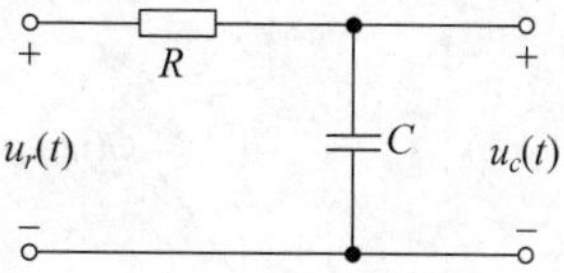

设电路的输入、输出电压分别为 $u_r(t)$ 和 $u_c(t)$,电路的
传递函数为

$$G(s) = \frac{U_c(s)}{U_r(s)} = \frac{1}{Ts+1}$$

其中,$T=RC$ 为电路的时间常数。

图 6-1 R-C 电路

若给电路输入一个振幅为 X、频率为 ω 的正弦信号,即

$$u_r(t) = X\sin\omega t \tag{6-1}$$

当初始条件为 0 时,输出电压的拉氏变换为

$$U_c(s) = \frac{1}{Ts+1}U_r(s) = \frac{1}{Ts+1} \cdot \frac{X\omega}{s^2+\omega^2}$$

对上式取拉氏反变换,得出输出时域解为

$$u_c(t) = \frac{XT\omega}{1+T^2\omega^2}e^{-\frac{t}{T}} + \frac{X}{\sqrt{1+T^2\omega^2}}\sin(\omega t - \arctan T\omega)$$

上式右端第一项是瞬态分量,第二项是稳态分量。

当 $t\to\infty$ 时,第一项趋于 0,电路稳态输出为

$$u_{cs}(t) = \frac{X}{\sqrt{1+T^2\omega^2}}\sin(\omega t - \arctan T\omega) = B\sin(\omega t + \varphi) \tag{6-2}$$

其中,$B=X/\sqrt{1+T^2\omega^2}$ 为输出电压的振幅;φ 为 $u_c(t)$ 与 $u_r(t)$ 之间的相位差。

式(6-2)表明:R-C 电路在正弦信号 $u_r(t)$ 的作用下,当过渡过程结束后,输出的稳态
响应仍是一个与输入信号同频率的正弦信号,只是幅值变为输入正弦信号幅值的
$1/\sqrt{1+T^2\omega^2}$ 倍,相位则滞后了 $\arctan T\omega$。

上述结论具有普遍意义。事实上,一般线性系统(或元件)输入正弦信号 $x(t)=$
$X\sin\omega t$ 的情况下,系统的稳态输出(即频率响应)$y(t)=Y\sin(\omega t + \varphi)$ 也一定是同频率的
正弦信号,只是幅值和相角不一样。

如果对输出、输入正弦信号的幅值比 $A=Y/X$ 和相角差 φ 作进一步的研究,则不难
发现,在系统结构参数给定的情况下,A 和 φ 仅仅是 ω 的函数,它们反映出线性系统在不
同频率下的特性,分别称为幅频特性和相频特性,分别以 $A(\omega)$ 和 $\varphi(\omega)$ 表示。

由于输入、输出信号(稳态时)均为正弦函数,故可用电路理论的符号法将其表示为
复数形式,即输入为 Xe^{j0},输出为 $Ye^{j\varphi}$。则输出与输入之比为

$$\frac{Ye^{j\varphi}}{Xe^{j0}} = \frac{Y}{X}e^{j\varphi} = A(\omega)e^{j\varphi(\omega)}$$

这正是系统(或元件)的幅频特性和相频特性。通常将幅频特性 $A(\omega)$ 和相频特性
$\varphi(\omega)$ 统称为系统(或元件)的频率特性。

综上所述,可对频率特性定义如下:线性定常系统(或元件)的频率特性是零初始条
件下稳态输出正弦信号与输入正弦信号的复数比,用 $G(j\omega)$ 表示,则有

$$G(j\omega) = A(\omega)e^{j\varphi(\omega)} = A(\omega)\angle\varphi(\omega) \qquad (6-3)$$

频率特性描述了在不同频率下系统(或元件)传递正弦信号的能力。

除了用式(6-3)的指数型或幅角型形式描述以外,频率特性 $G(j\omega)$ 还可用实部和虚部形式来描述,即

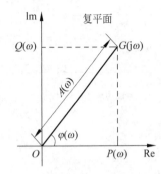

图 6-2 幅频、相频特性与实频、虚频特性之间的关系

$$G(j\omega) = P(\omega) + jQ(\omega) \qquad (6-4)$$

其中,$P(\omega)$ 和 $Q(\omega)$ 分别称为系统(或元件)的实频特性和虚频特性。

幅频、相频特性与实频、虚频特性之间的关系如图 6-2 所示。

由图 6-2 的几何关系知,幅频、相频特性与实频、虚频特性之间的关系为

$$P(\omega) = A(\omega)\cos\varphi(\omega) \qquad (6-5)$$

$$Q(\omega) = A(\omega)\sin\varphi(\omega) \qquad (6-6)$$

$$A(\omega) = \sqrt{P^2(\omega) + Q^2(\omega)} \qquad (6-7)$$

$$\varphi(\omega) = \arctan\frac{Q(\omega)}{P(\omega)} \qquad (6-8)$$

6.1.2 频率特性和传递函数的关系

设系统的输入信号、输出信号分别为 $x(t)$ 和 $y(t)$,其拉氏变换分别为 $X(s)$ 和 $Y(s)$,系统的传递函数可以表示为

$$G(s) = \frac{Y(s)}{X(s)} = \frac{M(s)}{(s+p_1)(s+p_2)\cdots(s+p_n)} \qquad (6-9)$$

其中,$M(s)$ 表示 $G(s)$ 的分子多项式,$-p_1,-p_2,\cdots,-p_n$ 为系统传递函数的极点。为方便讨论且不失一般性,设所有极点都是互不相同的实数。

在正弦信号 $x(t)=X\sin\omega t$ 的作用下,由式(6-9)可得输出信号的拉氏变换为

$$Y(s) = \frac{M(\omega)}{(s+p_1)(s+p_2)\cdots(s+p_n)} \cdot \frac{X\omega}{(s+j\omega)(s-j\omega)}$$

$$= \frac{C_1}{s+p_1} + \frac{C_2}{s+p_2} + \cdots + \frac{C_n}{s+p_n} + \frac{C_a}{s+j\omega} + \frac{C_{-a}}{s-j\omega} \qquad (6-10)$$

其中,$C_1,C_2,\cdots,C_n,C_a,C_{-a}$ 均为待定系数。

对式(6-10)求拉氏反变换,可得输出为

$$y(t) = C_1 e^{-p_1 t} + C_2 e^{-p_2 t} + \cdots + C_n e^{-p_n t} + C_a e^{j\omega} + C_{-a} e^{-j\omega} \qquad (6-11)$$

假设系统稳定,当 $t\to\infty$ 时,式(6-11)右端除了最后两项外,其余各项都将衰减至 0,所以 $y(t)$ 的稳态分量为

$$y_s(t) = \lim_{t\to\infty} y(t) = C_a e^{j\omega} + C_{-a} e^{-j\omega} \qquad (6-12)$$

其中,系数 C_a 和 C_{-a} 可计算如下:

$$C_a = G(s)\frac{X\omega}{(s+j\omega)(s-j\omega)}(s+j\omega)\Big|_{s=-j\omega} = -\frac{G(-j\omega)X}{2j} \qquad (6-13)$$

$$C_{-a} = G(s) \frac{X\omega}{(s+j\omega)(s-j\omega)}(s-j\omega)\Big|_{s=j\omega} = -\frac{G(j\omega)X}{2j} \qquad (6\text{-}14)$$

$G(j\omega)$是复数,可写为

$$G(j\omega) = |G(j\omega)|e^{j\angle G(j\omega)} = A(\omega) \cdot e^{j\varphi(\omega)} \qquad (6\text{-}15)$$

$G(j\omega)$与$G(-j\omega)$共轭,故有

$$G(-j\omega) = A(\omega)e^{-j\varphi(\omega)} \qquad (6\text{-}16)$$

将式(6-15)和式(6-16)分别代入式(6-13)和式(6-14),得

$$C_a = -\frac{X}{2j}A(\omega)e^{-j\varphi(\omega)}$$

$$C_{-a} = -\frac{X}{2j}A(\omega)e^{j\varphi(\omega)}$$

再将C_a、C_{-a}代入式(6-12),则有

$$y_s(t) = A(\omega)X\frac{e^{j[\omega t+\varphi(\omega)]} - e^{j[\omega t+\varphi(\omega)]}}{2j}$$

$$= A(\omega)X\sin[\omega t+\varphi(\omega)] = Y\sin[\omega t+\varphi(\omega)] \qquad (6\text{-}17)$$

根据频率特性的定义,由式(6-17)可直接写出线性系统的幅频特性和相频特性,即

$$\frac{Y}{X} = A(\omega) = |G(j\omega)| \qquad (6\text{-}18)$$

$$\omega t+\varphi(\omega)-\omega t = \varphi(\omega) = \angle G(j\omega) \qquad (6\text{-}19)$$

从式(6-18)和式(6-9)可以看出频率特性和传递函数的关系为

$$G(j\omega) = G(s)\big|_{s=j\omega} \qquad (6\text{-}20)$$

即传递函数的复变量s用$j\omega$代替后,就相应地变为频率特性。频率特性和前几章介绍过的微分方程、传递函数一样,都能表征系统的运动规律。所以,频率特性也是描述线性控制系统的数学模型形式之一。

6.1.3 频率特性的图形表示方法

用频率法分析、设计控制系统时,常常不是从频率特性的函数表达式出发,而是将频率特性绘制成一些曲线,借助于这些曲线对系统进行图解分析。因此必须熟悉频率特性的各种图形表示方法和图解运算过程。这里以图6-1所示的R-C电路为例,介绍控制工程中常见的四种频率特性图示法,如表6-1所示,其中第2种和3种图示方法在实际中应用最为广泛。

表 6-1 常用频率特性曲线及其坐标

序　号	名　　　称	图形常用名	坐 标 系
1	幅频特性曲线 相频特性曲线	频率特性图	直角坐标
2	幅相频特性曲线	极坐标图、奈奎斯特图	极坐标
3	对数幅频特性曲线 对数相频特性曲线	对数坐标图、伯德图	半对数坐标
4	对数幅相频率特性曲线	对数幅相图、尼柯尔斯图	对数幅相坐标

1）频率特性曲线

频率特性曲线包括幅频特性曲线和相频特性曲线。幅频特性是频率特性幅值 $|G(j\omega)|$ 随 ω 的变化规律；相频特性描述频率特性相角 $\angle G(j\omega)$ 随 ω 的变化规律。

图 6-1 电路的频率特性曲线如图 6-3 所示。

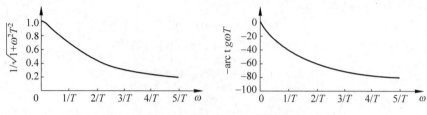

图 6-3　R-C 电路的频率特性曲线

2）幅相频率特性曲线

幅相频率特性曲线又称奈奎斯特（Nyquist）曲线，在复平面上以极坐标的形式表示。设系统的频率特性为

$$G(j\omega) = A(\omega)e^{j\varphi(\omega)}$$

对于某个特定频率 ω_i 下的 $G(j\omega_i)$，可以在复平面用一个向量表示，向量的长度为 $A(\omega_i)$，相角为 $\varphi(\omega_i)$。当 $\omega=0\to\infty$ 变化时，向量 $G(j\omega)$ 的端点在复平面 G 上描绘出来的轨迹就是幅相频率特性曲线。通常把 ω 作为参变量标在曲线相应点的旁边，并用箭头表示 ω 增大时特性曲线的走向。

图 6-4 中的实线就是图 6-1 所示电路的幅相频率特性曲线。

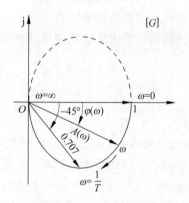

图 6-4　R-C 电路的幅相频率特性

3）对数频率特性曲线

对数频率特性曲线又称伯德（Bode）曲线。它由对数幅频特性和对数相频特性两条曲线所组成，是频率法中应用最广泛的一组图线。伯德图是在半对数坐标纸上绘制出来的。横坐标采用对数刻度，纵坐标采用线性的均匀刻度。

伯德图中，对数幅频特性是 $G(j\omega)$ 的对数值 $20\lg|G(j\omega)|$ 和频率 ω 的关系曲线；对数相频特性则是 $G(j\omega)$ 的相角 $\varphi(\omega)$ 和频率 ω 的关系曲线。在绘制伯德图时，为了作图和读数方便，常将两种曲线画在半对数坐标纸上，采用同一横坐标作为频率轴，横坐标虽采用对数分度，但以 ω 的实际值标定，单位为 rad/s（弧度/秒）。

画对数频率特性曲线时，必须掌握对数刻度的概念。尽管在 ω 坐标轴上标明的数值是实际的 ω 值，但坐标上的距离却是按 ω 值的常用对数 $\lg\omega$ 来刻度的。坐标轴上任何两点 ω_1 和 ω_2（设 $\omega_2>\omega_1$）之间的距离为 $\lg\omega_2-\lg\omega_1$，而不是 $\omega_2-\omega_1$。横坐标上若两对频率间距离相同，则其比值相等。

频率 ω 每变化 10 倍称为一个十倍频程，记作 dec。每个 dec 沿横坐标走过的间隔为一个单位长度，如图 6-5 所示。

如图 6-5 所示，由于横坐标按 ω 的对数分度，故对 ω 而言是不均匀的，但对 $\lg\omega$ 来说

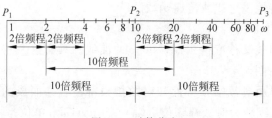

图 6-5　对数分度

却是均匀的线性刻度。

对数幅频特性将 $A(\omega)$ 取常用对数，并乘上 20 倍，使其对数幅值 $L(\omega)$ 作为纵坐标值。$L(\omega)=20\lg A(\omega)$ 称为对数幅值，单位是 dB(分贝)。幅值 $A(\omega)$ 每增大 10 倍，对数幅值 $L(\omega)$ 就增加 20dB。由于纵坐标 $L(\omega)$ 已作过对数转换，故纵坐标按分贝值是线性刻度的。

对数相频特性的纵坐标为相角 $\varphi(\omega)$，单位是度，采用线性刻度。

图 6-1 所示电路的对数频率特性曲线如图 6-6 所示。

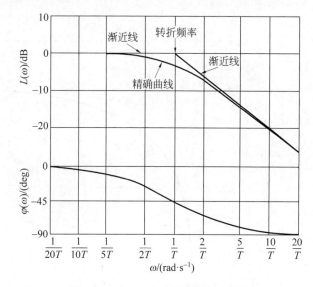

图 6-6　$1/(j\omega T+1)$ 的对数频率特性

采用对数坐标图的优点较多，主要表现在：

(1) 由于横坐标采用对数刻度，将低频段相对展宽了(低频段频率特性的形状对于控制系统性能的研究具有较重要的意义)，而将高频段相对压缩了。可以在较宽的频段范围中研究系统的频率特性。

(2) 由于对数可将乘除运算变成加减运算。当绘制由多个环节串联而成的系统的对数坐标图时，只要将各环节对数坐标图的纵坐标相加、减即可，从而简化了绘图的过程。

(3) 在对数坐标图上，所有典型环节的对数幅频特性乃至系统的对数幅频特性均可用分段直线近似表示。这种近似具有相当的精确度。若对分段直线进行修正，即可得到精确的特性曲线。

(4) 若将实验所得的频率特性数据整理并用分段直线画出对数频率特性，很容易写出实验对象的频率特性表达式或传递函数。

4）对数幅相特性曲线

对数幅相特性曲线又称尼柯尔斯（Nichols）曲线。具有这一特性曲线的图形称为对数幅相图或尼柯尔斯图。

对数幅相特性是由对数幅频特性和对数相频特性合并而成的曲线。对数幅相坐标的横轴为相角 $\varphi(\omega)$，纵轴为对数幅频值 $L(\omega)=20\lg A(\omega)$，单位是 dB。横坐标和纵坐标均是线性刻度。

绘制图 6-1 所示电路的对数幅相特性图，编程如下：

```
clc,clear,closeall
g = tf(1,[1,1]);
nichols(g);
gridon
axis([ - 135,0, - 40,10])
```

运行程序输出结果如图 6-7 所示。

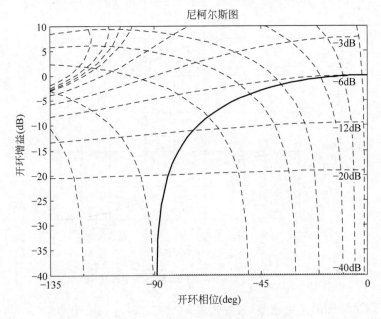

图 6-7 $1/(j\omega+1)$对数幅频值

采用对数幅相特性可以利用尼柯尔斯图线方便地求得系统的闭环频率特性及其有关的特性参数，用以评估系统的性能。

6.2　幅相频率特性

开环系统的幅相特性曲线（即 Nyquist 图）是系统频域分析的依据，掌握典型环节的幅相特性是绘制开环系统幅相特性曲线的基础。

在典型环节或开环系统的传递函数中，令 $s=j\omega$，即得到相应的频率特性。令 ω 由小到大取值,计算相应的幅值 $A(\omega)$ 和相角 $\varphi(\omega)$,在 G 平面描点画图,就可以得到典型环节或开环系统的幅相特性曲线。

6.2.1 比例环节

比例环节的传递函数为

$$G(s) = K \tag{6-21}$$

其频率特性为

$$
\left.
\begin{aligned}
G(\mathrm{j}\omega) &= K + \mathrm{j}0 = K\mathrm{e}^{\mathrm{j}0} \\
A(\omega) &= |G(\mathrm{j}\omega)| = K \\
\varphi(\omega) &= \angle G(\mathrm{j}\omega) = 0^\circ
\end{aligned}
\right\} \tag{6-22}
$$

比例环节的幅相特性是 G 平面实轴上的一个点,令 $K=10$,程序如下:

```
clc,clear,closeall
g = tf(10,[1]);
nichols(g);
grid on
```

运行程序输出结果如图 6-8 所示。

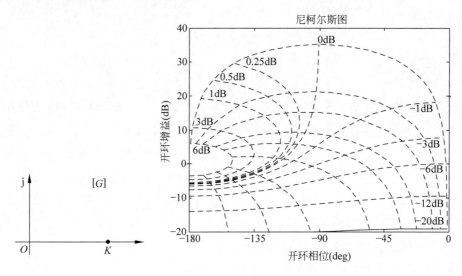

图 6-8　比例环节的幅相频率特性

表明比例环节稳态正弦响应的振幅是输入信号的 K 倍,且响应与输入同相位。
在 Simulink 中比例环节的使用如图 6-9 所示。

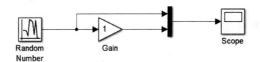

图 6-9　比例环节使用

运行仿真输出结果如图 6-10 所示。

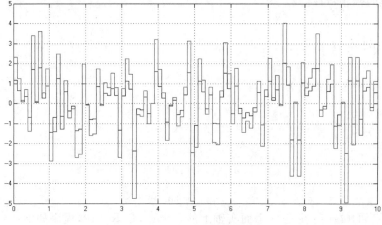

图 6-10　示波器输出图

6.2.2　微分环节

微分环节的传递函数为

$$G(s) = s \tag{6-23}$$

其频率特性为

$$G(j\omega) = 0 + j\omega = \omega e^{j90°}$$

$$\left. \begin{array}{l} A(\omega) = \omega \\ \varphi(\omega) = 90° \end{array} \right\} \tag{6-24}$$

微分环节的幅值与 ω 成正比,相角恒为 90°。当 $\omega=0\to\infty$ 时,幅相特性从 G 平面的原点起始,一直沿虚轴趋于 $+j\infty$ 处,程序如下:

```
clc,clear,closeall
g = tf([1,0],[1]);
nichols(g);
gridon
```

运行程序输出结果如图 6-11 曲线①所示。
在 Simulink 中微分环节的使用如图 6-12 所示。
运行仿真输出结果如图 6-13 所示。

6.2.3　积分环节

积分环节的传递函数为

$$G(s) = \frac{1}{s} \tag{6-25}$$

其频率特性为

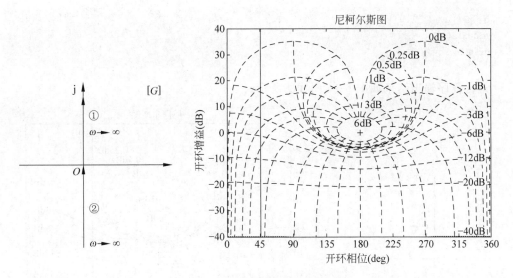

图 6-11　微分环节幅相特性曲线

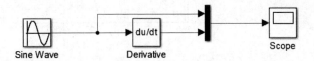

图 6-12　微分环节使用

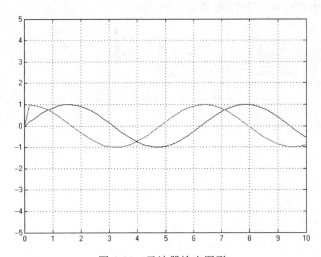

图 6-13　示波器输出图形

$$G(\mathrm{j}\omega) = 0 + \frac{1}{\mathrm{j}\omega} = \frac{1}{\omega}\mathrm{e}^{-\mathrm{j}90^\circ}$$

$$\left.\begin{array}{l} A(\omega) = \dfrac{1}{\omega} \\[2mm] \varphi(\omega) = -90^\circ \end{array}\right\} \tag{6-26}$$

积分环节的幅值与 ω 成反比,相角恒为 -90°。当 $\omega = 0 \to \infty$ 时,幅相特性从虚轴 $-\mathrm{j}\infty$ 处出发,沿负虚轴逐渐趋于坐标原点,程序如下:

```
g = tf([0,1],[1,0]);
nichols(g);
gridon
```

运行程序输出结果如图 6-14 曲线②所示。

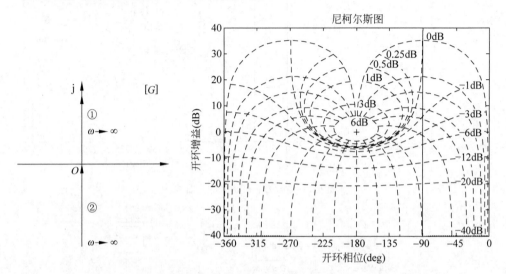

图 6-14　积分环节幅相特性曲线

在 Simulink 中积分环节的使用如图 6-15 所示。

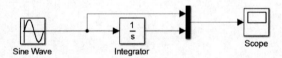

图 6-15　积分环节使用

运行仿真输出结果如图 6-16 所示。

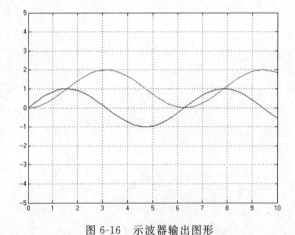

图 6-16　示波器输出图形

6.2.4 惯性环节

惯性环节的传递函数为

$$G(s) = \frac{1}{Ts + 1} \qquad (6\text{-}27)$$

其频率特性为

$$G(\mathrm{j}\omega) = \frac{1}{1 + \mathrm{j}T\omega} = \frac{1}{\sqrt{1 + T^2\omega^2}}\mathrm{e}^{-\mathrm{jarctan}T\omega}$$

$$\left.\begin{array}{l} A(\omega) = \dfrac{1}{\sqrt{1 + T^2\omega^2}} \\[3mm] \varphi(\omega) = -\arctan T\omega \end{array}\right\} \qquad (6\text{-}28)$$

当 $\omega = 0$ 时,幅值 $A(\omega) = 1$,相角 $\varphi(\omega) = 0°$; 当 $\omega = \infty$ 时,$A(\omega) = 0$,$\varphi(\omega) = -90°$。可以证明:惯性环节幅相特性曲线是一个以 $(1/2, \mathrm{j}0)$ 为圆心、$1/2$ 为半径的半圆。

惯性环节的极点分布和幅相特性曲线如图 6-17 所示。

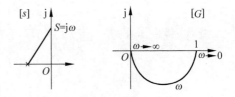

图 6-17 惯性环节的极点分布和幅相特性曲线

MATLAB 程序仿真如下:

```
g = tf(1,[1,1]);
nyquist(g);
axis('square');
grid;
```

运行程序输出结果如图 6-18 所示。

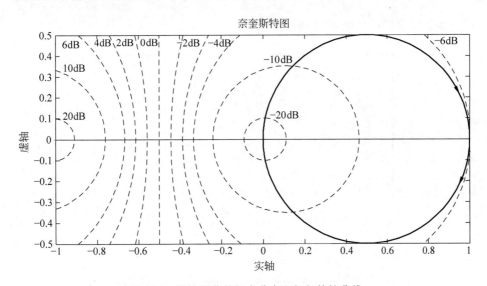

图 6-18 惯性环节的极点分布和幅相特性曲线

如图 6-18 所示,惯性环节的幅相频率特性符合圆的方程,圆心在实轴上 1/2 处,半径为 1/2。曲线限于实轴的下方,只是半个圆。

【例 6-1】 已知某环节的幅相特性曲线如图 6-19 所示,当输入频率 $\omega=1$ 的正弦信号时,该环节稳态响应的相位延迟 $30°$,试确定该环节的传递函数。

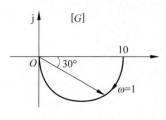

图 6-19 幅相特性曲线

根据幅相特性曲线的形状,可以断定该环节传递函数形式为

$$G(\mathrm{j}\omega) = \frac{K}{Ts+1}$$

依题意有

$$A(0) = \mid G(\mathrm{j}0) \mid = K = 10$$
$$\varphi(1) = -\arctan T = -30°$$

因此得

$$K = 10, \quad T = \sqrt{3}/3$$

所以,传递函数为

$$G(s) = \frac{10}{\dfrac{\sqrt{3}}{3}s+1}$$

惯性环节是一种低通滤波器,低频信号容易通过,而高频信号通过后幅值衰减较大。

在 Simulink 中稳定的惯性环节的使用如图 6-20 所示。

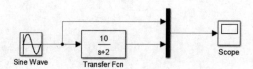

图 6-20 稳定的惯性环节使用

运行仿真输出结果如图 6-21 所示。

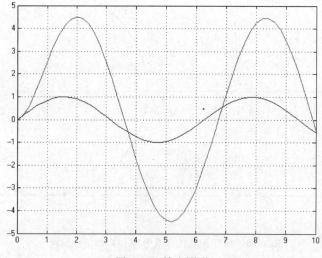

图 6-21 输出图形

对于不稳定的惯性环节,其传递函数为

$$G(s) = \frac{1}{Ts - 1}$$

其频率特性为

$$G(j\omega) = \frac{1}{-1 + jT\omega}$$

$$\left.\begin{array}{l} A(\omega) = \dfrac{1}{\sqrt{1 + T^2\omega^2}} \\[3mm] \varphi(\omega) = -180° + \arctan T\omega \end{array}\right\} \tag{6-29}$$

当 $\omega = 0$ 时,幅值 $A(\omega) = 1$,相角 $\varphi(\omega) = 180°$;当 $\omega = \infty$ 时,$A(\omega) = 0$,$\varphi(\omega) = -90°$。

对于稳定的惯性环节以及不稳定的惯性环节进行奈奎斯特曲线绘制,编程如下:

```
clc,clear,closeall
g = tf(1,[1,1]);
nyquist(g);
holdon
g = tf(1,[1,-1]);
nyquist(g,'r');
axis('square');
grid;
```

运行程序输出图形如图 6-22 所示。

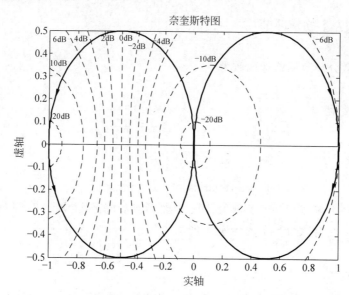

图 6-22 不稳定惯性环节的极点分布和幅相特性图

分析 s 平面复向量 $\overrightarrow{s - p_1}$(由 $p_1 = 1/T$ 指向 $s = j\omega$)随 ω 增加时其幅值和相角的变化规律,可以确定幅相特性曲线的变化趋势。

可见,与稳定惯性环节的幅相特性相比,不稳定惯性环节的幅值不变,但相角不同。

在 Simulink 中不稳定惯性环节的使用如图 6-23 所示。

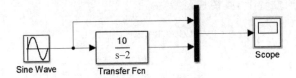

图 6-23　不稳定的惯性环节使用

运行仿真输出结果如图 6-24 所示。

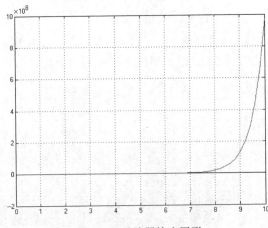

图 6-24　示波器输出图形

6.2.5　一阶复合微分环节

一阶复合微分环节的传递函数为

$$G(s) = Ts + 1 \tag{6-30}$$

其频率特性为

$$G(j\omega) = 1 + jT\omega = \sqrt{1 + T^2\omega^2}\, e^{j\arctan T\omega}$$

$$\left.\begin{array}{l} A(\omega) = \sqrt{1 + T^2\omega^2} \\[2mm] \varphi(\omega) = \arctan T\omega \end{array}\right\} \tag{6-31}$$

一阶复合微分环节幅相特性的实部为常数 1,虚部与 ω 成正比,如图 6-25 曲线①所示。

不稳定一阶复合微分环节的传递函数为

$$G(s) = Ts - 1 \tag{6-32}$$

其频率特性为

$$G(j\omega) = -1 + jT\omega$$

$$\left\{\begin{array}{l} A(\omega) = \sqrt{1 + T^2\omega^2} \\[2mm] \varphi(\omega) = 180° - \arctan T\omega \end{array}\right. \tag{6-33}$$

幅相特性的实部为 -1,虚部与 ω 成正比,如图 6-25 曲线②所示。不稳定环节的频率特性都是非最小相角的。

一阶复合微分环节的奈奎斯特曲线图编程如下:

```
clc,clear,closeall
g = tf([1,1],[0,1]);
nyquist(g);
gridon;
holdon
g = tf([1, -1],[0,1]);
nyquist(g);
axis('square');
```

运行程序输出结果如图 6-25 所示。

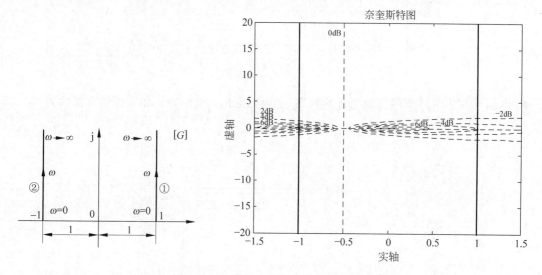

图 6-25　一阶微分环节的幅相频率特性

在 Simulink 中一阶微分环节的使用如图 6-26 所示。

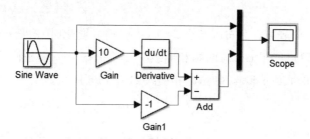

图 6-26　一阶微分环节使用

运行仿真输出结果如图 6-27 所示。

6.2.6　二阶振荡环节

二阶振荡环节的传递函数为

$$G(s) = \frac{1}{T^2 s^2 + 2T\xi s + 1} = \frac{\omega_n^2}{s^2 + 2\xi\omega_n + \omega_n^2} \quad 0 < \xi < 1 \quad (6\text{-}34)$$

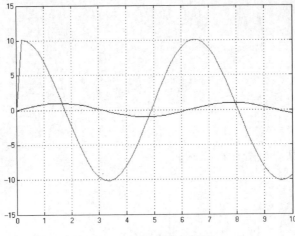

图 6-27 示波器输出图形

其中，$\omega_n = 1/T$ 为环节的无阻尼自然频率；ξ 为阻尼比，$0 < \xi < 1$。相应的频率特性为

$$G(j\omega) = \frac{1}{\left(1 - \dfrac{\omega^2}{\omega_n^2}\right) + j2\xi\dfrac{\omega}{\omega_n}} \tag{6-35}$$

$$\left.\begin{array}{l} A(\omega) = \dfrac{1}{\sqrt{\left(1 - \dfrac{\omega^2}{\omega_n^2}\right)^2 + 4\xi^2\dfrac{\omega^2}{\omega_n^2}}} \\[6mm] \varphi(\omega) = -\arctan\dfrac{2\xi\dfrac{\omega}{\omega_n}}{1 - \dfrac{\omega^2}{\omega_n^2}} \end{array}\right\} \tag{6-36}$$

当 $\omega = 0$ 时，$G(j0) = 1\angle 0°$；当 $\omega = \omega_n$ 时，$G(\omega_n) = 1/(2\xi)\angle -90°$；当 $\omega = \infty$ 时，$G(j\infty) = 0\angle -180°$。

分析二阶振荡环节极点分布以及当 $s = j\omega = j0 \to j\infty$ 变化时，向量 $\overrightarrow{s-p_1}$、$\overrightarrow{s-p_2}$ 的模和相角的变化规律，可以绘出 $G(j\omega)$ 的幅相曲线。二阶振荡环节幅相特性的形状与 ξ 值有关，当 ξ 值分别取 0.4、0.6 和 0.8 时，幅相曲线如图 6-28 所示。

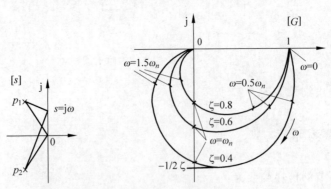

图 6-28 振荡环节极点分布和幅相频率特性

编写相应的程序如下：

```
clc,clear,close all
ks = [0.4,0.6,0.8];
om = 10;
for i = 1:3
    num = om * om;
    den = [1 2 * ks(i) * om om * om];
    nyquist(num,den);
    axis('square');
    hold on;
    grid on
end
```

运行程序输出结果如图 6-29 所示。

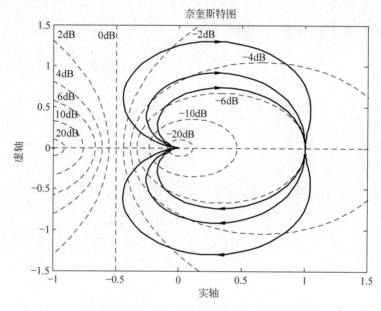

图 6-29 振荡环节极点分布和幅相频率特性图

1) 谐振频率 ω_r 和谐振峰值 M_r

由图 6-28 可看出，ξ 值较小时，随 $\omega = 0 \rightarrow \infty$ 变化，$G(\mathrm{j}\omega)$ 的幅值 $A(\omega)$ 先增加然后再逐渐衰减直至 0。$A(\omega)$ 达到极大值时对应的幅值称为谐振峰值，记为 M_r，对应的频率称为谐振频率，记为 ω_r。下面推导 M_r 和 ω_r 的计算公式，因为

$$A(\omega) = |G(\mathrm{j}\omega)| = \frac{1}{\sqrt{\left[1 - \frac{\omega^2}{\omega_n^2}\right]^2 + 4\xi^2 \frac{\omega^2}{\omega_n^2}}} \tag{6-37}$$

求 $A(\omega)$ 的极大值相当于求 $\left[1 - \frac{\omega^2}{\omega_n^2}\right]^2 + 4\xi^2 \frac{\omega^2}{\omega_n^2}$ 的极小值，令

$$\frac{\mathrm{d}}{\mathrm{d}\omega}\left\{\left[1 - \frac{\omega^2}{\omega_n^2}\right]^2 + 4\xi^2 \frac{\omega^2}{\omega_n^2}\right\} = 0$$

推导可得

$$\omega_r = \omega_n \sqrt{1 - 2\xi^2} \quad (0 < \xi < 0.707) \tag{6-38}$$

将式(6-38)代入式(6-37)可得

$$M_r = A(\omega_r) = \frac{1}{2\xi \sqrt{1 - \xi^2}} \tag{6-39}$$

编程求解 M_r 与 ξ 的关系如下：

```
clc,clear,close all
ks = 0.04:0.01:0.707;
for i = 1:length(ks)
   Mr(i) = 1/(2 * ks(i) * sqrt(1 - ks(i) * ks(i)));
end
plot(ks,Mr,'b - ');grid;
xlabel('阻尼比'),ylabel('Mr');
```

运行程序输出结果如图 6-30 所示。

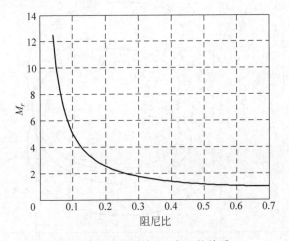

图 6-30　二阶系统 M_r 与 ξ 的关系

当 $\xi < 0.707$ 时，对应的振荡环节存在 ω_r 和 M_r；当 ξ 减小时，ω_r 增加，趋向于 ω_n 值，M_r 则越来越大，趋向于 ∞；当 $\xi = 0$ 时，$M_r = \infty$，这对应无阻尼系统的共振现象。

在 Simulink 中二阶振荡环节的使用如图 6-31 所示。

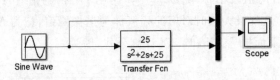

图 6-31　二阶振荡环节的使用

运行仿真输出结果如图 6-32 所示。

2) 不稳定二阶振荡环节的幅相特性

不稳定二阶振荡环节的传递函数为

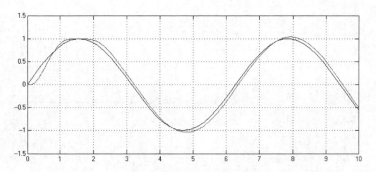

图 6-32　示波器输出波形

$$G(s) = \frac{\omega_n^2}{s^2 + 2\zeta\omega_n s + \omega_n^2}$$

其频率特性为

$$G(\mathrm{j}\omega) = \frac{1}{1 - \dfrac{\omega^2}{\omega_n^2} - \mathrm{j}2\xi\dfrac{\omega}{\omega_n}}$$

$$\begin{cases} A(\omega)(\text{同稳定环节}) \\[2mm] \varphi(\omega) = -360° + \arctan\dfrac{2\xi\dfrac{\omega}{\omega_n}}{1 - \dfrac{\omega^2}{\omega_n^2}} \end{cases}$$

不稳定二阶振荡环节的相角从 $-360°$ 连续变化到 $-180°$。不稳定振荡环节的极点分布与幅相曲线如图 6-33 所示。

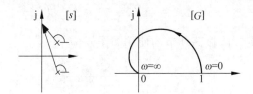

图 6-33　不稳定振荡环节的极点分布与幅相曲线图

在 Simulink 中不稳定二阶振荡环节的使用如图 6-34 所示。

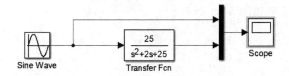

图 6-34　不稳定二阶振荡环节的使用

运行仿真输出结果如图 6-35 所示。

3）由幅相曲线确定 $G(s)$

【例 6-2】　由实验得到某环节的幅相特性曲线如图 6-36 所示,试确定该环节的传递函数 $G(s)$,并对该系统进行仿真。

根据幅相特性曲线的形状可以确定 $G(s)$ 的形式为

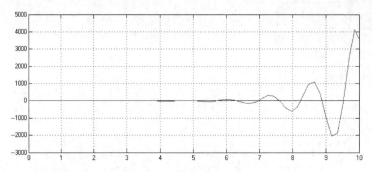

图 6-35　示波器输出波形

$$G(s) = \frac{K\omega_n^2}{s^2 + 2\xi\omega_n s + \omega_n^2}$$

其频率特性为

$$A(\omega) = \frac{K}{\sqrt{\left[1 - \dfrac{\omega^2}{\omega_n^2}\right]^2 + 4\xi^2 \dfrac{\omega^2}{\omega_n^2}}} \tag{6-40}$$

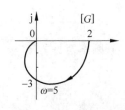

图 6-36　幅相特性曲线图

$$\phi(\omega) = -\arctan \frac{2\xi \dfrac{\omega}{\omega_n}}{1 - \dfrac{\omega^2}{\omega_n^2}} \tag{6-41}$$

将图中条件 $A(0)=2$ 代入式(6-40)得 $K=2$；将 $\varphi(5)=-90°$ 代入式(6-41)得 $\omega_n=5$；从而有

$$G(s) = \frac{2 \times 5^2}{s^2 + 2 \times \dfrac{1}{3} \times 5s + 5^2} = \frac{50}{s^2 + 3.33s + 25}$$

在 Simulink 中稳定二阶振荡环节的使用如图 6-37 所示。

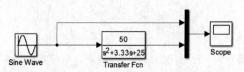

图 6-37　稳定二阶振荡环节的使用

运行仿真输出结果如图 6-38 所示。

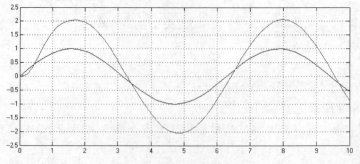

图 6-38　示波器输出波形

6.2.7 二阶复合微分环节

（1）二阶复合微分环节的传递函数为

$$G(s) = T^2 s^2 + 2\xi Ts + 1 = \frac{s^2}{\omega_n^2} + 2\xi \frac{s}{\omega_n} + 1$$

频率特性为

$$G(j\omega) = \left[1 - \frac{\omega^2}{\omega_n^2}\right] + j2\xi \frac{\omega}{\omega_n}$$

$$\begin{cases} A(\omega) = \sqrt{\left[1 - \frac{\omega^2}{\omega_n^2}\right]^2 + 4\xi^2 \frac{\omega^2}{\omega_n^2}} \\[3mm] \varphi(\omega) = \arctan \dfrac{2\xi \dfrac{\omega}{\omega_n}}{1 - \dfrac{\omega^2}{\omega_n^2}} \end{cases}$$

二阶复合微分环节的零点分布以及幅相特性曲线如图 6-39 所示。

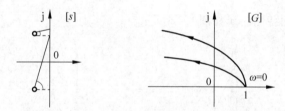

图 6-39　二阶复合微分环节的零点分布及幅相特性

在 Simulink 中二阶复合微分环节的使用如图 6-40 所示。

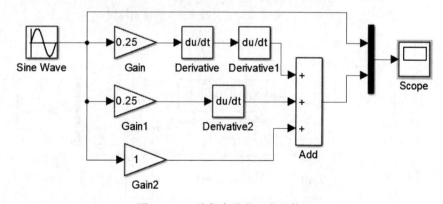

图 6-40　二阶复合微分环节的使用

运行仿真输出结果如图 6-41 所示。

（2）不稳定二阶复合微分环节的频率特性为

$$G(j\omega) = 1 - \frac{\omega^2}{\omega_n^2} - j2\xi \frac{\omega}{\omega_n}$$

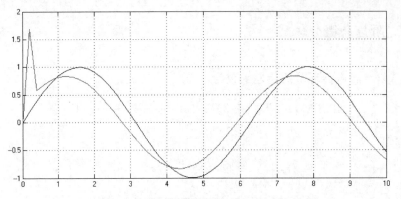

图 6-41   示波器输出波形

$$
\begin{cases}
A(\omega) = \sqrt{\left[1 - \dfrac{\omega^2}{\omega_n^2}\right]^2 + 4\xi^2\,\dfrac{\omega^2}{\omega_n^2}} \\[6mm]
\varphi(\omega) = 360° - \arctan\dfrac{2\xi\,\dfrac{\omega}{\omega_n}}{1 - \dfrac{\omega^2}{\omega_n^2}}
\end{cases}
$$

零点分布及幅相特性曲线如图 6-42 所示。

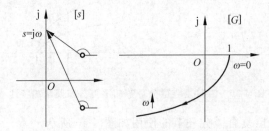

图 6-42   不稳定二阶复合微分环节的幅相特性

在 Simulink 中不稳定的二阶复合微分环节的使用如图 6-43 所示。

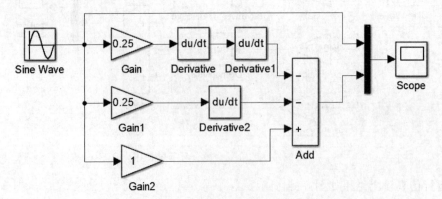

图 6-43   不稳定的二阶复合微分环节的使用

运行仿真输出结果如图 6-44 所示。

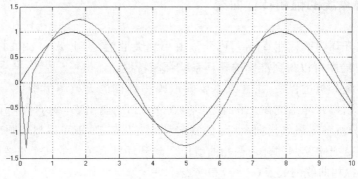

图 6-44　示波器输出波形

6.2.8　延迟环节

延迟环节的传递函数为

$$G(s) = e^{-\tau s}$$

频率特性为

$$G(j\omega) = e^{-j\tau\omega}$$

$$\begin{cases} A(\omega) = 1 \\ \varphi(\omega) = -\tau\omega \end{cases}$$

其幅相特性曲线是圆心在原点的单位圆,如图 6-45 所示,ω 值越大,其相角延迟量越大。
在 Simulink 中延迟环节的使用如图 6-46 所示。

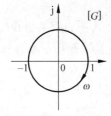

图 6-45　延迟环节幅相特性

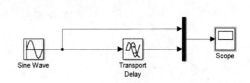

图 6-46　延迟环节的使用

运行仿真输出结果如图 6-47 所示。

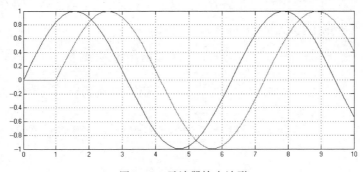

图 6-47　示波器输出波形

6.2.9 开环系统的幅相特性曲线

如果已知开环频率特性 $G(j\omega)$，可令 ω 由小到大取值，算出 $A(\omega)$ 和 $\varphi(\omega)$ 的相应值，在 G 平面描点绘图可以得到准确的开环系统幅相特性。

在实际系统分析过程中，往往只需要知道幅相特性的大致图形即可，并不需要绘出准确曲线。可以将开环系统在 s 平面的零极点分布图绘制出来，令 $s=j\omega$ 沿虚轴变化，当 $\omega=0\to\infty$ 时，分析各零极点指向 $s=j\omega$ 的复向量的变化趋势，就可以概略画出开环系统的幅相特性曲线。概略绘制的开环幅相曲线应反映开环频率特性的三个重要因素：

(1) 开环幅相曲线的起点（$\omega=0$）和终点（$\omega=\infty$）。

(2) 开环幅相曲线与实轴的交点。

设 $\omega=\omega_g$ 时，$G(j\omega)$ 的虚部为

$$\text{Im}[G(j\omega_g)] = 0 \tag{6-42}$$

或

$$\varphi(\omega_g) = \angle G(j\omega_g) = k\pi, \quad k = 0, \pm 1, \pm 2, \cdots \tag{6-43}$$

称 ω_g 为相角交界频率，开环频率特性曲线与实轴交点的坐标值为

$$\text{Re}[G(j\omega_g)] = G(j\omega_g) \tag{6-44}$$

(3) 开环幅相曲线的变化范围（象限、单调性）。

【例 6-3】 单位反馈系统的开环传递函数 $G(s)$ 为

$$G(s) = \frac{K}{s^v(T_1s+1)(T_2s+1)} = K\frac{1}{s^v} \cdot \frac{\dfrac{1}{T_1}}{s+\dfrac{1}{T_1}} \cdot \frac{\dfrac{1}{T_2}}{s+\dfrac{1}{T_2}}$$

分别概略绘出当系统型别 $v=0$、1、2、3 时的开环幅相特性。

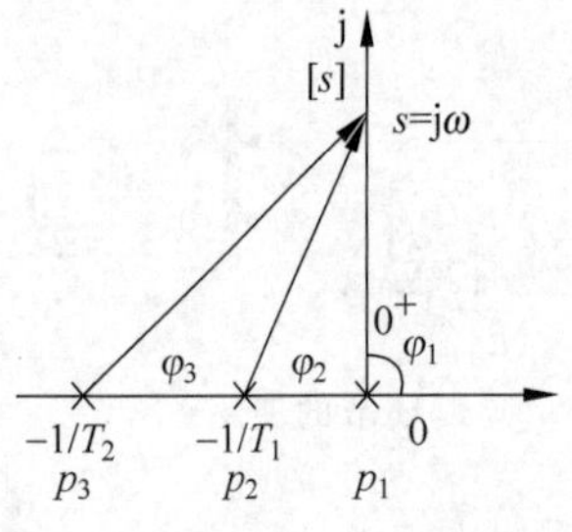

图 6-48　$v=1$ 时 $G(s)$ 的零极点

讨论 $v=1$ 时的情形。在 s 平面中画出 $G(s)$ 的零极点分布图，如图 6-48 所示。系统开环频率特性为

$$G(j\omega) = \frac{K/T_1T_2}{(s-p_1)(s-p_2)(s-p_3)}$$

$$= \frac{K/T_1T_2}{j\omega\left(j\omega+\dfrac{1}{T_1}\right)\left(j\omega+\dfrac{1}{T_2}\right)}$$

在 s 平面原点存在开环极点的情况下，为避免 $\omega=0$ 时 $G(j\omega)$ 相角不确定，取 $s=j\omega=j0^+$ 作为起点进行讨论（0^+ 到 0 距离无限小，如图 6-48 所示）。

$$\overrightarrow{s-p_1} = \overrightarrow{j0^+ + 0} = A_1\angle\varphi_1 = 0\angle 90°$$

$$\overrightarrow{s-p_2} = \overrightarrow{j0^+ + \frac{1}{T_1}} = A_2\angle\varphi_2 = \frac{1}{T_1}\angle 0°$$

$$\overrightarrow{s-p_3} = \overrightarrow{j0^+ + \frac{1}{T_2}} = A_3\angle\varphi_3 = \frac{1}{T_2}\angle 0°$$

从而有

$$G(\mathrm{j}0^+) = \frac{K}{\prod\limits_{i=1}^{3} A_i} \angle - \sum_{i=1}^{3} \phi_i = \infty \angle 90°$$

当 ω 由 0^+ 逐渐增加时,$\mathrm{j}\omega$、$\mathrm{j}\omega+\dfrac{1}{T_1}$、$\mathrm{j}\omega+\dfrac{1}{T_2}$ 三个矢量的幅值连续增加;除 $\varphi_1 = 90°$ 外,φ_2、φ_3 均由 0 连续增加,分别趋向于 $90°$。

当 $s = \mathrm{j}\omega = \mathrm{j}\infty$ 时:

$$\overrightarrow{s - p_1} = \overrightarrow{\mathrm{j}\infty - 0} = A_1 \angle \varphi_1 = \infty \angle 90°$$

$$\overrightarrow{s - p_2} = \overrightarrow{\mathrm{j}\infty + \frac{1}{T_1}} = A_2 \angle \varphi_2 = \infty \angle 90°$$

$$\overrightarrow{s - p_3} = \overrightarrow{\mathrm{j}\infty + \frac{1}{T_2}} = A_3 \angle \varphi_3 = \infty \angle 90°$$

从而有

$$G(\mathrm{j}\infty) = \frac{K}{\prod\limits_{i=1}^{3} A_i} \angle - \sum_{i=1}^{3} \phi_i = 0 \angle -270°$$

由此可以概略绘出 $G(\mathrm{j}\omega)$ 的幅相曲线如图 6-49 中曲线 G_1 所示。

同理,讨论 $v = 0$、2、3 时的情况,如表 6-2 所示,相应概略绘出幅相曲线分别如图 6-49 中 G_0、G_2、G_3 所示。

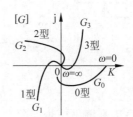

图 6-49 对应不同型别的幅频曲线

表 6-2 结果列表

v	$G(\mathrm{j}\omega)$	$G(\mathrm{j}0^+)$	$G(\mathrm{j}\infty)$	零极点分布
0	$G_0(\mathrm{j}\omega) = \dfrac{K}{(\mathrm{j}T_1\omega+1)(\mathrm{j}T_2\omega+1)}$	$K \angle 0°$	$0 \angle -180°$	
1	$G_1(\mathrm{j}\omega) = \dfrac{K}{\mathrm{j}\omega(\mathrm{j}T_1\omega+1)(\mathrm{j}T_2\omega+1)}$	$\infty \angle -90°$	$0 \angle -270°$	
2	$G_2(\mathrm{j}\omega) = \dfrac{K}{(\mathrm{j}\omega)^2(\mathrm{j}T_1\omega+1)(\mathrm{j}T_2\omega+1)}$	$\infty \angle -180°$	$0 \angle -360°$	
3	$G_3(\mathrm{j}\omega) = \dfrac{K}{(\mathrm{j}\omega)^3(\mathrm{j}T_1\omega+1)(\mathrm{j}T_2\omega+1)}$	$\infty \angle -270°$	$0 \angle -450°$	

当系统在右半 s 平面不存在零、极点时,系统开环传递函数一般可写为

$$G(s) = \frac{K(\tau_1 s + 1)(\tau_2 s + 1)\cdots(\tau_m s + 1)}{s^v(T_1 s + 1)(T_2 s + 1)\cdots(T_{n-v} s + 1)} \quad (n > m)$$

开环幅相曲线的起点 $G(j0^+)$ 完全由 K、v 确定,而终点 $G(j\infty)$ 则由 $n-m$ 来确定。

$$G(j0^+) = \begin{cases} K\angle 0^\circ, & v = 0 \\ \infty\angle -90^\circ v, & v > 0 \end{cases}$$

$$G(j\infty) = 0\angle -90^\circ(n-m)$$

在 Simulink 中开环系统仿真如图 6-50 所示。

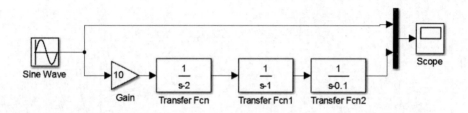

图 6-50　开环系统仿真

运行仿真输出结果如图 6-51 所示。

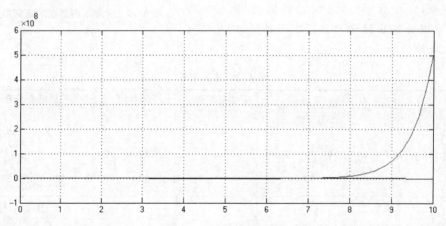

图 6-51　示波器输出波形

【例 6-4】　已知单位反馈系统的开环传递函数为

$$G_k(s) = \frac{k(1 + 2s)}{s^2(0.5s + 1)(s + 1)}$$

系统型别 $v = 2$,零点-极点分布图如图 6-52(a)所示。绘制该反馈系统的概略幅相曲线图。

显然:

(1) 起点:$G_k(j0^+) = \infty\angle -180^\circ$。

(2) 终点:$G_k(j\infty) = 0\angle -270^\circ$。

(3) 与坐标轴的交点:

$$G_k(j\omega) = \frac{k}{\omega^2(1 + 0.25\omega^2)(1 + \omega^2)}[-(1 + 2.5\omega^2) - j\omega(0.5 - \omega^2)]$$

令虚部为 0，可解出当 $\omega_g^2 = 0.5$（即 $\omega_g = 0.707$）时，幅相曲线与实轴有一交点，交点坐标为 $\mathrm{Re}[G(j\omega_g)] = -2.67k$。简略幅相曲线如图 6-52(b) 所示。

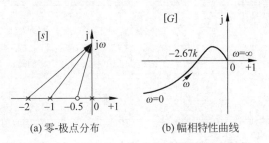

(a) 零-极点分布　　　　(b) 幅相特性曲线

图 6-52　极点-零点分布与幅相特性曲线

具体的 MATLAB 程序如下：

```
clc,clear,close all
num = [2,1];
den = conv([1,0,0],conv([0.5,1],[1,1]));
nyquist(num,den,{0.15 10000});
```

运行 MATLAB 程序输出结果如图 6-53 所示。

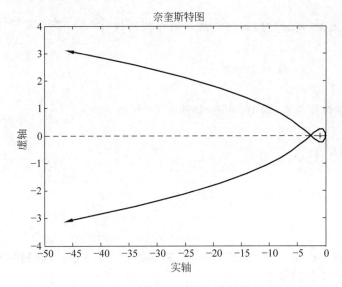

图 6-53　极点-零点幅相曲线图

在 Simulink 中开环系统仿真如图 6-54 所示。

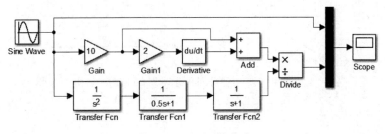

图 6-54　开环系统仿真

运行仿真输出结果如图 6-55 所示。

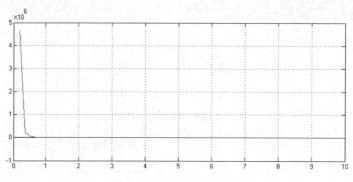

图 6-55　示波器输出波形

6.3　对数频率特性

6.3.1　比例环节

比例环节频率特性为

$$G(\mathrm{j}\omega) = K$$

显然,它与频率无关,其对数幅频特性和对数相频特性分别为

$$L(\omega) = 20\lg K$$

$$\varphi(\omega) = 0°$$

其对数频率特性曲线(即 Bode 图)如图 6-56 所示。

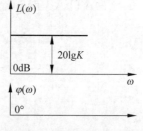

图 6-56　比例环节 Bode 图

6.3.2　微分环节

微分环节 jω 的对数幅频特性与对数相频特性分别为

$$L(\omega) = 20\lg\omega$$

$$\varphi(\omega) = 90°$$

对数幅频曲线在 ω=1 处通过 0dB 线,斜率为 20dB/dec;对数相频特性为＋90°直线。特性曲线如图 6-57 曲线①所示。

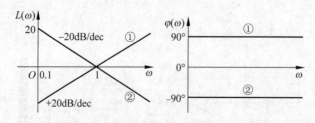

图 6-57　微分和积分环节 Bode 图

6.3.3 积分环节

积分环节 $1/j\omega$ 的对数幅频特性与对数相频特性分别为

$$L(\omega) = -20\lg\omega$$

$$\varphi(\omega) = -90°$$

积分环节对数幅频曲线在 $\omega = 1$ 处通过 0dB 线,斜率为 -20dB/dec;对数相频特性为 $-90°$ 直线。特性曲线如图 6-57 曲线②所示。

积分环节与微分环节成倒数关系,所以其 Bode 图关于频率轴对称。

6.3.4 惯性环节

惯性环节 $(1+j\omega T)^{-1}$ 的对数幅频与对数相频特性表达式为

$$L(\omega) = -20\lg\sqrt{1+\left(\frac{\omega}{\omega_1}\right)^2} \tag{6-45a}$$

$$\varphi(\omega) = -\arctan\frac{\omega}{\omega_1} \tag{6-45b}$$

其中,$\omega_1 = 1/T$,$\omega T = \omega/\omega_1$。

当 $\omega \ll \omega_1$ 时,略去式(6-45a)根号中的 $(\omega/\omega_1)^2$ 项,则有 $L(\omega) \approx -20\lg1 = 0$dB,表明 $L(\omega)$ 的低频渐近线是 0dB 水平线。

当 $\omega \gg \omega_1$ 时,略去式(6-45a)根号中的 1 项,则有 $L(\omega) = -20\lg(\omega/\omega_1)$,表明 $L(\omega)$ 高频部分的渐近线是斜率为 -20dB/dec 的直线,两条渐近线的交点频率 $\omega_1 = 1/T$ 称为转折频率。

图 6-58 中曲线①绘出惯性环节对数幅频特性的渐近线与精确曲线,以及对数相频曲线。

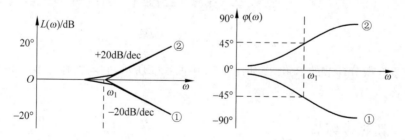

图 6-58 $(1+j\omega)^{\mp1}$ 的 Bode 图

惯性环节对数相频特性误差修正曲线计算如下:

```
ww1 = 0.1:0.01:10;
for i = 1:length(ww1)
  Lw = ( - 20) * log10(sqrt(1 + ww1(i)^2));
  if ww1(i)<= 1 Lw1 = 0;
  else Lw1 = ( - 20) * log10(ww1(i));
  end
```

```
    m(i) = Lw - Lw1;
end
ab = semilogx(ww1,m,'b-');
set(ab,'LineWidth',2);grid;
xlabel('w/w1'),ylabel('误差/dB');
```

运行程序输出结果如图 6-59 所示。

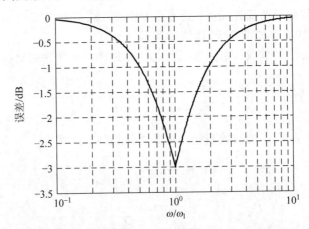

图 6-59   惯性环节对数相频特性误差修正曲线

由图 6-59 可见,最大幅值误差发生在 $\omega_1 = 1/T$ 处,其值近似等于 -3dB。惯性环节的对数相频特性从 $0°$ 变化到 $-90°$,并且关于点 $(\omega_1, -45°)$ 对称。

6.3.5   一阶复合微分环节

一阶复合微分环节 $1+j\omega$ 的对数幅频与对数相频特性表达式为

$$L(\omega) = 20\lg \sqrt{1 + \left(\frac{\omega}{\omega_1}\right)^2}$$

$$\varphi(\omega) = \arctan \frac{\omega}{\omega_1}$$

一阶复合微分环节的 Bode 图如图 6-58 中曲线②所示,它与惯性环节的 Bode 图关于频率轴对称。

6.3.6   二阶振荡环节

振荡环节 $[1+2\xi T j\omega + (j\omega T)^2]^{-1}$ 的频率特性为

$$G(j\omega) = \frac{1}{1 - \left(\frac{\omega}{\omega_n}\right)^2 + j2\xi\left(\frac{\omega}{\omega_n}\right)}$$

其中,$\omega_n = 1/T, 0 < \xi < 1$。

对数幅频特性为

$$L(\omega) = -20\lg \sqrt{\left[1 - \left(\frac{\omega}{\omega_n}\right)^2\right]^2 + \left(2\xi\frac{\omega}{\omega_n}\right)^2} \tag{6-46a}$$

对数相频特性为

$$\varphi(\omega) = - \arctan \frac{2\xi\omega/\omega_n}{1 - (\omega/\omega_n)^2} \qquad (6\text{-}46\mathrm{b})$$

当 $\dfrac{\omega}{\omega_n} \ll 1$ 时，略去式(6-46a)中的 $(\omega/\omega_n)^2$ 和 $2\xi\omega/\omega_n$ 项，则有

$$L(\omega) \approx - 20\lg 1 = 0\mathrm{dB}$$

表明 $L(\omega)$ 的低频段渐近线是一条 0dB 的水平线。

当 $\dfrac{\omega}{\omega_n} \gg 1$ 时，略去式(6-46a)中的 1 和 $2\xi\omega/\omega_n$ 项，则有

$$L(\omega) = - 20\lg \left(\frac{\omega}{\omega_n} \right)^2 = - 40\lg \frac{\omega}{\omega_n}$$

表明 $L(\omega)$ 的高频段渐近线是一条斜率为 $-40\mathrm{dB/dec}$ 的直线。

显然，当 $\omega/\omega_n = 1$，即 $\omega = \omega_n$ 是两条渐近线的相交点，所以，振荡环节的自然频率 ω_n 就是其转折频率。

振荡环节的对数幅频特性不仅与 ω/ω_n 有关，而且与阻尼比 ξ 有关，因此在转折频率附近一般不能简单地用渐近线近似代替，否则可能引起较大的误差，当 ξ 取不同值时对数幅频特性的准确曲线和渐近线，编程如下：

```
clc,clear,close all
ks = [0.1,0.2,0.3,0.5,0.7,1.0];
om = 10;
for i = 1:length(ks)
    num = om * om;
    den = [1,2 * ks(i) * om,om * om];
    bode(num,den);
    hold on;
end
grid;
```

运行程序输出结果如图 6-60 所示。

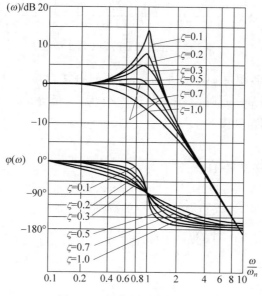

图 6-60 振荡环节的 Bode 图

由图 6-60 可见,在 $\xi < 0.707$ 时,曲线出现谐振峰值,ξ 值越小,谐振峰值越大,它与渐近线之间的误差越大。

必要时,可以用误差修正曲线进行修正,编程如下:

```
clc,clear,close all
ks = [0.05,0.1,0.15,0.2,0.25,0.3,0.4,0.5,0.6,0.8,1.0];
wwn = 0.1:0.01:10;
for i = 1:length(ks)
    for k = 1:length(wwn)
        Lw = - 20 * log10(sqrt((1 - wwn(k)^2)^2 + (2 * ks(i) * wwn(k))^2));
        if wwn(k) < = 1 Lw1 = 0;
        else Lw1 = - 40 * log10(wwn(k));
        end
        m(k) = Lw - Lw1;
    end
    ab = semilogx(wwn,m,'b - ');
    set(ab,'linewidth',1.5);hold on;
end
grid;
```

运行程序输出结果如图 6-61 所示。

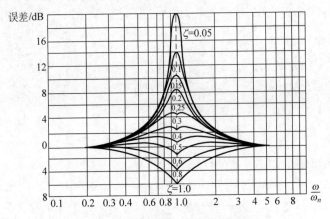

图 6-61　振荡环节的误差修正曲线

由式(6-46b)可知,相角 $\varphi(\omega)$ 也是 ω/ω_n 和 ξ 的函数,当 $\omega = 0$ 时,$\varphi(\omega) = 0$;当 $\omega \to \infty$ 时,$\varphi(\omega) = -180°$;当 $\omega = \omega_n$ 时,不管 ξ 值的大小,ω_n 总是等于 $-90°$,而且相频特性曲线关于 $(\omega_n, -90°)$ 点对称,如图 6-61 所示。

6.3.7　二阶复合微分环节

二阶复合微分环节 $1 + 2\xi T j\omega + (j\omega T)^2$ 的频率特性为

$$G(j\omega) = 1 - \left(\frac{\omega}{\omega_n}\right)^2 + j2\xi\left(\frac{\omega}{\omega_n}\right)$$

其中,$\omega_n = 1/T, 0 < \xi < 1$。

对数幅频特性为

$$L(\omega) = 20\lg \sqrt{\left[1 - \left(\frac{\omega}{\omega_n}\right)^2\right]^2 + \left(2\xi\frac{\omega}{\omega_n}\right)^2}$$

对数相频特性为

$$\varphi(\omega) = \arctan \frac{2\xi\omega/\omega_n}{1 - (\omega/\omega_n)^2}$$

二阶复合微分环节与振荡环节成倒数关系,其 Bode 图与振荡环节的 Bode 图关于频率轴对称。

6.3.8 延迟环节

延迟环节的频率特性为

$$G(\mathrm{j}\omega) = \mathrm{e}^{-\mathrm{j}\tau\omega} = A(\omega)\mathrm{e}^{\mathrm{j}\varphi(\omega)}$$

其中,$A(\omega)=1$,$\varphi(\omega)=-\tau\omega$。

因此,

$$L(\omega) = 20\lg |G(\mathrm{j}\omega)| = 0 \tag{6-47a}$$

$$\varphi(\omega) = -\tau\omega \tag{6-47b}$$

上式表明,延迟环节的对数幅频特性与 0dB 线重合,对数相频特性值与 ω 成正比,当 $\omega \rightarrow \infty$ 时,相角延迟量也趋于 ∞。延迟环节的 Bode 图如图 6-62 所示。

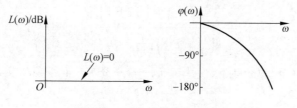

图 6-62   延迟环节的 Bode 图

6.4 开环系统的 Bode 图

设开环系统由 n 个环节串联组成,系统频率特性为

$$\begin{aligned}
G(j\omega) &= G_1(\mathrm{j}\omega)G_2(\mathrm{j}\omega)\cdots G_n(\mathrm{j}\omega) \\
&= A_1(\omega)\mathrm{e}^{\mathrm{j}\varphi_1(\omega)}A_2(\omega)\mathrm{e}^{\mathrm{j}\varphi_2(\omega)}\cdots A_n(\omega)\mathrm{e}^{\mathrm{j}\varphi_n(\omega)} \\
&= A(\omega)\mathrm{e}^{\mathrm{j}\varphi(\omega)}
\end{aligned}$$

其中 $A(\omega)=A_1(\omega)A_2(\omega)\cdots A_n(\omega)$。

取对数后,有

$$\begin{aligned}
L(\omega) &= 20\lg A_1(\omega) + 20\lg A_2(\omega) + \cdots + 20\lg A_n(\omega) \\
&= L_1(\omega) + L_2(\omega) + \cdots + L_3(\omega)
\end{aligned} \tag{6-48a}$$

$$\varphi(\omega) = \varphi_1(\omega) + \varphi_2(\omega) + \cdots + \varphi_n(\omega) \tag{6-48b}$$

其中,$A_i(\omega)(i=1,2,\cdots,n)$ 表示各典型环节的幅频特性,$L_i(\omega)$ 和 $\varphi_i(\omega)$ 分别表示各典型环节的对数幅频特性和相频特性。

绘制开环系统的 Bode 图,具体步骤如下:

(1) 将开环传递函数写成尾 1 标准形式,确定系统开环增益 K,把各典型环节的转折频率由小到大依次标在频率轴上。

(2) 绘制开环对数幅频特性的渐近线。由于系统低频段渐近线的频率特性为 $K/(j\omega)^v$,因此,低频段渐近线为过点 $(1,20\lg K)$、斜率为 $-20v\text{dB/dec}$ 的直线(v 为积分环节数)。

(3) 随后沿频率增大的方向每遇到一个转折频率就改变一次斜率,其规律是遇到惯性环节的转折频率,则斜率变化量为 -20dB/dec;遇到一阶微分环节的转折频率,斜率变化量为 $+20\text{dB/dec}$;遇到振荡环节的转折频率,斜率变化量为 -40dB/dec 等。渐近线最后一段(高频段)的斜率为 $-20(n-m)\text{dB/dec}$;其中,n 和 m 分别为 $G(s)$ 分母和分子的阶数。

(4) 如果需要,可按照各典型环节的误差曲线对相应段的渐近线进行修正,以得到精确的对数幅频特性曲线。

(5) 绘制相频特性曲线。分别绘出各典型环节的相频特性曲线,再沿频率增大的方向逐点叠加,最后将相加点连接成曲线。

【例 6-5】 已知开环传递函数:

$$G(s) = \frac{64(s+2)}{s(s+0.5)(s^2+3.2s+64)}$$

试绘制开环系统的 Bode 图。

首先将 $G(s)$ 化为尾 1 标准形式:

$$G(s) = \frac{4\left(\dfrac{s}{2}+1\right)}{s\left(\dfrac{s}{0.5}+1\right)\left(\dfrac{s^2}{8^2}+0.4\times\dfrac{s}{8}+1\right)}$$

此系统由比例环节、积分环节、惯性环节、一阶微分环节和振荡环节共 5 个环节组成。

惯性环节转折频率:

$$\omega_1 = 1/T_1 = 0.5$$

一阶复合微分环节转折频率:

$$\omega_2 = 1/T_2 = 2$$

振荡环节转折频率:

$$\omega_3 = 1/T_3 = 8$$

开环增益 $K=4$,系统型别 $v=1$,低频起始段由 $\dfrac{K}{s}=\dfrac{4}{s}$ 决定。

绘制 Bode 图的程序如下:

```
clc,clear,close all
num = [64,128];
a1 = conv([1,0], [1,0.5]);
a2 = conv(a1, [1,3.2,64]);
den = [a2];
bode(num,den);
hold on;
grid;
```

运行程序输出图形如图 6-63 所示。

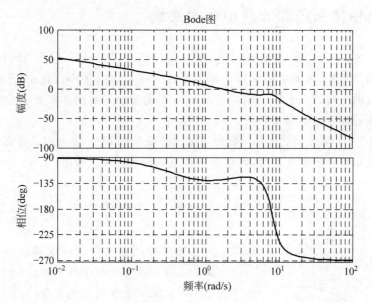

图 6-63　开环系统 Bode 图

在 Simulink 中搭建系统如图 6-64 所示。

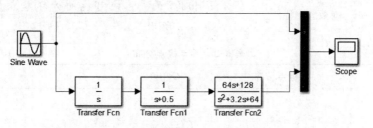

图 6-64　开环系统仿真模型

运行仿真输出结果如图 6-65 所示。

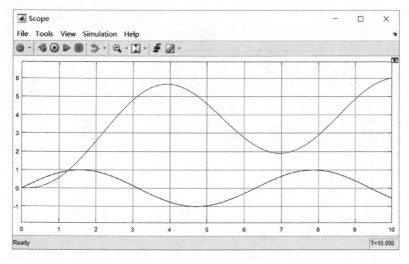

图 6-65　示波器输出波形

6.5 最小相角系统和非最小相角系统

当系统开环传递函数中没有在右半 s 平面的极点或零点,且不包含延时环节时,称该系统为最小相角系统,否则称为非最小相角系统。在系统的频率特性中,非最小相角系统相角变化量的绝对值大于最小相角系统相角变化量的绝对值。在系统分析中应当注意区分和正确处理非最小相角系统。

【例 6-6】 已知某系统的开环对数频率特性如图 6-66 所示,试确定其开环传递函数。

根据对数幅频特性曲线,可以写出开环传递函数的表达式如下:

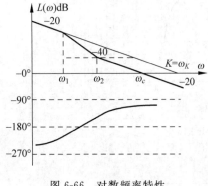

$$G(s) = \frac{K\left(\dfrac{s}{\omega_2} \pm 1\right)}{s\left(\dfrac{s}{\omega_1} \pm 1\right)}$$

根据对数频率特性的坐标特点有 $\omega_K/\omega_c = \omega_2/\omega_1$,可以确定开环增益 $K = \omega_K = \omega_c\omega_2/\omega_1$。

根据相频特性的变化趋势($-270° \to -90°$),可以判定该系统为非最小相角系统。$G(s)$ 中一阶复合微分环节和惯性环节至少有一个是"非最小相角"的。系统可能的开环零点极点分布如表 6-3 所示。

图 6-66 对数频率特性

表 6-3 零点极点分布

顺　序	零极点分布	$G(j\omega)$	$G(j0)$	$G(j\infty)$
1		$\dfrac{K(s/\omega_2+1)}{s(s/\omega_1+1)}$	$\infty \angle -90°$	$0 \angle -90°$
2		$\dfrac{K(s/\omega_2-1)}{s(s/\omega_1+1)}$	$\infty \angle +90°$	$0 \angle -90°$
3		$\dfrac{K(s/\omega_2+1)}{s(s/\omega_1-1)}$	$\infty \angle -270°$	$0 \angle -90°$
4		$\dfrac{K(s/\omega_2-1)}{s(s/\omega_1-1)}$	$\infty \angle -90°$	$0 \angle -90°$

分析相角的变化趋势可知,只有当惯性环节极点在右半 s 平面,一阶复合微分环节零点在左半 s 平面时,相角才符合从 $-270°$ 到 $-90°$ 的变化规律。因此可以确定系统的开环传递函数为

$$G(s) = \frac{\dfrac{\omega_c\omega_2}{\omega_1}\left(\dfrac{s}{\omega_2}+1\right)}{s\left(\dfrac{s}{\omega_1}-1\right)}$$

对于最小相角系统,对数幅频特性与对数相频特性之间存在唯一确定的对应关系,根据对数幅频特性就完全可以确定相应的对数相频特性和传递函数,反之亦然。由于对数幅频特性容易绘制,所以在分析最小相角系统时,通常只画其对数幅频特性,对数相频特性则只需概略画出,或者不画。

在 Simulink 中搭建最小相角系统如图 6-67 所示。

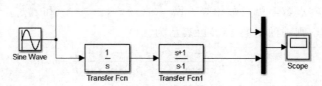

图 6-67　最小相角系统

运行仿真输出结果如图 6-68 所示。

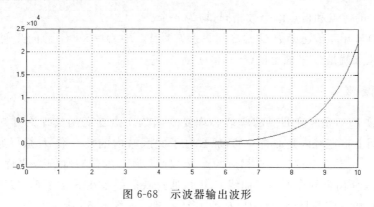

图 6-68　示波器输出波形

6.6　奈奎斯特频域稳定判据

闭环控制系统稳定的充要条件是:闭环特征方程的根均具有负的实部,或全部闭环极点都位于左半 s 平面。

频域稳定判据是奈奎斯特于 1932 年提出的,它是频率分析法的重要内容。利用奈奎斯特稳定判据,不但可以判断系统是否稳定(绝对稳定性),也可以确定系统的稳定程度(相对稳定性),还可以用于分析系统的动态性能以及指出改善系统性能指标的途径。因此,奈奎斯特稳定判据是一种重要而实用的稳定性判据,工程上应用十分广泛。

1. 辅助函数

开环传递函数为

$$G(s) = G_0(s)H(s) = \frac{M(s)}{N(s)} \tag{6-49}$$

相应的闭环传递函数为

$$\Phi(s) = \frac{G_0(s)}{1+G(s)} = \frac{G_0(s)}{1+\dfrac{M(s)}{N(s)}} = \frac{N(s)G_0(s)}{N(s)+M(s)} \tag{6-50}$$

其中，$M(s)$为开环传递函数的分子多项式，m阶；$N(s)$为开环传递函数的分母多项式，n阶，$n \geqslant m$。由式(6-49)和式(6-50)可见，$N(s)+M(s)$和 $N(s)$分别为闭环和开环特征多项式。两者之比定义为辅助函数：

$$F(s) = \frac{M(s)+N(s)}{M(s)} = 1 + G(s) \tag{6-51}$$

实际系统传递函数 $G(s)$分母阶数 n 总是大于或等于分子阶数 m，因此辅助函数的分子分母同阶，即其零点数与极点数相等。设 $-z_1, -z_2, \cdots, -z_n$ 和 $-p_1, -p_2, \cdots, -p_n$ 分别为其零点和极点，则辅助函数 $F(s)$可表示为

$$F(s) = \frac{(s+z_1)(s+z_2)\cdots(s+z_n)}{(s+p_1)(s+p_2)\cdots(s+p_n)} \tag{6-52}$$

综上所述，辅助函数 $F(s)$具有以下特点：

(1) 辅助函数 $F(s)$是闭环特征多项式与开环特征多项式之比，其零点和极点分别为闭环极点和开环极点。

(2) $F(s)$的零点和极点的个数相同，均为 n 个。

(3) $F(s)$与开环传递函数 $G(s)$之间只差常量1。$F(s)=1+G(s)$的几何意义：F 平面上的坐标原点就是 G 平面上的$(-1, j0)$点。

2. 幅角定理

辅助函数 $F(s)$是复变量 s 的单值有理复变函数。由复变函数理论可知，如果函数 $F(s)$在 s 平面上指定域内是非奇异的，那么对于此区域内的任一点 d，都可通过 $F(s)$的映射关系在 $F(s)$平面上找到一个相应的点 d'（称 d' 为 d 的像）；对于 s 平面上的任意一条不通过 $F(s)$任何奇异点的封闭曲线 Γ，也可通过映射关系在 $F(s)$平面（以下称 Γ 平面）找到一条与它相对应的封闭曲线 Γ'（Γ'称为 Γ 的像），如图 6-69 所示。

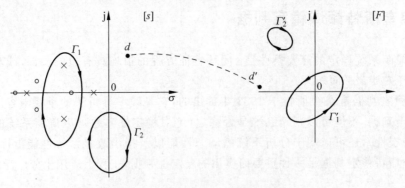

图 6-69　s 平面与 F 平面的映射关系

设 s 平面上不通过 $F(s)$ 任何奇异点的某条封闭曲线 Γ，它包围了 $F(s)$ 在 s 平面上的 Z 个零点和 P 个极点。当 s 以顺时针方向沿封闭曲线 Γ 移动一周时，则在 F 平面上相对应于封闭曲线 Γ 的像 Γ' 将以顺时针的方向围绕原点旋转 R 圈。

R 与 Z、P 的关系为

$$R = Z - P \tag{6-53}$$

3. 奈奎斯特稳定判据

为了确定辅助函数 $F(s)$ 位于右半 s 平面内的所有零点和极点数，现将封闭曲线 Γ 扩展为整个右半 s 平面。为此，设计 Γ 曲线由以下三段所组成：

(1) 正虚轴 $s=\mathrm{j}\omega$：频率 ω 由 0 变到 ∞。

(2) 半径为无限大的右半圆 $s=Re^{j\theta}$：$R \to \infty$，θ 由 $\pi/2$ 变化到 $-\pi/2$。

(3) 负虚轴 $s=\mathrm{j}\omega$：频率 ω 由 $-\infty$ 变化到 0。

这样，以上三段组成的封闭曲线 Γ（称为奈奎斯特路径）就包含了整个右半 s 平面。

在 F 平面上绘制与 Γ 相对应的像 Γ'：当 s 沿虚轴变化时，由式(6-51)有

$$F(\mathrm{j}\omega) = 1 + G(\mathrm{j}\omega) \tag{6-54}$$

其中，$G(\mathrm{j}\omega)$ 为系统的开环频率特性。

图 6-70 绘出了系统开环频率特性曲线 $G(\mathrm{j}\omega)$。将曲线右移一个单位，并取镜像，则成为 F 平面上的封闭曲线 Γ'，如图 6-71 所示。图 6-71 中用虚线表示镜像。

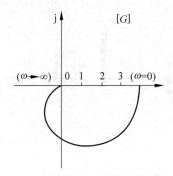
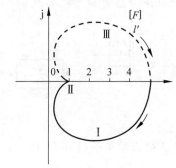

图 6-70　$G(\mathrm{j}\omega)$ 特性曲线　　　　　图 6-71　F 平面上的封闭曲线

对于包含了整个右半 s 平面的奈氏路径而言，式(6-53)中的 Z 和 P 分别为闭环传递函数和开环传递函数在右半 s 平面上的极点数，而 R 则是 F 平面上 Γ' 曲线顺时针包围原点的圈数，也就是 G 平面上系统开环幅相特性曲线及其镜像顺时针包围 $(-1,\mathrm{j}0)$ 点的圈数。在实际系统分析过程中，一般只绘制开环幅相特性曲线，不绘制其镜像曲线，考虑到角度定义的方向性，有

$$R = -2N \tag{6-55}$$

其中，N 是开环幅相曲线 $G(\mathrm{j}\omega)$（不包括其镜像）包围 G 平面 $(-1,\mathrm{j}0)$ 点的圈数（逆时针为正，顺时针为负）。将式(6-55)代入式(6-53)，可得奈氏判据：

$$Z = P - 2N \tag{6-56}$$

其中，Z 是右半 s 平面中闭环极点的个数，P 是右半 s 平面中开环极点的个数，N 是 G 平面上 $G(\mathrm{j}\omega)$ 包围 $(-1,\mathrm{j}0)$ 点的圈数（逆时针为正）。显然，只有当 $Z=P-2N=0$ 时，闭环

系统才是稳定的。

【例 6-7】 设系统开环传递函数为

$$G(s) = \frac{52}{(s+2)(s^2+2s+5)}$$

试用奈氏判据判定闭环系统的稳定性。

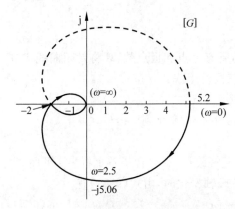

图 6-72 幅相特性曲线及其镜像

绘出系统的开环幅相特性曲线如图 6-72 所示。当 $\omega=0$ 时,曲线起点在实轴上 $P(\omega)=5.2$。当 $\omega=\infty$ 时,终点在原点。当 $\omega=2.5$ 时曲线和负虚轴相交,交点为 $-j5.06$。当 $\omega=3$ 时,曲线和负实轴相交,交点为 -2.0。见图 6-72 中实线部分。

在右半 s 平面上,系统的开环极点数为 0。开环频率特性 $G(j\omega)$ 随着 ω 从 0 变化到 $+\infty$ 时,顺时针方向围绕 $(-1,j0)$ 点一圈,即 $N=-1$。用式(6-56)可求得闭环系统在右半 s 平面的极点数为

$$Z = P - 2N = 0 - 2 \times (-1) = 2$$

所以闭环系统不稳定。

在 Simulink 中搭建该系统如图 6-73 所示。

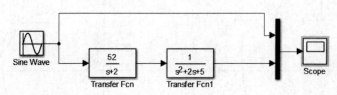

图 6-73 开环系统

运行仿真输出结果如图 6-74 所示。

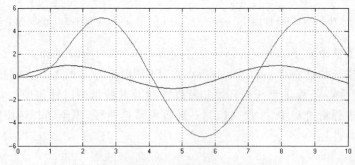

图 6-74 示波器输出波形

如图 6-74 可知,该系统也是稳定的。

利用奈氏判据还可以讨论开环增益 K 对闭环系统稳定性的影响。当 K 值变化时,幅频特性成比例变化,而相频特性不受影响。因此,就图 6-72 而论,当频率 $\omega=3$ 时,曲线与负实轴正好相交在 $(-2,j0)$ 点,若 K 缩小一半,取 $K=2.6$ 时,曲线恰好通过 $(-1,$

j0)点,这是临界稳定状态;当 $K<2.6$ 时,幅相曲线 $G(j\omega)$ 将从 $(-1,j0)$ 点的右方穿过负实轴,不再包围 $(-1,j0)$ 点,这时闭环系统是稳定的。

【**例6-8**】 系统结构图如图6-75所示,试判断该系统的稳定性并讨论 K 值对系统稳定性的影响。

系统是一个非最小相角系统,开环不稳定。

开环传递函数在右半 s 平面上有一个极点,$P=1$。

幅相特性曲线如图6-76所示。

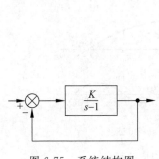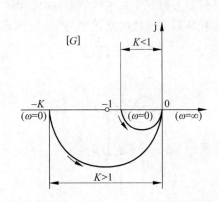

图6-75 系统结构图   图6-76 $K>1$ 和 $K<1$ 时的频率特性曲线

当 $\omega=0$,曲线从负实轴 $(-K,j0)$ 点出发;当 $\omega=\infty$ 时,曲线以 $-90°$ 趋于坐标原点;幅相特性包围 $(-1,j0)$ 点的圈数 N 与 K 值有关。

图6-76绘出了 $K>1$ 和 $K<1$ 的两条曲线,可见:当 $K>1$ 时,曲线逆时针包围了 $(-1,j0)$ 点的 1/2 圈,即 $N=1/2$,此时 $Z=P-2N=1-2\times(1/2)=0$,故闭环系统稳定;当 $K<1$ 时,曲线不包围 $(-1,j0)$ 点,即 $N=0$,此时 $Z=P-2N=1-2\times0=1$,有一个闭环极点在右半 s 平面,故系统不稳定。

在 Simulink 中搭建该闭环系统如图6-77所示。

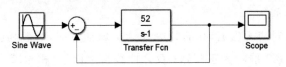

图6-77 闭环系统

运行仿真输出结果如图6-78所示。

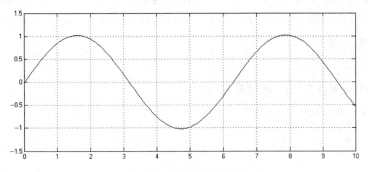

图6-78 示波器输出波形

如图 6-78 所示闭环系统输出结果,系统不稳定。

6.7 频域对数稳定判据

实际上,系统的频域分析设计通常是在 Bode 图上进行的。将奈奎斯特稳定判据引申到 Bode 图上,以 Bode 图的形式表现出来,就成为对数稳定判据。在 Bode 图上运用奈奎斯特判据的关键在于如何确定 $G(j\omega)$ 包围 $(-1,j0)$ 的圈数 N。

系统开环频率特性的奈氏图与 Bode 图存在一定的对应关系,如图 6-79 所示。

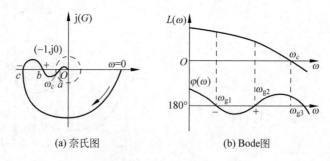

(a) 奈氏图   (b) Bode图

图 6-79 奈氏图于 Bode 图的对应关系

(1) 奈氏图上 $|G(j\omega)|=1$ 的单位圆与 Bode 图上的 0dB 线相对应。单位圆外部对应于 $L(\omega)>0$,单位圆内部对应于 $L(\omega)<0$。

(2) 奈氏图上的负实轴对应于 Bode 图上 $\varphi(\omega)=-180°$ 线。

在奈氏图中,如果开环幅相曲线在点 $(-1,j0)$ 以左穿过负实轴,称为穿越。若沿 ω 增加方向,曲线自上而下(相位增加)穿过 $(-1,j0)$ 点以左的负实轴,则称为正穿越;反之曲线自下而上(相位减小)穿过 $(-1,j0)$ 点以左的负实轴,则称为负穿越。如果沿 ω 增加方向,幅相曲线自点 $(-1,j0)$ 以左负实轴开始向下或向上,则分别称为半次正穿越或半次负穿越,如图 6-79(a)所示。

在 Bode 图上,对应 $L(\omega)>0$ 的频段内沿 ω 增加方向,对数相频特性曲线自下而上(相角增加)穿过 $-180°$ 线称为正穿越;反之曲线自上而下(相角减小)穿过 $-180°$ 为负穿越。同样,若沿 ω 增加方向,对数相频曲线自 $-180°$ 线开始向上或向下,分别称为半次正穿越或半次负穿越,如图 6-79(b)所示。

在奈氏图上,正穿越一次,对应于幅相曲线逆时针包围 $(-1,j0)$ 点一圈,而负穿越一次,对应于顺时针包围点 $(-1,j0)$ 一圈,因此幅相曲线包围 $(-1,j0)$ 点的次数等于正、负穿越次数之差。即

$$N = N_+ - N_-$$

其中,N_+ 是正穿越次数,N_- 是负穿越次数。

【例 6-9】 单位反馈系统的开环传递函数为

$$G(s) = \frac{K^* \left(s + \dfrac{1}{2}\right)}{s^2(s+1)(s+2)}$$

当 $K^* = 0.8$ 时,判断闭环系统的稳定性。

首先计算 $G(\mathrm{j}\omega)$ 曲线与实轴交点坐标:

$$G(\mathrm{j}\omega) = \frac{0.8\left(\dfrac{1}{2} + \mathrm{j}\omega\right)}{-\omega^2(1+\mathrm{j}\omega)(2+\mathrm{j}\omega)} = \frac{-0.8\left[1 + \dfrac{5}{2}\omega^2 + \mathrm{j}\omega\left(\dfrac{1}{2} - \omega^2\right)\right]}{\omega^2\left[(2-\omega^2)^2 + 9\omega^2\right]}$$

令 $\mathrm{lm}[G(\mathrm{j}\omega)] = 0$,解出 $\omega = 1/\sqrt{2}$。计算相应实部的值 $\mathrm{Re}[G(\mathrm{j}\omega)] = -0.5333$。

由此可画出开环幅相特性和开环对数频率特性分别如图 6-80(b)和图 6-80(c)所示。

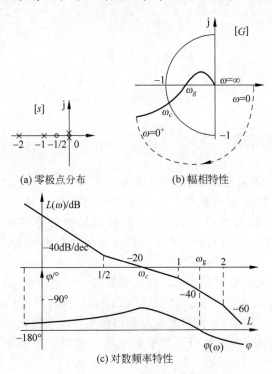

(a) 零极点分布   (b) 幅相特性

(c) 对数频率特性

图 6-80 开环零极点分布、幅相特性和对数频率特性图

系统是Ⅱ型($v=2$)的。在 $G(\mathrm{j}\omega)$、$\varphi(\omega)$ 上补上 $180°$的圆弧(如图 6-80(b)和图 6-80(c)中虚线所示)。应用对数稳定判据,在 $L(\omega) > 0$ 的频段范围($0 \sim \omega_c$)内,$\varphi(\mathrm{j}\omega)$ 在 $\omega = 0^+$ 处有负、正穿越各 $1/2$ 次,所以

$$N = N_+ - N_- = 1/2 - 1/2 = 0$$
$$Z = P - 2N = 0 - 2 \times 0 = 0$$

可知闭环系统是稳定的。

在 Simulink 中搭建系统如图 6-81 所示。

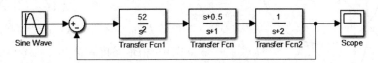

图 6-81 闭环系统仿真模型

运行仿真输出结果如图 6-82 所示。

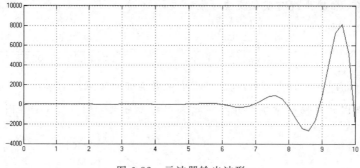

图 6-82　示波器输出波形

6.8　稳定裕度

6.8.1　稳定裕度的定义

控制系统稳定与否是绝对稳定性的概念。而对一个稳定的系统而言,还有一个稳定的程度,即相对稳定性的概念。相对稳定性与系统的动态性能指标有着密切的关系。在设计一个控制系统时,不仅要求它必须是绝对稳定的,而且还应保证系统具有一定的稳定程度。只有这样,才能不致因系统参数变化而导致系统性能变差甚至不稳定。

对于一个最小相角系统而言,$G(j\omega)$ 曲线越靠近 $(-1,j0)$ 点,系统阶跃响应的振荡就越强烈,系统的相对稳定性就越差。因此,可用 $G(j\omega)$ 曲线对 $(-1,j0)$ 点的接近程度来表示系统的相对稳定性。通常,这种接近程度是以相角裕度和幅值裕度来表示的。

相角裕度和幅值裕度是系统开环频率指标,它与闭环系统的动态性能密切相关。

1. 相角裕度

相角裕度是指幅相频率特性 $G(j\omega)$ 的幅值 $A(\omega)=|G(j\omega)|=1$ 时的向量与负实轴的夹角,常用希腊字母 γ 表示。

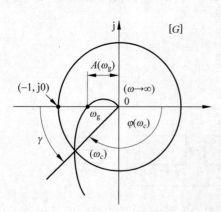

图 6-83　相角裕度和幅值裕度的定义

在 G 平面上画出以原点为圆心的单位圆,如图 6-83 所示。$G(j\omega)$ 曲线与单位圆相交,交点处的频率 ω_c 称为截止频率,此时有 $A(\omega_c)=1$。按相角裕度的定义

$$\gamma = \phi(\omega_c) - (-180°)$$
$$= 180° + \phi(\omega_c) \qquad (6-57)$$

由于 $L(\omega_c)=20\lg A(\omega_c)=20\lg 1=0$,故在 Bode 图中,相角裕度表现为 $L(\omega)=0$dB 处的相角 $\varphi(\omega_c)$ 与 $-180°$ 水平线之间的角度差,如图 6-83 所示。上述两图中的 γ 均为正值。

2. 幅值裕度

$G(j\omega)$ 曲线与负实轴交点处的频率 ω_g 称为相角交界频率,此时幅相特性曲线的幅值为 $A(\omega_g)$,如图 6-84 所示。幅值裕度是指 $(-1,j0)$ 点的幅值 1 与 $A(\omega_g)$ 之比,常用 h 表示,即

$$h = \frac{1}{A(\omega_g)} \qquad (6\text{-}58)$$

在对数坐标图上,

$$20\lg h = -20\lg A(\omega_g)$$
$$= -L(\omega_g) \qquad (6\text{-}59)$$

即 h 的分贝值等于 $L(\omega_g)$ 与 0dB 之间的距离(0dB 下为正)。

相角裕度的物理意义在于:稳定系统在截止频率 ω_c 处若相角再滞后一个 γ 角度,则系统处于临界状态;若相角滞后大于 γ,系统将变成不稳定。

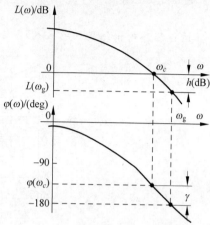

图 6-84 稳定裕度在 Bode 图上的表示

幅值裕度的物理意义在于:稳定系统的开环增益再增大 h 倍,则 $\omega = \omega_g$ 处的幅值 $A(\omega_g)$ 等于 1,曲线正好通过 $(-1,j0)$ 点,系统处于临界稳定状态;若开环增益增大 h 倍以上,系统将变成不稳定。

对于最小相角系统而言,要使系统稳定,要求相角裕度 $\gamma > 0$,幅值裕度 $h > 1$。为保证系统具有一定的相对稳定性,稳定裕度不能太小。在工程设计中,一般取 $\gamma = 30° \sim 60°$,$h \geqslant 2$ 对应 $20\lg h \geqslant 6$dB。

6.8.2 稳定裕度的计算

根据式(6-57),要计算相角裕度 γ,首先要知道截止频率 ω_c。求 ω_c 较简便的方法是先由 $G(s)$ 绘制 $L(\omega)$ 曲线,由 $L(\omega)$ 与 0dB 线的交点确定 ω_c。而求幅值裕度 h 首先要知道相角交界频率 ω_g,对于阶数不太高的系统,直接解三角方程 $\angle G(j\omega_g) = -180°$ 是求 ω_g 较简便的方法。通常是将 $G(j\omega)$ 写成虚部和实部,令虚部为零而解得 ω_g。

【例 6-10】 某单位反馈系统的开环传递函数为

$$G(s) = \frac{K_0}{s(s+1)(s+5)}$$

试求 $K_0 = 10$ 时系统的相角裕度和幅值裕度。

将该开环传递函数变换为

$$G(s) = \frac{K_0/5}{s(s+1)\left(\frac{1}{5}s+1\right)} \qquad \begin{cases} K = K_0/5 \\ v = 1 \end{cases}$$

绘制开环增益 $K = K_0/5 = 2$ 时的 $L(\omega)$ 曲线,程序如下:

```
k = 2;zero = [ ];
pole = [0, -1, -5];
g = zpk(zero,pole,k);
bode(g);
grid;
```

运行程序输出结果如图 6-85 所示。

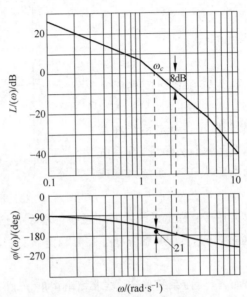

图 6-85　$K=2$ 时的 $L(\omega)$ 曲线

当 $K=2$ 时，

$$A(\omega_c) = \frac{2}{\omega_c \sqrt{\omega_c^2+1^2} \sqrt{\left(\frac{\omega_c}{5}\right)^2+1^2}} = 1$$

$$\approx \frac{2}{\omega_c \sqrt{\omega_c^2} \sqrt{1^2}} = \frac{2}{\omega_c^2} \quad (0 < \omega_c < 2)$$

所以，$\omega_c = \sqrt{2}$，$\gamma_1 = 180° + \angle G(j\omega_c) = 180° - 90° - \arctan\omega_c - \arctan\frac{\omega_c}{5} = 19.5°$。

又由，$180° + \angle G(j\omega_g) = 180° - 90° - \arctan\omega_g - \arctan(\omega_g/5) = 0$，则

$$\arctan\omega_g + \arctan(\omega_g/5) = 90°$$

等式两边取正切，得 $1-\omega_g^2/5=0$，即 $\omega_g = \sqrt{5} = 2.236$。

因此，

$$h_1 = \frac{1}{|A(\omega_g)|} = \frac{\omega_g \sqrt{\omega_g^2+1} \sqrt{\left(\frac{\omega_g}{5}\right)^2+1}}{2} = 2.793 = 8.9\text{dB}$$

在实际工程设计中，只要绘出 $L(\omega)$ 曲线，直接在图上读数即可，无须太多计算。

在 Simulink 中搭建该系统如图 6-86 所示。

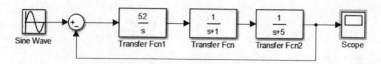

图 6-86　闭环系统仿真模型

运行仿真输出结果如图 6-87 所示。

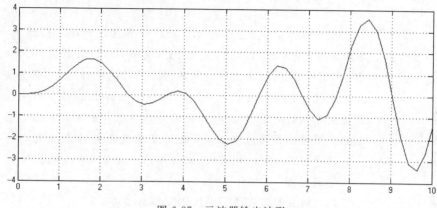

图 6-87　示波器输出波形

6.9　本章小结

本章主要介绍了 MATLAB/Simulink 控制系统属性分析,控制系统的分析对于 Simulink 模型的建立起着关键作用。控制系统的覆盖面较广,本章主要介绍了控制系统的频率域分析、幅相频率分析(比例环节、积分环节、微分环节、一阶复合微分环节、二阶振荡环节、二阶复合微分环节和延迟环节等)、对数频率特性分析(比例环节、积分环节、微分环节、一阶复合微分环节、二阶振荡环节、二阶复合微分环节和延迟环节等)、开环系统的 Bode 图、奈奎斯特频率稳定判据分析和稳定裕度分析等。MATLAB 是一款强大的数据处理软件,能够适应各种系统,并能够通过矩阵运算,实现问题的快速求解。

在工程实际中,应用最为广泛的调节器控制规律为比例、积分和微分控制,简称 PID 控制,又称 PID 调节。PID 控制器从问世至今已有近 70 年历史,由于其结构简单、稳定性好、工作可靠、调整方便而成为工业控制的主要技术之一。控制系统 Simulink 仿真的主要内容包括控制系统的数学模型、控制系统的基本原理和分析方法。良好的控制系统对控制器要求较低,系统的复杂度是影响系统稳定性因素之一。基于 PID 的 Simulink 系统仿真已广泛应用在工业控制中。

学习目标:

(1) 熟练掌握 MATLAB PID 控制方法等;

(2) 熟练运用 MATLAB 控制系统设计等;

(3) 熟练掌握使用 MATLAB 工具解决工程实际问题等。

7.1 PID 控制原理

在模拟控制系统中,最常用的控制器控制规律是 PID 控制。模拟 PID 控制系统的原理如图 7-1 所示。系统由模拟 PID 控制器和被控对象组成。

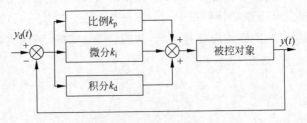

图 7-1 模拟 PID 控制系统原理框图

PID 控制器是一种线性控制器,它根据给定值 $y_d(t)$ 与实际输出值 $y(t)$ 构成控制偏差,

$$\text{error}(t) = y_d(t) - y(t)$$

PID 的控制规律为

$$u(t) = k_p \left[\text{error}(t) + \frac{1}{T_i} \int_0^t \text{error}(t)\,\mathrm{d}t + \frac{T_d \,\mathrm{d}\,\text{error}(t)}{\mathrm{d}t} \right]$$

或可以写成传递函数的形式：

$$G(s) = \frac{U(s)}{E(s)} = k_\mathrm{p}\left(1 + \frac{1}{T_\mathrm{i}s} + T_\mathrm{D}s\right)$$

其中，k_p 为比例系数，T_i 积分时间常数，T_d 为微分时间常数。

简单而言，PID 控制器各校正环节的作用如下，

（1）比例环节：成比例地反映控制系统的偏差信号 error(t)，偏差一旦产生，控制器立即产生控制作用，以减少偏差。k_p 越大，系统的响应速度越快，调节精度越高，但是容易产生超调，超过一定范围会导致系统振荡加剧甚至不稳定。

（2）积分环节：主要用于消除静差，提高系统的无差度，可使系统稳定性下降，动态响应变慢。积分作用的强弱取决于积分时间常数 T_i，T_i 越大，积分作用越弱，系统的静态误差消除越快，但是容易在初期产生积分饱和现象，从而引起响应过程的较大超调。

（3）微分环节：反映偏差信号的变化趋势（变化速率），并能在偏差信号变得太大之前，在系统中引入一个有效的早期修正信号，从而加快系统的动作速度，减少调节时间。微分环节的作用是在回应过程中抑制偏差向任何方向的变化，对偏差变化进行提前预测。但是会使响应过程提前制动，从而延长调节时间。

根据误差及其变化，可设计 PID 控制器，该控制器可分为以下五种情况进行设计：

（1）当 $|e(k)| > M_1$ 时，说明误差的绝对值已经很大。不论误差变化趋势如何，都应考虑控制器的输出应按最大（或最小）输出，以达到迅速调整误差的目的，使误差绝对值以最大速度减小。此时，它相当于实施开环控制。

（2）当 $e(k)\Delta e(k) > 0$ 或 $\Delta e(k) = 0$ 时，说明误差在朝误差绝对值增大方向变化，或误差为某一常值，未发生变化。

如果 $|e(k)| \geqslant M_2$，说明误差也较大，可考虑由控制器实施较强的控制作用，以达到扭转误差绝对值朝减小方向变化，并迅速减小误差的绝对值，控制器输出为

$$u(k) = u(k-1) + k_1\{k_\mathrm{p}[e(k) - e(k-1)] + k_i e(k)$$
$$+ k_\mathrm{d}[e(k) - 2e(k-1) + e(k-2)]\}$$

如果 $e(k) < M_2$，说明尽管误差朝绝对值增大方向变化，但误差绝对值本身并不很大，可考虑控制器实施一般的控制作用，只要扭转误差的变化趋势，使其朝误差绝对值减小方向变化即可，控制器输出为

$$u(k) = u(k-1) + k_\mathrm{p}[e(k) - e(k-1)] + k_i e(k)$$
$$+ k_\mathrm{d}[e(k) - 2e(k-1) + e(k-2)]$$

（3）当 $e(k)\Delta e(k) < 0$、$\Delta e(k)\Delta e(k-1) > 0$ 或者 $e(k) = 0$ 时，说明误差的绝对值朝减小的方向变化，或者已经达到平衡状态。此时，可考虑采取保持控制器输出不变。

（4）当 $e(k)\Delta e(k) < 0$、$\Delta e(k)\Delta e(k-1) < 0$ 时，说明误差处于极值状态。如果此时误差的绝对值较大，即 $|e(k)| \geqslant M_2$，可考虑实施较强的控制作用，即

$$u(k) = u(k-1) + k_1 k_\mathrm{p} e_\mathrm{m}(k)$$

如果此时误差的绝对值较小，即 $|e(k)| < M_2$，可考虑实施较弱的控制作用，即

$$u(k) = u(k-1) + k_2 k_\mathrm{p} e_\mathrm{m}(k)$$

（5）当 $|e(k)| \leqslant \varepsilon$ 时，说明误差的绝对值很小，此时加入积分，减少稳态误差。

以上各式中，$e_\mathrm{m}(k)$ 为误差 e 的第 k 个极值；$u(k)$ 为第 k 次控制器的输出；$u(k-1)$ 为

第$(k-1)$次控制器的输出;k_1为增益放大系数,$k_1>1$;k_2为抑制系数,M_1和M_2为设定的误差界限,且$M_1>M_2>0$;k为控制周期的序号(自然数);ε为任意小的正实数。

7.2 基于 PID 的控制仿真

（1）根据 PID 控制算法,对以下对象进行控制:

$$G(s) = \frac{400}{s^2 + 50s}$$

PID 控制参数为$k_p=8,k_i=0.10,k_d=10$。

MATLAB 程序如下:

```
%增量式 PID
clc                                      %清屏
clear all;                               %删除工作区变量
close all;                               %关掉显示图形窗口

ts = 0.001;                              %采样时间
sys = tf(400,[1,50,0]);                 %传递函数
dsys = c2d(sys,ts,'z');                 %连续模型离散化
[num,den] = tfdata(dsys,'v');           %获得分子分母
%PID 控制量
u_1 = 0.0;u_2 = 0.0;u_3 = 0.0;
y_1 = 0;y_2 = 0;y_3 = 0;

x = [0,0,0]';
%误差
error_1 = 0;
error_2 = 0;
for k = 1:1:1000
    time(k) = k * ts;

    yd(k) = 1.0;
    %PID 参数
    kp = 8;                             %比例系数
    ki = 0.10;                          %积分系数
    kd = 10;                            %微分系数

    du(k) = kp * x(1) + kd * x(2) + ki * x(3);
    u(k) = u_1 + du(k);

    if u(k)>= 10
        u(k) = 10;
    end
    if u(k)<= -10
        u(k) = -10;
    end
    y(k) =- den(2) * y_1 - den(3) * y_2 + num(2) * u_1 + num(3) * u_2;
```

```
    error = yd(k) - y(k);
    u_3 = u_2;u_2 = u_1;u_1 = u(k);
    y_3 = y_2;y_2 = y_1;y_1 = y(k);

    x(1) = error - error_1;                    %计算 P
    x(2) = error - 2 * error_1 + error_2;      %计算 D
    x(3) = error;                              %计算 I

    error_2 = error_1;
    error_1 = error;
end
figure(1);
plot(time,yd,'r',time,y,'b','linewidth',2);
xlabel('时间(s)');ylabel('yd,y');
grid on
title('增量式 PID 跟踪响应曲线')
legend('理想位置信号','位置追踪');
figure(2);
plot(time,yd - y,'r','linewidth',2);
xlabel('时间(s)');ylabel('误差');
grid on
title('增量式 PID 跟踪误差')
```

增量式 PID 阶跃跟踪结果如图 7-2 和图 7-3 所示。

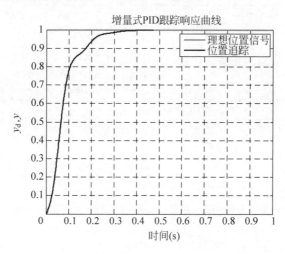

图 7-2　PID 跟踪相应曲线

由于控制算法中不需要累加,控制增量 $\Delta u(k)$ 仅与最近 k 次的采样有关,所以误动作时影响小,而且较容易通过加权处理获得比较好的控制效果。

在计算机控制系统中,PID 控制是通过计算机程序实现的,因此它的灵活性很大。可设计不同的 PID 控制器的控制算法,满足不同控制系统的需要。

(2)采用 MATLAB/Simulink 中 PID 控制器进行模型控制,搭建相应的 PID 控制仿真文件如图 7-4 所示。

PID 控制器参数设置如图 7-5 所示。

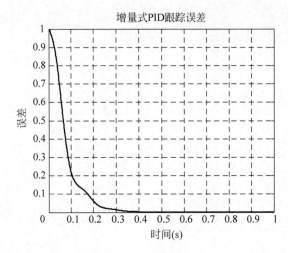

图 7-3　PID 跟踪误差

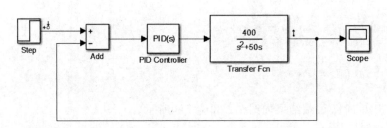

图 7-4　PID 控制仿真

图 7-5　PID 参数设置

如图 7-5 所示,采用的 PID 控制参数为 $k_p=8$, $k_i=0.10$, $k_d=10$。
对其进行仿真输出结果如图 7-6 所示。

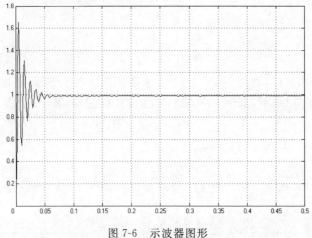

图 7-6 示波器图形

（3）考虑到 PID 控制器为比例、积分和微分控制器,在此搭建用户自己的 PID 控制器,采用比例、积分和微分控制器组合控制输出,如图 7-7 所示。

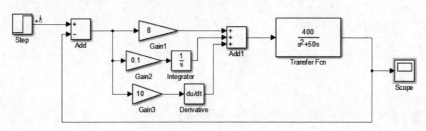

图 7-7 PID 控制

相应的控制输出结果如图 7-8 所示。

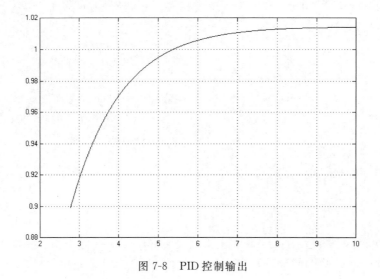

图 7-8 PID 控制输出

7.3　基于 S 函数的 PID 控制系统仿真

（1）考虑一电动机被控对象传递函数：

$$G(s) = \frac{1}{0.0067s^2 + 0.1s}$$

采用 MATLAB 脚本文件,利用 ode45 的方法求解该连续对象方程,输入指令方程为一正弦函数 $y_d(k) = 0.5\sin(2\pi t)$,采用 PID 控制方法设计控制器,其中,采用 PID 参数为 $k_p = 20, k_d = 0.5$。

编写 MATLAB PID 控制程序如下：

```
clear all;
close all;

ts = 0.001;                        % 采样时间
xk = zeros(2,1);
e_1 = 0;
u_1 = 0;

for k = 1:1:2000
time(k) = k * ts;

yd(k) = 0.50 * sin(1 * 2 * pi * k * ts);

para = u_1;
tSpan = [0 ts];
[tt,xx] = ode45('ysw13_3plant',tSpan,xk,[],para);
xk = xx(length(xx),:);
y(k) = xk(1);

e(k) = yd(k) - y(k);
de(k) = (e(k) - e_1)/ts;

u(k) = 20.0 * e(k) + 0.50 * de(k);
% Control limit
if u(k)>10.0
    u(k) = 10.0;
end
if u(k)<-10.0
    u(k) =-10.0;
end

u_1 = u(k);
e_1 = e(k);
end
figure(1);
plot(time,yd,'r',time,y,'k:','linewidth',2);
xlabel('时间(s)');ylabel('yd,y');
legend('实际信号','仿真结果');
```

```
figure(2);
plot(time,yd - y,'r','linewidth',2);
xlabel('时间(s)'),ylabel('误差');
title('误差')
```

控制对象：

```
function dy = PlantModel(t,y,flag,para)
u = para;
J = 0.0067;B = 0.1;

dy = zeros(2,1);
dy(1) = y(2);
dy(2) = - (B/J) * y(2) + (1/J) * u;
```

运行仿真程序输出结果如图 7-9 和图 7-10 所示。

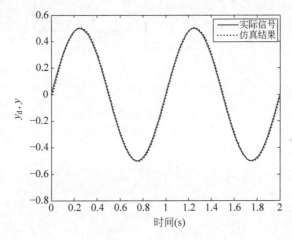

图 7-9　仿真结果

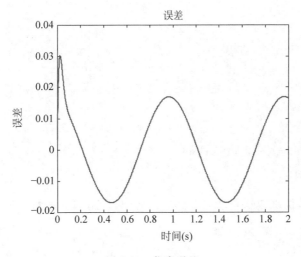

图 7-10　仿真误差

（2）考虑被控对象为三阶传递函数：

$$G(s) = \frac{523.5}{s^3 + 87.35s^2 + 10.47s}$$

采用 Simulink 模块与 Interpreted MATLAB Fcn 函数相结合的形式，利用 ode45 的方法求解。

输入指令方程为一正弦函数 $y_d(k) = 0.05\sin(2\pi t)$，采用 PID 控制方法设计控制器，其中采用 PID 参数为 $k_p = 20, k_i = 0.02, k_d = 0.5$。

搭建 PID 控制仿真模型，如图 7-11 所示。

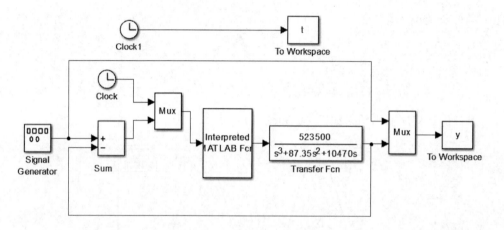

图 7-11　仿真模型

控制器程序如下：

```
function [u] = pidsimf(u1, u2)
persistent pidmat errori error_1
t = u1;
if t == 0
    errori = 0;
    error_1 = 0;
end

kp = 2.5;
ki = 0.020;
kd = 0.50;

error = u2;
errord = error - error_1;
errori = errori + error;

u = kp * error + kd * errord + ki * errori;
error_1 = error;
```

运行仿真程序，仿真数据自动保存到工作区中，采用如下画图程序进行数据显示：

```
close all;
figure(1);
```

```
plot(t,y(:,1),'r',t,y(:,2),'k:','linewidth',2);
xlabel('时间(s)');ylabel('yd,y');
legend('实际信号','仿真结果');
figure(2);
plot(t,y(:,1) - y(:,2),'r','linewidth',2);
xlabel('时间(s)'),ylabel('误差');
title('误差')
```

运行画图程序输出结果如图 7-12 和图 7-13 所示。

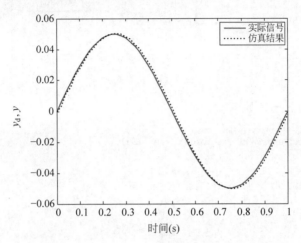

图 7-12　仿真结果

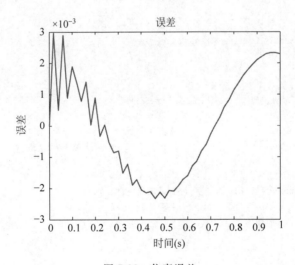

图 7-13　仿真误差

（3）考虑被控对象为三阶传递函数：

$$G(s) = \frac{523.5}{s^3 + 87.35s^2 + 10.47s}$$

采用 Simulink 模块与 S 函数的方法进行对象建模求解。

输入指令方程为一正弦函数 $y_d(k) = \sin(2\pi t)$，采用 PID 控制方法设计控制器，其中采用 PID 参数为 $k_p=1.5,k_i=2.0,k_d=0.05$。

搭建 PID 控制仿真模型,如图 7-14 所示。

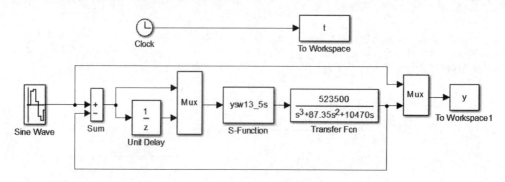

图 7-14　仿真模型

PID 控制器的 S 函数如下:

```
function [sys,x0,str,ts] = exp_pidf(t,x,u,flag)
switch flag,
case 0                          %初始化
    [sys,x0,str,ts] = mdlInitializeSizes;
case 2                          %离散状态更新
    sys = mdlUpdates(x,u);
case 3                          %控制信号计算
    sys = mdlOutputs(t,x,u);
case {1, 4, 9}                  %未用的 flag 值
    sys = [];
otherwise                       %错误处理
    error(['Unhandled flag = ',num2str(flag)]);
end;

%当 flag = 0 时,执行系统初始化
function [sys,x0,str,ts] = mdlInitializeSizes
sizes = simsizes;               %读取默认控制变量
sizes.NumContStates = 0;        %没有连续状态
sizes.NumDiscStates = 3;        %3 个状态值,并假设为 P/I/D 组件
sizes.NumOutputs = 1;           %2 个输出变量:控制 u(t)和状态 x(3)
sizes.NumInputs = 2;            %4 个输入信号
sizes.DirFeedthrough = 1;       %输入反馈到输出
sizes.NumSampleTimes = 1;       %单个采样周期
sys = simsizes(sizes);
x0 = [0; 0; 0];                 %零初始状态
str = [];
ts = [-1,0];                    %采样周期
%当 flag = 2 时,更新离散状态
function sys = mdlUpdates(x,u)
T = 0.001;
sys = [ u(1);
        x(2) + u(1) * T;
        (u(1) - u(2))/T];
%当 flag = 3 时,计算输出信号
```

```
function sys = mdlOutputs(t,x,u,kp,ki,kd,MTab)
kp = 1.5;
ki = 2.0;
kd = 0.05;
sys = kp * x(1) + ki * x(2) + kd * x(3);
```

运行仿真程序,仿真数据自动保存到工作区中,采用如下画图程序进行数据显示:

```
close all;
figure(1);
plot(t,y(:,1),'r',t,y(:,2),'k:','linewidth',2);
xlabel('时间(s)');ylabel('yd,y');
legend('实际信号','仿真结果');
figure(2);
plot(t,y(:,1) - y(:,2),'r','linewidth',2);
xlabel('时间(s)'),ylabel('误差');
title('误差')
```

运行画图程序输出结果如图 7-15 和图 7-16 所示。

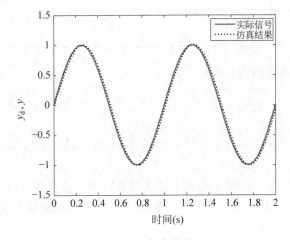

图 7-15　仿真结果

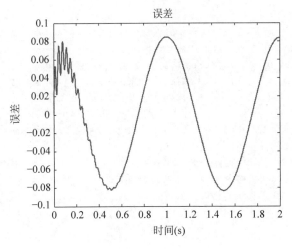

图 7-16　仿真误差

7.4　基于 PID 的倒立摆小车控制仿真

直线式一级倒立摆系统的基本结构如图 7-17 所示。

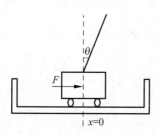

图 7-17　直线倒立摆系统结构图

在直线式倒立摆中,小车只有水平方向的直线运动,模型的非线性因素比较少,有利于倒立摆的控制。在直线式倒立摆中,旋臂处在绕轴转动的状态,同时具有水平和垂直两个方向的运动,模型中非线性因素较多,对倒立摆的控制算法较高。

倒立摆系统的控制问题一直是控制研究中的一个经典的问题,控制的目标是通过在小车底座施加一个力 u(控制量),使小车停留在预定的位置,并不超过已预先设定义好的垂直偏离角度范围。首先确定一个倒立摆系统,系统的参数如表 7-1 所示。

表 7-1　直线一级倒立摆系统参数

小车质量 M	0.5	倒立摆质量 m	0.5
摆杆长度 L	0.3	摆杆转动惯量 I	0.006
摩擦因素 b	0.1	…	…

由倒立摆的平衡控制方程有

$$\ddot{\theta} = \frac{m(m+M)gl}{(M+m)I+Mml^2}\theta - \frac{ml}{(M+m)I+Mml^2}u$$

$$\ddot{x} = -\frac{m^2gl^2}{(M+m)I+Mml^2}\theta + \frac{I+ml^2}{(M+m)I+Mml^2}$$

其中,$I = mL^2/12, l = L/2$。

利用 PID 对系统进行控制,PID 控制主要计算其中的反馈系数,反馈系数利用 place() 进行求解,利用 p 进行极点配置,计算反馈系数 K,进行控制系统的仿真。

MATLAB 程序如下:

```
%PID 控制器
clc %清屏
clear all;                        %删除工作区变量
close all;                        %关掉显示图形窗口
M = 0.5;m = 0.5;b = 0.1;I = 0.006;l = 0.3;g = 9.8;
a = (M+m)*m*g*l/((M+m)*I+M*m*l^2);b = -m*l/(((M+m)*I+M*m*l^2));
c = -m^2*l^2*g/((M+m)*I+M*m*l^2);d = (I+m*l^2)/((M+m)*I+M*m*l^2);
A = [           0,              1,0,           0;
    (M+m)*m*g*l/((M+m)*I+M*m*l^2),0,0,m*l*b/((M+m)*I+M*m*l^2);
               0,              0,0,           1;
    -m^2*l^2*g/((M+m)*I+M*m*l^2),0,0,-(I+m*l^2)*b/((M+m)*I+M*m*l^2)];
B = [0;-m*l/(((M+m)*I+M*m*l^2));0;(I+m*l^2)/((M+m)*I+M*m*l^2)];
C = [1,0,0,0;0,1,0,0;0,0,1,0;0,0,0,1];
D = [0;0;0;0];
p2 = eig(A)';                     %A 特征值求解
```

```
p = [ − 10, − 7, − 1.901, − 1.9];          % 极点配置
K = place(A, B, p)                          % 状态反馈矩阵
eig(A − B ∗ K)'                             % 极点逆向求解
% 仿真结果验证
[x, y] = sim('pedulumpid.mdl');
subplot(121), plot(y(:,1),'linewidht',3);
grid on, title('倾角控制')
subplot(122), plot(y(:,3),'linewidht',3);
grid on, title('位移控制')
```

运行结果如图 7-18 所示。

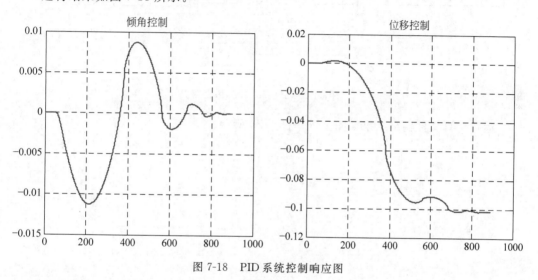

图 7-18　PID 系统控制响应图

应用牛顿-欧拉方程对系统进行线性化,可得系统的状态空间表达式为

$$
\begin{bmatrix} \dot{x} \\ \ddot{x} \\ \dot{\theta} \\ \ddot{\theta} \end{bmatrix} = \begin{bmatrix} 0 & 1 & 0 & 0 \\ 0 & \dfrac{-(I+ml^2)b}{I(M+m)+Mml^2} & \dfrac{(m^2gl^2)}{I(M+m)+Mml^2} & 0 \\ 0 & 0 & 0 & 1 \\ 0 & \dfrac{-(mlb)}{I(M+m)+Mml^2} & \dfrac{(mgl)(M+m)}{I(M+m)+Mml^2} & 0 \end{bmatrix} \cdot \begin{bmatrix} x \\ \dot{x} \\ \theta \\ \dot{\theta} \end{bmatrix} + \begin{bmatrix} 0 \\ \dfrac{I+ml^2}{I(M+m)+Mml^2} \\ 0 \\ \dfrac{ml}{I(M+m)+Mml^2} \end{bmatrix}
$$

$$
y = \begin{bmatrix} x \\ \theta \end{bmatrix} = \begin{bmatrix} 1 & 0 & 0 & 0 \\ 0 & 0 & 1 & 0 \end{bmatrix} \begin{bmatrix} x \\ \dot{x} \\ \theta \\ \dot{\theta} \end{bmatrix} + \begin{bmatrix} 0 \\ 0 \end{bmatrix} u
$$

其中,x 为小车的位移;$\dot{x}$ 为小车的速度;θ 为摆杆的角度;$\dot{\theta}$ 为摆杆的角速度;u 为输入(采用小车加速度作为系统的输入);y 为输出。

采用 PID 控制(比例积分微分控制)对直线一级倒立摆进行控制,通过调整 PID 各参数,得到稳定的系统输出,绘制其仿真图如图 7-19 所示。

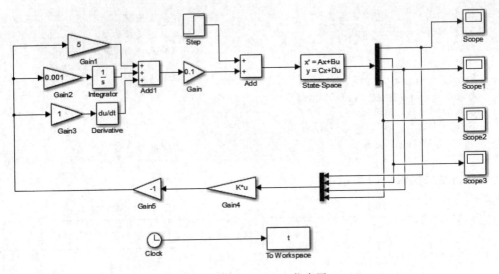

图 7-19　PID Simulink 仿真图

运行仿真文件输出结果如图 7-20～图 7-23 所示。

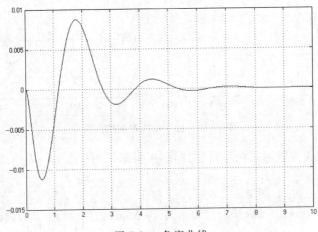

图 7-20　角度曲线

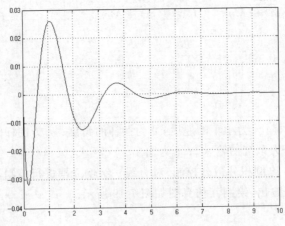

图 7-21　角加速度曲线

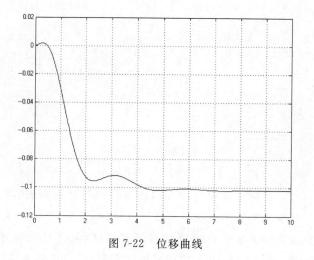

图 7-22　位移曲线

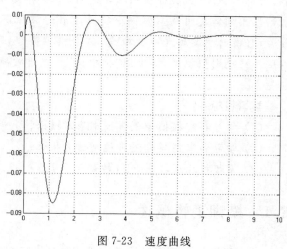

图 7-23　速度曲线

7.5　本章小结

　　本章从 PID 控制系统理论出发,阐述了 PID 的控制原理。控制系统的分析对于 Simulink 模型的建立起着关键作用,控制系统的覆盖面较广。MATLAB 是一款强大的数据处理软件,能够适应各种系统,并能够通过矩阵运算,实现问题的快速求解,掌握 MATLAB/Simulnik 的使用对于解决机电一体化问题具有关键作用。

第8章 模糊逻辑控制仿真

模糊逻辑指模仿人脑的不确定性概念判断、推理思维方式,对于模型未知或不能确定的描述系统,以及强非线性、大滞后的控制对象,应用模糊集合和模糊规则进行推理,表达过渡性界限或定性知识经验,模拟人脑方式,实行模糊综合判断,推理解决常规方法难于对付的规则型模糊信息问题。模糊逻辑善于表达界限不清晰的定性知识与经验,它借助于隶属度函数概念,区分模糊集合,处理模糊关系,模拟人脑实施规则型推理,解决因"排中律"的逻辑破缺产生的种种不确定问题。

学习目标:
(1) 学习和掌握模糊逻辑控制基本概念;
(2) 学习和掌握模糊逻辑控制仿真操作;
(3) 掌握模糊逻辑与 PID 控制仿真等。

8.1 模糊逻辑概述

模糊逻辑是二元逻辑的重言式:在多值逻辑中,给定一个 MV-代数 A,一个 A-求值就是从命题演算中公式的集合到 MV-代数的函数。如果对于所有 A-求值,这个函数把一个公式映射到 1(或 0),则这个公式是一个 A-重言式。因此对于无穷值逻辑(如模糊逻辑和武卡谢维奇逻辑),我们设[0,1]是 A 的下层集合从而获得[0,1]-求值和[0,1]-重言式(经常称作求值和重言式)。

Chang 发明 MV-代数来研究波兰数学家扬·武卡谢维奇在 1920 年提出的多值逻辑。Chang 的完备定理(1958,1959)声称任何在[0,1]区间成立的 MV-代数等式也在所有 MV-代数中成立。通过定理,证明了无穷值的武卡谢维奇逻辑可以被 MV-代数所刻画,后来同样适用于模糊逻辑。这类似于在{0,1}成立的布尔代数等式在任何布尔代数中也成立,布尔代数因此刻画了标准二值逻辑。

模糊逻辑可以用于控制家用电器如洗衣机(它感知装载量和清洁剂浓度并据此调整它们的洗涤周期)和空调。模糊逻辑基本的应用可以特征化为连续变量的子范围(Subranges),形状常常是高斯型或三角形。

例如,防锁刹车的温度测量可以包括正确控制刹车所需要的定义特定温度范围的多个独立成员关系函数(归属函数/Membership Function)。每个函数映射相同的温度到 0 至 1 范围内的一个真值,且函数为非凹函数(Non-concave Functions)(否则可能出现在某部分温度越高却被归类为越冷的情况)。接着这些真值可以用于确定如何控制刹车。

8.1.1 高斯型隶属函数

函数 gaussmf

格式 $y = \text{gaussmf}(x, [\text{sig c}])$

说明 高斯隶属函数的数学表达式为 $f(x; \sigma, c) = e^{-\frac{(x-c)^2}{2\sigma^2}}$,其中,$\sigma$ 和 c 为参数,x 为自变量。调用格式中的 sig 为数学表达式中的参数 σ。

创建高斯隶属度函数曲线,编程如下:

```
clc,clear,close all
x = 0:0.1:10;
y = gaussmf(x,[2 5]);
plot(x,y)
xlabel('gaussmf, P = [2 5]')
```

运行程序输出结果如图 8-1 所示。

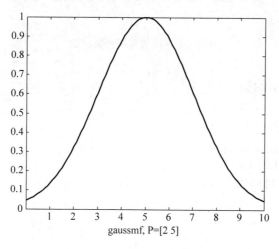

图 8-1 高斯隶属函数

创建不同的高斯型隶属函数曲线,编程如下:

```
clc,clear,close all
x = 0:0.1:10;
figure('color',[1,1,1])
y = gaussmf(x,[2 5]);
plot(x,y,'m','linewidth',2)
```

```
hold on
y1 = gaussmf(x,[1 5]);
plot(x,y1,'r','linewidth',2)
y2 = gaussmf(x,[1 3]);
plot(x,y2,'b','linewidth',2)
y3 = gaussmf(x,[－1 2]);
plot(x,y3,'g','linewidth',2)
y4 = gaussmf(x,[5 5]);
plot(x,y4,'k','linewidth',2)
xlabel('gaussmf')
```

运行程序输出结果如图 8-2 所示。

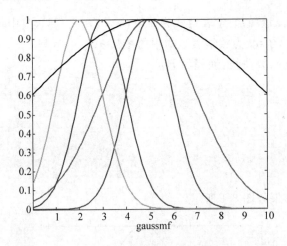

图 8-2　不同的高斯隶属函数

8.1.2　三角形隶属函数

函数　`trimf`

格式　y = trimf(x,params)

y = trimf(x,[a b c])

说明　三角形隶属函数表达式：

$$f(x;a,b,c) = \begin{cases} 0, & x \leqslant a \\ \dfrac{x-a}{b-a}, & a \leqslant x \leqslant b \\ \dfrac{c-x}{c-b}, & b \leqslant x \leqslant c \\ 0, & c \leqslant x \end{cases}$$

或者

$$f(x,a,b,c) = \max\left(\min\left(\frac{x-a}{b-a},\frac{c-x}{c-b}\right),0\right)$$

定义域由向量 x 确定,曲线形状由参数 a、b 和 c 确定,参数 a 和 c 对应三角形下部的左右两个顶点,参数 b 对应三角形上部的顶点,这里要求 $a \leqslant b \leqslant c$。生成的隶属函数总有一个统一的高度,若想有一个高度小于统一高度的三角形隶属函数,则使用 trapmf 函数。

创建三角形隶属函数曲线,编程如下:

```
clc,clear,close all
x = 0:0.1:10;
y = trimf(x,[3 6 8]);
plot(x,y,'linewidth',2)
xlabel('trimf, P = [3 6 8]')
grid on
axis tight
```

运行程序输出结果如图 8-3 所示。

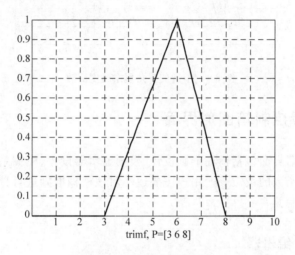

图 8-3　三角形隶属度函数

创建不同三角形隶属函数曲线,编程如下:

```
clc,clear,close all
x = (0:0.2:10)';
y1 = trimf(x,[3 4 5]);
y2 = trimf(x,[2 4 7]);
y3 = trimf(x,[1 4 9]);
subplot(2,1,1),
plot(x,[y1 y2 y3]);
grid on
axis tight
y1 = trimf(x,[2 3 5]);
y2 = trimf(x,[3 4 7]);
y3 = trimf(x,[4 5 9]);
subplot(2,1,2),
plot(x,[y1,y2,y3]);
grid on
axis tight
```

运行程序输出结果如图 8-4 所示。

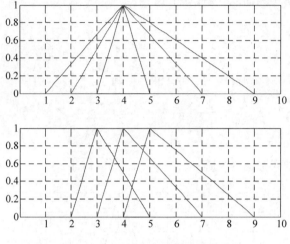

图 8-4　不同的三角形隶属度函数

8.2　模糊逻辑控制箱图形界面

模糊逻辑控制器界面包括模糊准则设计、模糊编辑器设置、模糊系统属性设置、规则观察器和模糊推理函数的设定等。用户需要逐一对该模糊准则进行分析，才能很好地设计出较好的模糊控制器。

8.2.1　基本 FIS 编辑器

函数　**fuzzy**

格式　fuzzy

说明　该函数用于弹出未定义的基本 FIS 编辑器

在 MATLAB 命令窗口输入：

```
fuzzy('tipper')      % 使用 fuzzy('tipper'),弹出 FIS 编辑器
```

运行程序输出结果如图 8-5 所示。

编辑器是任意模糊推理系统的高层显示，它允许用户调用各种其他编辑器来对其操作。通过此界面可方便地访问所有其他的编辑器，并以最灵活的方式与模糊系统进行交互。

（1）方框图：窗口上方的方框图显示了输入、输出和它们中间的模糊规则处理器。单击任意一个变量框，使选中的方框成为当前变量，此时它变成红色高亮方框。双击任意一个变量，弹出隶属度函数编辑器；双击模糊规则编辑器，弹出规则编辑器。

（2）菜单项：FIS 编辑器的菜单棒允许用户打开相应的工具，打开并保存系统。

- File 菜单包括：

New mamdani FIS …　　　　打开新 mamdani 型系统；

New Sugeno FIS …　　　　打开新 Sugeno 型系统；

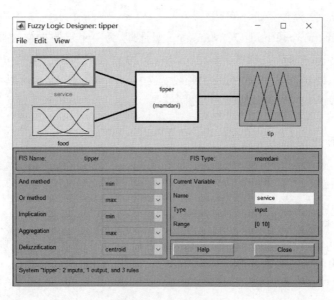

图 8-5　模糊工具箱

Open from disk …	从磁盘上打开指定的.fis 文件系统；
Save to disk	保存当前系统到磁盘上的一个.fis 文件上；
Save to disk as …	重命名方式保存当前系统到磁盘上；
Open from workspace …	从工作空间中指定的 FIS 结构变量装入一个系统；
Save to workspace …	保存系统到工作空间中当前命名的 FIS 结构变量中；
Save to workspace as …	保存系统到工作空间中指定的 FIS 结构变量中；
Close windows	关闭 GUI。

• Edit 菜单包括：

Add input	增加另一个输入到当前系统中；
Add output	增加另一个输出到当前系统中；
Remove variable	删除一个所选的变量；
Undo	恢复当前最近的改变。

• View 菜单包括：

Edit MFs …	调用隶属度函数编辑器；
Edit rules …	调用规则编辑器；
Edit anfis …	只对单输出 Sugeno 型系统调用编辑器；
View rules …	调用规则观察器；
View surface …	调用曲面观察器。

(3) 弹出式菜单：用五个弹出式菜单来改变如下五个基本步骤的功能：

• And method：为一个定制操作选择 min、prod 或 Custom。

• Or method：为一个定制操作选择 max、probor(概率)或 Custom。

• Implication method：为一个定制操作选择 min、prod 或 Custom；此项对 Sugeno 型模糊系统不可用。

• Aggregation method：为一个定制操作选择 max、sum、probor 或 Custom。此项

对 Sugeno 型模糊系统不可用。

- Defuzzification method：对 Mamdani 型推理，为一个定制操作选择 centroid（面积中心法）、bisector（面积平分法）、mom（平均最大隶属度法）、som（最大隶属度最小值法）、lom（最大隶属度最大值法）或 Custom。对 Sugeno 型推理，在 wtaver（加权平均）或 wtsum（加权和）之间选择。

8.2.2　隶属函数编辑器

函数　**mfedit**

格式　mfedit('a')

　　　mfedit(a)

说明　mfedit('a')生成一个隶属函数编辑器，它允许用户检查和修改存储在文件 a.fis 中 FIS 结构的所有隶属函数。

在 MATLAB 命令窗口输入：

```
mfedit('tank')
```

运行程序产生如图 8-6 所示的工具箱。

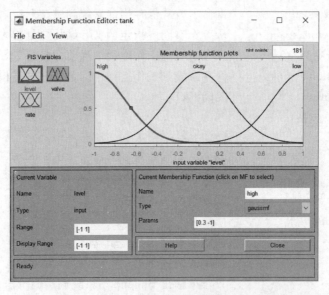

图 8-6　tank.fis 隶属度函数

mfedit('tank')以这种方式打开隶属函数编辑器并装入 tank.fis 中存储的所有隶属函数。

mfedit(a)对于 FIS 结构操作一个 MATLAB 工作空间变量 a。Mfedit 可单独弹出没有装入 FIS 的隶属函数编辑器。

菜单项：在 ANFIS 编辑器 GUI 上，有一个菜单项允许用户打开相关的 GUI 工具、打开和保存系统等。File 菜单与 FIS 编辑器上的 File 菜单功能相同。

- Edit 菜单项包括：

Add MF…	为当前语言变量增加隶属度函数；
Add custom MF…	为当前语言变量增加定制的隶属度函数；
Remove current MF	删除当前的隶属度函数；
Remove all MFS	删除当前语言变量的所有隶属度函数；
Undo	恢复当前最近的改变。

- View 菜单项包括：

Edit FIS properties…	调用 FIS 编辑器；
Edit rules…	调用规则编辑器；
View rules…	调用规则观察器；
View surface…	调用曲面观察器。

8.2.3　绘制 FIS

函数　`plotfis`

格式　`plotfis(fismat)`

说明　此函数显示由 fismat 指定的一个 FIS 的高层方框图,输入和它们的隶属函数出现在结构特征图的左边,同时输出和它们的隶属函数出现在结构特征图的右边。

绘制 FIS,程序如下：

```
clc,clear,close all
a = readfis('tipper');
plotfis(a)
```

运行程序输出结果如图 8-7 所示。

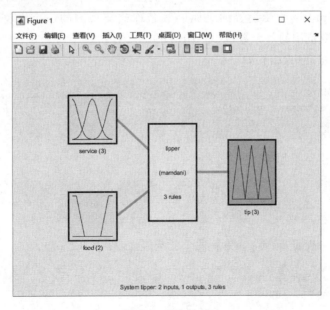

图 8-7　FIS 绘制

8.2.4　设置模糊系统属性

函数　`setfis`

格式　`a = setfis(a,'fispropname','newfisprop')`
　　　　`a = setfis(a,'vartype',varindex,'varpropname','newvarprop')`
　　　　`a = setfis(a,'vartype',varindex,'mf',mfindex, 'mfpropname','newmfprop');`

说明　可以使用三个、五个或七个输入变量调用 setfis 命令，使用几个输入变量取决于是设置整个结构的一个属性，或设置属于该结构的一个特定变量，还是设置属于这些变量之一的一个特定隶属函数。

这些变量如下：

（1）a：表示工作空间中 FIS 的一个变量名称；

（2）vartype：表示变量类型的一个字符串，可取 input 或 output；

（3）varindex：输入或输出变量的索引；

（4）mf：调用 setfis 时，七个变量中的第四个变量所用的字符串，用于指明此变量是一个隶属函数；

（5）mfindex：属于所选变量的隶属函数的索引；

（6）fispropname：表示所要设置 FIS 域属性的一个字符串，可以是 name、type、andmethod、ormethod、impmethod、aggmethod 和 defuzzmethod；

（7）newfisprop：所要设置的 FIS 的属性或方法名称的一个字符串；

（8）varpropname：所要设置的变量域名称的一个字符串，可以是 name 或 range；

（9）newvarprop：所要设置的变量名称的一个字符串（对 name），或变量范围的一个数组（对 range）；

（10）mfpropname，所要设置的隶属函数名称的一个字符串，可以是 name、type 或 params；

（11）newmfprop：所要设置的隶属函数名称或类型域的一个字符串（对 name 或 type），或者是参数范围的一个数组（对 params）。

使用三个变量调用，编程如下：

```
a = readfis('tipper');
a2 = setfis(a, 'name', 'eating');
getfis(a2, 'name');
```

运行程序输出结果如下：

```
out =
eating
```

如果使用五个变量，setfis 将更新两个变量属性，程序如下：

```
a2 = setfis(a,'input',1,'name','help');
getfis(a2,'input',1,'name')
```

运行程序输出结果如下：

```
ans =
    help
```

如果使用七个变量，setfis 将更新 7 个隶属函数的任意属性，程序如下：

```
a2 = setfis(a,'input',1,'mf',2,'name','wretched');
getfis(a2,'input',1,'mf',2,'name')
```

运行程序输出结果如下：

```
ans =
wretched
```

8.2.5　规则编辑器和语法编辑器

　　函数　`ruleedit`
　　格式　ruleedit('a')
　　　　　　ruleedit(a)
　　说明　当使用 ruleedit('a')调用规则编辑器时，可用于修改存储在文件 a.fis 中的一个 FIS 结构的规则。它也可用于检查模糊推理系统使用的规则。为使用编辑器创建规则，必须首先用 FIS 编辑器定义要使用的所有输入输出变量，可以使用列表框和检查框选择输入、输出变量，连接操作和权重来创建新规则。

　　如图 8-8 所示，用 ruleedit('tank')打开规则编辑器并装入 tank.fis 中存储的所有规则。

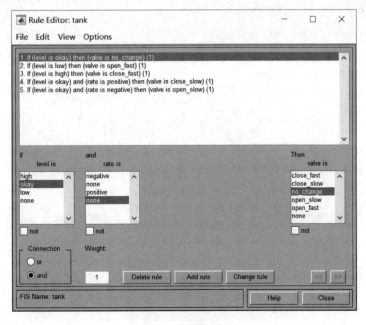

图 8-8　模糊编辑器

菜单项：在规则编辑器 GUI 上，有一个菜单项允许用户打开相关的 GUI 工具、打开和保存系统等。File 菜单与 FIS 编辑器上的 File 菜单功能相同。

- Edit 菜单项包括：

Undo　用于恢复最近的改变。

- View 菜单项包括：

Edit FIS properties…　　　　调用 FIS 编辑器；
Edit membership functions…　调用隶属度函数编辑器；
Edit rules…　　　　　　　　调用规则编辑器；
View surface…　　　　　　　调用曲面观察器。

- Options 菜单项包括：

Language　　　　　　　　用于选择语言：English、Deutsch 和 Francais；
Format　　　　　　　　　用于选择格式。

- Verbose　使用单词"if""then""AND"和"OR"等创建实际语句；
- Symbolic　用某些符号代替 Verbose 模式中使用的单词，例如，"if A AND B then C"替换为"A&B=>C"；
- indexed　表示规则如何在 FIS 结构中存储。

8.2.6　规则观察器和模糊推理框图

函数　`ruleview`

格式　`ruleview('a')`

说明　使用 ruleview('a')调用规则观察器时，将绘制在存储文件 a.fis 中的一个 FIS 的模糊推理框图。它用于观察从开始到结束整个过程。可以移动对应输入的指示线，然后观察系统重新调节并计算新的输出。

运行 ruleview('tank')的结果，如图 8-9 所示。

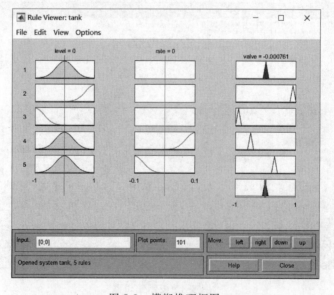

图 8-9　模糊推理框图

菜单项:在规则编辑器 GUI 上,有一个菜单项允许用户打开相关的 GUI 工具、打开和保存系统等。File 菜单与 FIS 编辑器上的 File 菜单功能相同。

- View 菜单项包括:

Edit FIS properties⋯　　　　　　调用 FIS 编辑器;
Edit membership functions⋯　　　调用隶属度函数编辑器;
Edit rules⋯　　　　　　　　　　　调用规则编辑器;
View surface⋯　　　　　　　　　　调用曲面观察器。

- Options 菜单项包括:

Rules display format　用于选择显示规则的格式。如果单击模糊推理方框图左边的规则序号,则与该序号相关的规则出现在规则观察器底部的状态棒中。

8.3　模糊聚类分析

FIS 推理结构根据用户自己选定的隶属度函数进行相关设计,MATLAB 工具箱提供了大量的函数供用户产生相应的 FIS 结构,用户可以根据 MATLAB 工具箱实现数据的聚类操作。

8.3.1　FIS 曲面

函数　**gensurf**

格式　gensurf(fis)
gensurf(fis, inputs, output)
gensurf(fis, inputs, output, grids)
gensurf(fis, inputs, output, grids, refinput)
[x, y, z] = gensurf(⋯)

说明　gensurf(fis)使用前两个输入和第一个输出来生成给定模糊推理系统(fis)的输出曲面。gensurf(fis,inputs,output)使用分别由向量 inputs 和标量 output 给定的输入(一个或两个)和输出(只允许一个)来生成一个图形。gensurf(fis,inputs,output,grids)指定 X(第一、水平)和 Y(第二、垂直)方向的网格数,如果是二元向量,X 和 Y 方向上的网格可以独立设置。gensurf(fis,inputs,output,grids,refinput)用于多于两个的输入,refinput 向量的长度与输入相同:①将对应于要显示的输入的 refinput 项,设置为 NaN;②对其他输入的固定值设置为双精度实标量。[x,y,z]=gensurf(⋯)返回定义输出曲面的变量并且删除自动绘图。

产生 FIS 输出曲面,调用 MATLAB 自带文件,编程如下:

```
clc,clear,close all
a = readfis('tipper');
gensurf(a)
axis tight
grid on
box on
```

运行程序输出结果如图 8-10 所示。

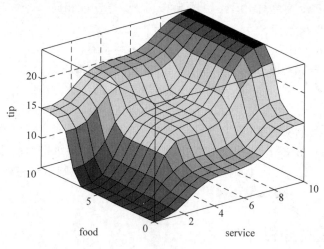

图 8-10　FIS 输出曲面

8.3.2　FIS 结构

函数　`genfis1`

格式　fismat = genfis1(data)

　　　　fismat = genfis1(data,numMFs,inmftype, outmftype)

说明　genfis1 为 anfis 训练生成一个 Sugeno 型作为初始条件的 FIS 结构(初始隶属函数)。genfis1(data,numMFs,inmftype, outmftype)使用对数据的网格分割方法,从训练数据集生成一个 FIS 结构。

　　data 是训练数据矩阵,除最后一列表示单一输出数据外,其他各列表示输入数据。NumMFs 是一个向量,它的坐标指定与每一输入相关的隶属函数的数量。如果想使用每个输入相关的相同数量的隶属函数,那么只需使 numMFs 成为一个数就足够了。Inmftype 是一个字符串数组,它的每行指定与每个输入相关的隶属函数类型。outmftype 是一个字符串数组,它指定与每个输出相关的隶属函数类型。

　　不使用数据聚类的方法,直接从数据生成 FIS 结构,编程如下:

```
clc,clear,close all
data = [rand(10,1),10 * rand(10,1) − 5,rand(10,1)];
numMFs = [3,7];
mfType = str2mat('pimf','trimf');
fismat = genfis1(data,numMFs,mfType);
[x,mf] = plotmf(fismat,'input',1);
subplot(2,1,1),
plot(x,mf);
grid on
xlabel('输入 1 (pimf)');
[x,mf] = plotmf(fismat,'input',2);
subplot(2,1,2),
```

```
plot(x,mf);
xlabel('输入 2 (trimf)');
grid on
axis tight
```

运行程序输出结果如图 8-11 所示。

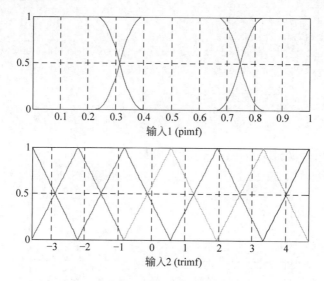

图 8-11 不使用数据聚类方法从数据生成 FIS 结构

8.3.3 模糊均值聚类

函数 `fcm`

格式 `[center,U,obj_fcn] = fcm(data,cluster_n)`

说明 对给定的数据集应用模糊 C 均值聚类方法进行聚类。

(1) data：表示要聚类的数据集，每行是一个采样数据点。

(2) cluster_n：表示聚类中心的个数(大于 1)。

(3) center：表示迭代后得到的聚类中心的矩阵，这里每行给出聚类中心的坐标。

(4) U：表示得到的所有点对聚类中心的模糊分类矩阵或隶属度函数矩阵。

(5) obj_fcn：表示迭代过程中目标函数的值。

(6) fcm(data,cluster_n,options)使用可选的变量 options 控制聚类参数，包括停止准则、和/或设置迭代信息显示，可选参数及含义如下：

① options(1)：分类矩阵 U 的指数，系统默认值是 2.0；

② options(2)：最大迭代次数，系统默认值是 100；

③ options(3)：最小改进量，即迭代停止的误差准则，系统默认值是 1e−5；

④ options(4)：迭代过程中显示信息，系统默认值是 1。

如果任意一项为 NaN，这些选项就使用默认值；当达到最大迭代次数或目标函数两次连续迭代的改进量小于指定的最小改进量，即满足停止误差准则时，聚类过程结束。

产生随机数据，进行均值聚类分析，编程如下：

```
clc,clear,close all
data = rand(100, 2);
[center,U,obj_fcn] = fcm(data, 2);
plot(data(:,1), data(:,2),'o');
maxU = max(U);
index1 = find(U(1,:) == maxU);
index2 = find(U(2, :) == maxU);
line(data(index1,1), data(index1, 2), 'linestyle', 'none', 'marker', '*', 'color', 'g');
line(data(index2,1), data(index2, 2), 'linestyle', 'none', 'marker', '*', 'color', 'r');
axis tight
grid on
box on
```

运行程序输出结果如图 8-12 所示。

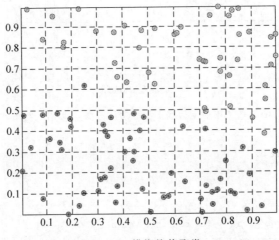

图 8-12　模糊均值聚类

8.3.4　模糊聚类工具箱

　　数据聚类形成了许多分类，是系统建模算法的基础之一，它可对系统行为产生一种聚类表示。MATLAB 模糊逻辑工具箱提供了一些工具，使用户能够在输入数据中发现聚类，用户可以用聚类信息产生 Sugneo-type 模糊推理系统，使用最少的规则建立最好的数据行为；按照每一个数据聚类的模糊品质联系自动地划分规则。这种类型的 FIS 产生器能被命令行函数 genfis2 自动地完成。

　　模糊聚类的相关函数如下：

　　1）fcm

　　功能　利用模糊 C 均值方法的模糊聚类。

　　格式　[center,U,obj_fcn] = fcm(data,cluster_n)
　　　　　　fcm(data,cluster_n,options)

2) genfis2

功能　用于减聚类方法的模糊推理系统模型。

格式　fismat = grnfis2(Xin,Xout,radii)

　　　　fismat = grnfis2(Xin,Xout,radii,xBounds)

　　　　fismat = grnfis2(Xin,Xout,radii,xBounds,options)

说明

（1）Xin：表示输入数据集；

（2）Xout：表示输出数据集；

（3）radii：用于假定数据点位于一个单位超立方体内的条件下，指定数据向量的每一维聚类中心影响的范围，每一维取值在 0～1 之间；

（4）xBounds：表示 2×N 维的矩阵，其中，N 为数据的维数；

（5）options：表示参数向量，说明如下：

① options(1)＝quashFactor：quashFactor 用于与聚类中心的影响范围 radii 相乘，用以决定某一聚类中心邻近的那些数据点被排除作为聚类中心的可能性，默认为 1.25；

② options(2)＝acceptRatio：acceptRatio 用于指定在选出第一类聚类中心后，只有某个数据点作为聚类中心的可能性值高于第一聚类中心可能性值的一定比例，只有高于这个比例才能作为新的聚类中心，默认为 0.5；

③ options(3)＝ rejectRatio：rejectRatio 用于指定在选出第一类聚类中心后，只有某个数据点作为聚类中心的可能性值低于第一聚类中心可能性值的一定比例，只有低于这个比例才能作为新的聚类中心，默认为 0.15；

④ options(4)＝verbose：如果 verbose 为非零值，则聚类过程的有关信息将显示出来，否则将不显示。

genfis2 函数程序如下：

```
tripdata
subplot(2,1,1),plot(datin)
subplot(2,1,2),plot(datin)
fismat = genfis2(datin,datout,0.5);
fuzout = evalfis(datin,fismat);
trnRMSE = norm(fuzout – datout)/sqrt(length(fuzout))
trnRMSE =
    0.5276
figure,
plot(datout,'o')
hold on
plot(fuzout)
```

运行程序的结果如图 8-13 和图 8-14 所示。

3) subclust

功能　数据的模糊减聚类。

格式　[c,s] = subclust(X,radii,xBounds,options)

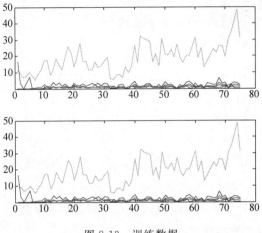

图 8-13　训练数据

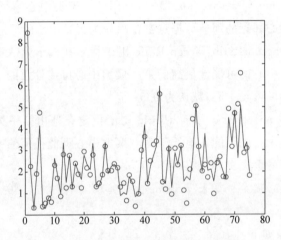

图 8-14　减类模糊推理系统输出数据

说明

（1）X：包括用于聚类的数据，X 的每一行为一个向量；

（2）返回参数 c 为聚类中心向量，向量 s 包含了数据点每一维聚类中心的影响范围。

subclust 函数示例如下：

```
[c,s] = subclust(X,0.5);
[c,s] = subclust(X,[0.5,0.25,0.3],[2.0,0.8,0.7]);
```

4）findcluster

功能　模糊 C 均值聚类和子聚类交互聚类的 GUI 工具。

格式　findcluster

程序如下：

```
findcluster('clusterdemo.dat')
```

运行程序的结果如图 8-15 所示。

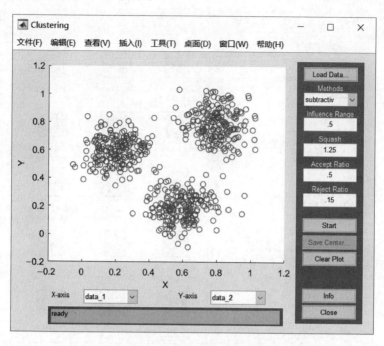

图 8-15   聚类工具箱 GUI 窗口

8.4   模糊与 PID 控制器仿真设计

模糊 PID 控制器由两个部分组成：传统 PID 控制器和模糊化模块。PID 模糊控制的重要任务是找出 PID 的三个参数与误差 e 和误差变化率 ec 之间的模糊关系，在运行中不断检测 e 和 ec，根据确定的模糊控制规则来对三个参数进行在线调整，满足不同 e 和 ec 时对三个参数的不同要求。

8.4.1   模糊逻辑工具箱

进入 Simulink Library Browser（或者直接在命令行窗口输入 simulink），如图 8-16 所示。

找到 Simulink Library Browser 中的 Fuzzy Logic Toolbox，进入相应的模糊逻辑控制工具箱，如图 8-17 所示。

模糊逻辑控制工具箱主要包括隶属度函数 MF（Membership Functions）、模糊逻辑控制器（Fuzzy Logic Controller）、带控制规则的模糊逻辑控制器（Fuzzy Logic Controller with Ruleviewer）。将模糊逻辑控制器拖放到模型编辑器，查看模糊控制器内部结构，如图 8-18 所示。

双击带控制规则的模糊逻辑控制器的 FIS 结构文件，如图 8-19 所示。

双击模糊逻辑控制器，弹出模糊控制器需要输入的 FIS 结构文件，如图 8-20 所示。

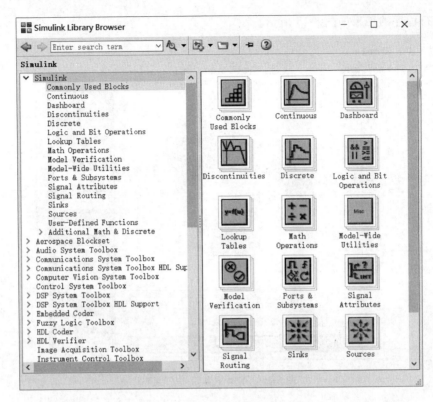

图 8-16　Simulink Library Browser

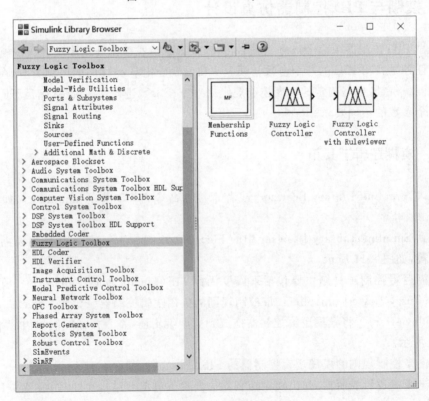

图 8-17　Fuzzy Logic Toolbox

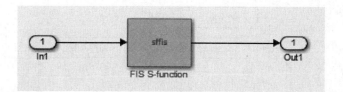

图 8-18　模糊逻辑控制器内部结构子系统

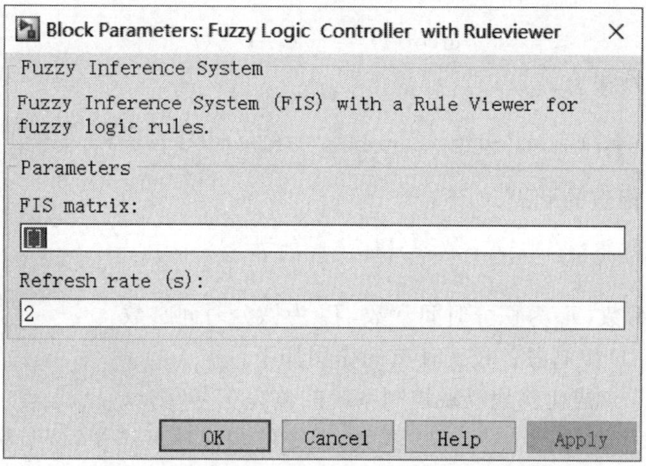

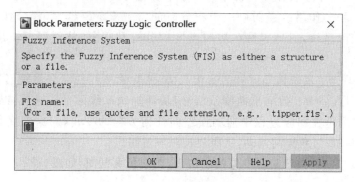

图 8-19　带控制规则的模糊逻辑控制器的 FIS 结构文件

图 8-20　FIS 结构文件

　　模糊控制器采用的 FIS 读取文件为 readfis(')格式,用户可以方便地输入自己设定好的模糊准则,设置完成后,即可使用该模糊控制器进行仿真操作。

8.4.2　PID 控制

　　在控制系统中,控制器最常用的控制规律是 PID 控制。模拟 PID 控制系统的原理如图 8-21 所示。系统由模拟 PID 控制器和被控对象组成。

　　PID 控制器是一种线性控制器,它根据给定值 $y_d(t)$ 与实际输出值 $y(t)$ 构成控制偏差,如下:

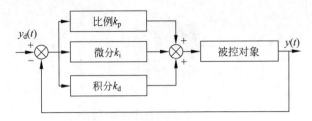

图 8-21　PID 控制系统原理框图

$$error(t) = y_d(t) - y(t)$$

PID 的控制规律为

$$u(t) = k_p\left[error(t) + \frac{1}{T_i}\int_0^t error(t)\,\mathrm{d}t + \frac{T_d\,\mathrm{d}error(t)}{\mathrm{d}t}\right]$$

或可以写成传递函数的形式,如下:

$$G(s) = \frac{U(s)}{E(s)} = k_p\left(1 + \frac{1}{T_i s} + T_d s\right)$$

其中,k_p 为比例系数,T_i 为积分时间常数,T_d 为微分时间常数。

简单来说,PID 控制器各校正环节的作用如下:

(1) 比例环节:成比例地反映控制系统的偏差信号 $error(t)$,偏差一旦产生,控制器立即产生控制作用,以减少偏差。k_p 越大,系统的响应速度越快,调节精度越高,但是容易产生超调,超过一定范围会导致系统振荡加剧甚至不稳定。

(2) 积分环节:主要用于消除静差,提高系统的无差度,可使系统稳定性下降,动态响应变慢。积分作用的强弱取决于积分时间常数 T_i,T_i 越大,积分作用越弱,系统的静态误差消除越快,但是容易在初期产生积分饱和现象,从而引起响应过程的较大超调。

(3) 微分环节:反映偏差信号的变化趋势(变化速率),并能在偏差信号变得太大之前,在系统中引入一个有效的早期修正信号,从而加快系统的动作速度,减少调节时间。微分环节的作用是在回应过程中抑制偏差向任何方向的变化,对偏差变化进行提前预测。但是会使响应过程提前制动,从而延长调节时间。

采用 PID 控制器进行阶跃响应控制仿真,搭建仿真框图,如图 8-22 所示。

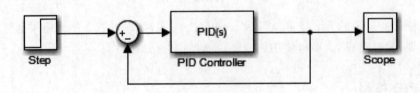

图 8-22　PID 控制

运行仿真文件,输出结果如图 8-23 所示。

如图 8-23 所示,PID 能够对不确定系统的状态方程进行控制,达到系统的稳定性控制的目的。

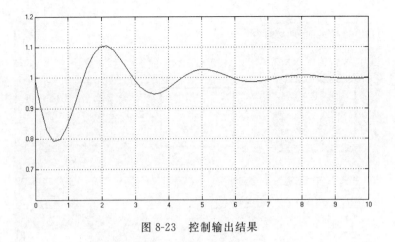

图 8-23 控制输出结果

8.4.3 模糊控制器设计

根据给定要求,模糊控制器采用二维模糊控制器,其结构如图 8-24 所示。

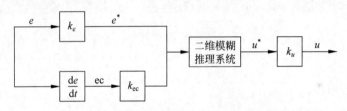

图 8-24 模糊推理控制器

如图 8-24 所示,模糊控制输入偏差 e 为给定输入信号与反馈信号之差,即 $e=r-y$。输入 ec 为偏差的变化率,且 $ec=\dfrac{de}{dt}$。输出 u 为控制量。k_e、k_{ec} 和 k_u 分别为偏差 e、偏差变化率 ec 和控制量 u 的量化因子。

设二维小模糊推理输入变量为 e 和 ec,模糊论域为 $[-6,6]$;输出模糊语言变量为 U,模糊论域为 $[0,10]$;实际的偏差为 e,在单位阶跃响应下,基本论域设定为 $[-0.5,0.5]$;实际偏差 ec 的基本论域为 $[-1,1]$;实际控制输出 u 的基本论域为 $[0,10]$;偏差 e 的量化因子 $k_e=12$;偏差变化率 ec 的量化因子 $k_{ec}=6$;控制量 u 的量化因子 $k_u=1$;将模糊变量 e 设定为 6 个,即负大 NB、负中 NM、负小 NS、正小 PS、正中 PM 和正大 PB;将输出变量 ec 设定为 5 个,即负大 NB、负小 NS、零、正小 PS 和正大 PB。

在 MATLAB 命令行窗口输入 fuzzy 启动模糊控制设计工具箱,如图 8-25 所示。

设置输入变量 e 和 ec 的隶属度曲线,如图 8-26 和图 8-27 所示。

相应的输出控制量 u 的隶属度曲线,如图 8-28 所示。

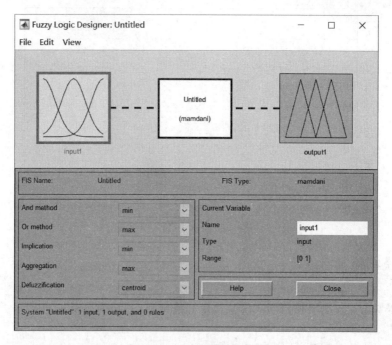

图 8-25　模糊界面

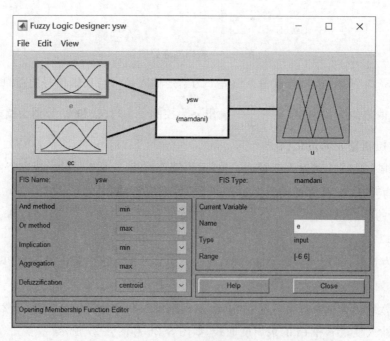

图 8-26　偏差 e 隶属度曲线

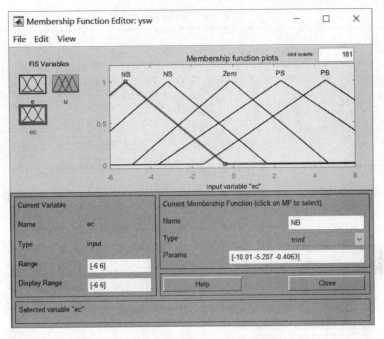

图 8-27　偏差变化率 ec 变化曲线

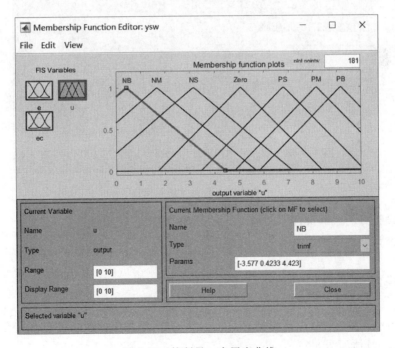

图 8-28　控制量 u 隶属度曲线

下面进行模糊规则设计,具体的模糊规则如表 8-1 所示。

表 8-1　模糊规则

DU		e					
		NB	NM	NS	PS	PM	PB
ec	NB	NB	NB	NM	NS	Z	PS
	NM	NB	NB	NS	Z	PS	PM
	Z	NB	NM	NS	PS	PM	PB
	PM	NM	NS	Z	PM	PB	PB
	PB	NS	Z	PS	PB	PB	PB

如表 8-1 所示,假如 e = NB 且 ec = NB,那么 DU = NB,以此类推,采用该规则表进行设计,具体如图 8-29 所示。

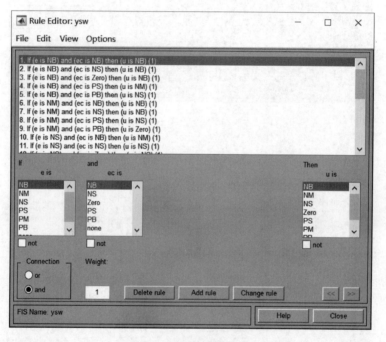

图 8-29　模糊规则编辑器

查看设计好的模糊推理器的输出结果,具体如图 8-30 和图 8-31 所示。

针对设计好的模糊控制器进行模糊 PID 控制仿真。

8.4.4　模糊与 PID 控制仿真

打开 Simulink 界面,进行模糊 PID 的控制仿真,添加模糊逻辑控制器,读入已经写好的 FIS 文件,具体如图 8-32 所示。

采用模糊与 PID 控制器设计,控制器原理如图 8-33 所示。

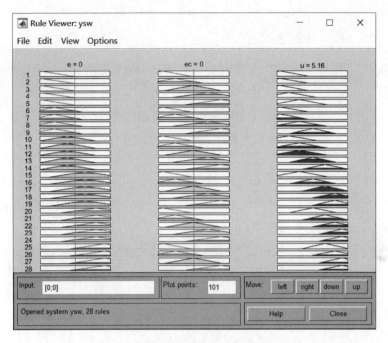

图 8-30　模糊规则观察器

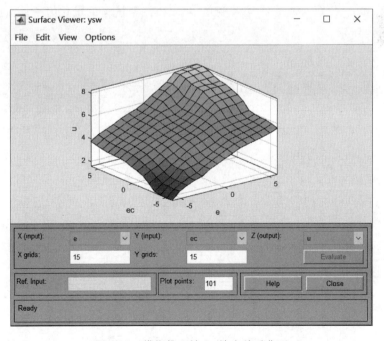

图 8-31　模糊推理输入/输出关系曲面

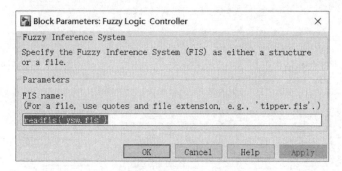

图 8-32　FIS 文件读入

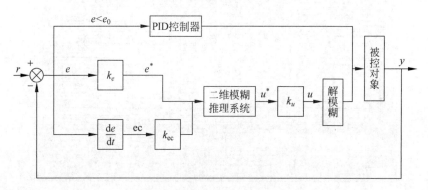

图 8-33　模糊与 PID 控制原理结构图

在图 8-33 中,r 为输入,y 为输出,控制对象为 $1/(s^2+8s+1)$,系统无滞后,仿真时间取 15s,k_e、k_{ec} 和 k_u 分别为偏差 e、偏差变化率 ec 和控制量 u 的量化因子。由此搭建仿真模型如图 8-34 所示。

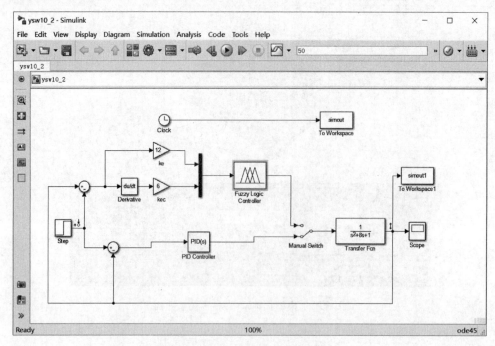

图 8-34　模糊与 PID 控制仿真

得到仿真结果如图 8-35 所示。

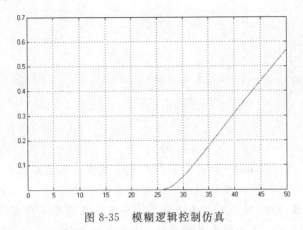

图 8-35　模糊逻辑控制仿真

将 PID 参数输入该系统仿真，得到仿真结果如图 8-36 所示。

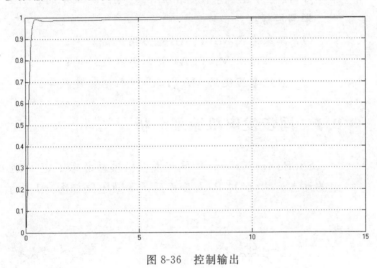

图 8-36　控制输出

8.5　本章小结

　　本章主要介绍了模糊逻辑控制器的设计。模糊逻辑控制器能够模拟人的思维，适应大的、强非线性、大滞后的控制对象。应用模糊集合和模糊规则进行推理，实行模糊综合判断的控制器设计较复杂，但是控制器稳定，鲁棒性较强。

Simulink 在工程实际尤其是电力系统中应用较广泛,特别是对于机电一体化控制和高压输电线控制等,Simulink 提供了电力电子仿真模块组,用户可以根据自己计算的参数进行模型搭建。电力系统涉及的建模包括同步电机模块、异步电机模块和直流电机模块等,通过本章学习,读者可逐步掌握 Simulink 在电力系统中的应用。

学习目标:

(1) 熟练掌握 MATLAB 电力系统仿真等;

(2) 熟练运用 MATLAB 控制系统设计等;

(3) 熟练掌握使用 MATLAB 进行电机建模等。

9.1 同步发电机原理分析

SimPowerSystems 中同步发电机模型考虑了定子、励磁和阻尼绕组的动态行为,经过 Park 变换后的等效电路如图 9-1 所示。

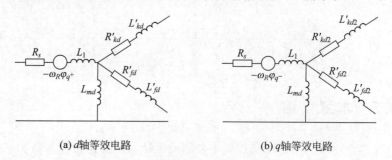

(a) d 轴等效电路   (b) q 轴等效电路

图 9-1 同步发电机等效电路图

该等效电路中,所有参数均归算到定子侧,各变量下标的含义如表 9-1 所示。

表 9-1 同步发电机等效电路各变量下标含义

下　标	含　义
d、q	d 轴和 q 轴分量
r、s	转子和定子分量
l、m	漏感和励磁电感分量
f、k	励磁和阻尼绕组分量

在图 9-1 中，R_s、L_l 为定子绕组的电阻和漏感；R'_{fd}、L'_{1fd} 为励磁绕组的电阻和漏感；R'_{kd}、R'_{1kd} 为 d 轴阻尼绕组的电阻和漏感；R'_{kq1}、L'_{1kq1} 为 q 轴阻尼绕组的电阻和漏感；R'_{kq2}、L'_{1kq2} 为考虑转子棒和大电机深处转子棒的涡流或者小电机中双鼠笼转子时 q 轴阻尼绕组的电阻和漏感；L_{md} 和 L_{mq} 为 d 轴和 q 轴励磁电感；$\omega_R\varphi_q$ 和 $\omega_R\varphi_d$ 为 d 轴和 q 轴的发电机电势。

9.2 简化同步电机模块使用

简化同步电机模块忽略电枢反应电感、励磁和阻尼绕组的漏感，仅由理想电压源串联 RL 线路构成，R 和 L 代表电机的内部阻抗。

SimPowerSystems 库中提供了两种简化同步电机模块，如图 9-2 所示。图 9-2(a) 为标幺制单位(pu)下的简化同步电机模块；图 9-2(b) 为国际单位制(SI)下的简化同步电机模块。两种简化同步电机模块本质上是一致的，唯一的不同在于参数所选用的单位。

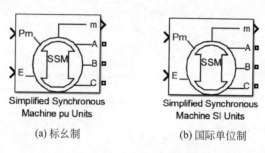

(a) 标幺制　　　　　　　　　(b) 国际单位制

图 9-2　简化同步电机模块图标

简化同步电机模块有 2 个输入端子，1 个输出端子和 3 个电气连接端子。

模块的第 1 个输入端子(Pm)输入电机的机械功率，可以是常数，或者是水轮机和调节器模块的输出。模块的第 2 个输入端子(E)为电机内部电压源的电压，可以是常数，也可以直接与电压调节器的输出相连。模块的 3 个电气连接端子(A、B、C)为定子输出电压。输出端子(m)输出一系列电机的内部信号，共由 12 路信号组成，如表 9-2 所示。

表 9-2　电机的内部信号

输出	符　号	端　口	定　义	单　位
1~3	i_{sa}、i_{sb}、i_{sc}	is_abc	流出电机的定子三相电流	A 或者 pu
4~6	V_a、V_b、V_c	vs_abc	定子三相输出电压	V 或者 pu
7~9	E_a、E_b、E_c	e_abc	电机内部电源电压	V 或者 pu
10	θ	Thetam	机械角度	rad
11	ω_N	wm	转子转速	rad/s 或者 pu
12	P_e	Pe	电磁功率	W

通过电机测量信号分离器(Machines Measurement Demux)模块可以将输出端子 m 中的各路信号分离出来，典型接线如图 9-3 所示。

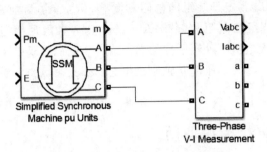

图 9-3　简化同步电机输出信号分离接线

双击简化同步电机模块，将弹出该模块的参数对话框，如图 9-4 所示。

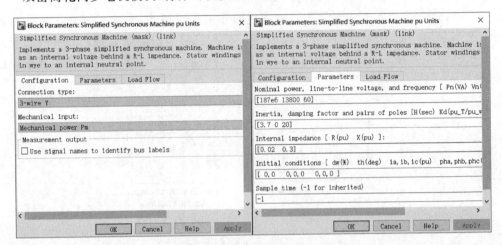

图 9-4　简化同步电机模块参数对话框

在该对话框中含有如下参数：

（1）"连接类型"（Connection type）下拉框：定义电机的连接类型，分为 3 线 Y 型连接和 4 线 Y 型连接（即中线可见）两种。

（2）"额定参数"（Nominal power，line-to-line voltage，and frequency）文本框：三相额定视在功率 Pn（单位：VA）、额定线电压有效值 Vn（单位：V）、额定频率 fn（单位：Hz）。

（3）"机械参数"（Inertia，damping factor and pairs of poles）文本框：转动惯量 J（单位：kg·m2）或惯性时间常数 H（单位：s）、阻尼系数 Kd（单位：转矩的标幺值/转速的标幺值）和极对数 p。

（4）"内部阻抗"（Internal impedance）文本框：单相电阻 R（单位：Ω 或 pu）和电感 L（单位：H 或 pu）。R 和 L 为电机内部阻抗，设置时允许 R 等于 0，但 L 必须大于 0。

（5）"初始条件"（Initial conditions）文本框：初始角速度偏移 dw（单位：%），转子初始角位移 th（单位：deg），线电流幅值 ia、ib、ic（单位：A 或 pu），相角 pha、phb、phc（单位：deg）。初始条件可以由 Powergui 模块自动获取。

【例 9-1】　额定值为 50 MVA、10.5kV 的两对隐极同步发电机与 10.5kV 无穷大系统相连。隐极机的电阻 $R=0.005$pu，电感 $L=0.9$pu，发电机供给的电磁功率为 0.8pu。求稳态运行时的发电机的转速、功率角和电磁功率。

（1）理论分析。由已知条件得稳态运行时发电机的转速 n 为

$$n = \frac{60f}{p} = 1500\text{r/min} \tag{9-1}$$

其中，f 为系统频率，按我国标准取为 50Hz；p 为隐极机的极对数，此处为 2。

电磁功率 $P_e = 0.8\text{pu}$，功率角 δ 计算如下：

$$\delta = \arcsin \frac{P_e X}{EV} = \arcsin \frac{0.8 \times 0.9}{1 \times 1} = 46.05°$$

其中，V 为无穷大系统母线电压；E 为发电机电势；X 为隐极机电抗。

（2）构建的系统仿真图如图 9-5 所示。

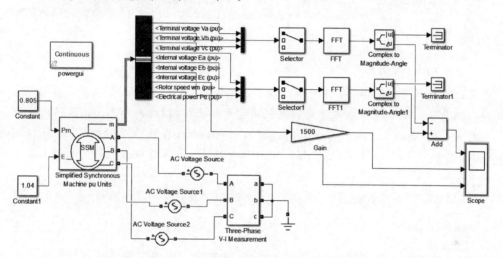

图 9-5　仿真图

在图 9-5 中，示波器 Scope 在 Simulink/Sinks 路径下；求和模块 Sum 在 Simulink/Math Operations 路径下；信号终结模块 T1、T2 在 Simulink/Sinks 路径下；增益模块 G 在 Simulink/Commonly Used Blocks 路径下；选择器模块 S1、S2 在 Simulink/Signal Routing 路径下；常数模块 Pm、VLLrms 在 Simulink/Sources 路径下；接地模块 Ground 在 SimPowerSystems/Elements 路径下；Fourier 分析模块 FFT1、FFT2 在 SimPowerSystems/Extra Library/Measurements 路径下；电机测量信号分离器 Demux 在 Simulink/Sources/Bus Selector 路径下；三相电压电流测量表 V-I M 在 SimPowerSystems/Measurements 路径下；交流电压源 Va、Vb、Vc 在 SimPowerSystems/Electrical Sources 路径下；简化同步电机 SSM 在 SimPowerSystems/Machines 路径下。

（3）设置模块参数和仿真参数。双击简化同步电机模块，设置电机参数如图 9-6 所示。

在常数模块 Pm 的对话框中输入 0.805，在常数模块 VLLrms 的对话框中输入 1.04（由 Powergui 计算得到的初始参数）。电机测量信号分离器分离第 4～9、11、12 路信号。选择器模块均选择 a 相参数通过。

由于电机模块输出的转速为标幺值，因此使用了一个增益模块将标幺值表示的转速转换为由单位 r/min 表示的转速，增益系数为 $k = n = \frac{60f}{p} = 1500$。

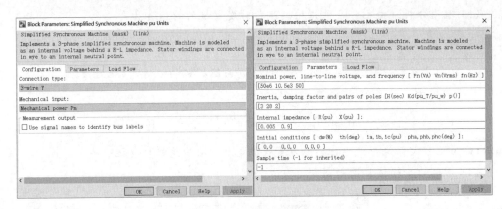

图 9-6　同步电机参数设置

两个 Fourier 分析模块均提取 50Hz 的基频分量。

交流电压源 V_a、V_b 和 V_c 为频率是 50Hz、幅值是 $10.5 \times \sqrt{2}/\sqrt{3}$ kV、相角相差 120°的正序三相电压。三相电压电流测量模块仅用作电路连接,因此内部无须选择任何变量。

打开菜单 Simulation → Configuration Parameters,在图 9-7 的算法选择(Solver options)窗口中选择"变步长(variable-step)"和"刚性积分算法(ode15s)"。

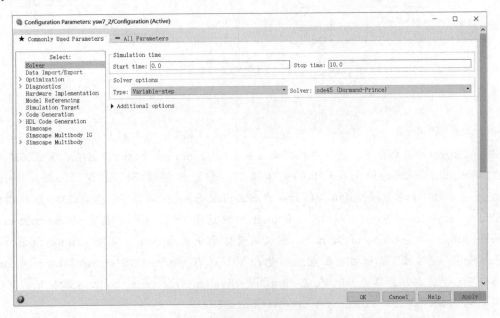

图 9-7　Simulink 模型参数设置

(4) 仿真及结果。开始仿真,观察电机的转速、功率和转子角,波形如图 9-8 所示。

仿真开始时,发电机输出的电磁功率由 0 逐步增大,机械功率大于电磁功率。

发电机在加速性过剩功率的作用下,转速迅速增大,随着功角 d 的增大,发电机的电磁功率也增大,使得过剩功率减小。

当 $t=0.18$s 时,在阻尼作用下,过剩功率成为减速性功率,转子转速开始下降,但转速仍然大于 1500r/min,因此功角 d 继续增大,直到转速小于 1500r/min 后($t=0.5$s),功

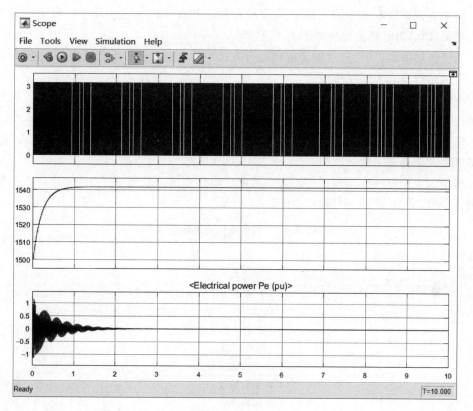

图 9-8　仿真波形

角开始减小,电磁功率也减小。

　　$t=1.5$s 后,在电机的阻尼作用下,转速稳定在 1500r/min,功率稳定在 0.8pu,功角为 44°。仿真结果与理论计算一致。

9.3　同步电机模块使用

　　SimPowerSystems 库中提供了三种同步电机模块,用于对三相隐极和凸极同步电机进行动态建模,其图标如图 9-9 所示。图 9-9(a)为国际单位制(SI)下的基本同步电机模块;图 9-9(b)为标幺制(pu)下的标准同步电机模块;图 9-9(c)为标幺制(pu)下的基本同步电机模块。

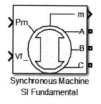 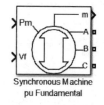 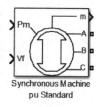

(a)国际单位制基本同步电机　　(b)标幺制标准同步电机　　(c)标幺制基本同步电机

图 9-9　同步电机模块图标

同步电机模块有 2 个输入端子、1 个输出端子和 3 个电气连接端子。模块的第 1 个输入端子(Pm)为电机的机械功率。

当机械功率为正时,表示同步电机运行方式为发电机模式;当机械功率为负时,表示同步电机运行方式为电动机模式。

在发电机模式下,输入可以是一个正的常数,也可以是一个函数或者是原动机模块的输出;在电动机模式下,输入通常是一个负的常数或者函数。

模块的第 2 个输入端子(Vf)是励磁电压,在发电机模式下可以由励磁模块提供,在电动机模式下为一常数。

模块的 3 个电气连接端子(A、B、C)为定子电压输出。输出端子(m)输出一系列电机的内部信号,共由 22 路信号组成,如表 9-3 所示。

表 9-3　同步电机输出信号

输出	符　号	端　口	定　义	单　位
1～3	i_{sa},i_{sb},i_{sc}	is_abc	定子三相电流	A 或者 pu
4～5	i_{sq},i_{sd}	is_qd	q 轴和 d 轴定子电流	A 或者 pu
6～9	$i_{fd},i_{kq1},i_{kq2},i_{kd}$	ik_qd	励磁电流、q 轴和 d 轴阻尼绕组电流	A 或者 pu
10～11	$\varphi_{mq},\varphi_{md}$	phim_qd	q 轴和 d 轴磁通量	Vs 或者 pu
12～13	V_q,V_d	vs_qd	q 轴和 d 轴定子电压	V 或者 pu
14	$\Delta\theta$	d_theta	转子角偏移量	rad
15	ω_m	wm	转子角速度	rad/s
16	P_e	Pe	电磁功率	VA 或者 pu
17	$\Delta\omega$	dw	转子角速度偏移	rad/s
18	θ	theta	转子机械角	rad
19	T_e	Te	电磁转矩	N.m 或者 pu
20	δ	Delta	功率角	N..m 或者 pu
21,22	P_{eo},Q_{eo}	Peo,Qeo	输出有功和无功功率	rad

通过"电机测量信号分离器"(Machines Measurement Demux)模块可以将输出端子 m 中的各路信号分离出来,典型接线如图 9-10 所示。

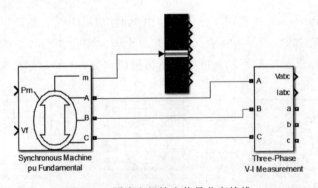

图 9-10　同步电机输出信号分离接线

同步电机输入和输出参数的单位与选用的同步电机模块有关。如果选用 SI 制下的同步电机模块,则输入和输出为国际单位制下的有名值(转子角速度偏移量 $\Delta\omega$ 以标幺值表示,转子角位移 θ 以弧度表示)。如果选用 pu 制下的同步电机模块,输入和输出为标幺值。双击同步电机模块,将弹出该模块的参数对话框,下面对其逐一进行说明。

1. SI 基本同步电机模块

SI 基本同步电机模块的参数对话框如图 9-11 所示。

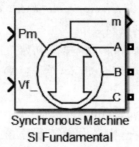

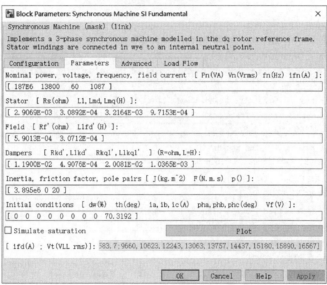

图 9-11 SI 基本同步电机模块参数对话框

在该对话框中含有如下参数:

(1)"预设模型"(Preset model)下拉框:选择系统设置的内部模型后,同步电机自动获取各项数据,如果不想使用系统给定的参数,则选择 No。

(2)"显示详细参数"(Show detailed parameters)复选框:选中该复选框,可以浏览并修改电机参数。

(3)"绕组类型"(Rotor type)下拉框:定义电机的类型,分为隐极式(Round)和凸极式(Salient-pole)两种。

(4)"额定参数"(Nominal power,Voltage,frequency,field current)文本框:三相额定视在功率 Pn(单位:VA)、额定线电压有效值 Vn(单位:V)、额定频率 fn(单位:Hz)和额定励磁电流 ifn(单位:A)。

(5)"定子参数"(Stator)文本框:定子电阻 Rs(单位:W),漏感 L1(单位:H),d 轴电枢反应电感 Lmd(单位：H)和 q 轴电枢反应电感 Lmq(单位：H)。

(6)"励磁参数"(Field)文本框：励磁电阻(单位：W)和励磁漏感(单位：H)。

(7)"阻尼绕组参数"(Dampers)文本框：d 轴阻尼电阻 Rkd′(单位：W)，d 轴漏感(单位：H)，q 轴阻尼电阻(单位：W)和 q 轴漏感(单位：H)，对于实心转子，还需要输入反映大电机深处转子棒涡流损耗的阻尼电阻(单位：W)和漏感(单位：H)。

(8)"机械参数"(Inertia，friction factor，pole pairs)文本框：转矩 J(单位：N·m)、衰减系数 F(单位：N·m·s/rad)和极对数 p。

(9)"初始条件"(Initial conditions)文本框：初始角速度偏移 dw(单位：%)，转子初始角位移 th(单位：deg)，线电流幅值 ia、ib、ic(单位：A)，相角 pha、phb、phc(单位：deg)和初始励磁电压 Vf(单位：V)。

(10)"饱和仿真"(Simulate saturation)复选框：用于设置定子和转子铁芯是否饱和。若需要考虑定子和转子的饱和情况，则选中该复选框，在该复选框下将出现如图 9-12 所示的文本框。

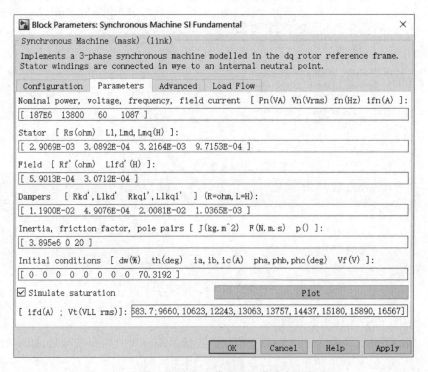

图 9-12　SI 基本同步电机模块饱和仿真复选框窗口

要求在该文本框中输入代表空载饱和特性的矩阵。先输入饱和后的励磁电流值，再输入饱和后的定子输出电压值，相邻两个电流/电压值之间用空格或","分隔，电流和电压值之间用";"分隔。

例如，输入矩阵如下：

```
[0.6404,0.7127,0.8441,0.9214,0.9956,1.082,1.19,1.316,1.457;0.7,0.7698,0.8872,0.9466,
0.9969,1.046,1.1,1.151,1.201]
```

将得到如图 9-13 所示的饱和特性曲线,曲线上的"＊"点对应输入框中的一对 $[i_{fd}, V_t]$ 值。

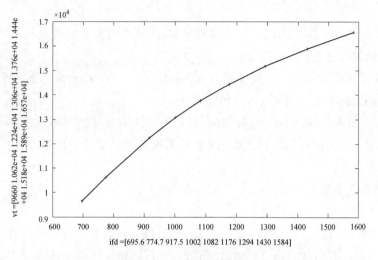

vt =[9660 1.062e+04 1.224e+04 1.306e+04 1.376e+04 1.444e+04 1.518e+04 1.589e+04 1.657e+04]

ifd =[695.6 774.7 917.5 1002 1082 1176 1294 1430 1584]

图 9-13 饱和特性曲线

2. pu 基本同步电机模块

pu 基本同步电机模块的参数对话框如图 9-14 所示。

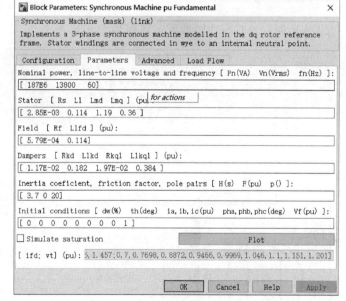

图 9-14 pu 基本同步电机模块参数对话框

该对话框结构与 SI 基本同步电机模块的对话框结构相似,不同之处如下:

(1)"额定参数"(Nominal power,line-to-line voltage and frequency)文本框:与 SI 基本同步电机模块相比,该项内容中不含励磁电流。

(2)"定子参数"(Stator)文本框:与 SI 基本同步电机模块相比,该项参数为归算到定子侧的标幺值。

（3）"励磁参数"（Field）：与 SI 基本同步电机模块相比,该项参数为归算到定子侧的标幺值。

（4）"阻尼绕组参数"（Dampers）文本框：与 SI 基本同步电机模块相比,该项参数为归算到定子侧的标幺值。

（5）"机械参数"（Inertia coeffcient,friction factor pole pairs）文本框：惯性时间常数 H（单位：s）、衰减系数 F（单位：pu）和极对数 p。

（6）"饱和仿真"（Simulate saturation）复选框：与 SI 基本同步电机模块类似,其中的励磁电流和定子输出电压均为标幺值；电压的基准值为额定线电压有效值；电流的基准值为额定励磁电流。

例如,有如下参数：

$$i_{fn} = 1087\text{A}; \quad V_n = 13800\text{V}$$

$$i_{fd} = [695.64, 774.7, 917.5, 1001.6, 1082.2, 1175.9, 1293.6, 1430.2, 1583.7]\text{A}$$

$$V_t = [9660, 10623, 12243, 13063, 13757, 14437, 15180, 15890, 16567]\text{V}$$

变换后,标幺值如下：

$$i_{fd'} = [0.6397, 0.7127, 0.8441, 0.9214, 0.9956, 1.082, 1.19, 1.316, 1.457]\text{A}$$

$$V_{t'} = [0.7, 0.7698, 0.8872, 0.9466, 0.9969, 1.046, 1.1, 1.151, 1.201]\text{V}$$

3. pu 标准同步电机模块

pu 标准同步电机模块的参数对话框如图 9-15 所示。

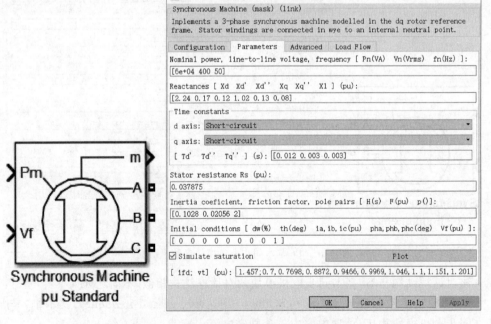

图 9-15　pu 标准同步电机模块参数对话框

　　(1)"电抗"(Reactances)文本框：d 轴同步电抗 Xd、暂态电抗 Xd'、次暂态电抗 Xd"，q 轴同步电抗 Xq、暂态电抗 Xq'(对于实心转子)、次暂态电抗 Xq"，漏抗 X1，所有的参数均为标幺值。

　　(2)"直轴和交轴时间常数"(d axis time constants，q axis time constant)下拉框：定义 d 轴和 q 轴的时间常数类型，分为开路和短路两种。

　　(3)"时间常数"(Time constants)文本框：d 轴和 q 轴的时间常数(单位：s)，包括 d 轴开路暂态时间常数(Tdo')/短路暂态时间常数(Td')，d 轴开路次暂态时间常数(Tdo')/短路次暂态时间常数(Td")，q 轴开路时间常数(Tqo')/短路暂态时间常数(Tq')，q 轴开路次暂态开路时间常数(Tqo')/短路次暂态时间常数(Tq")，这些时间常数必须与时间常数列表框中的定义一致。

　　(4)"定子电阻"(Stator resistance)文本框：定子电阻 Rs(单位：pu)。

　　【例 9-2】　额定值为 50MVA、10.5kV 的有阻尼绕组同步发电机与 10.5kV 无穷大系统相连。发电机定子侧参数为 $R_s = 0.003$，$L_1 = 0.19837$，$L_{md} = 0.91763$，$L_{mq} = 0.21763$；转子侧参数为 $R_f = 0.00064$，$L_{1fd} = 0.16537$；阻尼绕组参数为 $R_{kd} = 0.00465$，$L_{1kd} = 0.0392$，$R_{kq1} = 0.00684$，$L_{1kq1} = 0.01454$。各参数均为标幺值，极对数 $p = 32$。稳态运行时，发电机供给的电磁功率由 0.8pu 变为 0.6pu，求发电机转速、功率角和电磁功率的变化。

　　(1)理论分析。由已知条件可得稳态运行时发电机的转速为

$$n = \frac{60f}{p} = 93.75$$

利用凸极式发电机的功率特性方程

$$P_e = \frac{E_q V}{x_{d\Sigma}}\sin\delta + \frac{V^2}{2}\frac{x_{d\Sigma} - x_{q\Sigma}}{x_{d\Sigma}x_{q\Sigma}}$$

做近似估算。其中，凸极式发电机电势 $E_q = 1.233$，无穷大母线电压 $V = 1$，系统纵轴总电抗 $x_{d\Sigma} = L_1 + L_{md} = 1.116$，系统横轴总电抗 $x_{d\Sigma} = L_1 + L_{mq} = 0.416$。

　　电磁功率为 $P_e = 0.8$pu 时，通过功率特性方程计算得到功率角 δ 为

$$\delta = 18.35° \tag{9-2}$$

　　当电磁功率变为 0.6pu 并重新进入稳态后，计算得到功率角 δ 为

$$\delta = 13.46° \tag{9-3}$$

　　(2)构建的系统仿真如图 9-16 所示。

　　在图 9-16 中，示波器 Scope 在 Simulink/Sinks 路径下；自定义函数模块 Fcn 在 Simulink/User-Defined Function 路径下；增益模块 G 在 Simulink/Commonly Used Blocks 路径下；阶跃函数模块 Step 在 Simulink/Sources 路径下；常数模块 VLLrms 在 Simulink/Sources 路径下；电力系统图形用户界面 Powergui 在 SimPowerSystems 路径下；接地模块 Ground 在 SimPowerSystems/Elements 路径下；电机测量信号分离器 Demux 在 SimPowerSystems/Machines 路径下；三相电压电流测量表 V-I M 在 SimPowerSystems/Measurements 路径下；交流电压源 Va、Vb、Vc 在 SimPowerSystems/Electrical Sources 路径下；标幺制下的基本同步电机 SM_p.u. 在 SimPowerSystems/Machines 路径下。

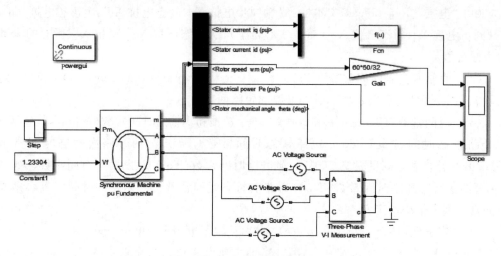

图 9-16　仿真电路图

（3）双击同步电机进行参数设置，如图 9-17 所示。

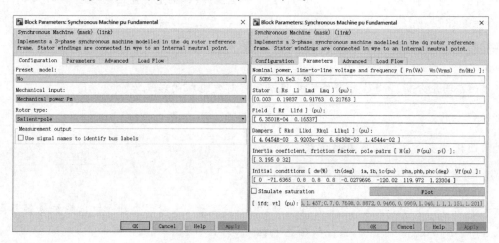

图 9-17　同步电机参数设置

在常数模块的对话框中输入 1.23304（由 Powergui 计算得到的初始参数）。将阶跃函数模块的初始值设为 0.8，然后在 0.6s 时刻变为 0.6。电机测量信号分离器分离第 4、5、15、16、20 路信号。

由于电机模块输出的转速为标幺值，因此使用了一个增益模块将标幺值表示的转速转换为有名单位 r/min 表示的转速，增益系数为 $k = n = \dfrac{60f}{p} = 93.75$。

交流电压源 V_a、V_b 和 V_c 为频率是 50Hz、幅值是 $10.5 \times \sqrt{2}/\sqrt{3}\,\text{kV}$、相角相差 $120°$ 的正序三相电压。三相电压电流测量表模块仅用作电路连接，因此内部无须选择任何变量。

打开菜单 File → Simulink Preferences → Solver，在图 9-18 的算法选择（Solver options）窗口中选择“变步长”（Variable-step）和“刚性积分算法（ode15s）”。

（4）仿真及结果。开始仿真，观察电机的转速、功率和转子角，波形如图 9-19 所示。

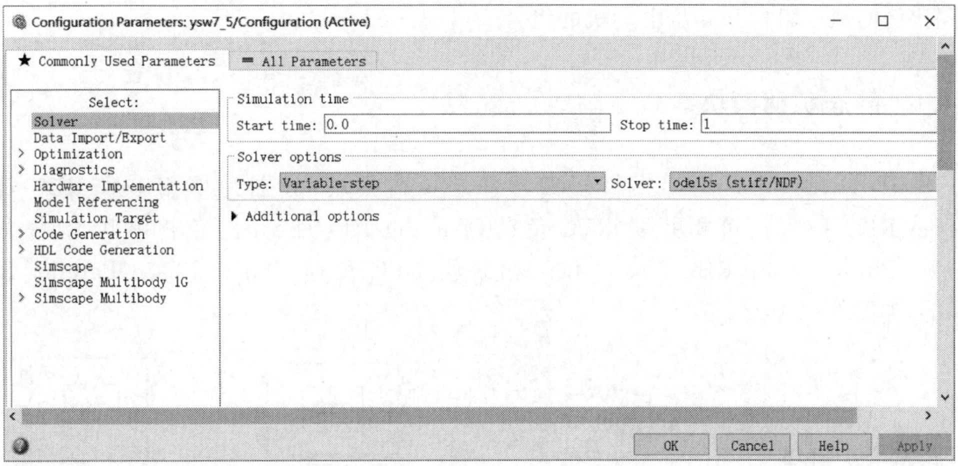

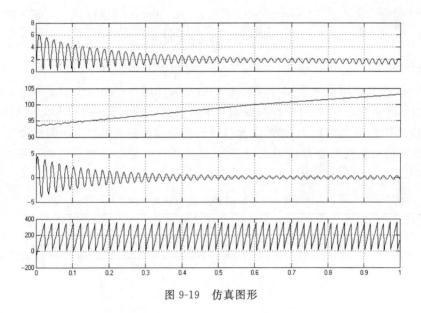

图 9-18　算法选择

图 9-19　仿真图形

9.4　负荷模型

电力系统的负荷相当复杂，不但数量大、分布广、种类多，而且其工作状态带有很大的随机性和时变性，连接各类用电设备的配电网结构也可能发生变化。因此，如何建立一个既准确又实用的负荷模型，至今仍是一个尚未很好解决的问题。

通常负荷模型分为静态模型和动态模型，其中静态模型表示稳态下负荷功率与电压和频率的关系；动态模型反映电压和频率急剧变化时负荷功率随时间的变化。常用的负荷等效电路有含源等效阻抗支路、恒定阻抗支路和异步电动机等效电路。

负荷模型的选择对分析电力系统动态过程和稳定问题都有很大的影响。在潮流计算中，负荷常用恒定功率表示，必要时也可以采用线性化的静态特性。在短路计算中，负荷可表示为含源阻抗支路或恒定阻抗支路。稳定计算中，综合负荷可表示为恒定阻抗或不同比例的恒定阻抗和异步电动机的组合。

9.4.1 静态负荷模块

SimPowerSystems 库中提供了四种静态负荷模块，分别为单相串联 RLC 负荷（Series RLC Load）、单相并联 RLC 负荷（Parallel RLC Load）、三相串联 RLC 负荷（Three-Phase Series RLC Load）和三相并联 RLC 负荷（Three-Phase Parallel RLC Load），如图 9-20 所示。

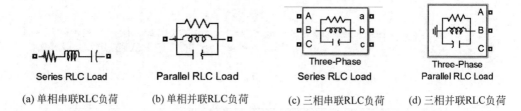

(a) 单相串联RLC负荷   (b) 单相并联RLC负荷   (c) 三相串联RLC负荷   (d) 三相并联RLC负荷

图 9-20　静态负荷模块

单相串联和并联 RLC 负荷模块分别对串联和并联的线性 RLC 负荷进行模拟。在指定的频率下，负荷阻抗为常数，负荷吸收的有功和无功功率与电压的平方成正比。

三相串联和并联 RLC 负荷模块分别对串联和并联的三相平衡 RLC 负荷进行模拟。在指定的频率下，负荷阻抗为常数，负荷吸收的有功和无功功率与电压的平方成正比。

静态负荷模块的参数对话框比较简单，此处不再赘述。注意在三相串联 RLC 负荷模块中，有一个用于三相负荷结构选择的下拉框，说明见表 9-4。

表 9-4　三相串联 RLC 负荷模块内部结构

结　　构	解　　释
Y(Grounded)	Y 型连接，中性点内部接地
Y(Floating)	Y 型连接，中性点内部悬空
Y(Neutral)	Y 型连接，中性点可见
Delta	△型连接

9.4.2 三相动态负荷模块

SimPowerSystems 库中提供的三相动态负荷（Three-Phase Dynamic Load）模块，如图 9-21 所示。

图 9-21　三相动态负荷
模块图标

三相动态负荷模块是对三相动态负荷的建模，其中有功和无功功率可以表示为正序电压的函数或者只接受外部信号的控制。由于不考虑负序和零序电流，因此即使在负荷电压不平衡的条件下，三相负荷电流仍然是平衡的。

三相动态负荷模块有 3 个电气连接端子、1 个输出端子。3 个电气连接端子（A、B、C）分别与外电路的三相相连。如果该模块的功率受外部信号控制,该模块上还将出现第 4 个输入端子,用于外部控制有功和无功功率。输出端子(m)输出 3 个内部信号,分别是正序电压 V(单位:pu)、有功功率 P(单位:W)和无功功率 Q(单位:Var)。

当负荷电压小于某一指定值 $V_{\min}$ 时,负荷阻抗为常数。如果负荷电压大于该指定值 $V_{\min}$,有功和无功功率按以下公式计算:

$$\begin{cases} P(s) = P_0 \left(\dfrac{V}{V_0}\right)^{n_p} \dfrac{(1+T_{p1}s)}{(1+T_{p2}s)} \\ Q(s) = Q_0 \left(\dfrac{V}{V_0}\right)^{n_q} \dfrac{(1+T_{q1}s)}{(1+T_{q2}s)} \end{cases}$$

其中,V_0 为初始正序电压;P_0、Q_0 是与 V_0 对应的有功和无功功率;V 为正序电压;n_p、n_q 为控制负荷特性的指数(通常为 1~3);T_{p1}、T_{p2} 为控制有功功率的时间常数;T_{q1}、T_{q2} 为控制无功功率的时间常数。

对于电流恒定的负荷,设置 $n_p=1$,$n_q=1$;对于阻抗恒定的负荷,设置 $n_p=2$,$n_q=2$。初始值 V_0、P_0 和 Q_0 可以通过 Powergui 模块计算得到。

9.5　异步电动机模块

1. 异步电动机等效电路

SimPowerSystems 中异步电动机模块用四阶状态方程描述电动机的电气部分,其等效电路如图 9-22 所示。

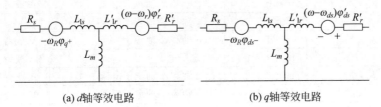

(a) d 轴等效电路　　　　　　　　(b) q 轴等效电路

图 9-22　异步电动机等效电路

在该等效电路中,所有参数均归算到定子侧,其中,R_s、L_{1s} 为定子绕组的电阻和漏感;R_r'、L_{1r}' 为转子绕组的电阻和漏感;L_m 为励磁电感;φ_{ds}、φ_{qs} 为定子绕组 d 轴和 q 轴磁通分量;φ_{dr}'、φ_{qr}' 为转子绕组 d 轴和 q 轴磁通分量。

转子运动方程表示如下:

$$\begin{cases} \dfrac{\mathrm{d}\omega_m}{\mathrm{d}t} = \dfrac{1}{2H}(T_e - F\omega_m - T_m) \\ \dfrac{\mathrm{d}\theta_m}{\mathrm{d}t} = \omega_m \end{cases}$$

其中,T_m 为加在电动机轴上的机械力矩;T_e 为电磁力矩;θ_e 为转子机械角位移;ω_m 为转子机械角速度;H 为机组惯性时间常数;F 为考虑 d、q 绕组在动态过程中的阻尼作用以及转子运动中的机械阻尼后的定常阻尼系数。

2．异步电动机模块

如图 9-23 所示，异步电动机模块分为标幺制（pu）下和国际单位制（SI）下的两种模块。

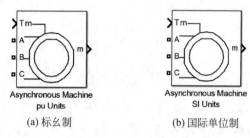

(a) 标幺制　　　　　　　　　　(b) 国际单位制

图 9-23　异步电动机模块

异步电动机模块有 1 个输入端子、1 个输出端子和 6 个电气连接端子。

输入端子（Tm）为转子轴上的机械转矩，可直接连接 Simulink 信号。机械转矩为正，表示异步电机运行方式为电动机模式；机械转矩为负，表示异步电机运行方式为发电机模式。

输出端子（m）输出一系列电机的内部信号，由 21 路信号组成，其构成如表 9-5 所示。

表 9-5　异步电动机输出信号

输出	符　　号	端　口	定　　义	单　　位
1～3	i_{ra}, i_{rb}, i_{rc}	ir_abc	转子电流	A 或者 pu
4～5	i_d, i_q	ir_qd	q 轴和 d 轴转子电流	A 或者 pu
6～7	$\varphi_{rq}, \varphi_{rd}$	phir_qd	q 轴和 d 轴转子磁通	A 或者 pu
8～9	V_{rq}, V_{rd}	vr_qd	q 轴和 d 轴转子电压	V 或者 pu
10～12	i_{sa}, i_{sb}, i_{sc}	is_abc	定子电流	A 或者 pu
13～14	i_{sd}, i_{sq}	is_qd	q 轴和 d 轴定子电流	A 或者 pu
15～16	$\varphi_{sq}, \varphi_{sd}$	phis_qd	q 轴和 d 轴定子磁通	V·s 或者 pu
17～18	V_{sq}, V_{sd}	vs_qd	q 轴和 d 轴定子电压	V 或者 pu
19	ω_m	wm	转子角速度	rad/s
20	T_e	Te	电磁转矩	N·m 或者 pu
21	θ_m	Thetam	转子角位移	rad

电气连接端子（A、B、C）为电机的定子电压输入，可直接连接三相电压；电气连接端子（a、b、c）为转子电压输出，一般短接在一起或者连接到其他附加电路中。

通过电机测量信号分离器（Machines Measurement Demux）模块可以将输出端子中的各路信号分离出来，典型接线如图 9-24 所示。

双击异步电动机模块，将弹出该模块的参数对话框，如图 9-25 所示。

在该对话框中含有如下参数：

（1）"预设模型"（Preset model）下拉框：选择系统设置的内部模型，同步电机将自动获取各项参数，如果不想使用系统给定的参数，则选择 No。

（2）"显示详细参数"（Show detailed parameters）复选框：选中该复选框，可以浏览

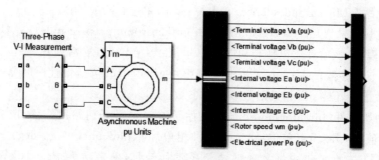

图 9-24　异步电动机输出信号分离接线

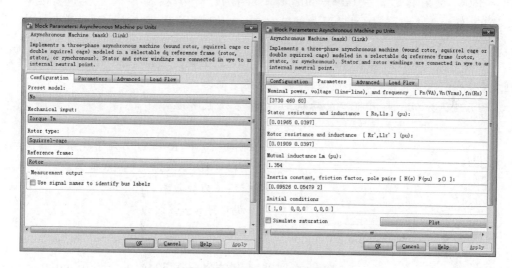

图 9-25　异步电动机模块参数

并修改电机参数。

（3）"绕组类型"（Rotor type）下拉框：定义转子的结构，分为绕线式（Wound）和鼠笼式（Squirrel-cage）两种。后者的输出端 a、b、c 由于直接在模块内部短接，因此图标上不可见。

（4）"参考轴"（Reference frame）下拉框：定义该模块的参考轴，决定将输入电压从abc 系统变换到指定参考轴下，将输出电流从指定参考轴下变换到 abc 系统。可以选择以下三种变换方式：

① "转子参考轴"（Rotor）：Park 变换；

② "固定参考轴"（Stationary）：Clarke 变换或 $\alpha\beta$ 变换；

③ "同步旋转轴"（Synchronous）：同步旋转。

（5）"额定参数"（Nominal power，voltage(line-line)，and frequency）文本框：额定视在功率 Pn（单位：VA）、线电压有效值 Vn（单位：V）、频率 fn（单位：Hz）。

（6）"定子参数"（Stator resistance and inductance）文本框：定子电阻 Rs（单位：Ω 或pu）和漏感 L1s（单位：H 或 pu）。

（7）"转子参数"（Rotor resistance and inductance）文本框：转子电阻（单位：Ω 或pu）和漏感（单位：H 或 pu）。

（8）"互感"（Mutual inductance）文本框：Lm（单位：H 或 pu）。

（9）"机械参数"（Inertia constant，friction factor and pairs of poles）文本框：对于 SI 异步电动机模块，该项参数包括转动惯量 J（单位：N·m）、阻尼系数 F（单位：N·m·s）和极对数 p 三个参数；对于 pu 异步电动机模块，该项参数包括惯性时间常数 H（单位：s）、阻尼系数 F（单位：pu）和极对数 p 三个参数。

（10）初始条件（Initial conditions）：初始转差率 s，转子初始角位移 th（单位：deg），定子电流幅值 ias、ibs、ics（单位：A 或 pu）和相角 pha、phb、phc（单位：deg）。

【例 9-3】 一台三相四极鼠笼型转子异步电动机，额定功率 $P_n=10\text{kW}$，额定电压 $V_{1n}=380\text{V}$，额定转速 $n_n=1455\text{r/min}$，额定频率 $f_n=50\text{Hz}$。已知定子每相电阻 $R_s=0.458\Omega$，漏抗 $X_{1s}=0.81\Omega$，转子每相电阻 $R=0.349\Omega$，漏抗 $X_L=1.467\Omega$，励磁电抗 $X_m=27.53\Omega$。

求额定负载运行状态下的定子电流、转速和电磁力矩。当 $t=0.2\text{s}$ 时，负载力矩增大到 100N·m，求变化后的定子电流、转速和电磁力矩。

（1）理论分析。采用异步电动机的 T 形等效电路进行计算，等效电路如图 9-26 所示。

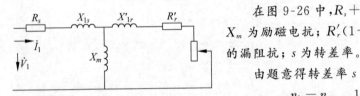

图 9-26　异步电动机 T 形等效电路

在图 9-26 中，R_s+X_{1s} 为定子绕组的漏阻抗；X_m 为励磁电抗；$R_r'(1-s)/s$ 为折算后转子绕组的漏阻抗；s 为转差率。

由题意得转差率 s 为

$$s=\frac{n_1-n_n}{n_1}=\frac{1500-1455}{1500}=0.03$$

其中，同步转速 $n_1=60f_n/p=1500\text{r/min}$。

定子额定相电流为

$$\dot{I}_1=\frac{\dot{V}_1}{R_s+jX_{1s}+\dfrac{jX_m\times(R_r'+R_r'(1-s)/s+jX_{1r}')}{jX_m+(R_r'+R_r'(1-s)/s+jX_{1r}')}}$$

$$=\frac{380\angle0°/\sqrt{3}}{0.458+j0.81+\dfrac{j27.53\times(0.349/0.03+j1.467)}{j27.53+0.349/0.03+j1.467}}$$

$$=19.68\angle-31.5°\text{A}$$

此时的额定输入功率为

$$P_1=\sqrt{3}\times380\times19.68\times\cos31.5°=11044\text{W}$$

定子铜耗为

$$P_{\text{Cu}}=3\times19.68^2\times0.349=405\text{W}$$

对应的电磁转矩为

$$T_e=\frac{P_1-P_{\text{Cu}}}{\Omega}=\frac{(11044-405)\times60}{2\pi\times1500}=67.7\text{N·m}$$

当负荷转矩增大到 100N·m 时，定子侧电流增大，电机转速下降以满足电磁转矩增加到 100N·m 的条件。简化计算可得变化后的定子侧相电流为

$$I = \frac{T_e \times \Omega + P_{\text{Cu}}}{\sqrt{3}\,V_1 \times \cos 31.5°} = 28.7\text{A}$$

（2）构建的系统仿真如图 9-27 所示。

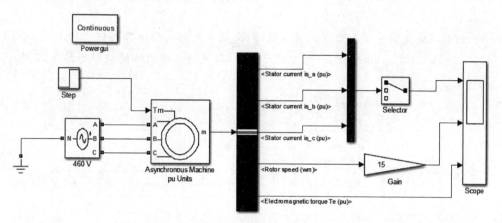

图 9-27　仿真电路图

在图 9-27 中，电力系统图形用户界面 Powergui 在 SimPowerSystems 路径下；示波器 Scope 在 Simulink/Sinks 路径下；增益模块 G 在 Simulink/Commonly Used Blocks 路径下；选择器模块 S 在 Simulink/Signal Routing 路径下；阶跃函数模块 Step 在 Simulink/Sources 路径下；电机测量信号分离器 Demux 在 SimPowerSystems/Machines 路径下；三相电压电流测量表 V-I M 在 SimPowerSystems/Measurements 路径下；三相双绕组变压器 T 在 SimPowerSystems/Elements 路径下；三相电压源 Vs 在 SimPowerSystems/Electrical Sources 路径下；SI 下异步电机 AM 在 SimPowerSystems/Machines 路径下。

（3）设置模块参数和仿真参数。双击异步电动机模块，设置参数如图 9-28 所示。其中初始条件需要由 Powergui 模块计算得到。在学习如何使用 Powergui 设置初始值之前，建议读者将上述初始条件直接输入。

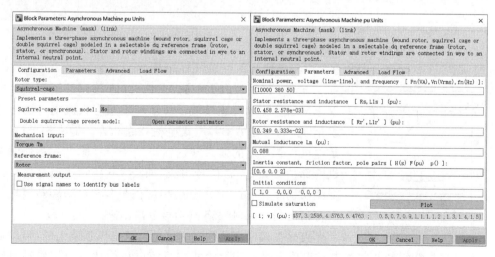

图 9-28　异步电动机参数设置

将阶跃函数模块的初始值设为 67.7642,0.2s 时变为 100。电机测量信号分离器分离第 10~12 路、第 19 路和第 20 路信号。选择器模块选择 a 相电流。由于电机模块输出的转速单位为 rad/s,因此使用了一个增益模块将有名单位 rad/s 转换为习惯的有名单位 r/min,增益系数为 $K=60/(2p)$。

三相电压电流测量模块仅仅用作电路连接,因此内部无须选择任何变量。

(4) 仿真及结果。开始仿真,观察定子电流、转速和电磁力矩的波形如图 9-29 所示。

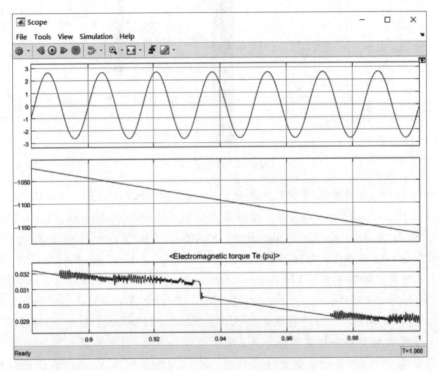

图 9-29　仿真图形

9.6　直流电机模块

SimPowerSystems 库中直流电机模块的图标如图 9-30 所示。

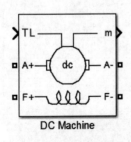

图 9-30　直流电机模块

直流电机模块有 1 个输入端子、1 个输出端子和 4 个电气连接端子。电气连接端子 F+和 F−与直流电机励磁绕组相连。A+和 A−与电机电枢绕组相连。输入端子(TL)是电机负载转矩的输入端。输出端子(m)输出一系列的电机内部信号,由 4 路信号组成,如表 9-6 所示。通过信号数据流模块库(Signal Routing)中的信号分离(Demux)模块可以将输出端子 m 中的各路信号分离出来。

直流电机模块是建立在他励直流电机基础上的,可以通过励磁和电枢绕组的并联和串联组成并励或串励电机。直流电机模块可以工作在电动机状态,也可以工作在发电机状态,这完全由电机的转矩方向确定。

表 9-6　直流电机输出信号

输　出	符　号	定　义	单　位
1	ω_m	电机转速	rad/s
2	i_a	电枢电流	A
3	i_f	励磁电流	A
4	T_e	电磁转矩	N·m

双击直流电机模块,将弹出该模块的参数对话框,如图 9-31 所示。在该对话框中含有如下参数:

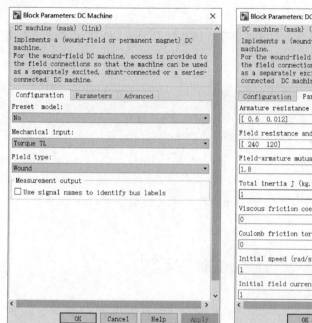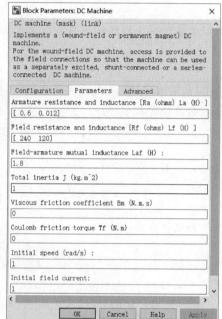

图 9-31　直流电机模块参数对话框

(1)"预设模型"(Preset model)下拉框:选择系统设置的内部模型,电机将自动获取各项参数,如果不想使用系统给定的参数,则选择 No。

(2)"显示详细参数"(Show detailed parameters)复选框:选中该复选框,可以浏览并修改电机参数。

(3)"电枢电阻和电感"(Armature resistance and inductance)文本框:电枢电阻 Ra(单位:Ω)和电枢电感 La(单位:H)。

(4)"励磁电阻和电感"(Field resistance and inductance)文本框:励磁电阻 Rf(单位:Ω)和励磁电感 Lf(单位:H)。

(5)"励磁和电枢互感"(Field-armature mutual inductance)文本框:互感 Laf(单位:H)。

(6)"转动惯量"(Total inertia J)文本框:转动惯量 J(单位:kg·m^2)。

(7)"粘滞摩擦系数"(Viscous friction coefficient)文本框:直流电机的总摩擦系数 Bm(单位:N·m·s)。

(8)"干摩擦矩阵"(Coulomb friction torque)文本框:直流电机的干摩擦矩阵常数

Tf(单位：N·m)。

（9）"初始角速度"(Initial speed)文本框：指定仿真开始时直流电机的初始速度(单位：rad/s)。

【例 9-4】 一台直流并励电动机，铭牌额定参数：额定功率 $P_n = 17\text{kW}$，额定电压 $V_n = 220\text{V}$，额定电流 $I_n = 88.9\text{A}$，额定转速 $n_n = 3000\text{r/min}$，电枢回路总电阻 $R_a = 0.087\Omega$，励磁回路总电阻 $R_f = 181.5\Omega$。电动机转动惯量 $J = 0.76\text{kg·m}^2$。试对该电动机的直接启动过程进行仿真。

（1）计算电动机参数。励磁电流 I_f 为

$$I_f = \frac{V_n}{R_f} = \frac{220}{185.1} = 1.21\text{A}$$

励磁电感在恒定磁场控制时可取为零，则电枢电阻 $R_a = 0.087\Omega$，电枢电感估算为

$$L_a = 19.1 \times \frac{CV_n}{2pn_nI_n} = 19.1 \times \frac{0.4 \times 220}{2 \times 1 \times 3000 \times 88.9} = 0.0032\text{H}$$

其中，p 为极对数；C 为计算系数，补偿电机 $C = 0.1$，无补偿电机 $C = 0.4$。

因为电动势常数 C_e 为

$$C_e = \frac{V_n - R_aI_n}{n_n} = \frac{220 - 0.087 \times 88.9}{3000} = 0.0708\text{V·min/r}$$

转矩常数 K_E 为

$$K_E = \frac{60}{2\pi}C_e = \frac{60}{2\pi} \times 0.0708 = 0.676\text{V·s}$$

因此有电枢互感 L_{af} 为

$$L_{af} = \frac{K_E}{I_f} = \frac{0.676}{1.21} = 0.56\text{H}$$

额定负载转矩 T_L 为

$$T_L = 9.55C_eI_N = 9.55 \times 0.0708 \times 88.9 = 60.1\text{N·m}$$

（2）构建的系统仿真如图 9-32 所示。

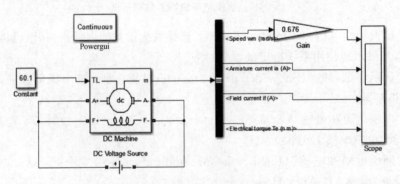

图 9-32　仿真电路图

在图 9-32 中，直流电机 DCM 在 SimPowerSystems/Machines 路径下；直流电压源 VDC 在 SimPowerSystems/Electrical Sources 路径下；常数模块 Cons 在 Simulink/Sources 路径下；信号分离模块 Demux 在 Simlink/Signal Routing 路径下；增益模块 G 在 Simulink/Commonly Used Blocks 路径下；示波器 Scope 在 Simulink/Sinks 路径下。

(3) 设置模块参数和仿真参数。双击直流电机模块,设置参数如图 9-33 所示。

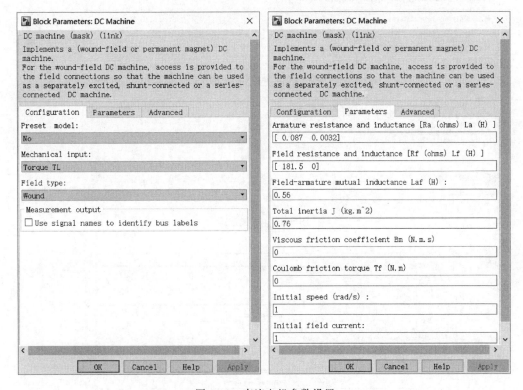

图 9-33 直流电机参数设置

在电源 VDC 模块对话框中输入 220,如图 9-34 所示,在常数模块 Cons 对话框中输入 60.1。

图 9-34 直流电压设置

打开菜单 File→Simulink Preferences→Solver,在图 9-35 所示的算法选择(Solver options)窗口中选择"变步长"(Variable-step)和"刚性积分算法(ode15s)",同时设置仿真结束时间为 1s。

(4) 仿真及结果。开始仿真,观察定子电流、转速和电磁力矩,波形如图 9-36 所示。

图 9-36 中波形依次为电动机转速、电枢电流、励磁电流和电磁转矩。可见,电机带负荷启动时,启动电流很大,最大可达 2500A;在启动 0.4s 后,转速达到 3000r/min,电流下降为额定值 89A 左右。

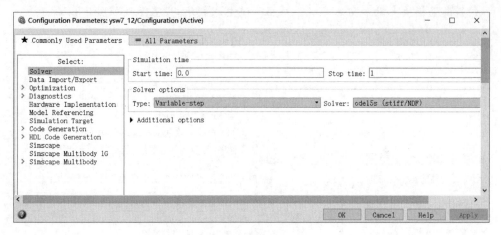

图 9-35　算法选择

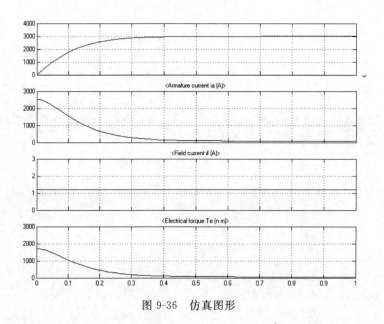

图 9-36　仿真图形

9.7　本章小结

　　本章主要围绕 Simulink 提供的同步电机模块、异步电机模块和直流电机模块等进行仿真分析,针对每一个模块的各个参数进行了详细的阐述,并附有仿真模型,可使读者真正掌握 Simulink 在电力系统中的仿真应用。

MATLAB/Simulink 的 SimPowerSystems 库提供了常用的电力电子开关模块,包括各种整流、逆变电路模块以及时序逻辑驱动模块。为了真实再现实际电路的物理状态,MATLAB 对几种常用电力电子模块分别进行了建模,用户可以根据这些模块进行电力系统稳态仿真和电力系统电磁暂态仿真等。

学习目标:

(1) 熟练掌握 MATLAB 电力系统仿真等;

(2) 熟练运用 MATLAB 对电力系统稳态仿真等;

(3) 熟练掌握使用 MATLAB 对电力系统暂态仿真等。

10.1 Powergui 模块

Powergui 模块为电力系统稳态与暂态仿真提供了有用的图形用户分析界面。通过 Powergui 模块,可以对系统进行可变步长连续系统仿真、定步长离散系统仿真和相量法仿真,并实现以下功能:

(1) 显示测量电压、测量电流和所有状态变量的稳态值;

(2) 改变仿真初始状态;

(3) 进行潮流计算并对包含三相电机的电路进行初始化设置;

(4) 显示阻抗的依频特性图;

(5) 显示 FFT 分析结果;

(6) 生成状态-空间模型并打开"线性时不变系统"(LTI)时域和频域的视窗界面;

(7) 生成报表,该报表中包含测量模块、电源、非线性模块和电路状态变量的稳态值,并以后缀名.rep 保存;

(8) 设计饱和变压器模块的磁滞特性。

MATLAB 提供的 Powergui 模块在 SimPowerSystems 库中,图标如图 10-1 所示。该主窗口包含"仿真类型"(Simulation Type)和"分析工具"(Analysis Tools)两块内容。

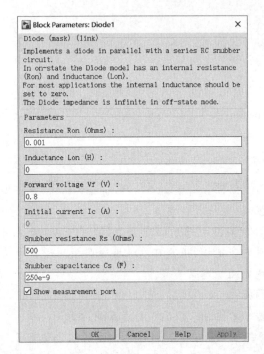

图 10-1 Powergui 模块

10.1.1 仿真类型

1)"离散系统仿真"(Discretize electrical model)单选框

选中该单选框后,在"采样时间"(Sample time)文本框中输入指定的采样时间($T_s >$ 0),按指定的步长对离散化系统进行分析。若采样时间等于 0,表示不对数据进行离散化处理,采用连续算法分析系统。若未选中该单选框,"采样时间"文本框显示为灰色。具体如图 10-2 所示。

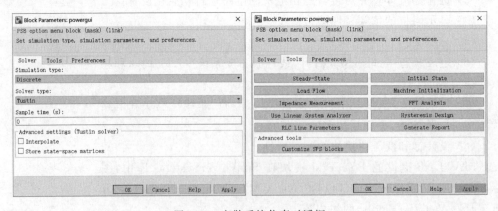

图 10-2 离散系统仿真对话框

2)"连续系统仿真"(Continuous)单选框

选中该单选框后,采用连续算法分析系统,如图 10-3 所示。

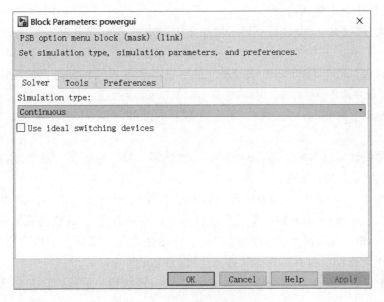

图 10-3　连续系统仿真

10.1.2　分析工具

1）单击"稳态电压电流分析"（Steady-State Voltages and Currents）按键

打开稳态电压电流分析窗口，显示模型文件的稳态电压和电流，如图 10-4 所示。

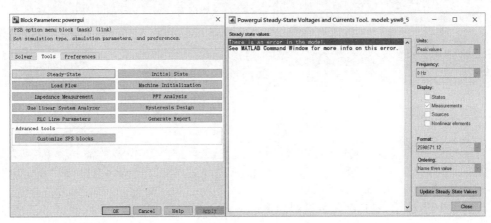

图 10-4　稳态电压电流分析

如图 10-4 所示，各选项参数说明如下：

（1）"稳态值"（Steady state value）列表框：显示模型文件中指定的电压、电流稳态值。

（2）"单位"（Units）下拉框：选择将显示的电压、电流值是"峰值"（Peak）还是"有效值"（RMS）。

（3）"频率"（Frequency）下拉框：选择将显示的电压、电流相量的频率。该下拉框中列出模型文件中电源的所有频率。

(4)"状态"(States)复选框：显示稳态下电容电压和电感电流的相量值。默认状态为不选。

(5)"测量"(Measurements)复选框：显示稳态下测量模块测量到的电压、电流相量值。默认状态为选中。

(6)"电源"(Sources)复选框：显示稳态下电源的电压、电流相量值。默认状态为不选。

(7)"非线性元件"(Nonlinear elements)复选框：显示稳态下非线性元件的电压、电流相量值。默认状态为不选。

(8)"格式"(Format)下拉框：在下拉列表框中选择要观测的电压和电流的格式。"浮点格式"(floating point)以科学计数法显示 5 位有效数字；"最优格式"(best of)显示 4 位有效数字并且在数值大于 9999 时以科学计数法表示；最后一个格式直接显示数值大小,小数点后保留 2 位数字。默认格式为"浮点格式"。

(9)"更新稳态值"(Update Steady State Values)按键：重新计算并显示稳态电压、电流值。

2)"初始状态设置"(Initial States Setting)按键

打开初始状态设置窗口,显示初始状态,并允许对模型的初始电压和电流进行更改,如图 10-5 所示。

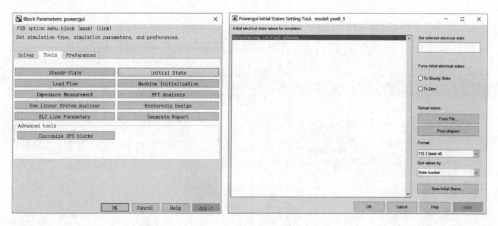

图 10-5 初始状态设置

如图 10-5 所示,各选项参数说明如下：

(1)"初始状态"(Initial state values for simulation)列表框：显示模型文件中状态变量的名称和初始值。

(2)"设置到指定状态"(Set selected state)文本框：对"初始状态"列表框中选中的状态变量进行初始值设置。

(3)"设置所有状态量"(Reset all States)：选择从"稳态"(To Steady State)或者"零初始状态"(To Zero)开始仿真。

(4)"加载状态"(Reload States)：选择从"指定的文件"(From File)中加载初始状态或直接以"当前值"(From Diagram)作为初始状态开始仿真。

（5）"应用"（Apply）按键：用设置好的参数进行仿真。

（6）"返回"（Revert）按键：返回到"初始状态设置"窗口打开时的原始状态。

（7）"保存初始状态"（Save Initial States…）按键：将初始状态保存到指定的文件中。

（8）"格式"（Format）下拉框：选择观测的电压和电流的格式。格式类型见 6.1.2节。默认格式为"浮点格式"。

（9）"分类"（Sort values by）下拉框：选择初始状态值的显示顺序。"默认顺序"（Default order）是按模块在电路中的顺序显示初始值；"状态序号"（State number）是按状态空间模型中状态变量的序号来显示初始值；"类型"（Type）是按电容和电感来分类显示初始值。默认格式为"默认顺序"。

3）"潮流计算和电机初始化"（Load Flow and Machine Initialization）按键

打开潮流计算和电机初始化窗口，如图 10-6 所示。

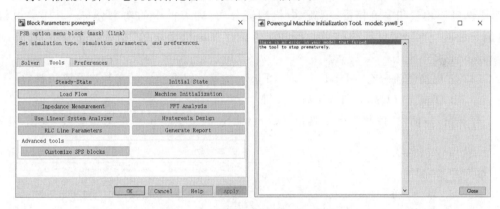

图 10-6　潮流计算和电机初始化

如图 10-6 所示，各选项参数说明如下：

（1）"电机潮流分布"（Machines load flow）列表框：显示"电机"（Machines）列表框中选中电机的潮流分布。

（2）"电机"（Machines）列表框：显示简化同步电机、同步电机、非同步电机和三相动态负荷模块的名称。选中该列表框中的电机或负荷后，才能进行参数设置。

（3）"节点类型"（Bus type）下拉框：选择节点类型。对于"PV 节点"（P&V Generator），可以设置电机的端口电压和有功功率；对于"PQ 节点"（P&Q Generator），可以设置电机的有功和无功功率；对于"平衡节点"（Swing Bus），可以设置终端电压UAN 的有效值和相角，同时需要对有功功率进行预估。

如果选择了非同步电机模块，则仅需要输入电机的机械功率；如果选择了三相动态负荷模块，则需要设置该负荷消耗的有功和无功功率。

（4）"终端电压 UAB"（Terminal voltage UAB）文本框：对选中电机的输出线电压进行设置（单位：V）。

（5）"有功功率"（Active power）文本框：设置选中的电机或负荷的有功功率（单位：W）。

（6）"预估的有功功率"（Active power guess）文本框：如果电机的节点类型为平衡节点，设置迭代起始时刻电机的有功功率。

(7)"无功功率"(Reactive power)文本框：设置选中的电机或负荷的无功功率（单位：Var）。

(8)"电压 UAN 的相角"(Phase of UAN voltage)文本框：当电机的节点类型为平衡节点时，该文本框被激活。指定选中电机 a 相电压的相角。

(9)"负荷频率"(Load flow frequency)下拉框：对潮流计算的频率进行设置，通常为 60 Hz 或者 50 Hz。

(10)"负荷潮流初始状态"(Load flow initial condition)下拉框：常常选择默认设置"自动"(Auto)，使得迭代前系统自动调节负荷潮流初始状态。如果选择"从前一个结果开始"(Start from previous solution)，则负荷潮流的初始值为上次仿真结果。如果改变电路参数、电机的功率分布和电压后负荷潮流不收敛，就可以选择这个选项。

(11)"更新电路和测量结果"(Update Circuit & Measurements)按键：更新电机列表，更新电压相量和电流相量，更新"电机潮流分布"列表框中的功率分布。其中的电机电流是最近一次潮流计算的结果。该电流值储存在电机模块的"初始状态参数"(Initial conditions)文本框中。

(12)"更新潮流分布"(Update Load Flow)按键：根据给定的参数进行潮流计算。

4)"LTI 视窗"(Use LTI Viewer)按键

打开窗口，使用"控制系统工具箱"(Control System Toolbox)的 LTI 视窗，如图 10-7 所示。

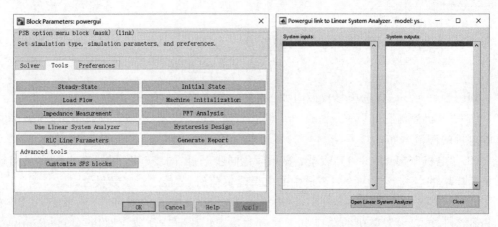

图 10-7　Use LTI Viewer

如图 10-7 所示，各选项参数说明如下：

(1)"系统输入"(System inputs)列表框：列出电路状态空间模型中的输入变量，选择需要用到 LTI 视窗的输入变量。

(2)"系统输出"(System outputs)列表框：列出电路状态空间模型中的输出变量，选择需要用到 LTI 视窗的输出变量。

(3)"打开新的 LTI 视窗"(Open New LTI Viewer)按键：产生状态空间模型并打开选中的输入和输出变量的 LTI 视窗。

(4)"打开当前 LTI 视窗"(Open in current LTI Viewer)按键：产生状态空间模型并将选中的输入和输出变量叠加到当前 LTI 视窗。

5)"阻抗依频特性测量"(Impedance vs. Frequency Measurement)按键

打开窗口,如果模型文件中含阻抗测量模块,该窗口中将显示阻抗依频特性图,如图 10-8 所示。

如图 10-8 所示,各选项参数说明如下:

(1)图表:窗口左上侧的坐标系表示阻抗-频率特性,左下侧的坐标系表示相角-频率特性。

(2)"测量模块"(Measurement)列表框:列出模型文件中的阻抗测量模块,选择需要显示依频特性的阻抗测量模块。使用 Ctrl 键可选择多个阻抗显示在同一个坐标中。

(3)"范围"(Range)文本框:指定频率范围(单位:Hz)。该文本框中可以输入任意有效的 MATLAB 表达式。

(4)"对数阻抗"(Logarithmic Impedance)单选框:坐标系纵坐标的阻抗以对数值形式表示。

(5)"线性阻抗"(Linear Impedance)单选框:坐标系纵坐标的阻抗以线性形式表示。

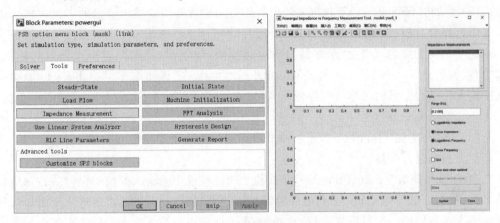

图 10-8　阻抗依频特性测量

(6)"对数频率"(Logarithmic Frequency)单选框:坐标系横坐标的频率以对数值形式表示。

(7)"线性频率"(Linear Frequency)单选框:坐标系横坐标的频率以线性形式表示。

(8)"网格"(Grid)复选框:选中该复选框,阻抗-频率特性图和相角-频率特性图上将出现网格。默认设置为无网格。

(9)"更新后保存数据"(Save data when updated)复选框:选中该复选框后,该复选框下面的"工作空间变量名"(Workspace variable name)文本框被激活,数据以该文本框中显示的变量名被保存在工作空间中。复数阻抗和对应的频率保存在一起,其中频率保存在第 1 列,阻抗保存在第 2 列。默认设置为不保存。

(10)"显示/保存"(Display/Save)按键:开始阻抗依频特性测量并显示结果,如果选择了"更新后保存数据"(Save data when updated)复选框,数据将保存到指定位置。

6)"FFT 分析"(FFT Analysis)按键

打开 FFT 分析窗口,如图 10-9 所示。

如图 10-9 所示,各选项参数说明如下:

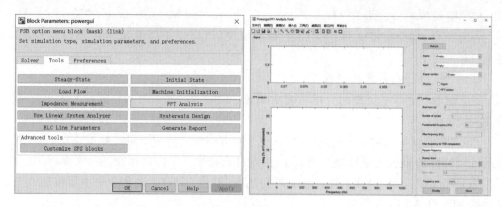

图 10-9　FFT 分析

（1）图表：窗口左上侧的图形表示被分析信号的波形，窗口左下侧的图形表示该信号的 FFT 分析结果。

（2）"结构"（Structure）下拉框：列出工作空间中带时间的结构变量的名称。使用下拉菜单选择要分析的结构变量。

这些结构变量名可以由"示波器"（Scope）模块产生。打开示波器模块参数对话框，选中"数据历史"（Data history）标签页，如图 6-9 所示，在"变量名"（Variable name）文本框中输入该结构变量的名称，在"存储格式"（Format）下拉框中选择"带时间的结构变量"（Structure with time）。

（3）"输入变量"（Input）下拉框：列出被选中的结构变量中包含的输入变量名称，选择需要分析的输入变量。

（4）"信号路数"（Signal number）下拉框：列出被选中的输入变量中包含的各路信号的名称。例如，若要把 a、b、c 三相电压绘制在同一个坐标中，可以通过把这三个电压信号同时送入示波器的一个通道来实现，这个通道就对应一个输入变量，该变量含有 3 路信号，分别为 a 相、b 相和 c 相电压。

（5）"开始时间"（Start time）文本框：指定 FFT 分析的起始时间。

（6）"周期个数"（Number of cycles）文本框：指定需要进行 FFT 分析的波形的周期数。

（7）"显示 FFT 窗/显示完整信号"（Display FFT window/Display entire signal）下拉框：选择"显示完整信号"（Display entire signal），将在左上侧插图中显示完整的波形；选择"显示 FFT 窗"（Display FFT window）将在左上侧插图中显示指定时间段内的波形。

（8）"基频"（Fundamental frequency）文本框：指定 FFT 分析的基频（单位：Hz）。

（9）"最大频率"（Max Frequency）文本框：指定 FFT 分析的最大频率（单位：Hz）。

（10）"频率轴"（Frequency axis）下拉框：在下拉框中选择"赫兹"（Hertz）使频谱的频率轴单位为 Hz，选择"谐波次数"（Harmonic order）使频谱的频率轴单位为基频的整数倍。

（11）"显示类型"（Display style）下拉框：频谱的显示类型可以是"以基频或直流分量为基准的柱状图"（Bar(relative to Fund. or DC)）、"以基频或直流分量为基准的列表"

(list (relative to Fund. or DC))、"指定基准值下的柱状图"(Bar (relative to specified base))和"指定基准值下的列表"(List (relative to specified base))4 种类型。

（12）"基准值"(Base value)文本框：当"显示类型"下拉框中选择"指定基准值下的柱状图"或"指定基准值下的列表"时,该文本框被激活,输入谐波分析的基准值。

（13）"显示"(Display)按键：显示 FFT 分析结果。

7）"报表生成"(Generate Report)按键

打开窗口,产生稳态计算的报表,如图 10-10 所示。

如图 10-10 所示,各选项参数说明如下：

（1）"报表中包含的内容"(Items to include in the report)：包括"稳态"(Steady state)复选框、"初始状态"(Initial states)复选框和"电机负荷潮流"(Machine load flow)复选框,这三个复选框可以任意组合。

（2）"报表中的频率"(Frequency to include in the report)下拉框：选择报表中包含的频率,可以是 60 Hz 或者全部,默认为 60 Hz。

（3）"单位"(Units)下拉框：选择以"峰值"(Peak)或"有效值"(Units)显示数据。

（4）"格式"(Format)下拉框：与 6.1.2 节相关内容相同。

（5）"报表生成"(Create Report)按键：生成报表并保存。

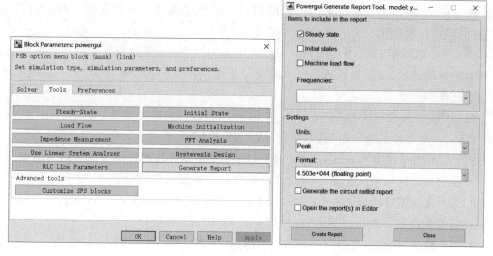

图 10-10　报表生成

8）"磁滞特性设计工具"(Hysteresis Design Tool)按键

打开窗口,对饱和变压器模块和三相变压器模块的铁芯进行磁滞特性设计,如图 10-11 所示。

如图 10-11 所示,各选项参数说明如下：

（1）"磁滞曲线"(Hysteresis curve for file)图表：显示设计的磁滞曲线。

（2）"分段"(Segments)下拉框：将磁滞曲线作分段线性化处理,并设置磁滞回路第一象限和第四象限内曲线的分段数目。左侧曲线和右侧曲线关于原点对称。

（3）"剩余磁通"(Remanent flux Fr)文本框：设置零电流对应的剩磁。

（4）"饱和磁通"(Saturation flux Fs)文本框：设置饱和磁通。

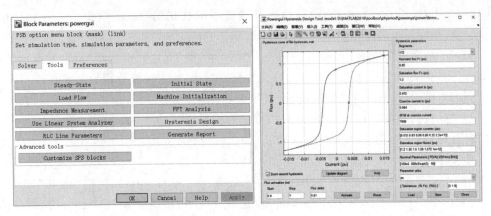

图 10-11　磁滞特性设计工具

（5）"饱和电流"（Saturation current Is）文本框：设置饱和磁通对应的电流。

（6）"矫顽电流"（Coercive current Ic）文本框：设置零磁通对应的电流。

（7）"矫顽电流处的斜率"（dF/dI at coercive current）文本框：指定矫顽电流点的斜率。

（8）"饱和区域电流"（Saturation region currents）文本框：设置磁饱和后磁化曲线上各点所对应的电流值，仅需设置第一象限值。注意该电流向量的长度必须和"饱和区域磁通"的向量长度相同。

（9）"饱和区域磁通"（Saturation region fluxes）文本框：设置磁饱和后磁化曲线上各点所对应的磁通值，仅需要设置第一象限值。注意该向量的长度必须和"饱和区域电流"的向量长度相同。

（10）"变压器额定参数"（Transfo Nominal Parameters）文本框：指定额定功率（单位：VA）、一次绕组的额定电压值（单位：V）和额定频率（单位：Hz）。

（11）"参数单位"（Parameter units）下拉框：将磁滞特性曲线中电流和磁通的单位由国际单位制（SI）转换到标幺制（pu）或者由标幺制转换到国际单位制。

（12）"放大磁滞区域"（Zoom around hysteresis）复选框：选中该复选框，可以对磁滞曲线进行放大显示。默认设置为"可放大显示"。

9）"计算 RLC 线路参数"（Compute RLC Line Parameters）按键

打开窗口，通过导线型号和杆塔结构计算架空输电线的 RLC 参数，如图 10-12 所示。在电子电路仿真中，系统仿真加载 Powergui 模块，各模块参数自动初始化。

如图 10-12 所示，各选项参数说明如下：

（1）"单位"（Units）下拉框：在下拉菜单中，选择以"米制"（metric）为单位时，以厘米作为导线直径、几何平均半径 GMR 和分裂导线直径的单位，以米作为导线间距离的单位；选择以"英制"（english）为单位时，以英寸作为导线直径、几何平均半径 GMR 和分裂导线直径的单位，以英尺作为导线间距离的单位。

（2）"频率"（Frequency）文本框：指定 RLC 参数所用的频率（单位：Hz）。

（3）"大地电阻"（Ground resistivity）文本框：指定大地电阻（单位：Ω·m）。输入 0 表示大地为理想导体。

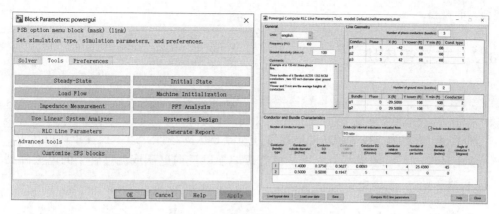

图 10-12　计算 RLC 线路参数

（4）"注释"（Comments）多行文本框：输入关于电压等级、导线类型和特性等的注释。该注释将与线路参数一同被保存。

（5）"导线相数"（Number of phase conductors(bundle)）文本框：设置线路的相数。

（6）"地线数目"（Number of ground wires(bundle)）文本框：设置大地导线的数目。

（7）导线结构参数表：输入导线的"相序"（Phase number）、"水平挡距"（X）、"垂直挡距"（Y tower）、"挡距中央的高度"（Y min）和"导线的类型"（Conductor(bundle)type）共5 个参数。

（8）"导线类型的个数"（Number of conductor types or bundle types）文本框：设置需要用到导线类型（单导线或分裂导线）的数量。假如需要用到架空导线和接地导线,该文本框中就要填 2。

（9）"导线内电感计算方法"（Conductor internal inductance evaluated from）下拉框：选择用"直径/厚度"（T/D ratio）、"几何平均半径"（Geometric Mean Radius(GMR)）或者"1 英尺（米）间距的电抗"（Reactance Xa at 1-foot spacing）进行内电感计算。

（10）"考虑导线集肤效应"（Include conductor skin effect）复选框：选中该复选框后,在计算导线交流电阻和电感时将考虑集肤效应的影响。若未选中,电阻和电感均为常数。

（11）导线特性参数表：输入导线"外径"（Conductor Outside diameter）、"T/D"（Conductor T/D ratio）、"GMR"（Conductor GMR）、"直流电阻"（Conductor DC resistance）、"相对磁导率"（Conductor relative permeability）、"分裂导线中的子导线数目"（Number of conductors per bundle）、"分裂导线的直径"（Bundle diameter）和"分裂导线中 1 号子导线与水平面的夹角"（Angle of conductor 1）共 8 个参数。

（12）"计算 RLC 参数"（Compute RLC parameters）按键：单击该按键后,将弹出RLC 参数的计算结果窗口。

（13）"保存"（Save）按键：单击该按键后,线路参数以及相关的 GUI 信息将以后缀名 .mat 被保存。

（14）"加载"（Load）按键：单击该按键后,将弹出窗口,选择"典型线路参数"（Typical line data）或"用户定义的线路参数"（User defined line data）将线路参数信息加载到当前窗口。

10.2 二极管模块

1. 原理与图标

图 10-13 所示为二极管模块的电路符号和静态伏安特性。当二极管正向电压 V_{ak} 大于门槛电压 V_f 时,二极管导通;当二极管两端加以反向电压或流过管子的电流降到 0 时,二极管关断。

(a) 电路符号　　　　　(b) 静态伏安特性

图 10-13　功率二极管模块的电路符号和静态伏安特性

SimPowerSystems 库提供的二极管模块图标如图 10-14 所示。

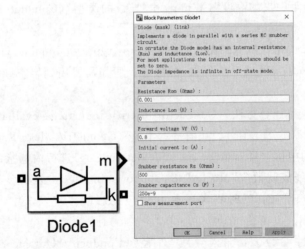

图 10-14　二极管模块

2. 外部接口

二极管模块有 2 个电气接口和 1 个输出接口。2 个电气接口(a,k)分别对应于二极管的阳极和阴极。输出接口(m)输出二极管的电流和电压测量值 $[I_{ak}, V_{ak}]$,其中电流单位为 A,电压单位为 V。

3. 参数设置

双击二极管模块,弹出该模块的参数对话框,如图 10-14 所示。在该对话框中含有如下参数:

（1）"导通电阻"（Resistance Ron）文本框：单位为 Ω，当电感值为 0 时，电阻值不能为 0。

（2）"电感"（Inductance Lon）文本框：单位为 H，当电阻值为 0 时，电感值不能为 0。

（3）"正向电压"（Forward voltage Vf）文本框：单位为 V，当二极管正向电压大于 V_f 后，二极管导通。

（4）"初始电流"（Initial current Ic）文本框：单位为 A，设置仿真开始时的初始电流值。通常将初始电流值设为 0，表示仿真开始时二极管为关断状态。设置初始电流值大于 0，表示仿真开始时二极管为导通状态。如果初始电流值非 0，则必须设置该线性系统中所有状态变量的初值。对电力电子变换器中的所有状态变量设置初始值是很麻烦的事情，所以该选项只适用于简单电路。

（5）"缓冲电路阻值"（Snubber resistance Rs）文本框：并联缓冲电路中的电阻值，单位为 Ω。缓冲电阻值设为 inf 时将取消缓冲电阻。

（6）"缓冲电路电容值"（Snubber capacitance Cs）文本框：并联缓冲电路中的电容值，单位为 F。缓冲电容值设为 0 时，将取消缓冲电容；缓冲电容值设为 inf 时，缓冲电路为纯电阻性电路。

（7）"测量输出端"（Show measurement port）复选框：选中该复选框，出现测量输出接口 m，可以观测二极管的电流和电压值。

【例 10-1】 构建简单的二极管整流电路，观测整流效果。其中电压源频率为 50Hz，幅值为 100V，电阻 R 为 1Ω，二极管模块采用默认参数。

（1）构建的系统仿真如图 10-15 所示。

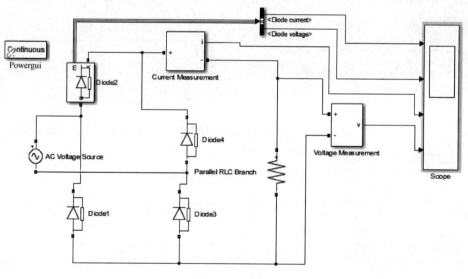

图 10-15　仿真电路图

在图 10-15 中，示波器 Scope 在 Simulink/Sinks 路径下；信号分离模块 Demux 在 Simulink/Signal Routing 路径下；电流表模块 IR 在 SimPowerSystems/Measurements 路径下；电压表模块 VR 在 SimPowerSystems/Measurements 路径下；串联 RLC 支路 R 在 SimPowerSystems/Elements 路径下；交流电压源 Vs 在 SimPowerSystems/Electrical

Sources 路径下；功率二极管模块 D1、D2、D3、D4 在 SimPowerSystems/Power Electronics 路径下。

（2）设置参数和仿真参数。二极管模块采用图 10-14 所示的默认参数。交流电压源 V_s 的频率等于 50Hz、幅值等于 100V。串联 RLC 支路为纯电阻电路，其中 $R=1\Omega$，如图 10-16所示。

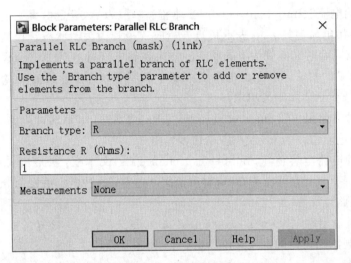

图 10-16　纯电阻电路

打开菜单 Simulation→Configuration Parameters，在图 10-17 所示的“算法选择”（Solver options）窗口中选择“变步长”（variable-step）和“ode23tb 算法”，同时设置仿真结束时间为 0.2s。

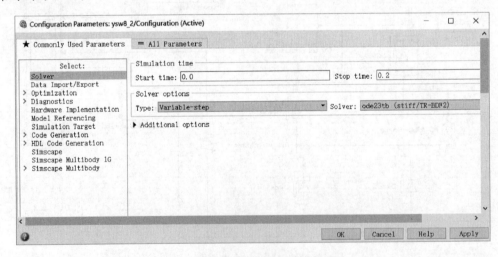

图 10-17　Simulink 模型参数设置

（3）仿真及结果。开始仿真。在仿真结束后双击示波器模块，得到二极管 D1 和电阻 R 上的电流电压如图 10-18 所示。图中波形从上向下依次为二极管电流、二极管电压、电阻电流和电阻电压。

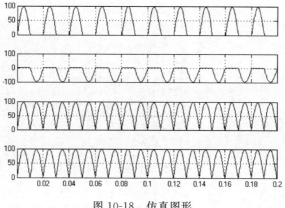

图 10-18　仿真图形

10.3　晶闸管模块

1. 原理与图标

晶闸管是一种由门极信号触发导通的半导体器件,图 10-19 所示为晶闸管模块的电路符号和静态伏安特性。

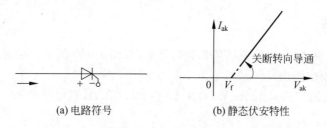

(a) 电路符号　　　　　　(b) 静态伏安特性

图 10-19　晶闸管模块的电路符号和静态伏安特性

如图 10-19 所示,当晶闸管承受正向电压($V_{ak}>0$)且门极有正的触发脉冲($g>0$)时,晶闸管导通。触发脉冲必须足够宽,才能使阳极电流 I_{ak} 大于设定的晶闸管擎住电流 I_1,否则晶闸管仍要转向关断。导通的晶闸管在阳极电流下降到 0($I_{ak}=0$)或者承受反向电压时关断,同样晶闸管承受反向电压的时间应大于设置的关断时间,否则,尽管门极信号为 0,晶闸管也可能导通。这是因为关断时间是表示晶闸管内载流子复合的时间,是晶闸管阳极电流降到 0 到晶闸管能重新施加正向电压而不会误导通的时间。

SimPowerSystems 库提供的晶闸管模块的图标如图 10-20 所示。

2. 外部接口

晶闸管模块有 2 个电气接口、1 个输入接口和 1 个输出接口。2 个电气接口(a,k)分别对应于晶闸管的阳极和阴极。输入接口(g)为门极逻辑信号。输出接口(m)输出晶闸管的电流和电压测量值$[I_{ak},V_{ak}]$,其中电流单位为 A,电压单位为 V。

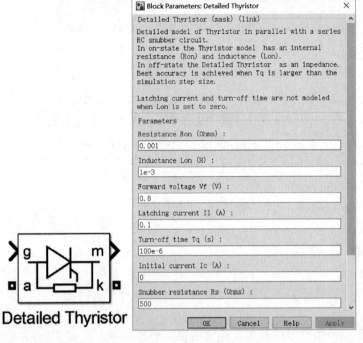

图 10-20 晶闸管模块

3. 参数设置

双击晶闸管模块,弹出该模块的参数对话框,如图 10-20 所示。在该对话框中含有如下参数(以详细模块为例):

(1)"导通电阻"(Resistance Ron)文本框:单位为 Ω,当电感值为 0 时,电阻值不能为 0。

(2)"电感"(Inductance Lon)文本框:单位为 H,当电阻值为 0 时,电感值不能为 0。

(3)"正向电压"(Forward voltage Vf)文本框:晶闸管的门槛电压 V_f,单位为 V。

(4)"擎住电流"(Latching current I1)文本框:单位为 A,简单模块没有该项。

(5)"关断时间"(Turn-off time Tq)文本框:单位为 s,它包括阳极电流下降到 0 的时间和晶闸管正向阻断的时间。简单模块没有该项。

(6)"初始电流"(Initial current Ic)文本框:单位为 A,当电感值大于 0 时,可以设置仿真开始时晶闸管的初始电流值,通常设为 0 表示仿真开始时晶闸管为关断状态。如果电流初始值非 0,则必须设置该线性系统中所有状态变量的初值。对电力电子变换器中的所有状态变量设置初始值是很麻烦的事情,所以该选项只适用于简单电路。

(7)"缓冲电路阻值"(Snubber resistance Rs)文本框:并联缓冲电路中的电阻值,单位为 Ω。缓冲电阻值设为 inf 时将取消缓冲电阻。

(8)"缓冲电路电容值"(Snubber capacitance Cs)文本框:并联缓冲电路中的电容值,单位为 F。缓冲电容值设为 0 时,将取消缓冲电容;缓冲电容值设为 inf 时,缓冲电路为纯电阻性电路。

(9)"测量输出端"(Show measurement port)复选框:选中该复选框,出现测量输出端口 m,可以观测晶闸管的电流和电压值。

【例 10-2】 构建单相桥式可控整流电路,观测整流效果。晶闸管模块采用默认参数。

(1) 构建的系统仿真如图 10-21 所示。

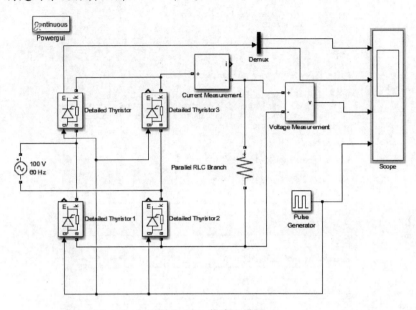

图 10-21 仿真电路图

在图 10-21 中,示波器 Scope 在 Simulink/Sinks 路径下;信号分离模块 Demux 在 Simulink/Signal Routing 路径下;电流表模块 IR 在 SimPowerSystems/Measurements 路径下;电压表模块 VR 在 SimPowerSystems/Measurements 路径下;脉冲发生器模块 P 在 Simulink/Sources 路径下;串联 RLC 支路 R 在 SimPowerSystems/Elements 路径下;交流电压源 Vs 在 SimPowerSystems/Electrical Sources 路径下;晶闸管模块 TH1、TH2、TH3、TH4 在 SimPowerSystems/Power Electronics 路径下。

(2) 设置模块参数和仿真参数。晶闸管的触发脉冲通过简单的"脉冲发生器"(Pulse Generator)模块产生,脉冲发生器的脉冲周期取为 2 倍的系统频率,即 100 Hz。

晶闸管的控制角 a 以脉冲的延迟时间 t 来表示,取 $a=30°$,对应的时间 $t=0.02×30/360=0.017s$。脉冲宽度用脉冲周期的百分比表示,默认值为 50%。双击脉冲发生器模块,按图 10-22 所示设置参数。

晶闸管模块采用图 10-22 所示的默认设置。

交流电压源 V_s 的频率等于 50Hz、幅值等于 100V。串联 RLC 支路为纯电阻电路,其中 $R=1\Omega$。

打开菜单 Simulation→Configuration Parameters,在图 10-23 所示的"算法选择"(Solver options)窗口中选择"变步长"(variable-step)和"ode23tb 算法",同时设置仿真结束时间为 0.2s。

(3) 仿真及结果。开始仿真。在仿真结束后双击示波器模块,得到晶闸管 TH1 和电阻 R 上的电流、电压如图 10-24 所示。图中波形从上向下依次为晶闸管电流、晶闸管电压、电阻电流、电阻电压和脉冲信号。

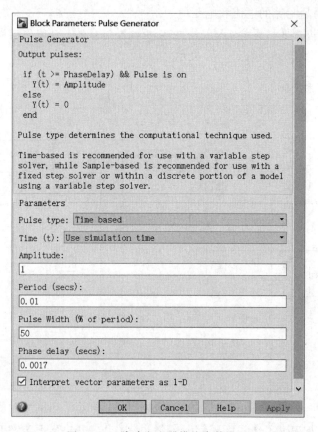

图 10-22　脉冲发生器模块参数设置

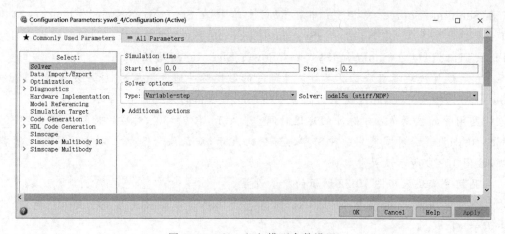

图 10-23　Simulink 模型参数设置

10.4　电力系统稳态仿真

　　稳态是电力系统运行的状态之一,稳态时系统的运行参量,如电压、电流和功率等,保持不变。在电网的实际运行中,理想的稳态很少存在。因此,工程中的稳态认为电力

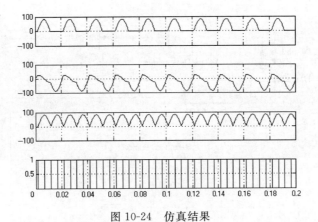

图 10-24　仿真结果

系统的运行参量持续在某一平均值附近变化,且变化很小。工程中稳态波动范围用相对偏差表示,常见的偏差取值为 5%、2% 和 1% 等。

10.4.1　连续系统仿真

【例 10-3】　一条 300kV、50Hz、300km 的输电线路,其 $z=(0.1+\mathrm{j}0.5)\Omega/\mathrm{km}$,$y=\mathrm{j}3.2\times10^{-6}\mathrm{S/km}$。分析用集总参数、多段 PI 型等效参数和分布参数表示的线路阻抗的频率特性。计算其潮流分布,并利用 Powergui 模块实现连续系统的稳态分析。

(1) 理论分析。由已知,$L=0.0016\mathrm{H}$,$C=0.0102\mu\mathrm{F}$,可得该线路传播速度为

$$v=\frac{1}{\sqrt{LC}}=247.54\mathrm{km/ms}$$

300 公里线路的传输时间为

$$T=\frac{300}{247.54}=1.212\mathrm{ms}$$

振荡频率为

$$f_{\mathrm{soc}}=\frac{1}{T}=825\mathrm{Hz}$$

(2) 按理论分析,第一次谐振发生在 $\frac{1}{4}f_{\mathrm{soc}}$,即频率 206Hz 处。之后,每 $206+n\times412\mathrm{Hz}(n=1,2,\cdots)$,即 618,1031,1444,… 处均发生谐振。

搭建仿真单相电路如图 10-25 所示。

在图 10-25 中,用到的仿真模块交流电压源 Vs 在 SimPowerSystems/Electrical Sources 路径下;串联 RLC 支路 Rs_eq 在 SimPowerSystems/Elements 路径下;PI 型等效电路 Pi Line 在 SimPowerSystems/Elements 路径下;串联 RLC 负荷 110MVar 在 SimPowerSystems/Elements 路径下;接地模块 Ground 在 SimPowerSystems/Elements 路径下;电压测量模块 V1 在 SimPowerSystems/Measurements 路径下;阻抗测量模块 ZB 在 SimPowerSystems/Measurements 路径下;增益模块 G 在 Simulink/Commonly Used Blocks 路径下;示波器 Scope V1 在 Simulink/Sinks 路径下;电力系统图形用户界面 Powergui 在 SimPowerSystems 路径下。

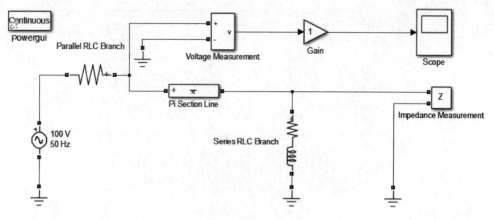

图 10-25　仿真模型

打开菜单 Simulation→Configuration Parameters，在图 10-26 所示的"算法选择"（Solver options）窗口中选择"变步长"（variable-step）和"ode23tb 算法"，同时设置仿真结束时间为 0.2s。

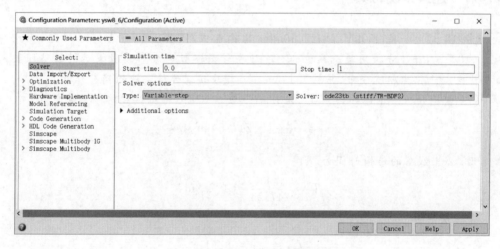

图 10-26　Simulink 模型参数设置

单击 Powergui 主窗口中 Impedance vs Frequency Measurement，得到阻抗依频特性窗口，图 10-27 所示为阻抗依频特性仿真结果。

运行仿真文件输出结果如图 10-28 所示。

10.4.2　离散系统仿真

连续系统仿真通常采用变步长积分算法。对小系统而言，变步长算法通常比定步长算法快，但是对于含有大量状态变量或非线性模块（如电力电子开关）的系统而言，采用定步长离散算法的优越性更为明显。

对系统进行离散化时，仿真的步长决定了仿真的精确度。步长太大可能导致仿真精度不足，步长太小又可能大大增加仿真运行时间。判断步长是否合适的唯一方法就是用

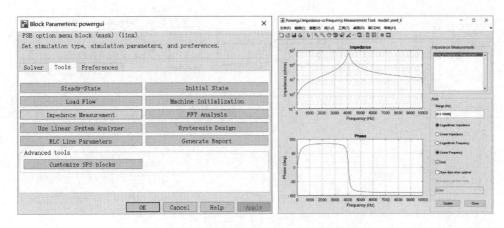

图 10-27　Powergui 主窗口和阻抗依频特性窗口

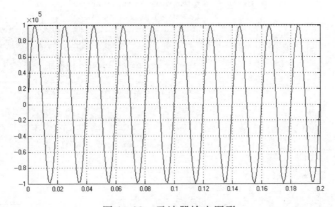

图 10-28　示波器输出图形

不同的步长试探并找到最大时间步长。对于 50Hz 或 60Hz 的系统,或者带有整流电力电子设备的系统,通常 20～50μs 的时间步长都能得到较好的仿真结果。

对于含强迫换流电力电子开关器件的系统,由于这些器件通常都运行在高频下,因此需要适当地减小时间步长。例如,对运行在 8kHz 左右的脉宽调制(PWM)逆变器的仿真,需要的时间步长为 1μs。

【例 10-4】　将例 10-3 中的 PI 形电路的段数改为 10,对系统进行离散化仿真并比较离散系统和连续系统的仿真结果。

(1) 重新布置系统仿真图,如图 10-29 所示。

(2) 参数设置。双击如图 10-29 模型文件中 PI 形电路模块,打开参数对话框,将分段数改为 10,如图 10-30 所示。

打开 Powergui 模块,选择"离散系统仿真"单选框,设置采样时间为 25e－6s,如图 10-31所示。仿真时该系统将以 25μs 的采样率进行离散化。

由于系统离散化了,因此在该系统中无连续的状态变量,所以不需要采用变步长的积分算法进行仿真。

(3) 运行仿真,输出结果如图 10-32 所示。

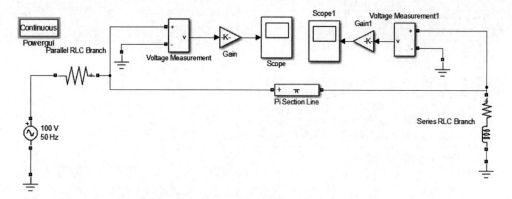

图 10-29 系统仿真图

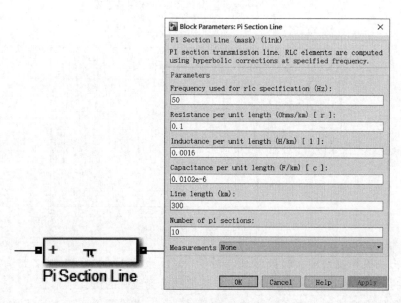

图 10-30 PI 形电路模块参数设置

10.5 电力系统电磁暂态仿真

暂态是电力系统运行状态之一,由于受到扰动,系统运行参量将发生很大的变化,处于暂态过程;暂态过程有两种,一种是电力系统中的转动元件,如发电机和电动机,其暂态过程主要是由于机械转矩和电磁转矩(或功率)之间的不平衡而引起的,通常称为机电过程,即机电暂态,另一种是针对变压器、输电线等元件,由于并不牵涉角位移、角速度等机械量,故其暂态过程称为电磁过程,即电磁暂态。

Simulink 的电力系统暂态仿真过程通过机械开关设备,如"断路器"(Circuit breakers)模块或者电力电子设备的开断实现。

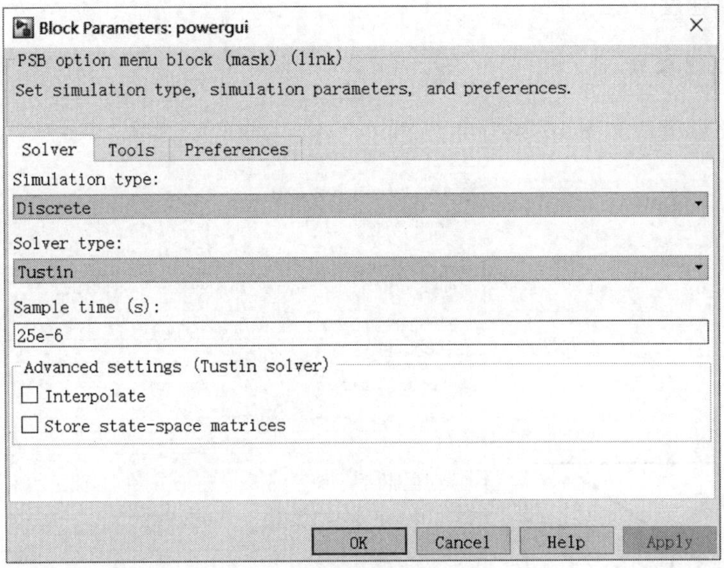

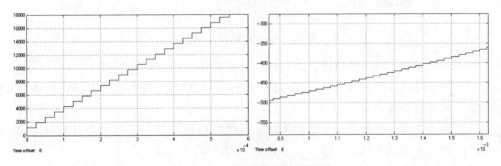

图 10-31 系统离散化

图 10-32 系统离散化输出图形

10.5.1 断路器模块

SimPowerSystems 库提供的断路器模块可以对开关的投切进行仿真。断路器合闸后等效于电阻值为 R_{on} 的电阻元件。R_{on} 是很小的值,相对外电路可以忽略。断路器断开时等效于无穷大电阻,熄弧过程通过电流过零时断开断路器完成。开关的投切操作可以受外部或内部信号的控制。

外部控制方式时,断路器模块上出现一个输入端口,输入的控制信号必须为 0 或者 1,其中 0 表示切断,1 表示投合;内部控制方式时,切断时间由模块对话框中的参数指定。如果断路器初始设置为 1(投合),SimPowerSystems 库自动将线性电路中的所有状态变量和断路器模块的电流进行初始化设置,这样仿真开始时电路处于稳定状态。断路器模块包含 R_s-C_s 缓冲电路。如果断路器模块和纯电感电路、电流源和空载电路串联,则必须使用缓冲电路。

带有断路器模块的系统进行仿真时需要采用刚性积分算法,如 ode23tb、odel5s,这样可以加快仿真速度。

单相断路器模块

单相断路器模块如图 10-33 所示。

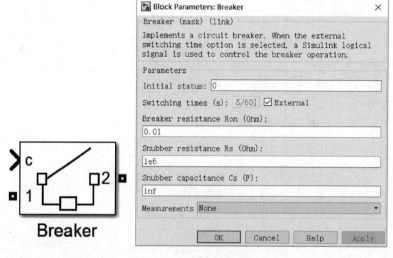

图 10-33　单相断路器模块

图 10-33 所示为断路器模块参数对话框。该对话框中含有如下参数：

（1）"断路器电阻"（Breaker resistance Ron）文本框：断路器投合时的内部电阻（单位：Ω）。断路器电阻不能为 0。

（2）"初始状态"（Initial state）文本框：断路器初始状态。断路器为合闸状态，输入 1，对应的图标显示投合状态；输入 0，表示断路器为断开状态。

（3）"缓冲电阻"（Snubber resistance Rs）文本框：并联缓冲电路中的电阻值（单位：Ω）。缓冲电阻值设为 inf 时，将取消缓冲电阻。

（4）"缓冲电容"（Snubber capacitance Cs）文本框：并联缓冲电路中的电容值（单位：F）。缓冲电容值设为 0 时，将取消缓冲电容；缓冲电容值设为 inf 时，缓冲电路为纯电阻性电路。

（5）"开关动作时间"（Switching times）文本框：采用内部控制方式时，输入一个时间向量以控制开关动作时间。从开关初始状态开始，断路器在每个时间点动作一次。例如，初始状态为 0，在时间向量的第一个时间点，开关投合，第二个时间点，开关打开。如果选中外部控制方式，该文本框不可见。

（6）"外部控制"（External control of switching times）复选框：选中该复选框，断路器模块上将出现一个外部控制信号输入端。开关时间由外部逻辑信号（0 或 1）控制。

（7）"测量参数"（Measurements）下拉框：对以下变量进行测量。

① "无"（None）：不测量任何参数。

② "断路器电压"（Branch voltages）：测量断路器电压。

③ "断路器电流"（Branch currents）：测量断路器电流，如果断路器带有缓冲电路，测量的电流仅为流过断路器器件的电流。

④ "所有变量"(Branch voltages and currents)：测量断路器电压和电流。

10.5.2 三相断路器模块

三相断路器模块如图 10-34 所示。

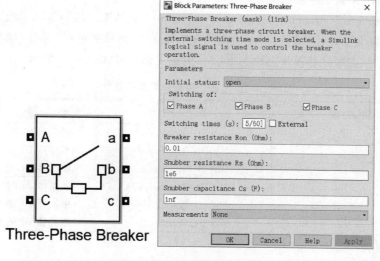

图 10-34 三相断路器模块

图 10-34 所示为三相断路器模块参数对话框。该对话框中含有如下参数：

(1) "断路器初始状态"(Initial status of breakers)下拉框：断路器三相的初始状态相同，选择初始状态后，图标会显示相应的切断或者投合状态。

(2) "A 相开关"(Switching of phase A)复选框：选中该复选框后表示允许 A 相断路器动作，否则 A 相断路器将保持初始状态。

(3) "B 相开关"(Switching of phase B)复选框：选中该复选框后表示允许 B 相断路器动作，否则 B 相断路器将保持初始状态。

(4) "C 相开关"(Switching of phase C)复选框：选中该复选框后表示允许 C 相断路器动作，否则 C 相断路器将保持初始状态。

(5) "切换时间(Transition times)文本框：采用内部控制方式时，输入一个时间向量以控制开关动作时间。如果选中外部控制方式，该文本框不可见。

(6) "外部控制"(External control of switching times)复选框：选中该复选框，断路器模块上将出现一个外部控制信号输入口。开关时间由外部逻辑信号(0 或 1)控制。

(7) "断路器电阻"(Breaker resistance Ron)文本框：断路器投合时内部电阻(单位：W)。断路器电阻不能为 0。

(8) "缓冲电阻"(Snubber resistance Rp)文本框：并联的缓冲电路中的电阻值(单位：Ω)。缓冲电阻值设为 inf 时，将取消缓冲电阻。

(9) "缓冲电容"(Snubber capacitance Cp)文本框：并联的缓冲电路中的电容值(单位：F)。缓冲电容值设为 0 时，将取消缓冲电容；缓冲电容值设为 inf 时，缓冲电路为纯电阻性电路。

（10）"测量参数"（Measurements）下拉框：对以下变量进行测量。

① "无"（None）：不测量任何参数。

② "断路器电压"（Branch voltages）：测量断路器的三相终端电压。

③ "断路器电流"（Branch currents）：测量流过断路器内部的三相电流，如果断路器带有缓冲电路，测量的电流仅为流过断路器器件的电流。

④ "所有变量"（Branch voltages and currents）：测量断路器电压和电流。

选中的测量变量需要通过万用表模块进行观察。测量变量由"标签"加"模块名"加"相序"构成，例如断路器模块名称为 B1 时，测量变量符号如表 10-1 所示。

表 10-1　三相断路器测量变量符号

测 量 内 容	符 号	解 释
电压	Ub：B1/Breaker A	断路器 B1 的 A 相电压
	Ub：B1/Breaker B	断路器 B1 的 B 相电压
	Ub：B1/Breaker C	断路器 B1 的 C 相电压
电流	Ib：B1/Breaker A	断路器 B1 的 A 相电流
	Ib：B1/Breaker B	断路器 B1 的 B 相电流
	Ib：B1/Breaker C	断路器 B1 的 C 相电流

10.5.3　三相故障模块

三相故障模块是由三个独立的断路器组成的、能对相-相故障和相-地故障进行模拟的模块。该模块的等效电路如图 10-35 所示。

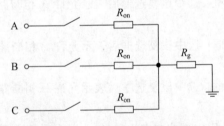

图 10-35　三相故障模块等效电路

三相故障模块图标如图 10-36 所示。

图 10-36 所示为三相故障模块参数对话框。该对话框中含有如下参数：

（1）"A 相故障"（Phase A Fault）复选框：选中该复选框后表示允许 A 相断路器动作，否则 A 相断路器将保持初始状态。

（2）"B 相故障"（Phase B Fault）复选框：选中该复选框后表示允许 B 相断路器动作，否则 B

相断路器将保持初始状态。

（3）"C 相故障"（Phase C Fault）复选框：选中该复选框后表示允许 C 相断路器动作，否则 C 相断路器将保持初始状态。

（4）"故障电阻"（Fault resistances Ron）文本框：断路器投合时的内部电阻（单位：Ω）。故障电阻不能为 0。

（5）"接地故障"（Ground Fault）复选框：选中该复选框后表示允许接地故障。通过和各个开关配合可以实现多种接地故障。未选中该复选框时，系统自动设置大地电阻为 $10^6\Omega$。

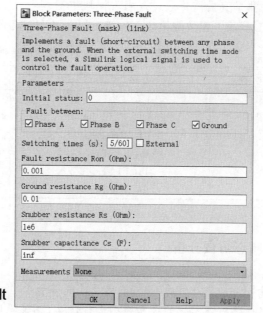

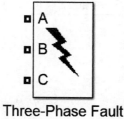

Three-Phase Fault

图 10-36　三相故障模块

（6）"大地电阻"（Ground resistance Rg）文本框：接地故障时的大地电阻（单位：Ω）。大地电阻不能为 0。选中接地故障复选框后，该文本框可见。

（7）"外部控制"（External control of fault timing）复选框：选中该复选框，三相故障模块上将增加一个外部控制信号输入端。开关时间由外部逻辑信号（0 或 1）控制。

（8）"切换状态"（Transition status）文本框：设置断路器的开关状态，断路器按照该文本框设置状态进行切换。采用内部控制方式时，该文本框可见。断路器的初始状态默认设为与该文本框中第一个状态量相反的状态。

（9）"切换时间"（Transition times）文本框：设置断路器的动作时间，断路器按照该文本框设置的时间进行切换。

（10）"断路器初始状态"（Initial status of fault）文本框：设置断路器的初始状态。采用外部控制方式时，该文本框可见。

（11）"缓冲电阻"（Snubber resistance Rp）文本框：并联的缓冲电路中的电阻值（单位：Ω）。缓冲电阻值设为 inf 时，将取消缓冲电阻。

（12）"缓冲电容"（Snubber capacitance Cp）文本框：并联的缓冲电路中的电容值（单位：F）。缓冲电容值设为 0 时，将取消缓冲电容；缓冲电容值设为 inf 时，缓冲电路为纯电阻性电路。

（13）"测量参数"（Measurements）下拉框：对以下变量进行测量。

① "无"（None）：不测量任何参数。

② "故障电压"（Branch voltages）：测量断路器的三相端口电压。

③ "故障电流"（Branch currents）：测量流过断路器的三相电流，如果断路器带有缓冲电路，测量的电流仅为流过断路器器件的电流。

④ "所有变量"（Branch voltages and currents）：测量断路器电压和电流。

选中的测量变量需要通过万用表模块进行观察。测量变量由"标签"加"模块名"加"相序"构成,例如三相故障模块名称为 F1 时,测量变量符号如表 10-2 所示。

表 10-2　三相故障模块测量参数符号

测量内容	符　号	解　释
电压	Ub：F1/Fault A	三相故障模块 F1 的 A 相电压
	Ub：F1/ Fault B	三相故障模块 F1 的 B 相电压
	Ub：F1/ Fault C	三相故障模块 F1 的 C 相电压
电流	Ib：F1/ Fault A	三相故障模块 F1 的 A 相电流
	Ib：F1/ Fault B	三相故障模块 F1 的 B 相电流
	Ib：F1/Fault C	三相故障模块 F1 的 C 相电流

10.5.4　暂态仿真分析

【例 10-5】　线电压为 300kV 的电压源经过一个断路器和 300km 的输电线路向负荷供电。搭建电路对该系统的高频振荡进行仿真,观察不同输电线路模型和仿真类型的精度差别。

(1) 搭建仿真单相电路图如图 10-37 所示。

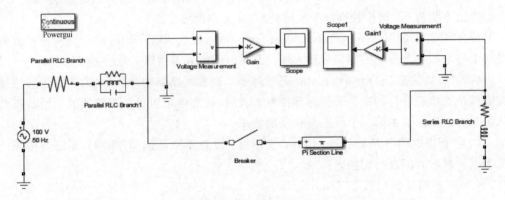

图 10-37　仿真电路图

在图 10-37 中,电力系统图形用户界面 Powergui 在 SimPowerSystems 路径下;示波器 Scope V1、V2 在 Simulink/Sinks 路径下;增益模块在 Simulink/Commonly Used Blocks 路径下;电压表模块 V1、V2 在 SimPowerSystems/Measurements 路径下;接地模块在 SimPowerSystems/Elements 路径下;串联 RLC 负荷 110MVar 在 SimPowerSystems/Elements 路径下;PI 型等效电路 PI Line 在 SimPowerSystems/Elements 路径下;断路器模块 Breaker 在 SimPowerSystems/Elements 路径下;并联 RLC 支路 Z_eq 在 SimPowerSystems/Elements 路径下;串联 RLC 支路 Rs_eq 在 SimPowerSystems/Elements 路径下;交流电压源 Vs 在 SimPowerSystems/Electrical Sources 路径下。

(2) 设置模块参数和仿真参数。并联 RLC 模块(Parallel RLC Branch)的参数设置如图 10-38 所示。

断路器模块 Breaker 的参数设置如图 10-39 所示。

Block Parameters: Parallel RLC Branch1   ×

Parallel RLC Branch (mask) (link)

Implements a parallel branch of RLC elements.
Use the 'Branch type' parameter to add or remove
elements from the branch.

Parameters

Branch type: RLC

Resistance R (Ohms):

180. 1

Inductance L (H):

26. 525e-3

☐ Set the initial inductor current

Capacitance C (F):

117.84e-6

☐ Set the initial capacitor voltage

Measurements None

[OK] [Cancel] [Help] [Apply]

图 10-38 并联 RLC 模块参数设置

Block Parameters: Breaker   ×

Breaker (mask) (link)

Implements a circuit breaker. When the external
switching time option is selected, a Simulink logical
signal is used to control the breaker operation.

Parameters

Initial status: 0

Switching times (s): 1/200 ☐ External

Breaker resistance Ron (Ohm):

0. 001

Snubber resistance Rs (Ohm):

inf

Snubber capacitance Cs (F):

0

Measurements None

[OK] [Cancel] [Help] [Apply]

图 10-39 Breaker 的参数设置

打开菜单 Simulation→Configuration Parameters，在图 10-40 所示的"算法选择"
(Solver options)窗口中选择"变步长"(variable-step)和"ode23tb 算法"，同时设置仿真结
束时间为 0.02s。

Configuration Parameters: ysw8_9/Configuration (Active)   — ☐ ×

★ Commonly Used Parameters   ☰ All Parameters

Select:
Solver
Data Import/Export
> Optimization
> Diagnostics
Hardware Implementation
Model Referencing
Simulation Target
> Code Generation
> HDL Code Generation
Simscape
Simscape Multibody 1G
Simscape Multibody

Simulation time

Start time: 0.0   Stop time: 0.02

Solver options

Type: Variable-step   Solver: ode15s (stiff/NDF)

▶ Additional options

[OK] [Cancel] [Help] [Apply]

图 10-40 Simulink 模型参数设置

（3）不同输电线路模型下的仿真。设置线路为 1 段 PI 形电路、10 段 PI 形电路和分
布参数线路，把仿真得到的 V2 处电压分别保存在变量 V21、V210 和 V2d 中，并画出对
应的波形如图 10-41 所示。

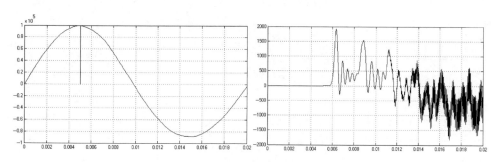

图 10-41 示波器输出图形

10.6　本章小结

　　Simulink 的 SimPowerSystems 库提供了常用的电力电子开关模块,包括各种整流、逆变电路模块以及时序逻辑驱动模块。稳态是电力系统运行的状态之一,稳态时系统的运行参量,如电压、电流和功率等,保持不变;暂态是电力系统运行状态之一,由于受到扰动系统运行参量将发生很大的变化,处于暂态过程。本章主要针对电力系统稳态和暂态进行仿真分析,真实再现了实际电路的物理状态,通过本章的学习,读者可以更加深层次地理解电力系统仿真设计与分析。

第 **11** 章 通信系统仿真设计

通信系统一般由信源(发端设备)、信宿(收端设备)和信道(传输媒介)组成,信源、信宿和信道被称为通信的三要素。本章在MATLAB语言的基础上,讲述通信系统建模与仿真的作用、方法和实例。基于通信系统的仿真设计以通信系统的模块化构造为主线,介绍数字通信系统的基本模型和相应的建模方法,并介绍了 MATLAB 自带的通信工具箱的使用。

学习目标:
(1) 学习和掌握通信系统仿真方法和模型设计;
(2) 学习和掌握 Simulink 通信系统仿真库使用;
(3) 掌握 MATLAB 通信系统仿真设计。

11.1　通信系统仿真概述

通信系统是用以完成信息传输过程的技术系统的总称。现代通信系统主要借助电磁波在自由空间的传播或在导引媒体中的传输机理来实现,前者称为无线通信系统,后者称为有线通信系统。当电磁波的波长达到光波范围时,这样的电信系统称为光通信系统;其他电磁波范围的通信系统则称为电磁通信系统,简称为电信系统。

由于光的导引媒体采用特制的玻璃纤维,因此有线光通信系统又称光纤通信系统。一般电磁波的导引媒体是导线,按其具体结构可分为电缆通信系统和明线通信系统;无线电信系统按其电磁波的波长则有微波通信系统与短波通信系统之分。另一方面,按照通信业务的不同,通信系统又可分为电话通信系统、数据通信系统、传真通信系统和图像通信系统等。

由于人们对通信的容量要求越来越高,对通信的业务要求越来越多样化,所以通信系统正迅速向着宽带化方向发展,而光纤通信系统将在通信网中发挥越来越重要的作用。

数字通信系统的模块化模型如图 11-1 所示。

1) 信源和信宿

信源是信息的来源。信源发出的信息可以是离散信号,也可以是

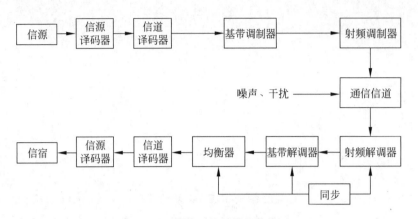

图 11-1   通信系统的模块化模型

模拟信号。信宿是信息的接受者。信源在仿真中可用随机序列产生器来生成。

2）信源编码器和译码器

信源编码的作用有两个：首先是模数转换，即将信源发出的模拟信号转化成数字信号，以实现模拟信号的数字化传输；其次是数据压缩，即通过降低冗余度来减少码元数目和降低码元速率。常见的信源压缩编码方式有 Huffman 编码、算术编码、L-Z 编码等。信源译码器完成数模转换和数据压缩编码的译码。

3）信道编码器和译码器

信道编码器对数码流进行相应的处理，使系统具有一定的纠错能力和抗干扰能力。信道编码的处理技术有差错控制码和交织编码器等。差错控制码有线性差错控制码（汉明码和线性循环码等）、Reed-Solomon 码、卷积码、Turbo 码和 LDPC 码等。信道译码器完成信道编码的译码。交织编码技术可离散化并纠正信号衰落引起的突发性差错，改善信道的传输特性。

4）基带调制器和解调器

基带调制器把输入码元映射为基带波形。一般通过线路编码和发送滤波器来形成特定频谱和统计特征的脉冲波形。对于数据传输的脉冲成形波形，通常选择满足奈奎斯特准则的零符号间干扰属性的脉冲波形，如升余弦脉冲。升余弦脉冲的频域表达如下：

$$P(f) = \begin{cases} T, & 0 \leqslant |f| \leqslant \dfrac{1-\beta}{2T} \\ \dfrac{T}{2}\left[1 + \cos\dfrac{\pi T}{\beta}\left(|f| - \dfrac{1-\beta}{2T}\right)\right], & \dfrac{1-\beta}{2T} < |f| \leqslant \dfrac{1+\beta}{2T} \\ 0, & |f| > \dfrac{1-\beta}{2T} \end{cases}$$

其中，T 为脉冲周期或为符号周期，β 是升余弦脉冲的滚降系数。

对 $P(f)$ 进行傅里叶反变换得到升余弦脉冲波形如下：

$$p(t) = \frac{\sin\dfrac{\pi t}{T}}{\dfrac{\pi t}{T}} \cdot \frac{\cos\left(\dfrac{\pi t}{T}\beta\right)}{1 - 4\dfrac{t^2}{T^2}\beta^2}$$

通常将这个符号脉冲截断到符号周期的整数倍 $2mT$，m 的取值应该在速度和精度要求之间进行折中。然后在每个符号周期内进行 k 点采样,使得 $T=kT_s$,这里 T_s 为采样周期。滤波器冲激响应的持续时间通常选择 8 到 16 个符号,即 $m=4$ 或 $m=8$。在许多系统设计中,升余弦脉冲的频域表达式 $P(f)$ 的传递函数通常通过两个分别在发射端和接收端滤波器的级联而实现。这两个滤波器传递函数均为 $\sqrt{P(f)}$,称为平方根升余弦脉冲(SQRC)滤波器。基本的滤波器可以分成 IIR 和 FIR 两类。

5) 射频调制器和解调器

射频调制将一个低通信号通过载波转化成带通信号,而解调将一个带通信号还原成一个低通信号。带通信号在仿真时可以通过其低通复包络来代替。首先介绍代替带通信号的低通复包络表示。

一般的带通信号,如在调制器的输出端所看到的信号,可表示如下:

$$x(t) = A(t)\cos[2\pi f_0 t + \phi(t)]$$

其中,$A(t)$ 是信号的幅值,或者是实包络;$\phi(t)$ 是相对于 $2\pi f_0 t$ 的相位偏移;f_0 是载波频率。

上式还可表示如下:

$$x(t) = \mathrm{Re}\{A(t)\exp[\mathrm{j}\phi(t)]\exp[\mathrm{j}2\pi f_0 t]\}$$

$$x(t) = \mathrm{Re}\{\bar{x}(t)\exp[\mathrm{j}2\pi f_0 t]\}$$

其中 $\tilde{x}(t)=A(t)\exp[\mathrm{j}\phi(t)]$ 是实信号 $x(t)$ 的低通复包络。

6) 均衡器

在通信系统中均衡器可以用来减小码间干扰的影响,有频域均衡和时域均衡两种方式。时域均衡直接从时间响应角度考虑,使包括均衡器在内的整个传输系统的冲激响应满足无码间干扰的条件。最常用的均衡器结构是线性横向均衡器,它由若干个抽头延迟线组成,延时时间间隔等于码元间隔。非线性均衡器的种类较多,包括判决反馈均衡器(DFE)、最大似然(ML)符号检测器和最大似然序列估计等。因为很多数字通信系统的信道(例如无线移动通信信道)特性是未知和时变的,要求接收端的均衡器必须具有自适应的能力。均衡器可采用自适应信号处理的相关算法(如最小均方自适应算法 LMS 和最小二乘自适应算法 RLS 等)以实现高性能的信道均衡。

7) 同步

同步是在接收端产生载波和定时信号的过程,从而实现相干解调。当同步子系统是研究的目标时,同步子系统的工作过程必须能反映其瞬态响应,如捕获时间和捕获范围等。如果仅对系统级性能指标(如 BER)感兴趣,在仿真中可仅考虑同步子系统的稳态特性,如相位和定时的偏移和抖动。

8) 信道

信道是信号的传输通道。根据传输介质的不同可分为有线信道和无线信道。无线信道的信道状况比较复杂。无线通信基于电磁波在空间开放传播,接收环境也比较复杂。在高楼林立的城市繁华区、以一般性建筑物为主的近郊区和以山丘、湖泊、平原为主的农村及远郊区电磁波传播特性各不相同。同时,通信用户可能具有移动性,如准静态的室内用户,慢速步行用户和高速车载用户。这样,接收端接收到的信号是发射电磁波经过信道的直射、反射、绕射和散射等作用后多条路径的合成信号。

信号强度和相位在多径信道的起伏变化称为衰落。衰落信道从传播效应上分为大尺度衰落(包括路径损耗和阴影衰落)和小尺度衰落(多径衰落)。

阴影衰落是由障碍物阻挡造成。阻挡物的数量和类型会造成衰落信号的随机性。

信号发射功率和接收功率的比值一般服从对数正态分布。小尺度衰落可建模为统计多径模型。

多径效应使接收信号脉冲宽度扩展的现象称为时延扩展。当时延扩展大于符号间隔时会引起码间干扰,这称为频率选择性衰落。这时,多径是可分辨的,故又称宽带衰落信道;当时延扩展小于符号间隔时不会引起码间干扰,称为平坦衰落。这时,多径是不可分辨的,故又称窄带衰落信道。

瑞利分布是最常见的用于描述平坦衰落信号接收包络或独立多径分量接收包络统计时变特性的一种分布类型。另外,通信双方的相对运动会引起信号的多普勒频移,再加上多径效应后会产生的信号的多普勒扩展从而造成时间选择性衰落。如果信号在一个符号的时间里变化不大,则认为是慢衰落;如果信号在一个符号的时间里有明显变化,则认为是快衰落。

11.2　信源与信道模型

信源是信息的来源。信源发出的信息可以是离散信号,也可以是模拟信号。信道是信号的传输通道。根据传输介质的不同可分为有线信道和无线信道。信宿是信息的接受者,可以是人也可以是机器,如收音机和电视机等。信息传播过程简单地描述为信源→信道→信宿。

11.2.1　随机数产生器

随机数产生器用来产生$[0, M-1]$范围内具有均匀分布的随机整数。程序如下:

```
>> randi(4,4)
ans =
    2    2    2    1
    3    3    1    4
    1    3    1    3
    3    3    4    4
```

随机整数产生器输出整数的范围为$[0, M-1]$,可以由用户自己定义,Simulink中随机整数产生器模块如图11-2所示。

图 11-2　随机整数产生器模块

双击随机整数产生器模块,弹出属性设置菜单,如图11-3所示。

如图11-3所示,各选项含义如下:

(1) M-ary number 选项:输入一个随机数(正整数或者正整数矢量),从而设定整数输出范围,例如输入 M,随机整数产生器输出整数的范围$[0, M-1]$。

(2) Initial seed 选项:随机整数产生器的随机种子。当使用相同的随机种子时,随机整数产生器每次都会产生相同的二进制序列,不同的随机数种子产生不同的序列。当随机数种子的维数大于1时,输出信号的维数也大于1。

(3) Sample time 选项:输出序列的采样时间,一般采用系统默认设置。

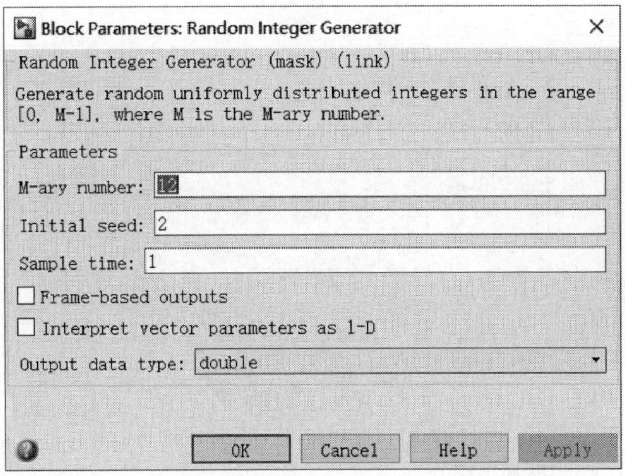

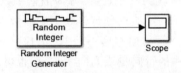

图 11-3 随机整数产生器模块属性设置菜单

（4）Frame-based outputs 选项：指定整数产生器以帧格式产生输出序列，即决定了输出信号是基于帧还是基于采样。该选项只有当 Interpret vector parameters as 1-D 选项未被选中时才有效。

（5）Interpret vector parameters as 1-D 选项：选中该复选框，则随机整数产生器输出一维序列，否则输出二维序列。本项只有当 Frame-based outputs 选项未被选中时才有效。

（6）Out data type 选项：决定模块输出数据类型，默认为 double 双精度类型，下拉菜单有 single、int8、uint8、int16 和 uint16 等类型，用户可以根据自己需要设定输出数据的类型。要注意的是，如果要输出 boolean 型，M-ary number 选项必须是 2。

图 11-4 随机整数产生器模型

搭建随机整数产生器模型，如图 11-4 所示。

M-ary number 选项为 8，Initial seed 选项为 37（系统默认），运行仿真文件，输出图形如图 11-5 所示。

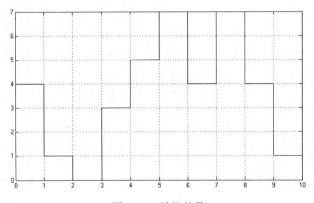

图 11-5 随机整数

设定 M-ary number 选项为 12，Initial seed 选项为 2，运行仿真文件，输出图形如图 11-6 所示。

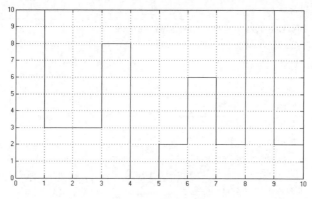

图 11-6　随机整数

11.2.2　泊松分布产生器

泊松分布整数产生器产生服从泊松分布的整数序列。

泊松分布整数产生器利用泊松分布产生随机整数。假设 x 是一个服从泊松分布的随机变量,那么 x 等于非负整数 k 的概率表示如下:

$$P_r(k) = \frac{\lambda^k e^{-k}}{k!}, \quad k = 0, 1, 2, \cdots$$

其中,λ 为一个正数,称为泊松参数。并且泊松随机过程的均值和方差均等于 λ。

利用泊松分布整数产生器可以在双传输通道中产生噪声,在这种情况下,泊松参数 λ 应小于1,通常远小于1。泊松分布参数产生器的输出信号,可以是基于帧的矩阵、基于采用的行向量或列向量,当然也可以是基于采样的一维序列。

Simulink 中泊松分布整数产生器模块如图 11-7 所示。

双击泊松分布整数产生器模块,弹出属性设置菜单,如图 11-8 所示。

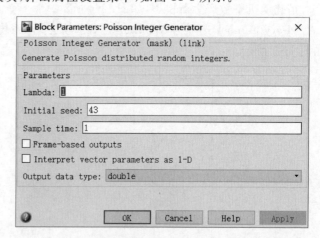

图 11-7　泊松分布整数产生器模块　　　图 11-8　泊松分布整数产生器模块属性设置菜单

如图 11-8 所示,各选项含义如下:

(1) Lambda 选项:泊松参数 λ,如果输入一个标量,那么输出矢量的每一个元素共享相同的泊松参数。

（2）Initial seed 选项：泊松分布整数产生器的随机种子。当使用相同的随机种子时，随机整数产生器每次都会产生相同的二进制序列，不同的随机数种子产生不同的序列。当随机数种子的维数大于 1 时，输出信号的维数也大于 1。

（3）Sample time 选项：输出序列的采样时间，一般采用系统默认设置。

（4）Frame-based outputs 选项：指定整数产生器以帧格式产生输出序列，即决定了输出信号是基于帧还是基于采样。该选项只有当 Interpret vector parameters as 1-D 选项未被选中时才有效。

（5）Interpret vector parameters as 1-D 选项：选中该复选框，则泊松分布整数产生器输出一维序列，否则输出二维序列。本项只有当 Frame-based outputs 选项未被选中时才有效。

（6）Out data type 选项：决定模块输出数据类型，默认为 double 双精度类型，下拉菜单有 single、int8、uint8 和 int16 和 uint16 等类型，用户可以根据自己需要设定输出数据的类型。要注意的是，如果要输出 boolean 型，M-ary number 选项必须是 2。

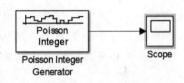

图 11-9　泊松分布仿真文件

搭建泊松分布整数产生器模型，如图 11-9 所示。

采用系统默认输入，运行仿真文件，输出图形如图 11-10 所示。

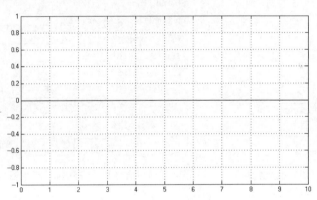

图 11-10　泊松分布仿真结果

修改 Lambda 参数值为 1，运行仿真文件，输出图形如图 11-11 所示。

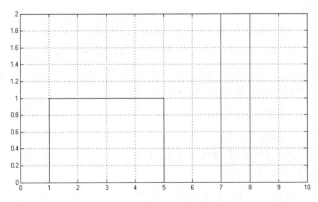

图 11-11　泊松分布仿真结果

11.2.3　伯努利二进制信号产生器

伯努利二进制信号产生器产生随机的二进制数据,并且这个二进制序列中的 0 和 1 满足伯努利分布,具体如下式所示:

$$P_r(x) = \begin{cases} p, & x = 0 \\ 1-p, & x = 1 \end{cases}$$

伯努利二进制信号产生器产生的序列 0 的概率为 p,1 的概率为 $1-p$,根据伯努利序列的性质可知,输出信号的均值为 $1-p$,方差为 $p(1-p)$。产生 0 的概率 p 值由伯努利二进制信号产生器中的 Probability of a size 选项进行设置,它可以是 0 到 1 之间的某个实数。

Simulink 中伯努利二进制信号产生器模块如图 11-12 所示。

双击泊松分布整数产生器模块,弹出属性设置菜单,如图 11-13 所示。

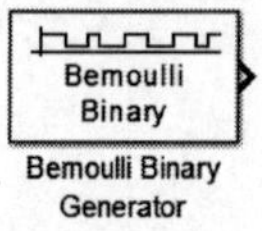

图 11-12　伯努利二进制信号
　　　　　 产生器模块

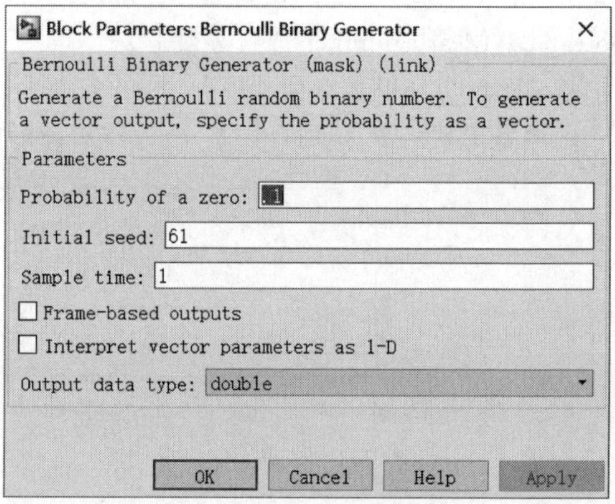

图 11-13　伯努利二进制信号产生器模块属性设置菜单

如图 11-13 所示,各选项含义如下:

(1) Probability of a size 选项:伯努利二进制信号产生器输出 0 的概率值 p,p 为 0 到 1 之间的某个实数。

(2) Initial seed 选项:伯努利二进制信号产生器的随机种子。它可以是与 Probability of a size 长度相同的矢量或标量。当使用相同的随机种子时,伯努利二进制信号产生器每次都会产生相同的二进制序列,不同的随机种子产生不同的序列。当随机数种子的维数大于 1 时,输出信号的维数也大于 1。

(3) Sample time 选项:输出序列的采样时间,一般采用系统默认设置。

(4) Frame-based outputs 选项:指定伯努利二进制信号产生器以帧格式产生输出序列,即决定了输出信号是基于帧还是基于采样。该选项只有当 Interpret vector parameters as 1-D 选项未被选中时才有效。

(5) Interpret vector parameters as 1-D 选项:选中该复选框,则伯努利二进制信号

产生器输出一维序列。否则输出二维序列。本项只有当 Frame-based outputs 选项未被选中时才有效。

（6）Out data type 选项：决定模块输出数据类型，默认为 double 双精度类型，下拉菜单有 single、int8、uint8、int16 和 uint16 等类型，用户可以根据自己需要设定输出数据的类型。要注意的是，如果要输出 boolean 型，M-ary number 选项必须是 2。

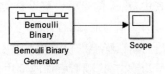

图 11-14　伯努利二进制信号
产生器仿真文件

搭建伯努利二进制信号产生器模型，如图 11-14 所示。

采用系统默认输入，运行仿真文件，输出图形如图 11-15 所示。

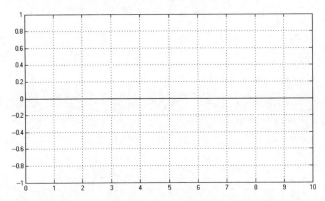

图 11-15　伯努利二进制信号产生器仿真结果

修改 Probability of a size 参数值为 0.1，运行仿真文件，输出图形如图 11-16 所示。

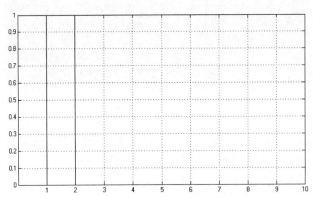

图 11-16　伯努利二进制信号产生器仿真结果

11.2.4　加性噪声产生器

如果噪声的取值服从零均值高斯分布，且任意不同时刻的取值相互独立，则称这样的噪声信号为高斯白噪音（AWGN）。高斯白噪声的自相关函数是一个冲激函数，其功率谱密度函数为常数。

在加性高斯白噪声信道中，信道的输入信号 $s(t)$ 将与信号内的零均值高斯白噪声

$n(t)$相叠加,得到输出信号 $r(t)$,即

$$r(t) = s(t) + n(t)$$

其中,输入信号 $s(t)$可以是实信号,也可以是复信号。当输入信号为实信号时,相叠加的高斯白噪声也是实信号,所叠加的零均值高斯白噪声的双边功率谱密度为 $N_0/2(\mathrm{W/Hz})$。如果输入信号为复信号,则所叠加的零均值高斯白噪声也是复信号,其实部和虚部相互独立且各自的功率谱密度相等,为 $N_0/2(\mathrm{W/Hz})$。因此,复高斯白噪声的功率谱密度为 $N_0/2(\mathrm{W/Hz})$。

图 11-17　高斯噪声信号产生器模块

Simulink 中高斯噪声信号产生器模块如图 11-17 所示。

双击高斯噪声信号产生器模块,弹出属性设置菜单,如图 11-18 所示。各选项含义如下:

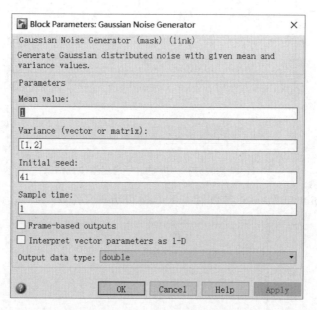

图 11-18　高斯噪声信号产生器模块属性设置菜单

（1）Mean value 选项:用于设置高斯噪声信号产生器信号的均值,可以为任意实数。

（2）Variance(vector or matrix)选项:用于设置高斯噪声信号产生器信号的方差。它可以是与 Mean value 长度相同的矢量或标量。

（3）Frame-based outputs 选项:指定高斯噪声信号产生器以帧格式产生输出序列,即决定了输出信号是基于帧还是基于采样。该选项只有当 Interpret vector parameters as 1-D 选项未被选中时才有效。

（4）Interpret vector parameters as 1-D 选项:选中该复选框,则高斯噪声信号产生器输出一维序列,否则输出二维序列,本项只有当 Frame-based outputs 选项未被选中时才有效。

（5）Out data type 选项:决定模块输出数据类型,默认为 double 双精度类型,下拉菜单有 single、int8、uint8、int16 和 uint16 等类型,用户可以根据自己需要设定输出数据的类型。要注意的是,如果要输出 boolean 型,M-ary number 选项必须是 2。

搭建高斯噪声信号产生器模型,如图 11-19 所示。

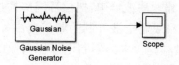

图 11-19 伯努利二进制信号产生器仿真文件

采用系统默认输入,运行仿真文件,输出图形如图 11-20 所示。

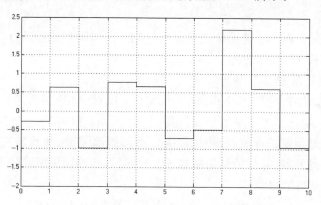

图 11-20 伯努利二进制信号产生器仿真结果

修改 Mean value 参数值为 1,Variance(vector or matrix)选项参数值为[1,2],运行仿真文件,输出图形如图 11-21 所示。

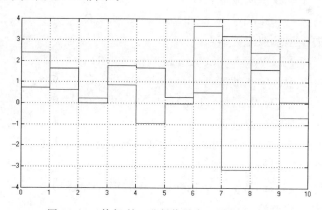

图 11-21 伯努利二进制信号产生器仿真结果

11.3 滤波器分析

滤波器是一种对信号有处理作用的器件或电路。随着电子市场的不断发展,滤波器也得到了广泛生产和使用。

滤波器主要分为有源滤波器和无源滤波器,主要作用是让有用信号尽可能无衰减地通过,而让无用信号尽可能大地反射。

滤波器一般有两个端口,一个用于输入信号,一个用于输出信号。利用这个特性可以通过滤波器的一个方波群或复合噪波,得到一个特定频率的正弦波。

滤波器的功能就是允许某一部分频率的信号顺利地通过,而抑制另外一部分频率的信号,它实质上是一个选频电路。滤波器中,把信号能够通过的频率范围,称为通频带或通带;反之,信号受到很大衰减或完全被抑制的频率范围称为阻带;通带和阻带之间的分界频率称为截止频率;滤波器是由电感器和电容器构成的电路,可使混合的交直流电流分开。

一个单输入单输出的滤波器通常用传递函数或冲激响应来表示。如果滤波器的冲激响应是一个时间连续函数 $h(t)$,那么就称之为模拟滤波器,其传递函数用拉普拉斯变换 $H(t)$ 表示。

如果滤波器的冲激响应是一个离散时间序列 $h(k)$,则称该滤波器为数字滤波器,其传递函数用用 Z 变换 $H(Z)$ 来表示。

1)滤波器最小阶和 3dB 截止频率

MATLAB 提供了 buffer、cheb1ord、cheb2ord 和 ellipord 四个函数分别模拟巴特沃斯型数字滤波器、切比雪夫 1 型数字滤波器、切比雪夫 2 型数字滤波器以及椭圆形数字滤波器或巴特沃斯型模拟滤波器、切比雪夫 1 型模拟滤波器、切比雪夫 2 型模拟滤波器以及椭圆形模拟滤波器,它们的调用格式基本相同,具体的调用格式如下:

(1) 巴特沃斯数字滤波器:

$$[n, Wn] = buttord(Wp, Ws, Rp, Rs);$$

(2) 巴特沃斯模拟滤波器:

$$[n, Wn] = buttord(Wp, Ws, Rp, Rs, 's');$$

(3) 切比雪夫 1 型数字滤波器:

$$[n, Wp] = cheb1ord(Wp, Ws, Rp, Rs);$$

(4) 切比雪夫 1 型模拟滤波器:

$$[n, Wp] = cheb1ord(Wp, Ws, Rp, Rs, 's');$$

(5) 切比雪夫 2 型数字滤波器:

$$[n, Wp] = cheb2ord(Wp, Ws, Rp, Rs);$$

(6) 切比雪夫 2 型模拟滤波器:

$$[n, Wp] = cheb2ord(Wp, Ws, Rp, Rs, 's');$$

(7) 椭圆形数字滤波器:

$$[n, Wp] = ellipord(Wp, Ws, Rp, Rs);$$

(8) 椭圆形模拟滤波器:

$$[n, Wp] = ellipord(Wp, Ws, Rp, Rs, 's');$$

说明如下:

对于数字滤波器设计而言,输入参数 Wp、Ws 分别为归一化的频率。对于模拟滤波器设计而言,输入参数 Wp、Ws 是无须归一化处理的。Rp、Rs 分别代表以分贝为单位的通带内波动和阻带内最小衰减返回值 n 为达到设计指标的最低系统阶数。对于数字滤波器而言,返回值 Wn 为 3dB 归一化截止频率,对于模拟滤波器而言,返回值 Wn 为 3dB 截止频率。

下面逐一介绍各滤波器:

(1) 低通数字滤波器:Wp<Ws,通带为 0 到 Wp,阻带为 Ws 到 1。

(2) 低通模拟滤波器:Wp<Ws,通带为 0 到 Wp,阻带为 Ws 到无穷。

（3）高通数字滤波器：Wp＞Ws，通带为 0 到 Ws，阻带为 Wp 到无穷。

（4）高通模拟滤波器：Wp＞Ws，通带为 0 到 Ws，阻带为 Wp 到无穷。

（5）带通数字滤波器：Ws(1)＜Wp(1)＜Wp(2)＜Ws(2)，阻带为 0 到 Ws(1)以及 Ws(2)到 1，通带为 Wp(1)到 Wp(2)。

（6）带通模拟滤波器：Ws(1)＜Wp(1)＜Wp(2)＜Ws(2)，阻带为 0 到 Ws(1)以及 Ws(2)到无穷，通带为 Wp(1)到 Wp(2)。

（7）带阻数字滤波器：Ws(1)＜Wp(1)＜Wp(2)＜Ws(2)，阻带为 0 到 Wp(1)以及 Wp(2)到 1，通带为 Ws(1)到 Ws(2)。

（8）带阻模拟滤波器：Ws(1)＜Wp(1)＜Wp(2)＜Ws(2)，阻带为 0 到 Wp(1)以及 Wp(2)到无穷，通带为 Ws(1)到 Ws(2)。

2）系统模型转换

系统模型可以用系统的状态方程来描述，对于单输入和单输出的系统，还可以用其输入和输出之间的传递函数来完成，根据传递函数的形式的不同，又可以分为分子分母为多项式描述的形式、零极点描述形式和部分分式展开（留数）形式等。为了方便这些描述之间的等价转换，MATLAB 提供了丰富的函数，具体调用如下：

$$[b,a] = ss2tf(A,B,C,D,iu)$$

该函数将 A、B、C、D 矩阵确定的状态方程转换为第 iu 个输入到输出的传递函数的分子系数向量 b 和分母系数向量 a。

$$[A,B,C,D] = tf2ss(b,a)$$

该函数将传递函数转换为状态方程。

$$[z,p,k] = tt2zp(b,a)$$

该函数将传递函数转换为零极点形式。

$$[b,a] = zp2tf(z,p,k)$$

该函数将零极点形式转换为传递函数形式。

$$[r,p,k] = residue(b,a)$$

该函数将传递函数转换为部分分式形式。

$$[b,a] = residue(r,p,k)$$

该函数将部分分式形式转换为传递函数形式。

3）线性滤波器常用命令

MATLAB 提供了一系列命令来计算线性系统的时间响应，常用的一些命令如下：

（1）impulse：计算；

（2）step：计算连续（离散）系统的阶跃响应；

（3）initial：计算连续（离散）系统的零输入响应。

同理，MATLAB 也提供了计算线性系统的频率响应的命令，调用格式如下：

$$h = freps(b,a,w)$$
$$[h,w] = freqs(b,a,n)$$

其中，b 为传递函数 $H(s)$ 的分子多项式系数向量；a 为分母多项式系数向量；w 是指定计算频率点序列；返回值 h 是对应于频率点序列 w 的复频率响应；n 指定计算频率的指数。

如果 ω 省略则自动选取 200 个频率点进行计算，如果无输出变量 h，则自动作出幅值响应和相频响应图。

绘制巴特沃斯低通模拟原型滤波器的幅频平方响应曲线,阶数分别为 2、5、10 和 50,编程如下:

```
clc,clear
close all
n = 0:0.01:2;
for i = 1:4
    switch i
    case 1, N = 2;
        case 2,N = 5;
            case 3,N = 10;
                case 4,N = 20;
    end
    [z,p,k] = buttap(N);
    [b,a] = zp2tf(z,p,k);
    [H,w] = freqs(b,a,n);
    magH2 = (abs(H).^2);        %传递函数幅值平方
    hold on
    plot(w,magH2,'linewidth',2)
end
xlabel('w/wc');
ylabel('H(jw)|^2');
title('巴特沃斯低通模拟原型滤波器')
text(1.5,0.18,'N = 2')
text(1.3,0.08,'N = 5')
text(1.16,0.08,'N = 10')
text(0.93,0.98,'N = 20')
grid on
```

运行程序结果如图 11-22 所示。

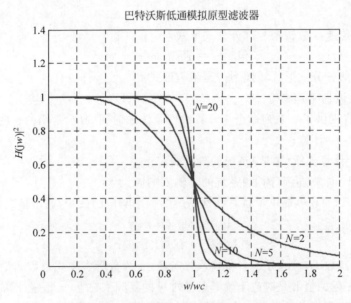

图 11-22 巴特沃斯低通模拟原型滤波器

4）滤波器分析与设计

MATLAB 专门提供了滤波器设计工具箱 FDATool，而且通过图形化界面向用户提供了便捷的滤波器分析和设计工具。

在 MATLAB 命令窗口输入 fdatool，即可打开 FDATool 工具箱。FDATool 工具箱如图 11-23 所示。

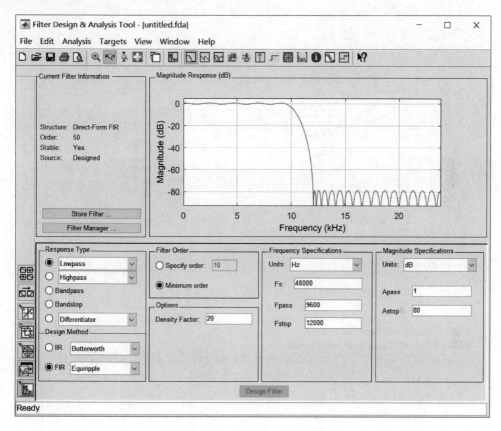

图 11-23　FDATool 工具箱

勾选界面 Design Method 下的 IIR 滤波器按钮，勾选 Response Type 下的 Lowpass（低通）滤波器按钮，进行基于 IIR 的低通滤波器设计。单击 Design Filter 按钮，则基于 IIR 的低通滤波器设计如图 11-24 所示。

勾选界面 Design Method 下的 IIR 滤波器按钮，勾选 Response Type 下的 Highpass（高通）滤波器按钮，进行基于 IIR 的高通滤波器设计。单击 Design Filter 按钮，则基于 IIR 的高通滤波器设计如图 11-25 所示。

勾选界面 Design Method 下的 IIR 滤波器按钮，勾选 Response Type 下的 Bandpass（带通）滤波器按钮，进行基于 IIR 的带通滤波器设计。单击 Design Filter 按钮，则基于 IIR 的带通滤波器设计如图 11-26 所示。

勾选界面 Design Method 下的 IIR 滤波器按钮，勾选 Response Type 下的 Bandstop（带阻）滤波器按钮，进行基于 IIR 的带阻滤波器设计。单击 Design Filter 按钮，则基于 IIR 的带阻滤波器设计如图 11-27 所示。

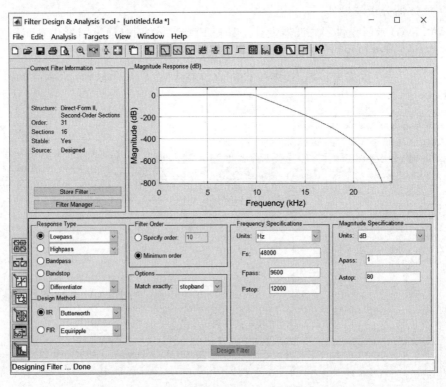

图 11-24　基于 IIR 的低通滤波器

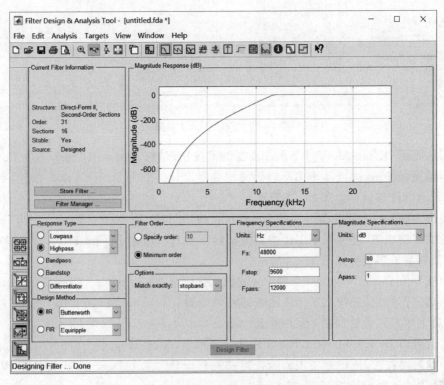

图 11-25　基于 IIR 的高通滤波器

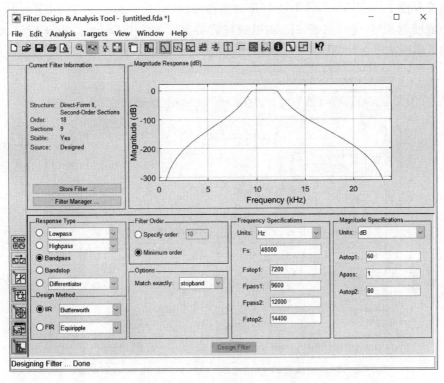

图 11-26　基于 IIR 的带通滤波器

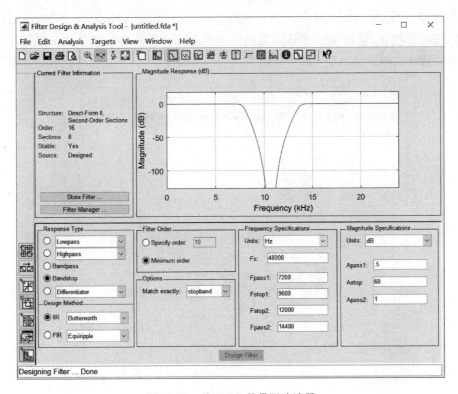

图 11-27　基于 IIR 的带阻滤波器

勾选界面 Design Method 下的 FIR 滤波器按钮,勾选 Response Type 下的 Lowpass(低通)滤波器按钮,进行基于 FIR 的低通滤波器设计。单击 Design Filter 按钮,则基于 FIR 的低通滤波器设计如图 11-28 所示。

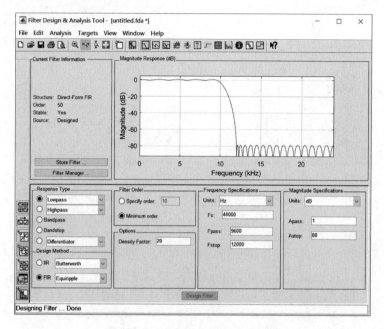

图 11-28　基于 FIR 的低通滤波器

勾选界面 Design Method 下的 FIR 滤波器按钮,勾选 Response Type 下的 Highpass(高通)滤波器按钮,进行基于 FIR 的高通滤波器设计。单击 Design Filter 按钮,则基于 FIR 的高通滤波器设计如图 11-29 所示。

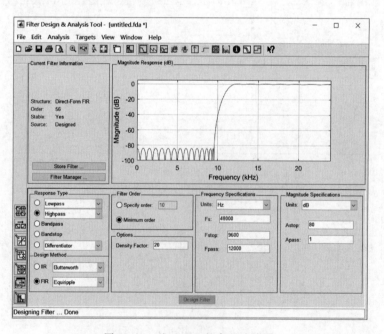

图 11-29　基于 FIR 的高通滤波器

勾选界面 Design Method 下的 FIR 滤波器按钮,勾选 Response Type 下的 Bandpass (带通)滤波器按钮,进行基于 FIR 的带通滤波器设计。单击 Design Filter 按钮,则基于 FIR 的带通滤波器设计如图 11-30 所示。

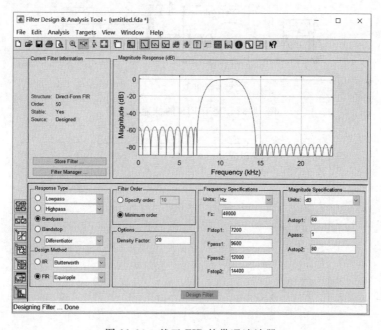

图 11-30　基于 FIR 的带通滤波器

勾选界面 Design Method 下的 FIR 滤波器按钮,勾选 Response Type 下的 Bandstop (带阻)滤波器按钮,进行基于 FIR 的带阻滤波器设计。单击 Design Filter 按钮,则基于 FIR 的带阻滤波器设计如图 11-31 所示。

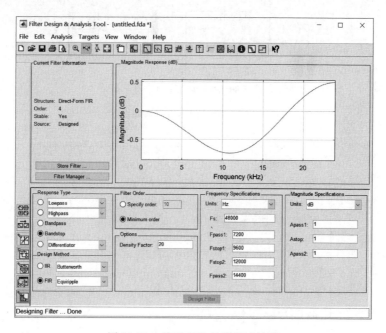

图 11-31　基于 FIR 的带阻滤波器

基于 FIR 的低通滤波器,采用正弦信号作为输入信号,设计仿真框图如图 11-32 所示。运行仿真文件,输出图形如图 11-33 所示。

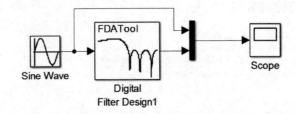

图 11-32　基于 FIR 的低通滤波器

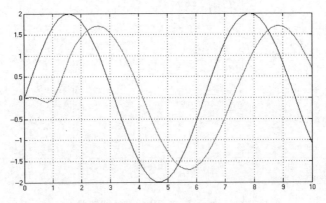

图 11-33　正弦信号的低通滤波

基于 FIR 的高通滤波器,采用正弦信号作为输入信号,设计仿真框图如图 11-34 所示。运行仿真文件,输出图形如图 11-35 所示。

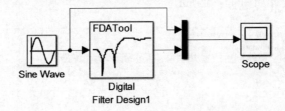

图 11-34　基于 FIR 的高通滤波器

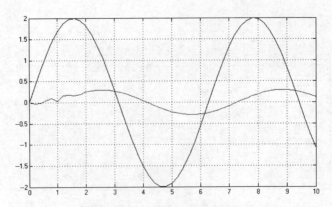

图 11-35　正弦信号的高通滤波

基于 FIR 的带通滤波器,采用正弦信号作为输入信号,设计仿真框图如图 11-36 所示。运行仿真文件,输出图形如图 11-37 所示。

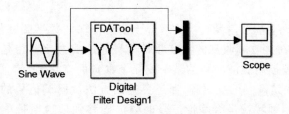

图 11-36　基于 FIR 的带通滤波器

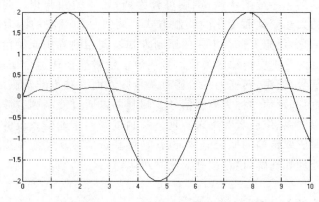

图 11-37　正弦信号的带通滤波

基于 FIR 的带阻滤波器,采用正弦信号作为输入信号,设计仿真框图如图 11-38 所示。运行仿真文件,输出图形如图 11-39 所示。

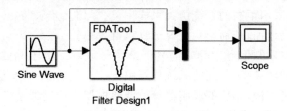

图 11-38　基于 FIR 的带阻滤波器

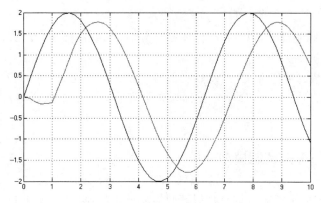

图 11-39　正弦信号的带阻滤波

11.4　调制与解调

调制是将各种数字基带信号转换成适合于信道传输的数字调制信号(已调信号或频带信号);解调是将在接收端收到的数字频带信号还原成数字基带信号。调制时域定义的就是用基带信号去控制载波信号的某个或几个参量的变化,将信息荷载在其上形成已调信号传输;而解调是调制的反过程,通过具体的方法从已调信号的参量变化中恢复原始的基带信号。调制频域就是将基带信号的频谱搬移到信道通带中或者其中的某个频段上的过程,而解调是将信道中来的频带信号恢复为基带信号的反过程。

根据所控制的信号参量的不同,调制可分为调幅、调频和调相。调幅是使载波的幅度随着调制信号的大小变化而变化的调制方式。调频是使载波的瞬时频率随着调制信号的大小变化而变化,而幅度保持不变的调制方式。调相则利用原始信号控制载波信号的相位。调制的目的是把要传输的模拟信号或数字信号变换成适合信道传输的信号,这就意味着把基带信号(信源)转变为一个相对基带频率而言频率非常高的带通信号,该信号称为已调信号,而基带信号称为调制信号。调制可以通过使高频载波随信号幅度的变化而改变载波的幅度、相位或者频率来实现。调制过程用于通信系统的发端。在接收端需将已调信号还原成要传输的原始信号,也就是将基带信号从载波中提取出来以便预定的接收者(信宿)处理和理解,该过程称为调制解调。

11.4.1　基带模型与调制通带分析

调制输出信号的频谱能量一般集中在调制载波频率附近区域。直接由调制函数建立的仿真模型称为通带(Passband)调制模型。调制载波频率往往很高,在仿真中为了保证信号无失真,必须采用很高的系统仿真采样率,这样仿真步长将很小,于是系统仿真计算量和存储量将大大增加,从而影响系统仿真执行效率。

改进的方法是将调制信号用等效的复低通信号表示。由于等效复低通信号的最高频率远远小于调制载波频率,相应的系统仿真采样率也就大大下降了。等效复低通信号分析方法采用复包络方法,相应的调制器等效低通模型为调制器基带(Baseband)模型。

设任意正弦波调制输出信号为 $x(t)$,用复函数形式表示如下:

$$x(t) = r(t)\cos[2\pi f_c + \phi(t)] = \mathrm{Re}[r(t)e^{j(2\pi f_c t + \phi(t))}]$$
$$= \mathrm{Re}[r(t)e^{j\phi(t)} e^{j2\pi f_c t}] = \mathrm{Re}[\tilde{x}(t)e^{j2\pi f_c t}]$$

其中,$r(t)$是幅度调制部分,$\phi(t)$是相位调制部分,f_c是载波频率,复信号$\tilde{x}(t) = r(t)e^{j\phi(t)}$。

复信号$\tilde{x}(t) = r(t)e^{j\phi(t)}$包含了与被调信号相关的全部变量,而调制方式的数学性能本质上与载波频率的数值无关,因此具有低通属性的复信号$\tilde{x}(t) = r(t)e^{j\phi(t)}$可以用来表达调制过程。复信号$\tilde{x}(t) = r(t)e^{j\phi(t)}$被称为调制信号 $x(t)$的复低通等效信号或调制信号的复包络信号。

11.4.2　解调与模拟调制模型分析

MATLAB提供了很多解调与模拟调制模型分析的模块,具体如下:

1) DSB AM 调制

DSB AM 调制模块对输入信号进行双边带幅度调制。输出为通带表示的调制信号，输入和输出信号都是基于采样的实数标量信号。

在该模块中，如果输入一个时间函数 $u(t)$，则输出为 $(u(t)+k)\cos(2\pi f_c t+\theta)$。其中，$k$ 为 Input signal offset 参数；f_c 为 Carrier frequency 参数；θ 为 Initial phase 参数。通常设定 k 为输入信号 $u(t)$ 的负值部分最小值的绝对值。

在通常情况下，Carrier frequency 参数项要比信号的最高频率高很多。根据奈奎斯特采样理论，模型中采样时间的倒数必须大于 Carrier frequency 参数项的两倍。

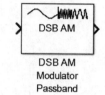

图 11-40　DSB AM 调制模块

Simulink 中 DSB AM 调制模块如图 11-40 所示。双击 DSB AM 调制模块，弹出属性设置菜单，如图 11-41 所示。

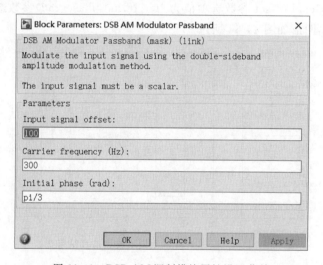

图 11-41　DSB AM 调制模块属性设置菜单

如图 11-41 所示，各选项含义如下：

(1) Input signal offset 参数选项：设定补偿因子 k，应该大于等于输入信号最小值的绝对值。

(2) Carrier frequency(Hz)参数选项：设定载波频率。

(3) Initial phase(rad)参数选项：设定载波频率初始化相位。

搭建 DSB AM 调制模块模型，如图 11-42 所示。

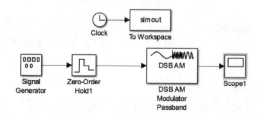

图 11-42　DSB AM 调制模块模型仿真文件

采用系统默认输入,运行仿真文件,输出图形如图 11-43 所示。

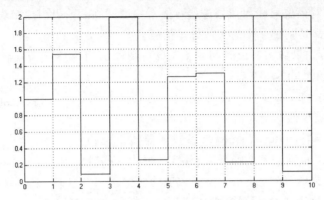

图 11-43　DSB AM 调制模块模型仿真结果 1

修改 Input signal offset 参数选项值为 100,Initial phase(rad)参数选项值为 pi/3,运行仿真文件,输出图形如图 11-44 所示。

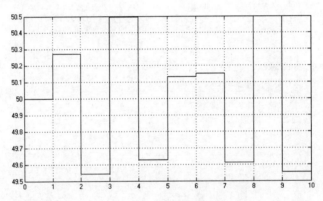

图 11-44　DSB AM 调制模块模型仿真结果 2

2) DSB AM 解调

DSB AM 解调模块对双边带幅度调制的信号进行解调。输入信号为通带表示的调制信号,输入和输出信号都是基于采样的实数标量信号。

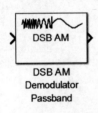

图 11-45　DSB AM 解调模块

在解调过程中,DSB AM 解调模块便成了低通滤波器。在通常情况下,Carrier frequency 参数项要比信号的最高频率高很多。根据奈奎斯特采样理论,模型中采样时间的倒数必须大于 Carrier frequency 参数项的两倍。

Simulink 中 DSB AM 解调模块如图 11-45 所示。双击 DSB AM 解调模块,弹出属性设置菜单,如图 11-46 所示。

如图 11-46 所示,各选项含义如下:

(1) Input signal offset 参数选项:设定输出信号偏移,模块中的所有解调信号都将减去这个偏移量,从而得到输出数据。

Block Parameters: DSB AM Demodulator Passband ✕

DSB AM Demodulator Passband (mask) (link)

Demodulate a double-sideband amplitude modulated signal.

The input signal must be a scalar.

Parameters

Input signal offset:

| 1 |

Carrier frequency (Hz):

| 300 |

Initial phase (rad):

| 0 |

Lowpass filter design method: Butterworth ▾

Filter order:

| 8 |

Cutoff frequency (Hz):

| 0.1 |

         OK   Cancel   Help   Apply

图 11-46　DSB AM 解调模块属性设置菜单

（2）Carrier frequency(Hz)参数选项：设定调制信号的载波频率。

（3）Initial phase(rad)参数选项：设定载波频率初始化相位。

（4）Lowpass filter design method 参数选项：设定滤波器的产生方法，包括 Butterworth、Chebyshev1、Chebyshev2 和 Elliptic 等。

（5）Filter order 参数选项：设定 Lowpass filter design method 参数选项中的滤波器阶数。

（6）Cutoff frequency(Hz)参数选项：设定 Lowpass filter design method 参数选项中的滤波器截止频率。

搭建 DSB AM 解调模块模型，如图 11-47 所示。

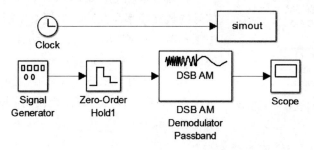

图 11-47　DSB AM 解调模块模型仿真文件

采用系统默认输入，运行仿真文件，输出图形如图 11-48 所示。

修改 Filter order 参数选项值为 8，运行仿真文件，输出图形如图 11-49 所示。

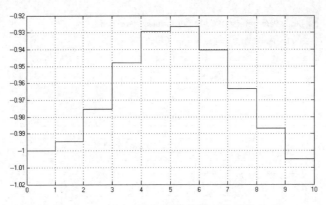

图 11-48　DSB AM 解调模块模型仿真结果 1

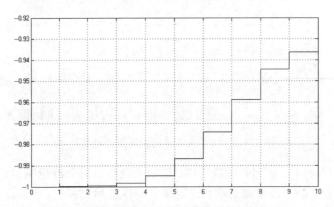

图 11-49　DSB AM 解调模块模型仿真结果 2

3）DSBSC AM 调制

DSBSC AM 调制模块对双边带幅度调制的信号进行调制。输出信号为通带表示的调制信号，输入和输出信号都是基于采样的实数标量信号。

在该模块中，如果输入一个时间函数 $u(t)$，则输出为 $u(t)\cos(f_c t+\theta)$，其中，f_c 为 Carrier frequency 参数，θ 为 Initial phase 参数。

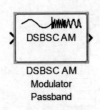

图 11-50　DSBSC AM 调制模块

在通常情况下，Carrier frequency 参数项要比输入信号的最高频率高很多。根据奈奎斯特采样理论，模型中采样时间的倒数必须大于 Carrier frequency 参数项的两倍。

Simulink 中 DSBSC AM 调制模块如图 11-50 所示。双击 DSBSC AM 调制模块，弹出属性设置菜单，如图 11-51 所示。

如图 11-51 所示，各选项含义如下：

（1）Carrier frequency(Hz)参数选项：设定调制信号的载波频率。

（2）Initial phase(rad)参数选项：设定载波频率初始化相位。

搭建 DSBSC AM 调制模块模型，如图 11-52 所示。

采用系统默认输入，运行仿真文件，输出图形如图 11-53 所示。

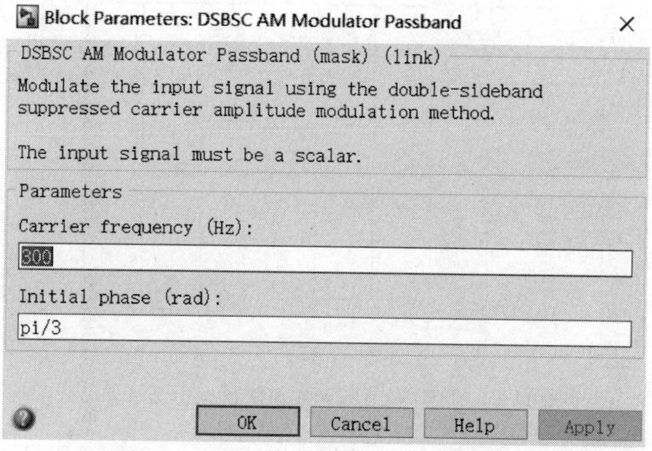

Block Parameters: DSBSC AM Modulator Passband ×

DSBSC AM Modulator Passband (mask) (link)

Modulate the input signal using the double-sideband suppressed carrier amplitude modulation method.

The input signal must be a scalar.

Parameters

Carrier frequency (Hz):

300

Initial phase (rad):

pi/3

OK   Cancel   Help   Apply

图 11-51　DSBSC AM 调制模块属性设置菜单

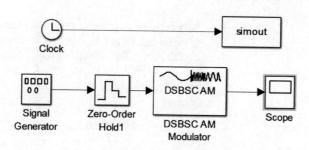

图 11-52　DSBSC AM 调制模块模型仿真文件

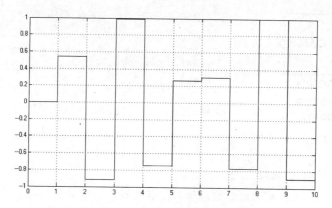

图 11-53　DSBSC AM 调制模块模型仿真结果 1

修改 Initial phase(rad)参数选项值为 pi/3,运行仿真文件,输出图形如图 11-54 所示。

4）DSBSC AM 解调

DSBSC AM 调制模块对双边带幅度调制的信号进行解调。输入信号为通带表示的调制信号,输入和输出信号都是基于采样的实数标量信号。

在通常情况下,Carrier frequency 参数项要比输入信号的最高频率高很多。根据奈奎斯特采样理论,模型中采样时间的倒数必须大于 Carrier frequency 参数项的两倍。

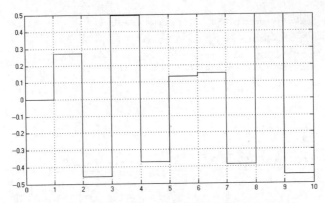

图 11-54　DSBSC AM 调制模块模型仿真结果 2

Simulink 中 DSBSC AM 解调模块如图 11-55 所示。双击 DSBSC AM 解调模块,弹出属性设置菜单,如图 11-56 所示。

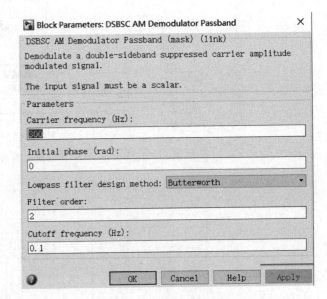

图 11-55　DSBSC AM 解调模块　　　图 11-56　DSBSC AM 解调模块属性设置菜单

如图 11-56 所示,各选项含义如下:

(1) Carrier frequency(Hz)参数选项:设定调制信号的载波频率。

(2) Initial phase(rad)参数选项:设定载波频率初始化相位。

(3) Lowpass filter design method 参数选项:设定滤波器的产生方法,包括 Butterworth、Chebyshev1、Chebyshev2 和 Elliptic 等。

(4) Filter order 参数选项:设定 Lowpass filter design method 参数选项中的滤波器阶数。

(5) Cutoff frequency(Hz)参数选项:设定 Lowpass filter design method 参数选项中的滤波器截止频率。

搭建 DSBSC AM 解调模块模型,如图 11-57 所示。

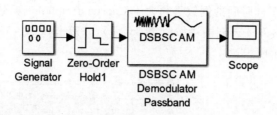

图 11-57　DSBSC AM 解调模块模型仿真文件

采用系统默认输入,运行仿真文件,输出图形如图 11-58 所示。

修改 Filter order 参数选项值为 2,运行仿真文件,输出图形如图 11-59 所示。

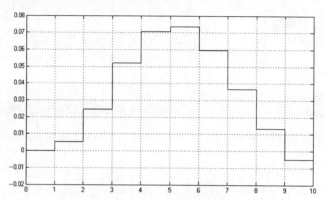

图 11-58　DSBSC AM 解调模块模型仿真结果 1

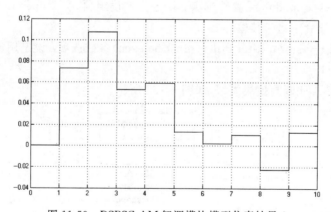

图 11-59　DSBSC AM 解调模块模型仿真结果 2

5) SSB AM 调制

SSB AM 调制模块使用希尔伯特滤波器进行单边幅度调制。输出为通常形式的调制信号,输入和输出均为基于采样的实数标量信号。

在该模块中,如果输入一个时间函数 $u(t)$,则输出为

$$(u(t))\cos(f_c t + \theta) \mp u(\hat{t})\sin(f_c t + \theta)$$

其中,f_c 为 Carrier frequency 参数;θ 为 Initial phase 参数。$u(\hat{t})$ 表示输入信号 $u(t)$ 的希尔伯特变换,式中"减号"表示上边带,"加号"代表下边带。

在通常情况下,Carrier frequency 参数项要比信号的最高频率高很多。根据奈奎斯

特采样理论,模型中采样时间的倒数必须大于 Carrier frequency 参数项的两倍。

Simulink 中 SSB AM 调制模块如图 11-60 所示。双击 SSB AM 调制模块,弹出属性设置菜单,如图 11-61 所示。

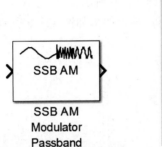

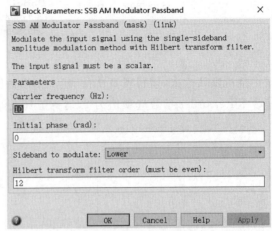

图 11-60　SSB AM 调制模块　　　　图 11-61　SSB AM 调制模块属性设置菜单

如图 11-61 所示,各选项含义如下:

(1) Carrier frequency(Hz)参数选项:设定调制信号的载波频率。

(2) Initial phase(rad)参数选项:设定载波频率初始化相位。

(3) Sideband to modulate 参数选项:传输方式设定项,有 Upper 和 Lower 两种,分别表示上边带传输和下边带传输。

(4) Hilbert transform filter order(must be even)参数选项:设定用于希尔伯特转化的 FIR 滤波器的长度。

搭建 SSBSC AM 调制模块模型,如图 11-62 所示。

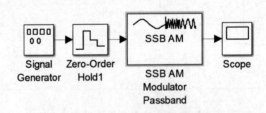

图 11-62　SSBSC AM 调制模块模型仿真文件

设定 Carrier frequency(Hz)参数选项为 10,Sideband to modulate 参数选项为 Upper,Hilbert Transform filter order 参数选项为 4,运行仿真文件,输出图形如图 11-63 所示。

修改 Sideband to modulate 参数选项为 Lower,Hilbert Transform filter order(must be even)参数选项为 12,运行仿真文件,输出图形如图 11-64 所示。

6) SSBSC AM 解调

SSBSC AM 解调模块对单边带幅度调制的信号进行解调。输入信号为通带表示的调制信号,输入和输出信号都是基于采样的实数标量信号。

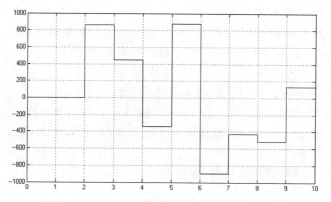

图 11-63　SSBSC AM 调制模块模型仿真结果 1

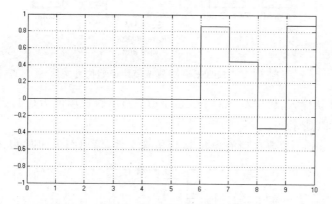

图 11-64　SSBSC AM 调制模块模型仿真结果 2

　　在通常情况下,Carrier frequency 参数项要比输入信号的最高频率高很多。根据奈奎斯特采样理论,模型中采样时间的倒数必须大于 Carrier frequency 参数项的两倍。

　　Simulink 中 SSBSC AM 解调模块如图 11-65 所示。双击 SSBSC AM 解调模块,弹出属性设置菜单,如图 11-66 所示。

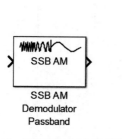

图 11-65　SSBSC AM 解调模块

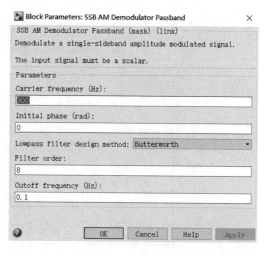

图 11-66　SSBSC AM 解调模块属性设置菜单

如图 11-66 所示,各选项含义如下:

(1) Carrier frequency(Hz)参数选项:设定调制信号的载波频率。

(2) Initial phase(rad)参数选项:设定载波频率初始化相位。

(3) Lowpass filter design method 参数选项:设定滤波器的产生方法,包括
Butterworth、Chebyshev1、Chebyshev2 和 Elliptic 等。

(4) Filter order 参数选项:设定 Lowpass filter design method 参数选项中的滤波器阶数。

(5) Cutoff frequency(Hz)参数选项:设定 Lowpass filter design method 参数选项中的滤波器截止频率。

搭建 SSBSC AM 解调模块模型,如图 11-67 所示。

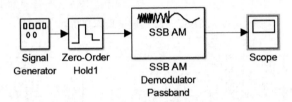

图 11-67　SSBSC AM 解调模块模型仿真文件

采用系统默认输入,设定 Cutoff frequency(Hz)参数选项值为 0.1,运行仿真文件,输出图形如图 11-68 所示。

修改 Filter order 参数选项值为 8,运行仿真文件,输出图形如图 11-69 所示。

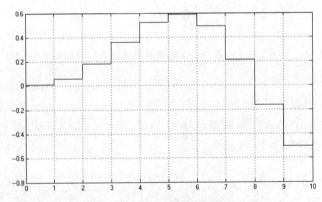

图 11-68　SSBSC AM 解调模块模型仿真结果 1

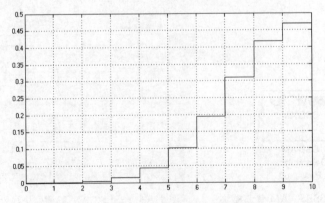

图 11-69　SSBSC AM 解调模块模型仿真结果 2

7）PM 调制

PM 调制模块进行通带相位调制。输出为通带表示的调制信号。输入和输出均为基于采样的实数标量信号。

在该模块中，如果输入一个时间函数 $u(t)$，则输出为

$$\cos(2\pi f_c t + K_c u(t) + \theta)$$

其中，f_c 为 Carrier frequency 参数；θ 为 Initial phase 参数。K_c 为 Modulation constant 参数。

在通常情况下，Carrier frequency 参数项要比信号的最高频率高很多。根据奈奎斯特采样理论，模型中采样时间的倒数必须大于 Carrier frequency 参数项的两倍。

Simulink 中 PM 调制模块如图 11-70 所示。双击 PM 调制模块，弹出属性设置菜单，如图 11-71 所示。

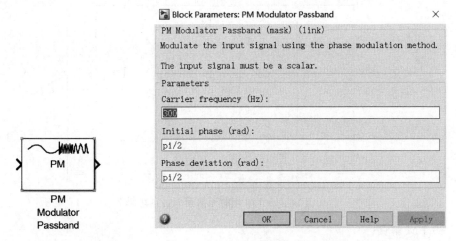

图 11-70 PM 调制模块　　　　图 11-71 PM 调制模块属性设置菜单

如图 11-71 所示，各选项含义如下：

（1）Carrier frequency(Hz)参数选项：设定调制信号的载波频率。

（2）Initial phase(rad)参数选项：设定载波频率初始化相位。

（3）Phase deviation(rad)参数选项：设定载波频率相位偏移量。

搭建 PM 调制模块模型，如图 11-72 所示。

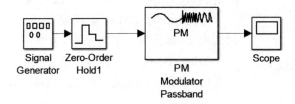

图 11-72 SSBSC AM 调制模块模型仿真文件

设定 Carrier frequency(Hz)参数选项为 300，Initial phase(rad)参数选项为 0，Phase deviation(rad)参数选项为 pi/2，运行仿真文件，输出图形如图 11-73 所示。

修改 Initial phase(rad)参数选项为 pi/2，运行仿真文件，输出图形如图 11-74 所示。

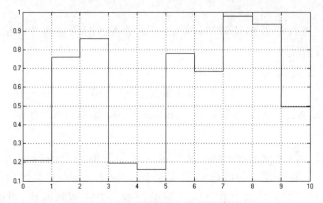

图 11-73　PM 调制模块模型仿真结果 1

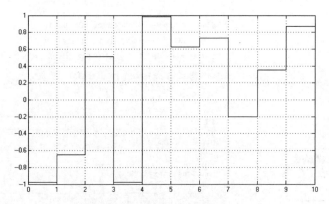

图 11-74　PM 调制模块模型仿真结果 2

8）PM 解调

PM 解调模块对通带相位调制的信号进行解调。输入信号为通带表示的调制信号，输入和输出信号都是基于采样的实数标量信号。

在解调的过程中，模块要使用一个滤波器，为了执行滤波器的希尔伯特转换，载波频率最好大于输入信号采样时间的 10％。

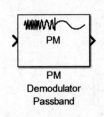

图 11-75　PM 解调模块

在通常情况下，Carrier frequency 参数项要比输入信号的最高频率高很多。根据奈奎斯特采样理论，模型中采样时间的倒数必须大于 Carrier frequency 参数项的两倍。

Simulink 中 PM 解调模块如图 11-75 所示。双击 PM 解调模块，弹出属性设置菜单，如图 11-66 所示。

如图 11-76 所示，各选项含义如下：

（1）Carrier frequency（Hz）参数选项：设定调制信号的载波频率。

（2）Initial phase（rad）参数选项：设定载波频率初始化相位。

（3）Phase deviation（rad）参数选项：设定载波信号相位偏移。

（4）Hilbert transform filter order（must be even）参数选项：表示用于希尔伯特转化的 FIR 滤波器的长度。

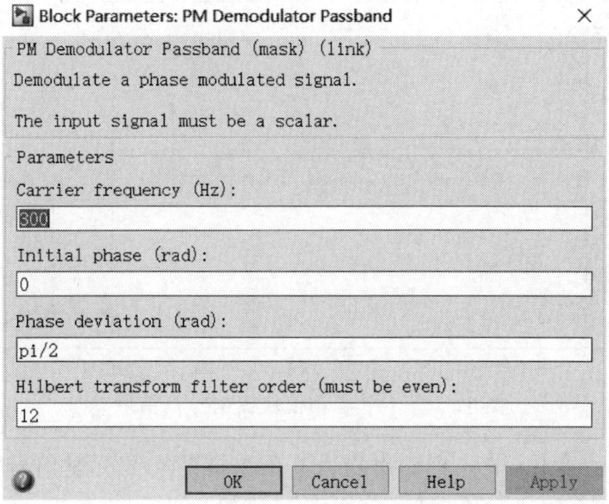

Block Parameters: PM Demodulator Passband ✕

PM Demodulator Passband (mask) (link)

Demodulate a phase modulated signal.

The input signal must be a scalar.

Parameters

Carrier frequency (Hz):

300

Initial phase (rad):

0

Phase deviation (rad):

pi/2

Hilbert transform filter order (must be even):

12

| OK | Cancel | Help | Apply |

图 11-76　PM 解调模块属性设置菜单

搭建 PM 解调模块模型，如图 11-77 所示。

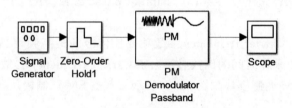

Signal Generator　Zero-Order Hold1　PM　PM Demodulator Passband　Scope

图 11-77　PM 解调模块模型仿真文件

采用系统默认输入，设定 Hilbert transform filter order(must be even)参数选项值为 4，运行仿真文件，输出图形如图 11-78 所示。

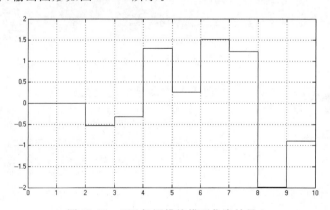

图 11-78　PM 解调模块模型仿真结果 1

修改 Hilbert transform filter order(must be even)参数选项值为 12，运行仿真文件，输出图形如图 11-79 所示。

9）FM 调制

FM 调制模块用于频率调制。输出为通常形式的调制信号。输出信号的频率随着输

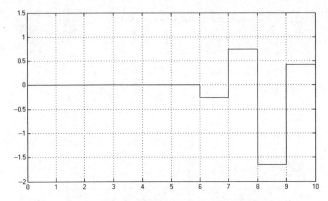

图 11-79　PM 解调模块模型仿真结果 2

入信号的幅度变化而变化,输入和输出均为基于采样的实数标量信号。

在该模块中,如果输入一个时间函数 $u(t)$,则输出为

$$\cos\left(2\pi f_c t + 2\pi K_c \int_0^t u(\tau)\mathrm{d}\tau + \theta\right)$$

其中,f_c 为 Carrier frequency 参数;θ 为 Initial phase 参数。K_c 为 Modulation constant 参数。

在通常情况下,Carrier frequency 参数项要比信号的最高频率高很多。根据奈奎斯特采样理论,模型中采样时间的倒数必须大于 Carrier frequency 参数项的两倍。

Simulink 中 FM 调制模块如图 11-80 所示。双击 FM 调制模块,弹出属性设置菜单,如图 11-81 所示。

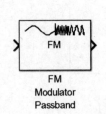

图 11-80　FM 调制模块

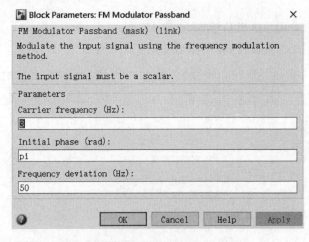

图 11-81　FM 调制模块属性设置菜单

如图 11-81 所示,各选项含义如下:

(1) Carrier frequency(Hz)参数选项:设定调制信号的载波频率。

(2) Initial phase(rad)参数选项:设定载波频率初始化相位。

(3) Frequency deviation(Hz)参数选项:设定载波信号频率偏移。

搭建 FM 调制模块模型,如图 11-82 所示。

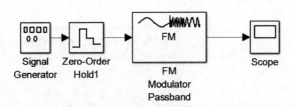

图 11-82　FM 调制模块模型仿真文件

设定 Carrier frequency(Hz)参数选项为 300,Initial phase(rad)参数选项为 0,运行仿真文件,输出图形如图 11-83 所示。

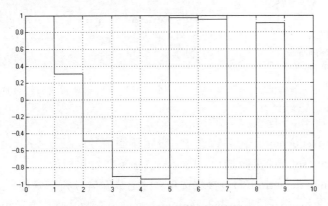

图 11-83　FM 调制模块模型仿真结果 1

设定 Carrier frequency(Hz)参数选项为 3,Initial phase(rad)参数选项为 pi,运行仿真文件,输出图形如图 11-84 所示。

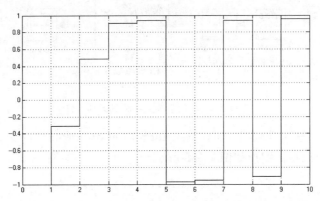

图 11-84　FM 调制模块模型仿真结果 2

10) FM 解调

FM 解调模块对单边带幅度调制的信号进行解调。输入信号为通带表示的调制信号,输入和输出信号都是基于采样的实数标量信号。

在通常情况下,Carrier frequency 参数项要比输入信号的最高频率高很多。根据奈奎斯特采样理论,模型中采样时间的倒数必须大于 Carrier frequency 参数项的两倍。

Simulink 中 FM 解调模块如图 11-85 所示。双击 FM 解调模块,弹出属性设置菜单,如图 11-86 所示。

图 11-85　FM 解调模块

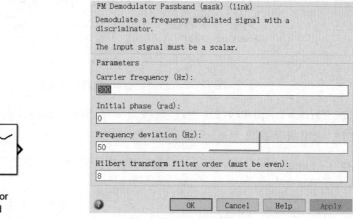

图 11-86　FM 解调模块属性设置菜单

如图 11-86 所示,各选项含义如下:

(1) Carrier frequency(Hz)参数选项:设定调制信号的载波频率。

(2) Initial phase(rad)参数选项:设定载波频率初始化相位。

(3) Frequency deviation(Hz)参数选项:设定载波信号频率偏移。

(4) Hilbert transform filter order(must be even)参数选项:表示用于希尔伯特转化的 FIR 滤波器的长度。

搭建 FM 解调模块模型,如图 11-87 所示。

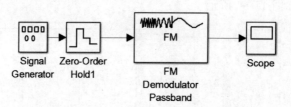

图 11-87　FM 解调模块模型仿真文件

采用系统默认输入,设定 Hilbert transform filter order(must be even)参数选项值为100,运行仿真文件,输出图形如图 11-88 所示。

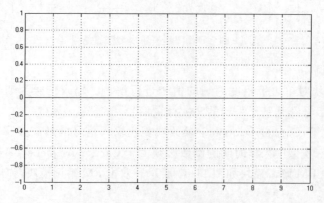

图 11-88　FM 解调模块模型仿真结果 1

修改 Hilbert transform filter order(must be even)参数选项值为 8,运行仿真文件, 输出图形如图 11-89 所示。

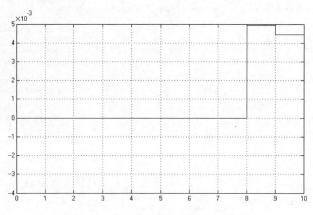

图 11-89 FM 解调模块模型仿真结果 2

11.4.3 数字调制解调器模型分析

MATLAB 提供了很多数字调制解调器的模块,主要介绍如下:

1) M-FSK 调制

M-FSK 调制模块进行基带 M 元频移键控调制。输出为基带形式的已调信号,输入和输出均为离散信号。

Input type 项决定模块式接收 0 到 M−1 之间的整数,还是二进制形式的整数。

图 11-90 M-FSK 调制模块

Simulink 中 M-FSK 调制模块如图 11-90 所示。双击 M-FSK 调制模块,弹出属性设置菜单,如图 11-91 所示。

如图 11-91 所示,各选项含义如下:

(1) M-ary number 参数选项:表示信号星座图的点数,M 必须为一个偶数。

(2) Input type 参数选项:表示输入由 10 到 M−1 的整数组成还是由位组组成。如果 Input type 选项为 Integer,那么模块接受整数输入,输入可以是标量,也可以是基于帧的列向量。如果本项设为 Bit,那么参数 M-ary number 必须为 2^K,K 为正整数。

(3) Symbol set ordering 参数选项:设定模块如何将每一个输入位组映射到相应的整数。

(4) Frequency separation(Hz)参数选项:表示已调信号中相邻频率之间的间隔。

(5) Phase continuous 参数选项:决定已调信号的相位是连续的还是非连续的。如果本项设为 Continuous,那么即使频率发生变化,调制信号的相位仍然维持不变。如果本项设为 Discontinuous,那么调制信号由不同频率的 M 正弦曲线部分构成,这样,如果输入值发生变化,那么调制信号的相位也会发生变化。

(6) Samples per symbol 参数选项:设定对应于每个输入的整数或二进制字模块输出的采样个数。

(7) Output data type 参数选项:设定模型的输出数据类型,可以为 double 或

Block Parameters: M-FSK Modulator Baseband   ×

M-FSK Modulator Baseband (mask) (link)

Modulate the input signal using the frequency shift keying method.

The input signal can be either bits or integers. For the single-rate processing option with bit inputs, the input width must be an integer multiple of the number of bits per symbol. For the multirate processing option with bit inputs, the input width must equal the number of bits per symbol.

For the single-rate processing option with integer inputs, this block accepts a scalar or column vector input signal. For the multirate processing option with integer inputs, this block accepts a scalar input signal.

Parameters

M-ary number:

| 8 |

Input type: Integer

Symbol set ordering: Gray

Frequency separation (Hz):

| 6 |

Phase continuity: Continuous

Samples per symbol:

| 17 |

Rate options: Enforce single-rate processing

Output data type: double

         OK   Cancel   Help   Apply

图 11-91　M-FSK 调制模块属性设置菜单

single,默认为 double 型。

搭建 M-FSK 调制模块模型,如图 11-92 所示。

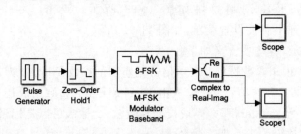

图 11-92　M-FSK 调制模块模型仿真文件

采用系统默认输入,设定 M-ary number 参数选项值为 8,Frequency separation(Hz)参数选项值为 6,Samples per symbol 参数选项值为 17,Output data type 参数选项为 double,运行仿真文件,输出结果的实部图形如图 11-93 所示,输出结果的虚部图形如图 11-94 所示。

2) M-FSK 解调

M-FSK 解调模块进行基带 M 元频移键控解调。输入为标量或基于采样的向量,输入和输出均为离散信号。

Simulink 中 M-FSK 解调模块如图 11-95 所示。双击 M-FSK 解调模块,弹出属性设置菜单,如图 11-96 所示。

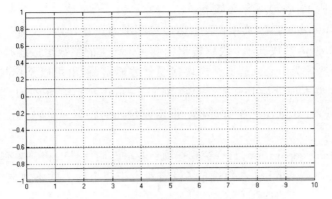

图 11-93 FM 解调模块模型仿真结果实部图形

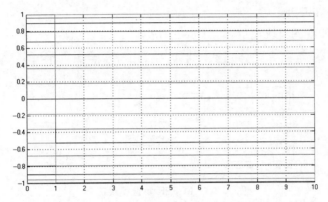

图 11-94 FM 解调模块模型仿真结果虚部图形

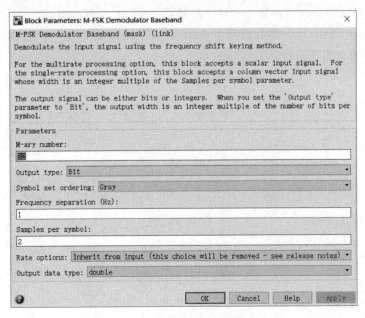

图 11-95 M-FSK 解调模块

图 11-96 M-FSK 解调模块属性设置菜单

如图11-96所示,各选项含义如下:

(1) M-ary number参数选项:表示信号星座图的点数,M必须为一个偶数。

(2) Output type参数选项:表示输出由0到M−1的整数组成还是由位组组成。如果Output type选项为Integer,那么模块接受整数输出,输出可以是标量,也可以是基于帧的列向量。如果本项设为Bit,那么参数M-ary number必须为2^K,K为正整数。

(3) Symbol set ordering参数选项:设定模块如何将每一个输入位组映射到相应的整数。

(4) Frequency separation(Hz)参数选项:表示已调信号中相邻频率之间的间隔。

(5) Samples per symbol参数选项:设定对应于每个输入的整数或二进制字模块输出的采样个数。

(6) Output data type参数选项:设定模型的输出数据类型,可以为double或single,默认为double型。

搭建M-FSK解调模块模型,如图11-97所示。

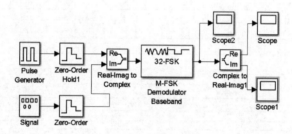

图11-97 M-FSK解调模块仿真

采用系统默认输入,设定M-ary number参数选项值为32,Output type参数选项为Bit,Frequency separation(Hz)参数选项值为1,Samples per symbol参数选项值为2,Output data type参数选项为double,运行仿真文件,输出结果的实部图形如图11-98所示,输出结果的虚部图形如图11-99所示。

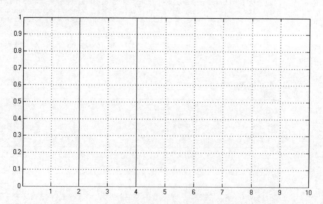

图11-98 M-FSK解调模块模型仿真结果实数图形

3) M-PSK调制

M-PSK调制模块进行基带M元相移键控调制。输出为基带形式的已调信号,输入和输出均为离散信号。

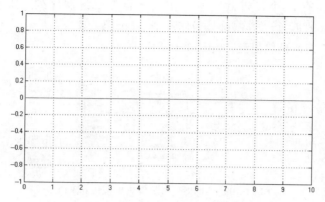

图 11-99　M-FSK 解调模块模型仿真结果虚部图形

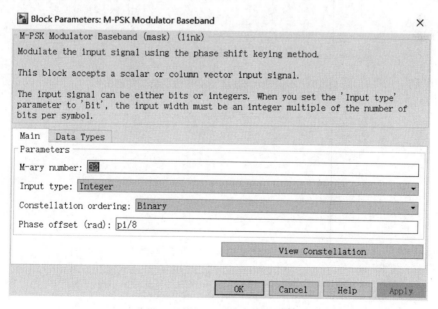

Simulink 中 M-PSK 调制模块如图 11-100 所示。双击 M-PSK 调制模块,弹出属性设置菜单,如图 11-101 所示。

如图 11-101 所示,各选项含义如下:

(1) M-ary number 参数选项:表示信号星座图的点数,M 必须为一个偶数,系统默认为 8。

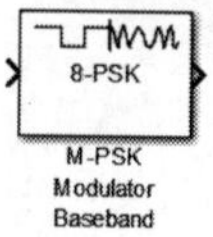

图 11-100　M-FSK 调制模块

(2) Input type 参数选项:表示输入由 0 到 M−1 的整数组成还是由位组组成。如果 Input type 选项为 Integer,那么模块接受整数输入,输入可以是标量,也可以是基于帧的列向量。如果本项设为 Bit,那么参数 M-ary number 必须为 2^K,K 为正整数。

图 11-101　M-PSK 调制模块属性设置菜单

(3) Phase offset(rad)参数选项:表示信号星座图中的零点位置。

(4) Constellation ordering 参数选项:表示星座图编码方式。如果设为 Binary,

MATLAB 把输入的 K 个二进制符号当作一个自然二进制序列；如果该项为 Gray，MATLAB 把输入的 K 个二进制符号当作一个 Gray 码。

搭建 M-PSK 调制模块模型，如图 11-102 所示。

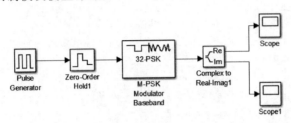

图 11-102　M-PSK 调制模块模型仿真文件

采用系统默认输入，设定 M-ary number 参数选项值为 32，Phase offset(rad)参数选项值为 pi/8，Constellation ordering 参数选项为 Binary，Input type 参数选项为 Integer，运行仿真文件，输出结果的实部图形如图 11-103 所示，输出结果的虚部图形如图 11-104 所示。

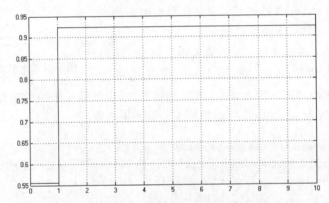

图 11-103　M-PSK 调制模块模型仿真结果实部图形

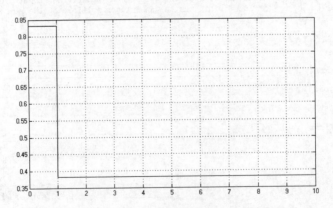

图 11-104　M-PSK 调制模块模型仿真结果虚部图形

4) M-PSK 解调

M-PSK 解调模块进行基带 M 元相移键控解调。输入为标量或基于采样的向量，输入和输出均为离散信号。

Simulink 中 M-PSK 解调模块如图 11-105 所示。双击 M-PSK 解调模块，弹出属性设置菜单，如图 11-106 所示。

如图 11-106 所示，各选项含义如下：

（1）M-ary number 参数选项：表示信号星座图的点数，M 必须为一个偶数。

图 11-105 M-PSK 解调模块

（2）Output type 参数选项：表示输出由整数组成还是由位组成。如果 Output type 选项为 Integer，那么模块接受整数输出，输出可以是标量，也可以是基于帧的列向量。如果本项设为 Bit，那么参数 M-ary number 必须为 2^K，K 为正整数。

```
Block Parameters: M-PSK Demodulator Baseband                          ×

M-PSK Demodulator Baseband (mask) (link)
Demodulate the input signal using the phase shift keying method.

This block accepts a scalar or column vector input signal.

When you set the 'Output type' parameter to 'Integer', the block always performs Hard decision
demodulation.

When you set the 'Output type' parameter to 'Bit', the output width is an integer multiple of the number of
bits per symbol. In this case, the 'Decision type' parameter allows you to select 'Hard decision'
demodulation, 'Log-likelihood ratio' or 'Approximate log-likelihood ratio'. The output values for Log-
likelihood ratio and Approximate log-likelihood ratio decision types are of the same data type as the input
values.

 Main   Data Types
Parameters
M-ary number: 8

Output type: Integer                                                  ▼

Constellation ordering: Gray                                          ▼

Phase offset (rad): pi/8


                                      OK       Cancel     Help      Apply
```

图 11-106 M-PSK 解调模块属性设置菜单

（3）Phase offset(rad)参数选项：表示信号星座图中的零点位置。

（4）Constellation ordering 参数选项：表示星座图编码方式。如果设为 Binary，MATLAB 把输入的 K 个二进制符号当作一个自然二进制序列；如果该项为 Gray，MATLAB 把输入的 K 个二进制符号当作一个 Gray 码。

搭建 M-FSK 解调模块模型，如图 11-107 所示。

采用系统默认输入，设定 M-ary number 参数选项值为 8，Phase offset(rad)参数选项为 pi/8，Constellation ordering 参数选项值为 Gray，Output type 参数选项为 Integer，运行仿真文件，输出结果的实部图形如图 11-108 所示，输出结果的虚部图形如图 11-109 所示。

5）M-PAM 调制

MATLAB 对数字幅度调制提供了 Genaral QAM Modulator Baseband、M-PAM Modulator Baseband 和 Rectangular QAM Modulator Baseband 等多个模块，下面将具体介绍 M-PAM 调制功能。

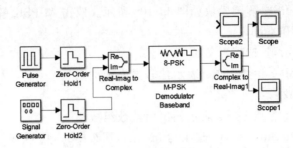

图 11-107   M-FSK 解调模块仿真

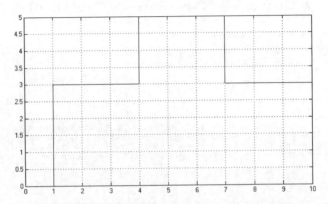

图 11-108   M-PSK 解调模块模型仿真结果实部图形

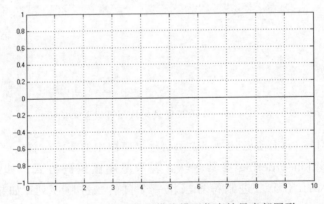

图 11-109   M-PSK 解调模块模型仿真结果虚部图形

M-PAM Modulator Baseband 称为 M 相基带幅度调制模块,该模块用于基带 M 元脉冲的幅度调制,输出为基带形式的已调信号,且输入和输出均为离散信号。

模块使用默认的星座图映射方式,将位于 0~(M-1)的整数 X 映射为复数值(2X-M+1)。

图 11-110   M-PAM 调制模块

Simulink 中 M-PAM 调制模块如图 11-110 所示。双击 M-PAM 调制模块,弹出属性设置菜单,如图 11-111 所示。

如图 11-111 所示,各选项含义如下:

(1) M-ary number 参数选项:表示信号星座图的

Block Parameters: M-PAM Modulator Baseband ✕

M-PAM Modulator Baseband (mask) (link)

Modulate the input signal using the pulse amplitude modulation method.

This block accepts a scalar or column vector input signal.

The input signal can be either bits or integers. When you set the 'Input type' parameter to 'Bit', the input width must be an integer multiple of the number of bits per symbol.

| Main | Data Types |

Parameters

M-ary number: 32

Input type: Integer

Constellation ordering: Gray

Normalization method: Min. distance between symbols

Minimum distance: 1

View Constellation

OK　　Cancel　　Help　　Apply

图 11-111　M-PAM 调制模块属性设置菜单

点数,M 必须为一个偶数。

(2) Input type 参数选项:表示输入由 $0\sim(M-1)$ 的整数组成还是由位组组成。如果 Input type 选项为 Integer,那么模块接受整数输入,输入可以是标量,也可以是基于帧的列向量。如果本项设为 Bit,那么参数 M-ary number 必须为 2^K,K 为正整数。

(3) Constellation ordering 参数选项:表示星座图编码方式。如果设为 Binary,MATLAB 把输入的 K 个二进制符号当作一个自然二进制序列;如果该项为 Gray,MATLAB 把输入的 K 个二进制符号当作一个 Gray 码。

(4) Normalization method 参数选项:该选项为一个下拉菜单选框,决定如何测量信号的星座图,有 Min. distance between symbols、Average Power 和 Peak Power 等可选项。

(5) Minimum distance 参数选项:表示星座图中两个距离最近的点之间的距离。本项只有当 Normalization method 选为 Min. distance between symbols 时才有效。

搭建 M-PAM 调制模块模型,如图 11-112 所示。

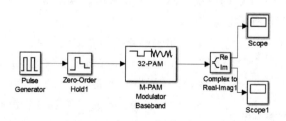

图 11-112　M-PAM 调制模块仿真

采用系统默认输入,设定 M-ary number 参数选项值为 32,Constellation ordering 参数选项值为 Gray,Input type 参数选项为 Integer,运行仿真文件,输出结果的实部图形如

图 11-113 所示,输出结果的虚部图形如图 11-114 所示。

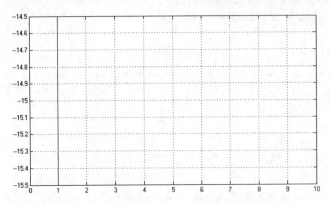

图 11-113　M-PAM 调制模块模型仿真结果实部图形

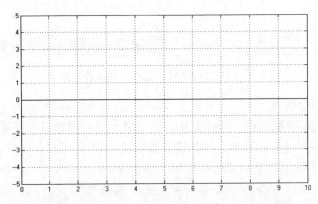

图 11-114　M-PAM 调制模块模型仿真结果虚部图形

6) M-PAM 解调

M-PAM Demodulator Baseband 称为 M 相基带幅度解调模块,该模块用于基带 M 元脉冲的幅度解调。模块的输出为基带形式的已解调的信号,且输入和输出均为离散信号。

模块使用默认的星座图映射方式,将位于 0~(M−1)的整数 X 映射为复数值(2X−M+1)。

Simulink 中 M-PAM 解调模块如图 11-115 所示。双击 M-PAM 解调模块,弹出属性设置菜单,如图 11-116 所示。

图 11-115　M-PAM 解调模块

如图 11-116 所示,各选项含义如下:

(1) M-ary number 参数选项:表示信号星座图的点数,M 必须为一个偶数。

(2) Output type 参数选项:表示输入由 0~(M−1)的整数组成还是由位组成。如果 Output type 选项为 Integer,那么模块接受整数输入,输入可以是标量,也可以是基于帧的列向量。如果本项设为 Bit,那么参数 M-ary number 必须为 2^K,K 为正整数。

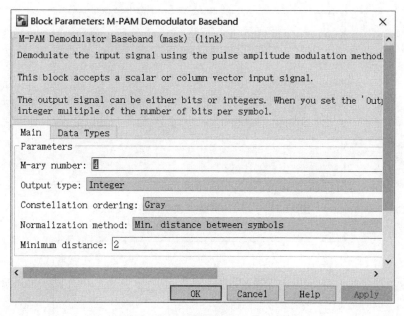

图 11-116　M-PAM 解调模块属性设置菜单

（3）Constellation ordering 参数选项：星座图编码方式。如果设为 Binary，MATLAB 把输入的 K 个二进制符号当作一个自然二进制序列；如果该项为 Gray，MATLAB 把输入的 K 个二进制符号当作一个 Gray 码。

（4）Normalization method 参数选项：该选项为一个下拉菜单，决定如何测量信号的星座图，有 Min. distance between symbols、Average Power 和 Peak Power 等可选项。

（5）Minimum distance 参数选项：表示星座图中两个距离最近的点之间的距离。本项只有当 Normalization method 选为 Min. distance between symbols 时才有效，系统默认为 2。

搭建 M-PAM 解调模块模型，如图 11-117 所示。

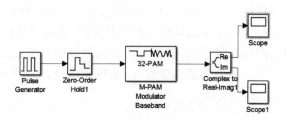

图 11-117　M-PAM 解调模块仿真

采用系统默认输入，设定"M-ary number"参数选项值为 4，"Constellation ordering"参数选项值为 Gray，"Output type"参数选项为 Integer，运行仿真文件，输出结果实部图形如图 11-118 所示。

输出结果虚部图形如图 11-119 所示。

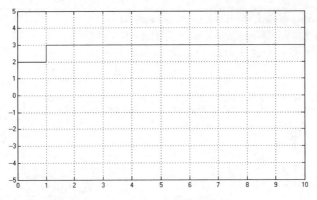

图 11-118   M-PAM 解调模块模型仿真结果

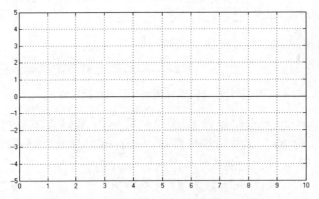

图 11-119   M-PAM 解调模块模型仿真结果

11.5   本章小结

通信系统用以完成信息传输过程的技术系统的总称。本章主要围绕通信系统进行仿真设计,主要分为通信系统仿真概述,信源与信道模型,随机数产生器、泊松分布产生器、伯努利二进制信号产生器以及加性噪声产生器模型,滤波器设计,通信信号的调制和解调,包括基带模型与调制通带分析、解调与模拟调制模型分析以及数字调制解调模型分析等内容,本章整体基本涵盖通信系统设计,能够使得读者真正的掌握和学习通信系统设计的基本框架知识。

人工神经网络(Artificial Neural Network, ANN)是模仿生物神经网络功能的一种经验模型。神经网络是由大量的处理单元(神经元)互相连接而成的网络。本章介绍神经网络工具箱的使用、BP 神经网络的 PID 控制、基于 Simulink 的神经网络模型预测控制系统以及反馈线性化控制系统典型神经网络控制系统。

学习目标：

(1) 熟练掌握 MATLAB BP 神经网络的 PID 控制；

(2) 熟练掌握神经网络模型预测控制系统；

(3) 熟练掌握神经网络反馈线性化控制系统等。

12.1 神经网络简介

人工神经网络是模仿生物神经网络功能的一种经验模型。生物神经元受到传入的刺激，其反应又从输出端传到相联的其他神经元，输入和输出之间的变换关系一般是非线性的。

神经网络是由若干简单(通常是自适应的)元件及其层次组织，以大规模并行连接方式构造而成的网络，按照与生物神经网络类似的方式处理输入的信息。模仿生物神经网络而建立的人工神经网络，对输入信号具有功能强大的反应和处理能力。

神经网络是由大量的处理单元(神经元)互相连接而成的网络。为了模拟大脑的基本特性，在神经科学研究的基础上，提出了神经网络的模型。但是，实际上神经网络并没有完全反映大脑的功能，只是对生物神经网络进行了某种抽象、简化和模拟。

神经网络的信息处理通过神经元的互相作用来实现，知识与信息的存储表现为网络元件互相分布式的物理联系。神经网络的学习和识别取决于各种神经元连接权系数的动态演化过程。

若干神经元连接成网络，其中的一个神经元可以接受多个输入信号，按照一定的规则转换为输出信号。由于神经网络中神经元间复杂的连接关系和各神经元传递信号的非线性方式，输入和输出信号间可以构建出各种各样的关系，因此可以用来作为黑箱模型，研究那些用机理模型还无法精确描述、但输入和输出之间确实有客观的、确定性的或模糊性的规律的问题。因此,人工神经网络作为经验模型的一种,在化工生产、研究和开发中得到了越来越多的应用。

12.2　人工神经元模型

图 12-1 展示了作为人工神经网络基本单元的神经元模型,它有三个基本要素。

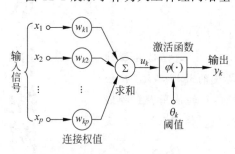

图 12-1　人工神经网络模型

(1) 一组连接(对应于生物神经元的突触),连接强度由各连接上的权值表示,权值为正表示激活,为负则表示抑制。

(2) 一个求和单元,用于求取各输入信号的加权和(线性组合)。

(3) 一个非线性激活函数,起非线性映射作用并将神经元输出幅度限制在一定范围内(一般限制在 $(0,1)$ 或 $(-1,1)$ 之间)。

此外,还有一个阈值 θ_k(或偏置 $b_k=-\theta_k$)。

以上作用可分别以数学式表达出来:

$$u_k = \sum_{j=1}^{p} w_{kj}x_j, \quad v_k = u_k - \theta_k, \quad y_k = \varphi(v_k)$$

其中,$x_1,x_2,\cdots,x_p$ 为输入信号,$w_{k1},w_{k2},\cdots,w_{kp}$ 为神经元 k 的权值,u_k 为线性组合结果,θ_k 为阈值,$\varphi(\cdot)$ 为激活函数,y_k 为神经元 k 的输出。

若把输入的维数增加一维,则可把阈值 θ_k 包括进去,具体如下:

$$v_k = \sum_{j=0}^{p} w_{kj}x_j, \quad y_k = \varphi(u_k)$$

其输入为 $x_0=-1$(或 $+1$),权值为 $w_{k0}=\theta_k$(或 b_k),如图 12-2 所示。

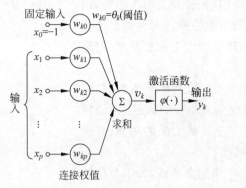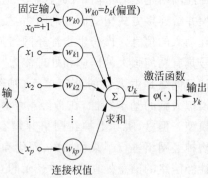

图 12-2　复杂人工神经网络模型

激活函数 $\varphi(\cdot)$ 可以有以下几种:

1) 阈值函数

$$\varphi(v) = \begin{cases} 1, & v \geqslant 0 \\ 0, & v < 0 \end{cases}$$

即阶梯函数。这时相应的输出 y_k 为

$$y_k = \begin{cases} 1, & v_k \geqslant 0 \\ 0, & v_k < 0 \end{cases}$$

其中 $v_k = \sum_{j=1}^{p} w_{kj}x_j - \theta_k$，常称此种神经元为 $M-P$ 模型。

2）分段线性函数

$$\varphi(v) = \begin{cases} 1, & v \geqslant 1 \\ \dfrac{1}{2}(1+v), & -1 < v < 1 \\ 0, & v \leqslant -1 \end{cases}$$

它类似于一个放大系数为 1 的非线性放大器,当工作于线性区时它是一个线性组合器,放大系数趋于无穷大时变成一个阈值单元。

3）Sigmoid 函数

最常用的函数形式为

$$\varphi(v) = \frac{1}{1 + \exp(-\alpha v)}$$

其中,参数 $\alpha > 0$ 可控制其斜率。

另一种常用的函数形式是双曲正切函数

$$\varphi(v) = \tanh\left(\frac{v}{2}\right) = \frac{1 - \exp(-v)}{1 + \exp(-v)}$$

这类函数具有平滑和渐近性,并保持单调性。

MATLAB 神经网络工具箱中的激活(传递)函数如表 12-1 所示。

表 12-1 传递函数

函 数 名	功 能	函 数 名	功 能
purelin	线性传递函数	logsig	对数 S 形传递函数
hardlim	硬限幅传递函数	tansig	正切 S 形传递函数
hardlims	对称硬限幅传递函数	radbas	径向基传递函数
satlin	饱和线性传递函数	compet	竞争层传递函数
satlins	对称饱和线性传递函数		

12.3 神经网络的学习规则

神经网络通常采用的网络学习规则包括以下三种。

1）误差纠正学习规则

令 $y_k(n)$ 是输入 $x_k(n)$ 时神经元 k 在 n 时刻的实际输出,$d_k(n)$ 表示应有的输出(可由训练样本给出),则误差信号可写为

$$e_k(n) = d_k(n) - y_k(n)$$

误差纠正学习的最终目的是使某一基于 $e_k(n)$ 的目标函数达到要求,以使网络中每一输出单元的实际输出在某种统计意义上逼近应有输出。一旦选定了目标函数的形式,

误差纠正学习就变成了一个典型的最优化问题,最常用的目标函数是均方误差判据,定义为误差平方和的均值,即

$$J = E\left[\frac{1}{2}\sum_k e_k^2(n)\right]$$

其中,E 为期望算子。上式的前提是被学习的过程是平稳的,具体方法可用最优梯度下降法。直接用 J 作为目标函数时需要知道整个过程的统计特性,为解决这一问题,通常用 J 在时刻 n 的瞬时值代替 J,即

$$E = \frac{1}{2}\sum_k e_k^2(n)$$

则问题变为求 E 对权值 w 的极小值,据梯度下降法可得

$$\Delta w_{kj} = \eta e_k(n)x_j(n)$$

其中,η 为学习步长,这就是通常所说的误差纠正学习规则。

2) Hebb 学习规则

由神经心理学家 Hebb 提出的学习规则可归纳为"当某一突触连接两端的神经元同时处于激活状态(或同为抑制状态)时,该连接的强度应增加,反之应减弱"用数学方式可描述为

$$\Delta w_{kj} = \eta y_k(n)y_j(n)$$

由于 Δw_{kj} 与 $y_k(n)$、$y_j(n)$ 的相关成比例,有时称为相关学习规则。

3) 竞争学习规则

顾名思义,在竞争学习时,网络各输出单元互相竞争,最后达到只有一个最强者激活,最常见的一种情况是输出神经元之间有侧向抑制性连接,这样原来输出单元中如有某一单元较强,则它将获胜并抑制其他单元,最后只有此强者处于激活状态。最常用的竞争学习规则可写为

$$\Delta w_{kj} = \begin{cases} \eta(x_k - w_{jk}), & \text{若神经元 } j \text{ 竞争获胜} \\ 0, & \text{若神经元 } j \text{ 竞争失败} \end{cases}$$

12.4 MATLAB 神经网络工具箱

MATLAB 神经网络工具箱中提供的函数主要分为两大部分。一部分函数是通用的,这些函数几乎可以用于所有类型的神经网络,如神经网络的初始化函数 init()、训练函数 train() 和仿真函数 sim() 等;另一部分函数则特别针对某一种类型的神经网络,如对感知机神经网络进行建立的函数 simup() 等。

主要的神经网络函数如表 12-2 所示。

表 12-2　神经网络训练及预测函数

函　数　名	功　　　　能
init()	初始化一个神经网络
initlay()	层-层结构神经网络的初始化函数
initwb()	神经网络某一层的权值和偏值初始化函数

函 数 名	功 能
initzero()	将权值设置为零的初始化函数
train()	神经网络训练函数
adapt()	神经网络自适应训练函数
sim()	神经网络仿真函数
dotprod()	权值点积函数
normprod()	规范点积权值函数
netsum()	输入求和函数
netprod()	网络输入的积函数
concur()	结构一致函数
sse()	误差平方和性能函数
mae()	平均绝对误差性能函数
trainp()	训练感知机神经网络的权值和偏值
trainpn()	训练标准化感知机的权值和偏值
simup()	对感知机神经网络进行仿真
learnp()	感知机的学习函数
learnpn()	标准化感知机的学习函数
newp()	生成一个感知机
solvelin()	设计一个线性神经网络
adaptwh()	对线性神经网络进行在线自适应训练

1) 初始化神经网络函数 init()

利用初始化神经网络函数 init() 可以对一个已存在的神经网络进行初始化修正,该网络的权值和偏值是按照网络初始化函数来进行修正的。

其调用格式为

```
net = init(NET)
```

其中,NET 为神经网络结构体。

2) 神经网络某一层的初始化函数 initlay()

初始化函数 initlay() 特别适用于层-层结构神经网络的初始化,该网络的权值和偏值是按照网络初始化函数来进行修正的。

其调用格式为

```
net = initlay(NET)
```

其中,NET 为神经网络结构体。

3) 神经网络某一层的权值和偏值初始化函数 initwb()

利用初始化函数 initwb() 可以对一个已存在的神经网络的 NET 某一层 i 的权值和偏值进行初始化修正,该网络对每层的权值和偏值是按照设定的每层的初始化函数来进行修正的。

其调用格式为

```
net = initwb(NET,i)
```

其中,NET 为神经网络结构体;i 为神经网络结构中某一层网络。

4) 神经网络训练函数 train()

利用 train()函数可以训练一个神经网络。网络训练函数是一种通用的学习函数,训练函数重复地把一组输入向量应用到一个网络上,每次都更新网络,直到达到了某种准则。停止准则可能是最大的学习步数、最小的误差梯度或者是误差目标等。

其调用格式为

```
[net] = train(NET,X,T)
```

其中,NET 为神经网络结构体;X 为输入数据;T 为输出数据;返回的是训练好的神经网络。

5) 网络自适应训练函数 adapt()

另一种通用的训练函数是自适应函数 adapt()。自适应函数在每一个输入时间阶段更新仿真网络,这在进行下一个输入的仿真前完成。

其调用格式为

```
[net] = adapt(NET,X,T)
```

其中,NET 为神经网络结构体;X 为输入数据;T 为输出数据;返回的是训练好的神经网络。

6) 网络仿真函数 sim()

神经网络一旦训练完成,网络的权值和偏值就已经确定了。于是就可以使用它来解决实际问题了。利用 sim()函数可以仿真一个神经网络的性能。

其调用格式为

```
[Y] = sim(net,X)
```

或

```
[Y] = sim(net,{Q Ts})
```

其中,net 为训练好的神经网络;X 为输入测试数据;返回的 Y 是预测的数据。

7) 权值点积函数 dotprod()

网络输入向量与权值的点积可得到加权输入。

函数 dotprod ()的调用格式为

```
Z = dotprod (W,X)
```

其中,W 为网络输入权值;X 为网络输入向量;返回值 Z 为点积结果。

8) 网络输入的和函数 netsum()

网络输入的和函数将某一层的加权输入和偏值相加作为该层的输入。

其调用格式为

```
Z = netprod(Z1, Z2, … )
```

其中,Zi(i=1,2,…)为神经网络层。

9) 网络输入的积函数 netprod()

网络输入的积函数将某一层的加权输入和偏值相乘作为该层的输入。

其调用格式为

```
Z = netprod(Z1, Z2, … )
```

其中,Zi(i=1,2,…)为神经网络层。

10) 结构一致函数 concur()

函数 concur()的作用在于使得本来不一致的权值向量和偏值向量的结构一致,以便于进行相加或相乘运算。

其调用格式为

```
Z = concur(b, q)
```

其中,b 为神经网络权值向量;q 为神经网络偏值向量。

【例 12-1】 利用 netsum()函数和 netprod()函数,对两个加权输入向量 Z1 和 Z2 进行相加和相乘。

设计相应 MATLAB 神经网络程序如下:

```
clc,clear,close all
Z1 = [1 2 4;3 4 1];
Z2 = [1:3;2:4];
b = [0;1];
q = 4;
Z = concur(b,q)
X1 = netsum(Z1,Z2),
X2 = netprod(Z1,Z2)      %计算向量的和与积
```

运行程序输出结果如下:

```
Z =
    0    0    0    0
    1    1    1    1
X1 =
    2    4    7
    5    7    5
X2 =
    1    4    12
    6    12    4
```

12.5　基于 BP 神经网络的 PID 自适应控制

　　PID 控制要想取得好的控制效果,就必须调整好比例、积分和微分三种控制的作用,形成控制量中相互配合又相互制约的关系。神经网络具有逼近任意非线性函数的能力,而且结构和学习算法简单明确,可以通过对系统性能的学习来实现最佳组合的 PID 控制。采用基于 BP 神经网络的 PID 自适应控制,可以建立参数 k_p、k_i、k_d 自学习的神经 PID 控制,从而达到参数自行调整的目的。

　　实例控制器由以下两部分组成:

　　(1) 经典的 PID 控制器:直接对被控对象进行闭环控制,仍然是靠改变三个参数 k_p、k_i、k_d 来获得满意的控制效果。

　　(2) 神经网络:根据系统的运行状态,调节 PID 控制器的参数,以期达到某种性能指标的最优化。采用如图 12-3 所示的系统结构,即使得输出层神经元的输出状态对应于 PID 控制器的三个可调参数 k_p、k_i、k_d,通过神经网络的自身学习和加权系数调整,从而使其稳定状态对应于某种最优控制规律下的 PID 的控制器的各个参数。

　　采用基于 BP 神经网络的 PID 控制的系统结构如图 12-3 所示。

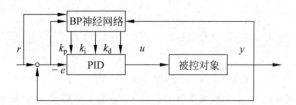

图 12-3　基于 BP 神经网络的 PID 控制结构图

　　图 12-3 中的 BP 神经网络选择如图 12-4 的形式,采用三层结构:一个输入层、一个隐含层、一个输出层。j 表示输入层节点,i 表示隐层节点,l 表示输出层节点。输入层有 m 个输入节点,隐含层有 q 个隐含节点,输出层有 3 个输出节点。输入节点对应所选的系统运行状态量,如系统不同时刻的输入量和输出量、偏差量等。输出节点分别对应 PID 控制器的三个参数 k_p、k_i、k_d,由于 k_p、k_i、k_d 不能为负,所以输出层神经元活化函数取非负的 Sigmoid 函数。

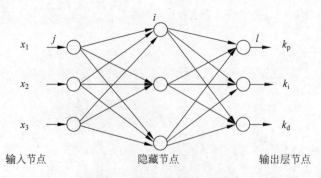

图 12-4　BP 神经网络结构图

由图 12-4 可见，此处 BP 神经网络的输入层输出为

$$O_j^{(1)} = x(j), \quad j = 1,2,3,\cdots,m$$

隐层输入为

$$\mathrm{net}_i^{(2)}(k) = \sum_{j=0}^{m} w_{ij}^{(2)} O_j^{(1)}$$

隐层输出为

$$O_i^{(2)}(k) = g(\mathrm{net}_i^{(2)}(k)), \quad i = 1,2,3,\cdots,q$$

其中，$w_{ij}^{(2)}$ 为输入层到隐含层的加权系数，上标 (1)、(2)、(3) 分别代表输入层、隐含层、输出层，$f(x)$ 为正负对称的 Sigmoid 函数，即

$$g(x) = \tanh(x) = \frac{\mathrm{e}^x - \mathrm{e}^{-x}}{\mathrm{e}^x + \mathrm{e}^{-x}}。$$

最后网络输出层三个节点的输入为

$$\mathrm{net}_l^{(3)}(k) = \sum_{i=0}^{q} w_{li}^{(3)} O_i^{(2)}(k)$$

最后的输出层的三个输出为

$$o_l^{(3)}(k) = f(\mathrm{net}_l^{(3)}(k)), \quad l = 1,2,3$$

即

$$\left.\begin{array}{l} O_1^{(3)}(k) = k_{\mathrm{p}} \\ O_2^{(3)}(k) = k_{\mathrm{i}} \\ O_3^{(3)}(k) = k_{\mathrm{d}} \end{array}\right\}$$

其中，$w_{li}^{(3)}$ 为隐层到输出层的加权系数，输出层神经元活化函数为

$$f(x) = \frac{1}{2}(1 + \tanh(x)) = \frac{\mathrm{e}^x}{\mathrm{e}^x + \mathrm{e}^{-x}}$$

取性能指标函数

$$E(k) = \frac{1}{2}(r(k) - y(k))^2$$

用梯度下降法修正网络的权系数，并附加一个使搜索快速收敛到全局极小的惯性项，则有

$$\Delta w_{li}^{(3)}(k) = -\eta \frac{\partial E(k)}{\partial w_{li}^{(3)}} + \alpha \Delta w_{li}^{(3)}(k-1)$$

其中，η 为学习率，α 为惯性系数，且

$$\frac{\partial E(k)}{\partial w_{li}^{(3)}} = \frac{\partial E(k)}{\partial y(k)} \cdot \frac{\partial y(k)}{\partial u(k)} \cdot \frac{\partial u(k)}{\partial O_l^{(3)}(k)} \cdot \frac{\partial O_l^{(3)}(k)}{\partial \mathrm{net}_l^{(3)}(k)} \cdot \frac{\partial \mathrm{net}_l^{(3)}(k)}{\partial w_{li}^{(3)}} \tag{12-1}$$

这里需要用到变量 $\partial y(k)/\partial u(k)$，由于模型可以未知，所以 $\partial y(k)/\partial u(k)$ 未知，但是可以测出 $u(k)$、$y(k)$ 的相对变化量，即

$$\frac{\partial y}{\partial u} = \frac{y(k) - y(k-1)}{u(k) - u(k-1)}$$

也可以近似用符号函数

$$\text{sgn}\left(\frac{y(k) - y(k-1)}{u(k) - u(k-1)}\right)$$

取代,由此带来的计算上的误差可以通过调整学习速率 η 来补偿。这样做一方面可以简化运算,另一方面避免了当 $u(k)$ 和 $u(k-1)$ 很接近时导致式(12-1)趋于无穷的情况。这种替代在算法上是可以的,因为 $\partial y(k)/\partial u(k)$ 是式(12-1)中的一个乘积因子,它的符号的正负决定着权值变化的方向,而数值变化的大小只影响权值变化的速度,但是权值变化的速度可以通过学习步长加以调节。

由式

$$u(k) = u(k-1) + O_1^{(3)}(e(k) - e(k-1)) + O_2^{(3)}e(k) + O_3^{(3)}(e(k) - 2e(k-1) + e(k-2))$$

可得

$$\left.\begin{array}{l} \dfrac{\partial u(k)}{\partial O_1^{(3)}(k)} = e(k) - e(k-1) \\[3mm] \dfrac{\partial u(k)}{\partial O_2^{(3)}(k)} = e(k) \\[3mm] \dfrac{\partial u(k)}{\partial O_3^{(3)}(k)} = e(k) - 2e(k-1) + e(k-2) \end{array}\right\} \tag{12-2}$$

这样,可得 BP 神经网络输出层权值计算公式为

$$\Delta w_{li}^{(3)}(k) = \eta e(k) \frac{\partial y(k)}{\partial u(k)} \frac{\partial u(k)}{\partial O_l^{(3)}(k)} f'(\text{net}_l^{(3)}(k)) O_i^{(2)}(k) + \alpha \Delta w_{li}^{(3)}(k-1)$$

则有

$$\Delta w_{li}^{(3)}(k) = e(k)\text{sgn}\left(\frac{y(k) - y(k-1)}{u(k) - u(k-1)}\right)\eta \frac{\partial u(k)}{\partial O_l^{(3)}(k)} f'(\text{net}_l^{(3)}(k)) O_i^{(2)}(k) + \alpha \Delta w_{li}^{(3)}(k-1),$$

$$i = 1, 2, \cdots, q$$

可令 $\delta_l^{(3)} = e(k)\text{sgn}\left(\dfrac{y(k) - y(k-1)}{u(k) - u(k-1)}\right)\dfrac{\partial u(k)}{\partial O_l^{(3)}(k)} f'(\text{net}_l^{(3)}(k))$,则上式可写为

$$\Delta w_{li}^{(3)}(k) = \eta \delta_l^{(3)} O_i^{(2)}(k) + \alpha \Delta w_{li}^{(3)}(k-1)$$

$\dfrac{\partial u(k)}{\partial O_l^{(3)}(k)}$ 可由式(4-2)可确定,$\dfrac{\partial y(k)}{\partial u(k)}$ 可由符号函数代替,$f'(\text{net}_l^{(3)}(k))$ 可由 $f'(x) = \dfrac{2}{(e^x + e^{-x})^2}$ 得到。

同理可得隐含层权计算公式为

$$\Delta w_{ij}^{(2)}(k) = \eta g'(\text{net}_i^{(2)}(k)) \sum_{l=1}^{3} \delta_l^{(3)} w_{li}^{(3)}(k) O_j^{(1)}(k) + \alpha \Delta w_{li}^{(2)}(k-1), \quad i = 1, 2, \cdots, q$$

令 $\delta_i^{(2)} = gf'(\text{net}_i^{(2)}(k)) \sum_{l=1}^{3} \delta_l^{(3)} w_{li}^{(3)}(k)$,则

$$\Delta w_{ij}^{(2)}(k) = \eta \delta_i^{(2)} O_j^{(1)}(k) + \alpha \Delta w_{li}^{(2)}(k-1), \quad i = 1, 2, \cdots, q$$

该控制器的算法如下:

(1) 确定 BP 神经网络的结构,即确定输入节点数 m 和隐含层节点数 q,并给定各层

加权系数的初值 $w_{ij}^1(0)$ 和 $w_{ij}^2(0)$，选定学习速率 η 和惯性系数 α，此时 $k=1$。

（2）采样得到 $r_{\mathrm{in}}(k)$ 和 $y_{\mathrm{out}}(k)$，计算该时刻误差 $\mathrm{error}(k)=r_{\mathrm{in}}(k)-y_{\mathrm{out}}(k)$。

（3）计算神经网络 NN 各层神经元的输入、输出，NN 输出层的输出即为 PID 控制器的三个可调参数 k_{p}、k_{i}、k_{d}。

（4）根据经典增量数字 PID 的控制算法计算 PID 控制器的输出 $u(k)$：

$$u(k)=u(k-1)+K_{\mathrm{p}}(\mathrm{error}(k)-\mathrm{error}(k-1))+K_{\mathrm{i}}\mathrm{error}(k)$$
$$+K_{\mathrm{d}}(\mathrm{error}(k)-2\mathrm{error}(k-1)+\mathrm{error}(k-2))$$

（5）进行神经网络学习，在线调整加权系数 $w_{ij}^1(k)$ 和 $w_{ij}^2(k)$ 实现 PID 控制参数的自适应调整。

（6）置 $k=k+1$，返回到步骤（1）。

采用系统输入 $r_{\mathrm{in}}(k)=\sin(0.004\pi t)$，利用 BP_PID 对该控制输入进行控制，搭建控制仿真模型如图 12-5 所示。

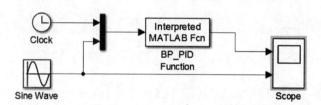

图 12-5　基于 BP_PID 的控制模型

在图 12-5 中，BP_PID Function 设置如图 12-6 所示，Sine Wave 设置如图 12-7 所示。

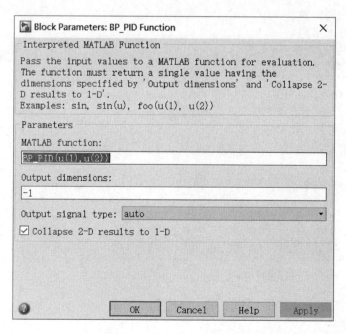

图 12-6　BP_PID Function 设置

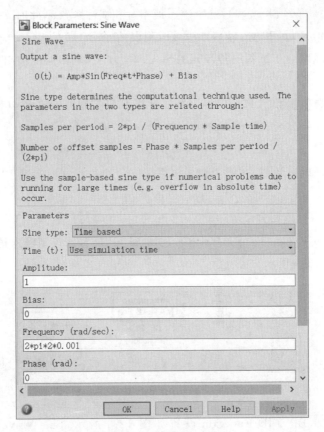

图 12-7　Sine Wave 设置

按照该控制器的算法，设计 BP_PID 程序设计如下：

```
function yout = BP_PID(u1,rin)

persistent x u_1 u_2 u_3 u_4 u_5 y_1 y_2 y_3
persistent xite alfa IN H Out wi wi_1 wi_2 wi_3 wo wo_1 wo_2 wo_3
persistent Oh error_2 error_1
persistent k
if u1 == 0
    xite = 0.25;
    alfa = 0.05;
    IN = 4;H = 5;Out = 3;  % NN 结构
    wi = [ - 0.2846,0.2193, - 0.5097, - 1.0668;
          - 0.7484, - 0.1210, - 0.4708,0.0988;
          - 0.7176,0.8297, - 1.6000,0.2049;
          - 0.0858,0.1925, - 0.6346,0.0347;
           0.4358,0.2369, - 0.4564, - 0.1324];
    % wi = 0.50 * rands(H,IN);
    wi_1 = wi;wi_2 = wi;wi_3 = wi;
    wo = [1.0438,0.5478,0.8682,0.1446,0.1537;
         0.1716,0.5811,1.1214,0.5067,0.7370;
         1.0063,0.7428,1.0534,0.7824,0.6494];
```

```matlab
    % wo = 0.50 * rands(Out,H);
    wo_1 = wo;wo_2 = wo;wo_3 = wo;
    x = [0,0,0];
    u_1 = 0;u_2 = 0;u_3 = 0;u_4 = 0;u_5 = 0;
    y_1 = 0;y_2 = 0;y_3 = 0;
    Oh = zeros(H,1);                          % NN 中间层的输出
    I = Oh;                                    % NN 中间层的输入
    error_2 = 0;
    error_1 = 0;
    k = 2;
end

% 非线性模型
a = 1.2 * (1 - 0.8 * exp( - 0.1 * k));
yout = a * y_1/(1 + y_1 ^ 2) + u_1;
error = rin - yout;
xi = [rin,yout,error,1];

x(1) = error - error_1;
x(2) = error;
x(3) = error - 2 * error_1 + error_2;

epid = [x(1);x(2);x(3)];
I = xi * wi';
for j = 1:1:H
    Oh(j) = (exp(I(j)) - exp( - I(j)))/(exp(I(j)) + exp( - I(j)));  % Middle Layer
end
K = wo * Oh;                                  % 输出层
for l = 1:1:Out
    K(l) = exp(K(l))/(exp(K(l)) + exp( - K(l)));   % 计算 kp、ki、kd
end
kp = K(1);ki = K(2);kd = K(3);
Kpid = [kp,ki,kd];

du = Kpid * epid;
u = u_1 + du;
if u >= 10                                    % 限制控制器的输出
    u = 10;
end
if u <= - 10
    u = - 10;
end

dyu = sign((yout - y_1)/(u - u_1 + 0.0000001));

% 输出层
for j = 1:1:Out
    dK(j) = 2/(exp(K(j)) + exp( - K(j)))^2;
end
for l = 1:1:Out
    delta3(l) = error * dyu * epid(l) * dK(l);
end
```

```
for l = 1:1:Out
    for i = 1:1:H
        d_wo = xite * delta3(l) * Oh(i) + alfa * (wo_1 - wo_2);
    end
end
    wo = wo_1 + d_wo + alfa * (wo_1 - wo_2);
%隐层
for i = 1:1:H
    dO(i) = 4/(exp(I(i)) + exp( - I(i)))^2;
end
segma = delta3 * wo;
for i = 1:1:H
    delta2(i) = dO(i) * segma(i);
end

d_wi = xite * delta2' * xi;
wi = wi_1 + d_wi + alfa * (wi_1 - wi_2);
%更新参数
u_5 = u_4;u_4 = u_3;u_3 = u_2;u_2 = u_1;u_1 = u;
y_2 = y_1;y_1 = yout;

wo_3 = wo_2;
wo_2 = wo_1;
wo_1 = wo;

wi_3 = wi_2;
wi_2 = wi_1;
wi_1 = wi;

error_2 = error_1;
error_1 = error;
```

输出结果如图 12-8 所示。

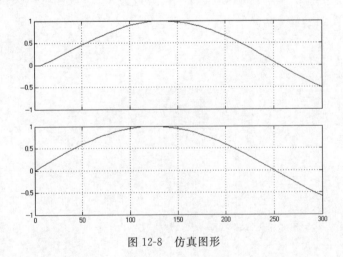

图 12-8 仿真图形

通过仿真可以直观地看出：基于 BP 神经网络的 PID 控制器可以通过学习自动调整 PID 参数，使系统误差调整在允许误差范围内。

12.6 基于 Simulink 的神经网络模块仿真

神经网络工具箱提供了一套可在 Simulink 中建立神经网络的模块，对于在 MATLAB 工作空间中建立的网络，也能够使用函数 gensim() 生成一个相应的 Simulink 网络模块。

12.6.1 模块的设置

在 Simulink 库浏览窗口的 Neural Network Blockset 节点上右击，便可打开如图 12-9 所示的 Neural Network Blockset 模块集窗口。

Control Systems Net Input Functions Processing Functions Transfer Functions Weight Functions

图 12-9　Neural Network Blockset 模块集

在 Neural Network Blockset 模块集中包含了五个模块库，双击各个模块库的图标，便可打开相应的模块库。

1）传输函数模块库（Transfer Functions）

双击 Transfer Functions 模块库的图标，便可打开如图 12-10 所示的传输函数模块库窗口。传输函数模块库中的任意一个模块都能够接受一个网络输入向量，并且相应地产生一个输出向量，这个输出向量的组数和输入向量相同。

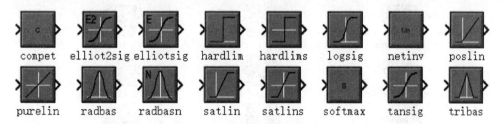

图 12-10　传输函数模块库窗口

2）网络输入模块库（Net Input Functions）

双击 Net Input Functions 模块库的图标，便可打开如图 12-11 所示的网络输入模块库窗口。

网络输入模块库中的每一个模块都能够接受任意数目的加权输入向量、加权的层输出向量，以及偏值向量，并且返回一个网络输入向量。

netprod netsum

图 12-11　网络输入模块

3）权值模块库（Weight Functions）

双击 Weight Functions 模块库的图标，便可打开如图 12-12 所示的权值模块库窗口。权值模块库中的每个模块都以一个神经元权值向量作为输入，并将其与一个输入向量（或者是某一层的输出向量）进行运算，得到神经元的加权输入值。

图 12-12　权值模块库窗口

上面的这些模块需要的权值向量必须定义为列向量，这是因为 Simulink 中的信号可以为列向量，但是不能为矩阵或者行向量。

4）控制系统模块库（Control Systems）

双击 Control Systems 模块库的图标，便可打开如图 12-13 所示的控制系统模块库窗口。

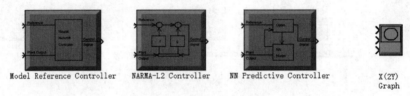

图 12-13　控制系统模块库窗口

神经网络的控制系统模块库中包含三个控制器和一个示波器。

5）网络处理模块库（Processing Functions）

双击 Processing Functions 模块库的图标，便可打开如图 12-14 所示的网络处理模块库窗口。

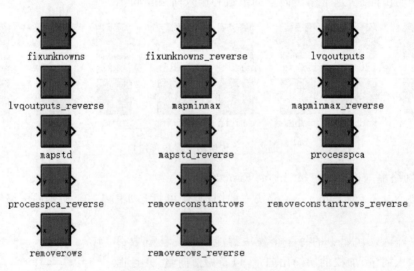

图 12-14　网络处理模块窗口

12.6.2　模块的生成

在 MATLAB 工作空间中,利用函数 gensim()能够生成一个神经网络的模块化描述,从而可在 Simulink 中对其进行仿真。gensim()函数的调用格式为

```
gensim(net,st)
```

其中,参数 net 指定了 MATLAB 工作空间中需要生成模块化描述的网络;参数 st 指定了采样时间,通常情况下为一正数。

如果网络没有与输入权值或者层中权值相关的延迟,则指定第二个参数为 −1,那么函数 gensim()将生成一个连续采样的网络。

【例 12-2】　设计一个线性网络,定义网络的输入为 X=[1,2,3,4,5],相应的目标为
T=[1,3,5,7,9]。

MATLAB 程序如下:

```
clc,clear,close all
X = [1,2,3,4,5];
T = [1,3,5,7,9];
net = newff(X,T);
net = train(net,X,T);
TT = sim(net,X)
```

运行程序输出结果如下:

```
TT =
1.0000      3.0000  5.0000  7.0000  9.0000
```

可以看出,网络已经正确地解决了问题。

采用神经网络工具箱进行设计,输入如下代码:

```
gensim(net, − 1)
```

系统将自动生成建立的神经网络模型,如图 12-15 所示。

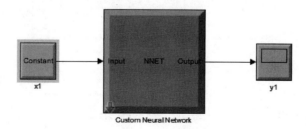

图 12-15　神经网络模型

运行仿真输出结果如图 12-16 所示。

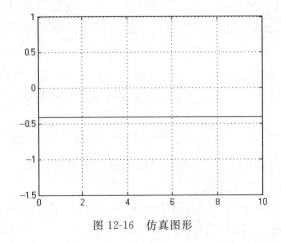

图 12-16　仿真图形

采用 Sine Wave 函数进行输入，采用该神经网络进行控制输出，建立仿真文件如图 12-17 所示。

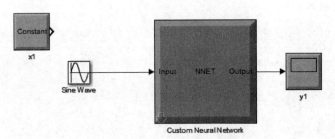

图 12-17　仿真模型

运行仿真文件输出结果如图 12-18 所示。

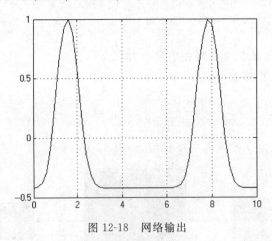

图 12-18　网络输出

12.7　基于 Simulink 的神经网络控制系统

神经网络在系统辨识和动态系统控制中已经得到了非常成功的使用。由于神经网络具有全局逼近能力，因此，它在对非线性系统建模和一般情况下的非线性控制器的实现等方面应用比较广泛。

本节将介绍三种在神经网络工具箱的控制系统模块（Control Systems）中利用 Simulink 实现的比较普遍的神经网络结构，它们常用于预测和控制，且 MATLAB 对应的神经网络工具箱中已经给出了实现。

这三种神经网络结构分别是：

(1) 神经网络模型预测控制（NN Predictive Controller）；

(2) 反馈线性化控制（NARMA-L2 Controller）；

(3) 模型参考控制（Model Reference Controller）。

使用神经网络进行控制时，通常有两个步骤：系统辨识和控制设计。

在系统辨识阶段，主要任务是对需要控制的系统建立神经网络模型；在控制设计阶段，主要使用神经网络模型来设计（训练）控制器。本节将要介绍的三种控制网络结构中，系统辨识阶段是相同的，而控制设计阶段则各不相同。

对于模型预测控制，系统模型用于预测系统未来的行为，并且找到最优的算法用于选择控制输入，以优化未来的性能。

对于 NARMA-L2（反馈线性化）控制，控制器仅仅是将系统模型进行重整。

对于模型参考控制，控制器是一个神经网络，它被训练以用于控制系统，使得系统跟踪一个参考模型，这个神经网络系统模型在控制器训练中起辅助作用。

搅拌器（CSTR）控制系统如图 12-19 所示。

对于该系统，其动力学模型为

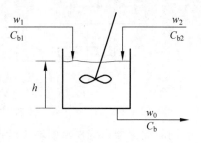

图 12-19 搅拌器

$$\frac{\mathrm{d}h(t)}{\mathrm{d}t} = w_1(t) + w_2(t) - 0.2\sqrt{h(t)}$$

$$\frac{\mathrm{d}C_b(t)}{\mathrm{d}t} = (C_{b1} - C_b(t))\frac{w_1(t)}{h(t)} + (C_{b2} - C_b(t))\frac{w_2(t)}{h(t)} - \frac{k_1 C_b(t)}{(1 + k_2 C_b(t))^2}$$

其中，$h(t)$ 为液面高度，$C_b(t)$ 为产品输出浓度，$w_1(t)$ 为浓缩液 C_{b1} 的输入流速，$w_2(t)$ 为稀释液 C_{b2} 的输入流速。

输入浓度设定为 $C_{b1}=24.9$，$C_{b2}=0.1$。消耗常量设置为 $k_1=k_2=1$。控制的目标是通过调节流速 $w_2(t)$ 来保持产品浓度。为了简化演示过程，不妨设 $w_1(t)=0.1$。在本例中不考虑液面高度 $h(t)$。

利用 MATLAB 神经网络工具箱建立模型如图 12-20 所示。

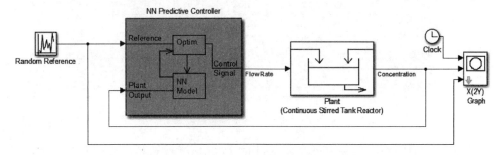

图 12-20 神经网络模型

其中,神经网络预测控制模块(NN Predctive Controller)和 X(2Y) Graph 模块由神经网络模块集(Neural Network Blockset)中的控制系统模块库(Control Systems)复制而来。

图 12-20 中的 Plant(Continuous Stirred Tank Reactor)模块包含了搅拌器系统的 Simulink 模型。双击该模块,可以得到具体的 Simulink 实现,如图 12-21 所示。

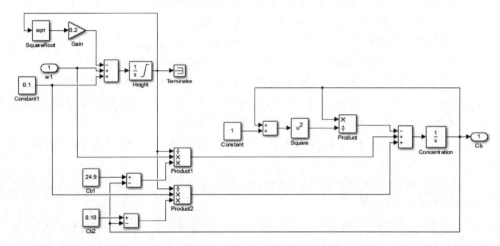

图 12-21　搅拌器系统模型

NN Predictive Controller 模块的 Control Signal 端连接到搅拌器系统模型的输入端,同时搅拌器系统模型的输出端连接到 NN Predictive Controller 模块的 Plant Output 端,参考信号连接到 NN Predictive Controller 模块的 Reference 端。

双击 NN Predctive Controller 模块,将会产生一个神经网络预测控制器参数设置窗口(Neural Network Predctive Control),如图 12-22 所示。这个窗口用于设计模型预测控制器。

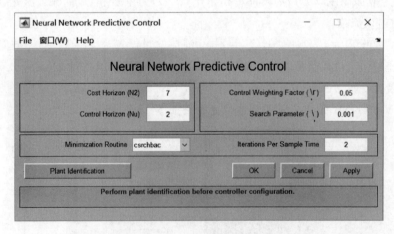

图 12-22　神经网络预测控制器参数

在这个窗口中,有多项参数可以调整,用于改变预测控制算法中的有关参数。将鼠标移到相应的位置,就会出现这一参数的说明。

运行程序输出结果如图 12-23 所示。

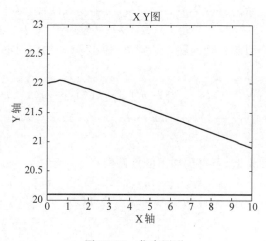

图 12-23　仿真图形

12.8　反馈线性化控制

反馈线性化（NARMA-L2）的中心思想是通过去掉非线性,将一个非线性系统变换成线性系统。

与模型预测控制一样,反馈线性化控制的第一步就是辨识被控制的系统。通过训练一个神经网络来表示系统的前向动态机制,在第一步中首先选择一个模型结构以供使用。一个用来代表一般的离散非线性系统的标准模型是非线性自回归移动平均模型（NARMA）,可用下式来表示:

$$y(k+d) = N[y(k), y(k-1), \cdots, y(k-n+1), u(k), u(k-1), \cdots, u(k-n+1)]$$

其中,$u(k)$ 表示系统的输入,$y(k)$ 表示系统的输出。在辨识阶段,训练神经网络使其近似等于非线性函数 N。

如果希望系统输出跟踪一些参考曲线 $y(k+d) = y_r(k+d)$,下一步就是建立一个有如下形式的非线性控制器:

$$u(k) = G[y(k), y(k-1), \cdots, y(k-n+1), y_r(k+d), u(k-1), \cdots, u(k-n+1)]$$

使用该类控制器的问题是:如果想训练一个神经网络用来产生函数 G(最小化均方差),必须使用动态反馈,且该过程相当慢。由 Narendra 和 Mukhopadhyay 提出的一个解决办法是使用近似模型来代表系统。

这里使用的控制器模型基于 NARMA-L2 近似模型,具体表达式如下:

$$\hat{y}(k+d) = f[y(k), y(k-1), \cdots, y(k-n+1), u(k-1), \cdots, u(k-n+1)]$$
$$+ g[y(k), y(k-1), \cdots, y(k-n+1), u(k-1), \cdots, u(k-n+1)]u(k)$$

该模型是并联形式,控制器输入 $u(k)$ 没有包含在非线性系统里。这种形式的优点是能解决控制器输入,使系统输出跟踪参考曲线 $y(k+d) = y_r(k+d)$。

最终的控制器形式如下:

$$u(k) = \frac{y_r(k+d) - f[y(k),y(k-1),\cdots,y(k-n+1),u(k),u(k-1),\cdots,u(k-n+1)]}{g[y(k),y(k-1),\cdots,y(k-n+1),u(k),u(k-1),\cdots,u(k-n+1)]}$$

直接使用该等式会引起实现问题,因为基于输出 $y(k)$ 的同时必须得到 $u(k)$,所以采用下述模型:

$$y(k+1) = f[y(k),y(k-1),\cdots,y(k-n+1),u(k),\cdots,u(k-n+1)]$$
$$+ g[y(k),y(k-1),\cdots,y(k-n+1),u(k),\cdots,u(k-n+1)] \cdot u(k+1)$$

其中,$d \geqslant 2$。

利用 NARMA-L2 模型,可得到如下的控制器:

$$u(k+1) = \frac{y_\tau(k+d) - f[y(k),y(k-1),\cdots,y(k-n+1),u(k),u(k-1),\cdots,u(k-n+1)]}{g[y(k),y(k-1),\cdots,y(k-n+1),u(k),u(k-1),\cdots,u(k-n+1)]}$$

其中,$d \geqslant 2$。

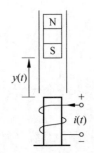

图 12-24　悬浮磁铁控制系统

如图 12-24 所示,有一块磁铁,被约束在垂直方向上运动。在其下方有一块电磁铁,通电以后,电磁铁就会对其上的磁铁产生小电磁力作用。目标是通过控制电磁铁,使得其上的磁铁保持悬浮在空中,不会掉下来。

建立这个实际问题的动力学方程如下:

$$\frac{d^2 y(t)}{dt^2} = -g + \frac{\alpha i^2(t)}{My(t)} - \frac{\beta}{M}\frac{dy(t)}{dt}$$

其中,$y(t)$ 表示磁铁离电磁铁的距离;$i(t)$ 代表电磁铁中的电流;M 代表磁铁的质量;g 代表重力加速度;β代表粘性摩擦系数,它由磁铁所在的容器的材料决定;α代表场强常数,它由电磁铁上所绕的线圈圈数以及磁铁的强度所决定。

利用 MATLAB 神经网络工具箱建立模型如图 12-25 所示。

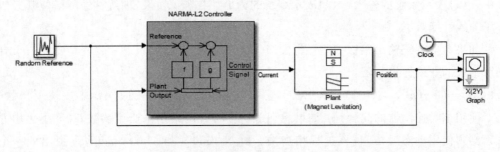

图 12-25　仿真模型

双击 NARMA-L2 Controller 模块,将会产生一个新的窗口,如图 12-26 所示。

在这个窗口中,有多项参数可以调整,用于改变预测控制算法中的有关参数。将鼠标移到相应的位置,就会出现对这一参数的说明。

悬浮磁铁控制系统模型如图 12-27 所示。

运行仿真结果如图 12-28 所示。

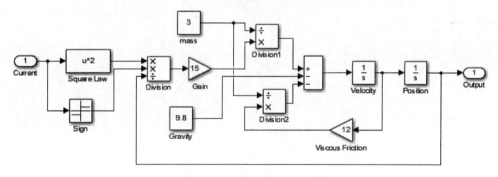

图 12-26　系统辨识参数设置窗口

图 12-27　悬浮磁铁控制系统模型

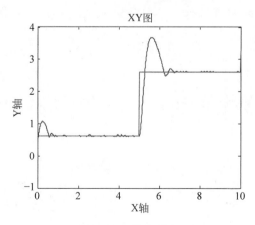

图 12-28　仿真图形

12.9　本章小结

人工神经网络是模仿生物神经网络功能的一种经验模型。本章首先介绍了神经网络工具箱的使用和BP神经网络的PID控制；深入浅出地介绍了Simulink神经网络的应用；最后介绍了基于Simulink的神经网络模型预测控制系统和反馈线性化控制系统等典型神经网络控制系统。

滑模控制(Sliding Mode Control,SMC)也称变结构控制,本质上是一类特殊的非线性控制,且非线性表现为控制的不连续性。这种控制策略与其他控制的不同之处在于系统的"结构"并不固定,而是可以在动态过程中,根据系统当前的状态(如偏差及其各阶导数等)有目的地不断变化,迫使系统按照预定"滑动模态"的状态轨迹运动。由于滑动模态可以进行设计且与对象参数及扰动无关,这就使得滑模控制具有快速响应、对应参数变化及扰动不灵敏、无须系统在线辨识以及物理实现简单等优点。本章主要围绕 MATLAB 滑模控制展开,包括基于名义模型的滑模控制、全局滑模控制和基于线性化反馈的滑模控制系统设计等。

学习目标:

(1) 熟练掌握 MATLAB 滑模控制;

(2) 熟练掌握基于名义模型的滑模控制;

(3) 熟练掌握全局滑模控制等系统设计;

(4) 熟练掌握基于线性化反馈的滑模控制系统设计。

13.1 基于名义模型的滑模控制

考虑如下对象:

$$J\ddot{\theta} = B\dot{\theta} = u - d$$

其中,J 为转动惯量,B 为阻尼系数,u 为控制输入,d 为干扰,θ 为角度,$J>0$,$B>0$。

实际工程中,真实的物理参数和干扰往往无法精确获得,通常需要建模,得到真实对象的名义模型:

$$J_n\ddot{\theta}_n + B_n\dot{\theta}_n = \mu$$

其中,J_n 和 B_n 分别为 J 和 B 的名义值,μ 为名义模型控制律,$J_n>0$,$B_n>0$。

13.1.1 名义控制系统结构

名义模型控制结构图如图 13-1 所示。

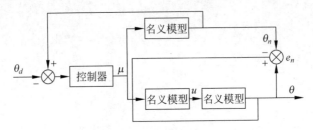

图 13-1   名义控制系统结构

名义模型控制系统结构由两个控制器构成,一个是针对实际系统的滑模控制器,实现 $\theta \to \theta_n$,另一个是针对名义模型的控制器,实现 $\theta_n \to \theta_d$。整个控制系统实现 $\theta \to \theta_d$。

13.1.2   基于名义模型的控制

取理想的位置为 θ_d,名义模型的跟踪误差为 $e = \theta_n - \theta_d$,则可得到 $\dot{\theta}_n = \dot{e} + \dot{\theta}_d$,$\ddot{\theta}_n = \ddot{e} + \ddot{\theta}_d$,且

$$J_n(\ddot{e} + \ddot{\theta}_d) + B_n(\dot{e} + \dot{\theta}_d) = \mu$$

即

$$\ddot{e} + \ddot{\theta}_d = -\frac{B_n}{J_n}(\dot{e} + \dot{\theta}_d) + \frac{\mu}{J_n}$$

基于名义模型的控制律设计如下:

$$\mu = J_n\left(-h_1 e - h_2 \dot{e} + \frac{B_n}{J_n}\dot{\theta}_d + \ddot{\theta}_d\right)$$

将名义模型的控制律 μ 带入 $J_n(\ddot{e} + \ddot{\theta}_d) + B_n(\dot{e} + \dot{\theta}_d) = \mu$ 可得

$$\ddot{e} + \ddot{\theta}_d = -\frac{B_n}{J_n}(\dot{e} + \dot{\theta}_d) - h_1 e - h_2 \dot{e} + \frac{B_n}{J_n}\dot{\theta}_d + \ddot{\theta}_d$$

则

$$\ddot{e} + \left(h_2 + \frac{B_n}{J_n}\right)\dot{e} + h_1 e = 0$$

为了保证系统稳定,需要保证 $s^2 + \left(h_2 + \frac{B_n}{J_n}\right)s + h_1$ 满足 Hurwitz 稳定判据。

不妨取 $(s+k)^2 = 0$,$k > 0$,则可满足多项式 $s^2 + 2ks + k^2 = 0$ 的特征值实数部分为负,对应可得到 $h_2 + \frac{B_n}{J_n} = 2k$,$h_1 = k^2$,即

$$\begin{cases} h_1 = k^2 \\ h_2 = 2k - \dfrac{B_n}{J_n} \end{cases}$$

通过取 k 值可实现 h_1 和 h_2。

13.1.3 基于名义模型的滑模控制器的设计

假设

$$
\begin{cases}
J_m \leqslant J \leqslant J_M \\
B_m \leqslant B \leqslant B_M \\
\mid d \mid \leqslant d_M
\end{cases}
$$

取 $e_n = \theta - \theta_n$,定义滑模函数为

$$
s = \dot{e}_n + \lambda e_n
$$

其中,$\lambda > 0$,λ 定义为

$$
\lambda = \frac{B_n}{J_n}
$$

其中,

$$
\begin{cases}
J_n = \dfrac{1}{2}(J_m + J_M) \\[2mm]
B_n = \dfrac{1}{2}(B_m + B_M)
\end{cases}
$$

设计控制律为

$$
u = -Ks - h \cdot \mathrm{sgn}(s) + J_n\left(\frac{\mu}{J_n} - \lambda\dot{\theta}\right) + B_n\dot{\theta}
$$

其中,$K > 0$。

定义

$$
h = d_M + \frac{1}{2}(J_M - J_m) \cdot \left|\frac{\mu}{J_n} - \lambda\dot{\theta}\right| + \frac{1}{2}(B_M - B_m) \mid \dot{\theta} \mid
$$

取 Lyapunov 函数为

$$
V = \frac{1}{2}Js^2
$$

由于

$$
\begin{aligned}
J\dot{s} &= J\left[(\ddot{\theta} - \ddot{\theta}_n) + \lambda(\dot{\theta} - \dot{\theta}_n)\right] \\
&= (J\ddot{\theta} + B\dot{\theta}) - B\dot{\theta} - \frac{J}{J_n}J_n\ddot{\theta}_n - \frac{J}{J_n}B_n\dot{\theta}_n + \frac{J}{J_n}B_n\dot{\theta}_n + J\lambda(\dot{\theta} - \dot{\theta}_n) \\
&= (J\ddot{\theta} + B\dot{\theta}) - \frac{J}{J_n}(J_n\ddot{\theta}_n + B_n\dot{\theta}_n) - B\dot{\theta} + J\lambda\dot{\theta} \\
&= u - d - \frac{J}{J_n}\mu - B\dot{\theta} + J\lambda\dot{\theta}
\end{aligned}
$$

将设计控制律 u 代入上式,得

$$J\dot{s} = -Ks - h \cdot \mathrm{sgn}(s) + J_n\left(\frac{1}{J_n}\mu - \lambda\dot{\theta}\right) + B_n\dot{\theta} - d - \frac{J}{J_n}\mu - B\dot{\theta} + \lambda J\dot{\theta}$$

$$= -Ks - h \cdot \mathrm{sgn}(s) - d + (J_n - J)\left(\frac{1}{J_n}\mu - \lambda\dot{\theta}\right) + (B_n - B)\dot{\theta}$$

则

$$\dot{V} = Js\dot{s} = -Ks^2 - h\mid s\mid + \left[-d + (J_n - J)\left(\frac{1}{J_n}\mu - \lambda\dot{\theta}\right) + (B_n - B)\dot{\theta}\right]$$

$$\leqslant -Ks^2 - h\mid s\mid + \mid s\mid \cdot \left[\mid d\mid + \mid J_n - J\mid \cdot \left|\frac{1}{J_n}\mu - \lambda\dot{\theta}\right| + \mid(B_n - B)\dot{\theta}\mid\right]$$

由 $\begin{cases} J_n = \frac{1}{2}(J_m + J_M) \\ B_n = \frac{1}{2}(B_m + B_M) \end{cases}$ 可知

$$\begin{cases} \frac{1}{2}(J_M - J_m) \geqslant \mid J_n - J\mid \\ \frac{1}{2}(B_M - B_m) \geqslant \mid B_n - B\mid \end{cases}$$

则

$$\begin{cases} h \geqslant \mid d\mid + \mid J_n - J\mid \cdot \left|\frac{1}{J_n} - J\right| + \mid(B_n - B)\dot{\theta}\mid \\ \dot{V} \leqslant -Ks^2 \end{cases}$$

由于 $V = \frac{1}{2}Js^2$，则 $Js\dot{s} \leqslant -Ks^2$，即 $s\dot{s} \leqslant -\frac{Ks^2}{J}$，解得

$$s(t) \leqslant \mid s(0)\mid \exp\left(-\frac{K}{J}t\right)$$

可见，$s(t)$ 为指数收敛。

13.1.4　基于名义模型的滑模控制仿真

考虑如下对象：

$$J\ddot{\theta} + B\dot{\theta} = u - d$$

其中，$B = 10 + 3\sin(2\pi t)$，$J = 3 + 0.5\sin(2\pi t)$，$d(t) = 10\sin(t)$。

取 $B_n = 10$，$J_n = 3$，$B_m = 7$，$B_M = 13$，$J_m = 2.5$，$J_M = 3.5$，$d_M = 10$。

取 $k = 1$，则 $h_2 = 2k - \frac{B_n}{J_n}$，$h_1 = k^2$。采用如下控制律 u：

$$u = -Ks - h \cdot \mathrm{sgn}(s) + J_n\left(\frac{\mu}{J_n} - \lambda\dot{\theta}\right) + B_n\dot{\theta}$$

取 $\lambda = \frac{B_n}{J_n} = \frac{10}{3}$，$K = 10$，理想位置指令为 $\theta_d(t) = \sin(t)$，对象和初始状态为 $[0.5, 0]$。

仿真框图如图 13-2 所示。

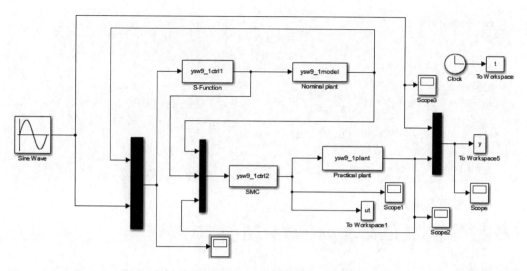

图 13-2　仿真图

其中,名义模型的控制器 S 函数如下:

```
function [sys,x0,str,ts] = s_function(t,x,u,flag)
switch flag,
case 0,
    [sys,x0,str,ts] = mdlInitializeSizes;
case 3,
    sys = mdlOutputs(t,x,u);
case {2, 4, 9 }
    sys = [];
otherwise
    error(['Unhandled flag = ',num2str(flag)]);
end
function [sys,x0,str,ts] = mdlInitializeSizes
sizes = simsizes;
sizes.NumContStates    = 0;
sizes.NumDiscStates    = 0;
sizes.NumOutputs       = 1;
sizes.NumInputs        = 3;
sizes.DirFeedthrough   = 1;
sizes.NumSampleTimes   = 0;
sys = simsizes(sizes);
x0 = [];
str = [];
ts = [];
function sys = mdlOutputs(t,x,u)
thn = u(1);
dthn = u(2);
thd = u(3);dthd = cos(t);ddthd = - sin(t);

e = thn - thd;
```

```
de = dthn - dthd;

k = 3;
Bn = 10;Jn = 3;
h1 = k ^ 2;
h2 = 2 * k - Bn/Jn;

ut = Jn * ( - h1 * e - h2 * de + Bn/Jn * dthd + ddthd );

sys(1) = ut;
```

名义模型 S 函数如下：

```
function [sys,x0,str,ts] = s_function(t,x,u,flag)
switch flag,
case 0,
    [sys,x0,str,ts] = mdlInitializeSizes;
case 1,
    sys = mdlDerivatives(t,x,u);
case 3,
    sys = mdlOutputs(t,x,u);
case {2, 4, 9 }
    sys = [];
otherwise
    error(['Unhandled flag = ',num2str(flag)]);
end
function [sys,x0,str,ts] = mdlInitializeSizes
sizes = simsizes;
sizes.NumContStates  = 2;
sizes.NumDiscStates  = 0;
sizes.NumOutputs     = 2;
sizes.NumInputs      = 1;
sizes.DirFeedthrough = 0;
sizes.NumSampleTimes = 0;
sys = simsizes(sizes);
x0 = [0.5,0];
str = [];
ts = [];
function sys = mdlDerivatives(t,x,u)
Bn = 10;
Jn = 3;
sys(1) = x(2);
sys(2) = 1/Jn * (u - Bn * x(2));
function sys = mdlOutputs(t,x,u)
sys(1) = x(1);
sys(2) = x(2);
```

实际对象的滑模控制器的 S 函数如下：

```
function [sys,x0,str,ts] = s_function(t,x,u,flag)
switch flag,
case 0,
    [sys,x0,str,ts] = mdlInitializeSizes;
case 3,
    sys = mdlOutputs(t,x,u);
case {2, 4, 9 }
    sys = [];
otherwise
    error(['Unhandled flag = ',num2str(flag)]);
end
function [sys,x0,str,ts] = mdlInitializeSizes
sizes = simsizes;
sizes.NumContStates   = 0;
sizes.NumDiscStates   = 0;
sizes.NumOutputs      = 1;
sizes.NumInputs       = 5;
sizes.DirFeedthrough  = 1;
sizes.NumSampleTimes  = 0;
sys = simsizes(sizes);
x0 = [];
str = [];
ts = [];
function sys = mdlOutputs(t,x,u)
Bn = 10;Jn = 3;
lamt = Bn/Jn;

Jm = 2.5;JM = 3.5;
Bm = 7;BM = 13;

dM = 0.10;
K = 10;

thn = u(1);dthn = u(2);
nu = u(3);
th = u(4);dth = u(5);

en = th - thn;
den = dth - dthn;

s = den + lamt * en;

temp0 = (1/Jn) * nu - lamt * dth;

Ja = 1/2 * (JM + Jm);
```

```
Ba = 1/2 * (BM + Bm);

h = dM + 1/2 * (JM - Jm) * abs(temp0) + 1/2 * (BM - Bm) * abs(dth);

ut = - K * s - h * sign(s) + Ja * ((1/Jn) * nu - lamt * dth) + Ba * dth;

sys(1) = ut;
```

系统被控对象 S 函数如下：

```
function [sys, x0, str, ts] = s_function(t, x, u, flag)
switch flag,
case 0,
    [sys, x0, str, ts] = mdlInitializeSizes;
case 1,
    sys = mdlDerivatives(t, x, u);
case 3,
    sys = mdlOutputs(t, x, u);
case {2, 4, 9}
    sys = [];
otherwise
    error(['Unhandled flag = ', num2str(flag)]);
end
function [sys, x0, str, ts] = mdlInitializeSizes
sizes = simsizes;
sizes.NumContStates   = 2;
sizes.NumDiscStates   = 0;
sizes.NumOutputs      = 2;
sizes.NumInputs       = 1;
sizes.DirFeedthrough  = 0;
sizes.NumSampleTimes  = 0;
sys = simsizes(sizes);
x0 = [0.5, 0];
str = [];
ts = [];
function sys = mdlDerivatives(t, x, u)
d = 0.10 * sin(t);
B = 10 + 3 * sin(2 * pi * t);
J = 3 + 0.5 * sin(2 * pi * t);

sys(1) = x(2);
sys(2) = 1/J * (u - B * x(2) - d);
function sys = mdlOutputs(t, x, u)
sys(1) = x(1);
sys(2) = x(2);
```

运行仿真文件,对输出结果作图,程序如下:

```
close all;
figure(1);
plot(t,sin(t),'k',t,y(:,2),'r:','linewidth',2);
xlabel('时间(s)');ylabel('位置跟踪');
legend('实际信号','仿真结果');

figure(2);
plot(t,cos(t),'k',t,y(:,3),'r:','linewidth',2);
xlabel('时间(s)');ylabel('速度跟踪');
legend('实际信号','仿真结果');

figure(3);
plot(t,ut,'r','linewidth',2);
xlabel('时间(s)');ylabel('控制输入');
```

运行程序得到相应的图形如图 13-3~图 13-5 所示。

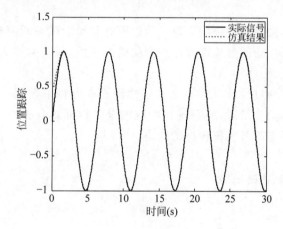

图 13-3　位置跟踪

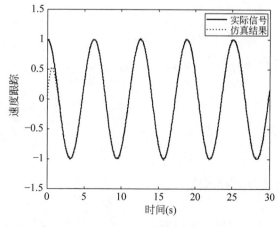

图 13-4　速度跟踪

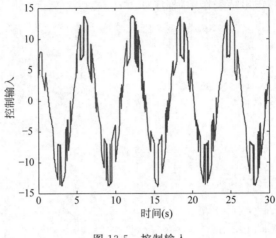

图 13-5 控制输入

13.2 全局滑模控制

传统的滑模变结构控制系统响应包括趋近模态和滑动模态两部分,该类系统对系统参数不确定性和外部扰动的鲁棒性仅存在滑动模态阶段,系统的动力学特性在响应的全过程并不具有鲁棒性。

全局滑模控制是通过设计一种动态非线性滑模面方程来实现的。全局滑模控制消除了滑模控制的到达运动阶段,使系统在响应的全过程都具有鲁棒性,克服了传统滑模变结构控制中到达模态不具有鲁棒性的缺陷。

13.2.1 全局滑模控制系统

考虑二阶线性系统

$$J\ddot{\theta} = u(t) - d(t)$$

则

$$\ddot{\theta}(t) = b(u(t) - d(t))$$

其中,J 为转动惯量,$b = \dfrac{1}{J} > 0$,$d(t)$ 为干扰。

假设

$$\begin{cases} J_{\min} \leqslant J \leqslant J_{\max} \\ |d(t)| < D \end{cases}$$

13.2.2 全局滑模控制器的设计

假设理想轨迹为 θ_d,定义跟踪误差为 $e = \theta - \theta_d$,设计全局滑模函数为

$$s = \dot{e} + ce - f(t)$$

其中,$c>0$,$f(t)$ 是为了达到全局滑模而设计的函数,$f(t)$ 满足以下三个条件:

(1) $f(0) = \dot{e}_0 + ce_0$;

(2) $t \to \infty$ 时,$f(t) \to 0$;

(3) $f(t)$ 具有一阶导数。

根据上述 3 个条件,可将 $f(t)$ 设计为

$$f(t) = f(0)\mathrm{e}^{-kt}$$

则当系统满足滑模到达条件时,可保证 $s \to 0$ 始终成立,即实现了全局滑模。

设计全局滑模控制律为

$$u = -\hat{J}(c\dot{\theta} - \dot{f}) + \hat{J}(\ddot{\theta}_d + c\dot{\theta}_d) - (\Delta J \mid c\dot{\theta} - \dot{f} \mid + D + \Delta J \mid \ddot{\theta}_d + c\dot{\theta}_d \mid) \cdot \mathrm{sgn}(s)$$

其中,

$$\hat{J} = \frac{J_{\max} + J_{\min}}{2}, \quad \Delta J = \frac{J_{\max} - J_{\min}}{2}$$

取 Lyapunov 函数为

$$V = \frac{1}{2}Js^2$$

考虑到

$$\dot{s} = \ddot{e} + c\dot{e} - \dot{f} = \ddot{\theta} - \ddot{\theta}_d + c(\dot{\theta} - \dot{\theta}_d) - \dot{f}$$

$$= bu - bd + (c\dot{\theta} - \dot{f}) - (\ddot{\theta}_d + c\dot{\theta}_d)$$

$$= b(b^{-1}(c\dot{\theta} - \dot{f}) - b^{-1}(\ddot{\theta}_d + c\dot{\theta}_d) + u - d)$$

由全局滑模控制律 u 可得

$$b^{-1}\dot{s} = b^{-1}(c\dot{\theta} - \dot{f}) - b^{-1}(\ddot{\theta}_d + c\dot{\theta}_d) - \hat{J}(c\dot{\theta} - \dot{f}) + \hat{J}(\ddot{\theta}_d + c\dot{\theta}_d)$$

$$- (\Delta J \mid c\dot{\theta} - \dot{f} \mid + D + \Delta J \mid \ddot{\theta}_d + c\dot{\theta}_d \mid) \cdot \mathrm{sgn}(s) - d$$

$$= (b^{-1} - \hat{J})(c\dot{\theta} - \dot{f}) - \Delta J \mid c\dot{\theta} - \dot{f} \mid \cdot \mathrm{sgn}(s) - (b^{-1} - \hat{J})(\ddot{\theta}_d + c\dot{\theta}_d)$$

$$- \Delta J \mid \ddot{\theta}_d + c\dot{\theta}_d \mid \cdot \mathrm{sgn}(s) - d - D \cdot \mathrm{sgn}(s)$$

则

$$b^{-1}\dot{V} = b^{-1}s\dot{s} = (b^{-1} - \hat{J})(c\dot{\theta} - \dot{f})s - \Delta J \mid c\dot{\theta} - \dot{f} \mid \cdot \mid s \mid$$

$$= (b^{-1} - \hat{J})(\ddot{\theta}_d + c\dot{\theta}_d)s - \Delta J \mid \ddot{\theta}_d + c\dot{\theta}_d \mid \cdot \mid s \mid - d \cdot s - D \cdot \mid s \mid$$

由 $\hat{J} = \frac{J_{\max} + J_{\min}}{2}$ 和 $\Delta J = \frac{J_{\max} - J_{\min}}{2}$ 可得

$$(b^{-1} - \hat{J}) = J - \frac{J_{\min} + J_{\max}}{2} \leqslant \frac{J_{\max} - J_{\min}}{2} = \Delta J > 0$$

则

$$b^{-1}\dot{V} < -d \cdot s - D \cdot \mid s \mid < 0$$

从而可得

$$\dot{V} < 0$$

为了降低抖振,采用如下饱和函数代替符号函数:

$$\text{sat}\left(\frac{\sigma}{\varphi}\right) = \begin{cases} 1, & \frac{\sigma}{\varphi} > 1 \\ \frac{\sigma}{\varphi}, & \left|\frac{\sigma}{\varphi}\right| \leqslant 1 \\ -1, & \frac{\sigma}{\varphi} < -1 \end{cases}$$

13.2.3 基于全局滑模控制的仿真

考虑如下被控对象:

$$J\ddot{\theta} = u(t) - d(t)$$

其中,$J = 1 + 0.2\sin(t)$,$d(t) = 0.1\sin(2\pi t)$。

取 $J_{\min} = 0.8$,$J_{\max} = 1.2$,$D = 0.1$,则$\hat{J} = \dfrac{J_{\max} + J_{\min}}{2} = 1$,$\Delta J = \dfrac{J_{\max} - J_{\min}}{2} = 0.2$。

理想位置信号取 $\theta_d = \sin(t)$,$M = 2$,$\varphi = 0.05$,控制器 u 为

$$u = -\hat{J}(c\dot{\theta} - \dot{f}) + \hat{J}(\ddot{\theta}_d + c\dot{\theta}_d) - (\Delta J \mid c\dot{\theta} - \dot{f} \mid + D + \Delta J \mid \ddot{\theta}_d + c\dot{\theta}_d \mid) \cdot \text{sgn}(s)$$

仿真框图如图 13-6 所示。

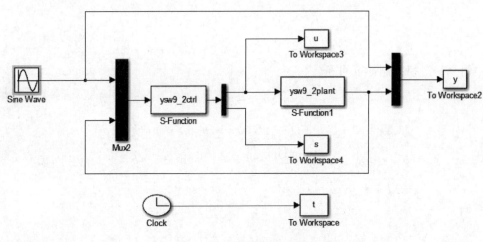

图 13-6　全局滑模控制仿真

其中,全局滑模模型的控制器 S 函数如下:

```
function [sys,x0,str,ts] = spacemodel(t,x,u,flag)

switch flag,
case 0,
    [sys,x0,str,ts] = mdlInitializeSizes;
case 3,
    sys = mdlOutputs(t,x,u);
case {2,4,9}
    sys = [];
```

```
    otherwise
        error(['Unhandled flag = ',num2str(flag)]);
    end

function [sys,x0,str,ts] = mdlInitializeSizes
sizes = simsizes;
sizes.NumContStates   = 0;
sizes.NumDiscStates   = 0;
sizes.NumOutputs      = 2;
sizes.NumInputs       = 3;
sizes.DirFeedthrough  = 1;
sizes.NumSampleTimes  = 1;
sys = simsizes(sizes);
x0 = [];
str = [];
ts = [0, 0];

function sys = mdlOutputs(t,x,u)
thd = u(1);
dthd = cos(t);
ddthd = - sin(t);
th = u(2);
dth = u(3);

c = 10;
e = th - thd;
de = dth - dthd;

dt = 0.10 * sin(2 * pi * t);
D = 0.10;

e0 = pi/6;
de0 = 0 - 1.0;
s0 = de0 + c * e0;
ft = s0 * exp( - 130 * t);
df = - 130 * s0 * exp( - 130 * t);

s = de + c * e - ft;
R = ddthd + c * dthd;

J_min = 0.80;
J_max = 1.20;

aJ = (J_min + J_max)/2;
```

```
    dJ = (J_max - J_min)/2;


    M = 2;
    if M == 1
        ut = - aJ * (c * dth - df) + aJ * R - [dJ * abs(c * dth - df) + D + dJ * abs(R)] * sign(s);
    elseif M == 2
        fai = 0.05;
        if s/fai > 1
            sat = 1;
        elseif abs(s/fai) <= 1
            sat = s/fai;
        elseif s/fai < - 1
            sat = - 1;
        end
        ut = - aJ * (c * dth - df) + aJ * R - [dJ * abs(c * dth - df) + D + dJ * abs(R)] * sat;
    end
    sys(1) = ut;
    sys(2) = s;
```

被控对象的滑模控制器的 S 函数如下:

```
function [sys,x0,str,ts] = spacemodel(t,x,u,flag)

switch flag,
case 0,
    [sys,x0,str,ts] = mdlInitializeSizes;
case 1,
    sys = mdlDerivatives(t,x,u);
case 3,
    sys = mdlOutputs(t,x,u);
case {2,4,9}
    sys = [];
otherwise
    error(['Unhandled flag = ',num2str(flag)]);
end

function [sys,x0,str,ts] = mdlInitializeSizes
sizes = simsizes;
sizes.NumContStates    = 2;
sizes.NumDiscStates    = 0;
sizes.NumOutputs       = 2;
sizes.NumInputs        = 1;
sizes.DirFeedthrough   = 0;
sizes.NumSampleTimes   = 0;
sys = simsizes(sizes);
x0 = [pi/6,0];
str = [];
```

```
ts = [];
function sys = mdlDerivatives(t, x, u)
J = 1.0 + 0.2 * sin(t);
dt = 0.10 * sin(2 * pi * t);

sys(1) = x(2);
sys(2) = 1/J * (u - dt);
function sys = mdlOutputs(t, x, u)
sys(1) = x(1);
sys(2) = x(2);
```

系统仿真输出作图程序如下：

```
close all;
clc,
figure(1);
plot(t,y(:,1),'k',t,y(:,2),'r:','linewidth',2);
xlabel('时间(s)');ylabel('位置跟踪');
legend('实际信号','仿真结果');
figure(2)
plot(t,cos(t),'k',t,y(:,3),'r:','linewidth',2);
xlabel('时间(s)');ylabel('速度跟踪');
legend('实际信号','仿真结果');
figure(3);
plot(t,u(:,1),'r','linewidth',2);
xlabel('时间(s)');ylabel('控制输入');
figure(4);
plot(t,s(:,1),'r','linewidth',2);
xlabel('时间(s)');ylabel('切换函数');
```

运行仿真文件，输出结果如图 13-7～图 13-10 所示。

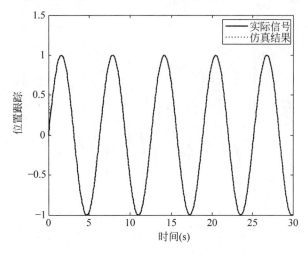

图 13-7　位置跟踪

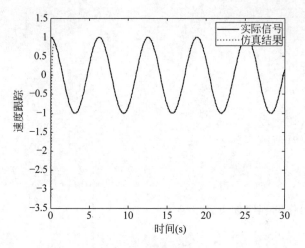

图 13-8　速度跟踪

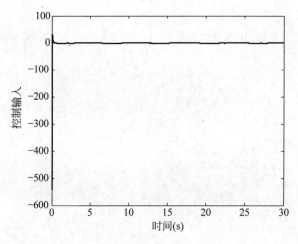

图 13-9　控制输入

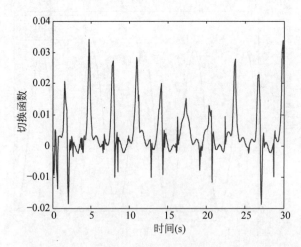

图 13-10　切换函数

13.3 基于线性化反馈的滑模控制

考虑如下非线性二阶系统：

$$\ddot{x} = f(x,t) + g(x,t)u$$

其中, f 和 g 为已知非线性函数。

位置指令为 x_d,则误差为 $e = x_d - x$。根据线性化反馈方法,控制器设计为

$$u = \frac{v - f(x,t)}{g(x,t)}$$

其中, v 为控制器的辅助项。

将控制器 u 代入 $\ddot{x} = f(x,t) + g(x,t)u$,得

$$\ddot{x} = v$$

设计 v 为

$$v = \ddot{x}_d + k_1 e + k_2 \dot{e}$$

其中, k_1 和 k_2 为正的常数。

将 $v = \ddot{x}_d + k_1 e + k_2 \dot{e}$ 代入 $\ddot{x} = v$ 得到

$$\ddot{e} + k_2 \dot{e} + k_1 e = 0$$

则当 $t \to \infty, e_1 \to 0, e_2 \to 0$。

本方法的缺点是需要精确的系统模型信息,无法克服外界干扰。

13.3.1 二阶非线性确定系统的倒立摆仿真

考虑如下被控对象：

$$\begin{cases} \dot{x}_1 = x_2 \\ \dot{x}_2 = \dfrac{g\sin x_1 - \dfrac{mlx_2^2 \cos x_1 \sin x_1}{m_c + m}}{l\left(\dfrac{4}{3} - \dfrac{m\cos^2 x_1}{m_c + m}\right)} + \dfrac{\dfrac{\cos x_1}{m_c + m}}{l\left(\dfrac{4}{3} - \dfrac{m\cos^2 x_1}{m_c + m}\right)}u \end{cases}$$

其中, x_1 和 x_2 倒立摆的角度和角速度, $g = 9.8 \text{m/s}^2$, $m_c = 1 \text{kg}$ 为小车质量, $m = 0.1 \text{kg}$ 为摆杆的质量, $l = 0.5 \text{m}$ 为摆杆的长度, u 为控制输入。

理想角度为 $x_d = \sin(t)$,采用控制率 $u = \dfrac{v - f(x,t)}{g(x,t)}$, $k_1 = k_2 = 5$,摆的初始状态为 $\left[\dfrac{\pi}{60}, 0\right]$,仿真文件框图如图 13-11 所示。

基于线性化反馈的滑模控制模型 S 函数设计如下：

```
function [sys,x0,str,ts] = spacemodel(t,x,u,flag)
switch flag,
case 0,
    [sys,x0,str,ts] = mdlInitializeSizes;
```

```
case 1,
    sys = mdlDerivatives(t,x,u);
case 3,
    sys = mdlOutputs(t,x,u);
case {1,2,4,9}
    sys = [];
otherwise
    error(['Unhandled flag = ',num2str(flag)]);
end
function [sys,x0,str,ts] = mdlInitializeSizes
sizes = simsizes;
sizes.NumContStates   = 0;
sizes.NumDiscStates   = 0;
sizes.NumOutputs      = 1;
sizes.NumInputs       = 5;
sizes.DirFeedthrough  = 1;
sizes.NumSampleTimes  = 0;
sys = simsizes(sizes);
x0  = [];
str = [];
ts  = [];
function sys = mdlOutputs(t,x,u)
xd = sin(t);
dxd = cos(t);
ddxd = - sin(t);

x1 = u(2);
x2 = u(3);
fx = u(4);
gx = u(5);

e = xd - x1;
de = dxd - x2;

k1 = 5;k2 = 5;
v = ddxd + k1 * e + k2 * de;
ut = (v - fx)/(gx + 0.002);

sys(1) = ut;
```

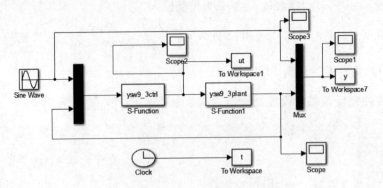

图 13-11　仿真框图

被控对象的 S 函数设计如下：

```
function [sys, x0, str, ts] = s_function(t, x, u, flag)
switch flag,
case 0,
    [sys, x0, str, ts] = mdlInitializeSizes;
case 1,
    sys = mdlDerivatives(t, x, u);
case 3,
    sys = mdlOutputs(t, x, u);
case {2, 4, 9 }
    sys = [];
otherwise
    error(['Unhandled flag = ', num2str(flag)]);
end
function [sys, x0, str, ts] = mdlInitializeSizes
sizes = simsizes;
sizes.NumContStates    = 2;
sizes.NumDiscStates    = 0;
sizes.NumOutputs       = 4;
sizes.NumInputs        = 1;
sizes.DirFeedthrough   = 0;
sizes.NumSampleTimes   = 0;
sys = simsizes(sizes);
x0 = [pi/6, 0, 0];
str = [];
ts = [];
function sys = mdlDerivatives(t, x, u)
g = 9.8; mc = 1.0; m = 0.1; l = 0.5;
S = l * (4/3 - m * (cos(x(1)))^2/(mc + m));
fx = g * sin(x(1)) - m * l * x(2)^2 * cos(x(1)) * sin(x(1))/(mc + m);
fx = fx/S;
gx = cos(x(1))/(mc + m);
gx = gx/S;

sys(1) = x(2);
sys(2) = fx + gx * u;
function sys = mdlOutputs(t, x, u)
g = 9.8; mc = 1.0; m = 0.1; l = 0.5;
S = l * (4/3 - m * (cos(x(1)))^2/(mc + m));
fx = g * sin(x(1)) - m * l * x(2)^2 * cos(x(1)) * sin(x(1))/(mc + m);
fx = fx/S;
gx = cos(x(1))/(mc + m);
gx = gx/S;

sys(1) = x(1);
sys(2) = x(2);
sys(3) = fx;
sys(4) = gx;
```

对仿真后的结果进行作图,作图程序如下:

```
close all;
clc,
figure(1);
plot(t,y(:,1),'k',t,y(:,2),'r:','linewidth',2);
xlabel('时间(s)');ylabel('位置跟踪');
legend('实际信号','仿真结果');
figure(2);
plot(t,cos(t),'k',t,y(:,3),'r:','linewidth',2);
xlabel('时间(s)');ylabel('速度追踪');
legend('实际信号','仿真结果');
figure(3);
plot(t,ut(:,1),'r','linewidth',2);
xlabel('时间(s)');ylabel('控制输入');
```

运行仿真文件输出结果如图 13-12～图 13-14 所示。

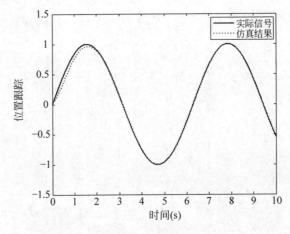

图 13-12　位置跟踪

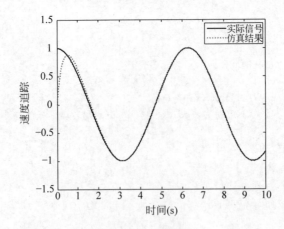

图 13-13　速度跟踪

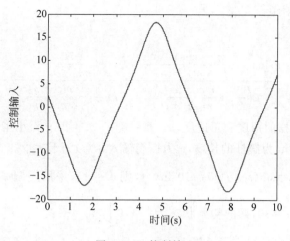

图 13-14　控制输入

13.3.2　二阶非线性不确定系统的倒立摆仿真

考虑如下二阶非线性不确定系统：

$$\ddot{x} = f(x,t) + g(x,t)u + d(t)$$

其中，f 和 g 为未知线性函数，$d(t)$ 为干扰量，$|d(t)| \leqslant D$。

理想角度信号为 x_d，则误差为 $e = x - x_d$，取滑模函数为

$$s(x,t) = ce + \dot{e}$$

其中，$c > 0$。

根据线性化反馈理论，设计滑模控制器为

$$\begin{cases} u = \dfrac{v - f(x,t)}{g(x,t)} \\ v = \ddot{x}_d - c\dot{e} - \eta \cdot \mathrm{sgn}(s) \end{cases}$$

其中，$\eta > 0$。

取 Lyapunov 函数为

$$V = \frac{1}{2}Js^2$$

则

$$\dot{V} = s\dot{s} = s(\ddot{e} + c\dot{e}) = s(\ddot{x} - \ddot{x}_d + c\dot{e})$$
$$= s(f(x,t) + g(x,t)u + d(t) - \ddot{x}_d + c\dot{e})$$

将控制律 $u = \dfrac{v - f(x,t)}{g(x,t)}$ 代入上式可得到

$$\dot{V} = s(v + d(t) - \ddot{x}_d + c\dot{e})$$
$$= s(\ddot{x}_d - c\dot{e} - \eta \cdot \mathrm{sgn}(s) + d(t) - \ddot{x}_d + c\dot{e})$$
$$= s(-\eta \cdot \mathrm{sgn}(s) + d(t))$$
$$= -\eta \cdot |s| + d(t)s \leqslant 0$$

考虑如下被控对象：

$$
\begin{cases}
\dot{x}_1 = x_2 \\
\dot{x}_2 = \dfrac{g\sin x_1 - \dfrac{ml x_2^2 \cos x_1 \sin x_1}{m_c + m}}{l\left(\dfrac{4}{3} - \dfrac{m\cos^2 x_1}{m_c + m}\right)} + \dfrac{\dfrac{\cos x_1}{m_c + m}}{l\left(\dfrac{4}{3} - \dfrac{m\cos^2 x_1}{m_c + m}\right)}u + d(t)
\end{cases}
$$

其中，x_1 和 x_2 倒立摆的角度和角速度，$g = 9.8\text{m/s}^2$，$m_c = 1\text{kg}$ 为小车质量，$m = 0.1\text{kg}$ 为摆杆的质量，$l = 0.5\text{m}$ 为摆杆的长度，u 为控制输入，$d(t)$ 为干扰量。

理想角度为 $x_d = \sin(t)$，$d(t) = 10\sin(t)$，则 $D = 15$，采用控制率 $u = \dfrac{v - f(x,t)}{g(x,t)}$，取 $\eta = D + 0.1 = 15.1$，$c = 30$，摆的初始状态为 $\left[\dfrac{\pi}{60}, 0\right]$。$M = 1$ 表示采用符号函数，$M = 2$ 为采用饱和函数，本文中采用饱和函数 $M = 2$，$\delta = \delta_0 + \delta_1 |e|$，$\delta_0 = 0.03$，$\delta_1 = 5$，仿真文件框图如图 13-15 所示。

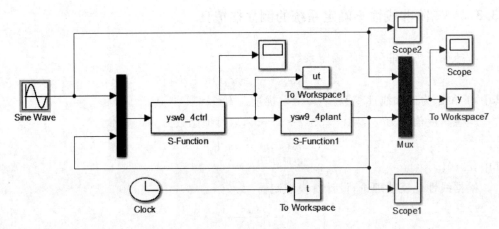

图 13-15　系统仿真图

该系统控制器 S 函数文件如下：

```
function [sys,x0,str,ts] = spacemodel(t,x,u,flag)
switch flag,
case 0,
    [sys,x0,str,ts] = mdlInitializeSizes;
case 1,
    sys = mdlDerivatives(t,x,u);
case 3,
    sys = mdlOutputs(t,x,u);
case {1,2,4,9}
    sys = [];
otherwise
    error(['Unhandled flag = ',num2str(flag)]);
end
function [sys,x0,str,ts] = mdlInitializeSizes
```

```
sizes = simsizes;
sizes.NumContStates   = 0;
sizes.NumDiscStates   = 0;
sizes.NumOutputs      = 1;
sizes.NumInputs       = 5;
sizes.DirFeedthrough  = 1;
sizes.NumSampleTimes  = 0;
sys = simsizes(sizes);
x0 = [];
str = [];
ts = [];
function sys = mdlOutputs(t,x,u)
xd = sin(t);
dxd = cos(t);
ddxd = - sin(t);

x1 = u(2);
x2 = u(3);
fx = u(4);
gx = u(5);

e = x1 - xd;
de = x2 - dxd;
c = 30;
s = c * e + de;
D = 15;


M = 1;
if M == 1
    xite = D + 0.50;
    v = ddxd - c * de - xite * sign(s);
elseif M == 2
    xite = D + 0.50;
    delta0 = 0.03;
    delta1 = 5;
    delta = delta0 + delta1 * abs(e);
    v = ddxd - c * de - xite * s/(abs(s) + delta);
end

ut = ( - fx + v)/(gx + 0.002);
sys(1) = ut;
```

被控对象的 S 函数文件如下：

```
function [sys,x0,str,ts] = s_function(t,x,u,flag)
switch flag,
```

```
case 0,
    [sys,x0,str,ts] = mdlInitializeSizes;
case 1,
    sys = mdlDerivatives(t,x,u);
case 3,
    sys = mdlOutputs(t,x,u);
case {2, 4, 9 }
    sys = [];
otherwise
    error(['Unhandled flag = ',num2str(flag)]);
end
function [sys,x0,str,ts] = mdlInitializeSizes
sizes = simsizes;
sizes.NumContStates     = 2;
sizes.NumDiscStates     = 0;
sizes.NumOutputs        = 4;
sizes.NumInputs         = 1;
sizes.DirFeedthrough    = 0;
sizes.NumSampleTimes    = 0;
sys = simsizes(sizes);
x0 = [pi/6,0,0];
str = [];
ts = [];
function sys = mdlDerivatives(t,x,u)
g = 9.8;mc = 1.0;m = 0.1;l = 0.5;
S = l * (4/3 - m * (cos(x(1)))^2/(mc + m));
fx = g * sin(x(1)) - m * l * x(2)^2 * cos(x(1)) * sin(x(1))/(mc + m);
fx = fx/S;
gx = cos(x(1))/(mc + m);
gx = gx/S;
dt = 10 * sin(t);

sys(1) = x(2);
sys(2) = fx + gx * u + dt;
function sys = mdlOutputs(t,x,u)
g = 9.8;mc = 1.0;m = 0.1;l = 0.5;
S = l * (4/3 - m * (cos(x(1)))^2/(mc + m));
fx = g * sin(x(1)) - m * l * x(2)^2 * cos(x(1)) * sin(x(1))/(mc + m);
fx = fx/S;
gx = cos(x(1))/(mc + m);
gx = gx/S;

sys(1) = x(1);
sys(2) = x(2);
sys(3) = fx;
sys(4) = gx;
```

仿真程序运行输出结果作图分析程序如下：

```
close all;
clc
figure(1);
plot(t,y(:,1),'k',t,y(:,2),'r:','linewidth',2);
xlabel('时间(s)');ylabel('位置跟踪');
legend('实际信号','仿真结果');
figure(2);
plot(t,cos(t),'k',t,y(:,3),'r:','linewidth',2);
xlabel('时间(s)');ylabel('速度跟踪');
legend('实际信号','仿真结果');
figure(3);
plot(t,ut(:,1),'r','linewidth',2);
xlabel('时间(s)');ylabel('控制输入');
```

运行仿真文件,作图输出结果如图 13-16～图 13-18 所示。

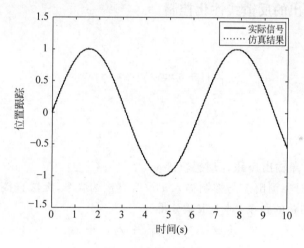

图 13-16　位置跟踪

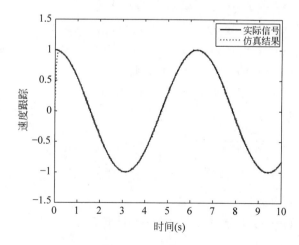

图 13-17　速度跟踪

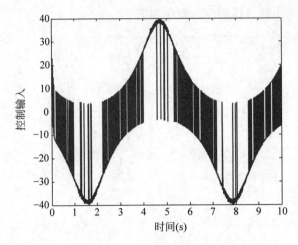

图 13-18　控制输入

13.3.3　输入输出的反馈线性化控制

考虑如下系统：

$$\begin{cases} \dot{x}_1 = \sin x_2 + x_2 x_3 + x_3 \\ \dot{x}_2 = x_1^5 + x_3 \\ \dot{x}_3 = x_1^2 + u \\ y = x_1 \end{cases}$$

控制任务为对象输出 y 跟踪理想轨迹 y_d。

由上式可知，对象输出 y 与控制输入 u 没有直接的联系，无法直接设计控制器。

为了得到 y 和 u 的联系，对 y 求微分得

$$\dot{y} = \dot{x}_1 = \sin x_2 + x_2 x_3 + x_3$$

可见 $\dot{y}$ 和 u 没有直接的关系。为此，对 $\dot{y}$ 求微分得

$$\begin{aligned} \ddot{y} &= \ddot{x}_1 = \dot{x}_2 \cos x_2 + \dot{x}_2 x_3 + x_2 \dot{x}_3 + \dot{x}_3 \\ &= (x_1^5 + x_3)\cos x_2 + (x_1^5 + x_3)x_3 + (x_2 + 1)(x_1^2 + u) \\ &= (x_1^5 + x_3)(\cos x_2 + x_3) + (x_2 + 1)x_1^2 + (x_2 + 1)u \end{aligned}$$

取 $f(x) = (x_1^5 + x_3)(\cos x_2 + x_3) + (x_2 + 1)x_1^2$，则

$$\ddot{y} = f(x) + (x_2 + 1)u$$

表明了 y 和 u 之间的关系。

取控制律为

$$u = \frac{1}{x_2 + 1}(v - f)$$

其中，v 为辅助项。

由式 $u = \dfrac{1}{x_2 + 1}(v - f)$ 和 $\ddot{y} = f(x) + (x_2 + 1)u$ 可得

$$\ddot{y} = v$$

定义误差 $e = y_d - y$，设计 v 为如下反馈线性化的形式：

$$v = \ddot{y}_d + k_2\,\dot{e} + k_1 e$$

其中，k_1 和 k_2 为正实数。

由式 $\ddot{y} = v$ 和 $v = \ddot{y}_d + k_2\,\dot{e} + k_1 e$ 可得

$$\ddot{e} + k_2\,\dot{e} + k_1 e = 0$$

则当 $t \to \infty$ 时，$e_1 \to 0$，$e_2 \to 0$。

本方法的缺点是需要精确的系统模型信息，无法克服外界干扰。

假设理想轨迹为 $y_d = \sin t$，取 $k_1 = k_2 = 10$，控制器取 $u = \dfrac{1}{x_2 + 1}(v - f)$，对系统进行仿真，仿真图如图 13-19 所示。

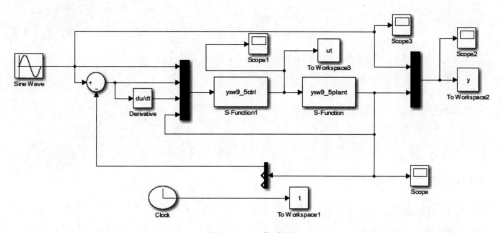

图 13-19　仿真图

该系统控制器 S 函数文件如下：

```
function [sys,x0,str,ts] = obser(t,x,u,flag)
switch flag,
case 0,
    [sys,x0,str,ts] = mdlInitializeSizes;
case 1,
    sys = mdlDerivatives(t,x,u);
case 3,
    sys = mdlOutputs(t,x,u);
case {1, 2, 4, 9 }
    sys = [];
otherwise
    error(['Unhandled flag = ',num2str(flag)]);
end
function [sys,x0,str,ts] = mdlInitializeSizes
sizes = simsizes;
sizes.NumDiscStates    = 0;
sizes.NumOutputs       = 1;
sizes.NumInputs        = 6;
sizes.DirFeedthrough   = 1;
```

```
sizes.NumSampleTimes   = 0;
sys = simsizes(sizes);
x0 = [];
str = [];
ts = [];
function sys = mdlOutputs(t, x, u)
yd = u(1);
dyd = cos(t);
ddyd = - sin(t);
e = u(2);
de = u(3);
x1 = u(4);
x2 = u(5);
x3 = u(6);

f = (x1 ^ 5 + x3) * (x3 + cos(x2)) + (x2 + 1) * x1 ^ 2;

k1 = 10; k2 = 10;
v = ddyd + k1 * e + k2 * de;
ut = 1.0/(x2 + 1) * (v - f);
sys(1) = ut;
```

被控对象 S 函数如下：

```
function [sys, x0, str, ts] = obser(t, x, u, flag)
switch flag,
case 0,
    [sys, x0, str, ts] = mdlInitializeSizes;
case 1,
    sys = mdlDerivatives(t, x, u);
case 3,
    sys = mdlOutputs(t, x, u);
case {2, 4, 9 }
    sys = [];
otherwise
    error(['Unhandled flag = ', num2str(flag)]);
end
function [sys, x0, str, ts] = mdlInitializeSizes
sizes = simsizes;
sizes.NumContStates   = 3;
sizes.NumDiscStates   = 0;
sizes.NumOutputs      = 3;
sizes.NumInputs       = 1;
sizes.DirFeedthrough  = 1;
sizes.NumSampleTimes  = 0;
sys = simsizes(sizes);
```

```
x0 = [0.15,0,0];
str = [ ];
ts = [ ];
function sys = mdlDerivatives(t,x,u)
ut = u(1);
sys(1) = sin(x(2)) + (x(2) + 1) * x(3);
sys(2) = x(1)^5 + x(3);
sys(3) = x(1)^2 + ut;
function sys = mdlOutputs(t,x,u)
sys(1) = x(1);
sys(2) = x(2);
sys(3) = x(3);
```

仿真程序运行输出结果作图分析程序如下：

```
close all;
clc,
figure(1);
plot(t,y(:,1),'k',t,y(:,2),'r:','linewidth',2);
xlabel('时间(s)');ylabel('位置跟踪');
legend('实际信号','仿真结果');
figure(2);
plot(t,y(:,1) - y(:,2),'k','linewidth',2);
xlabel('时间');ylabel('位置跟踪误差');
legend('位置跟踪误差');
figure(3);
plot(t,ut(:,1),'k','linewidth',2);
xlabel('时间');ylabel('控制输入');
```

运行程序输出结果如图 13-20～图 13-22 所示。

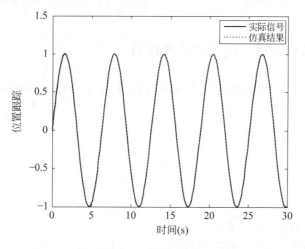

图 13-20　位置跟踪

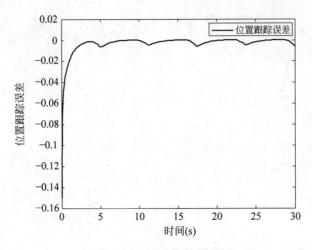

图 13-21　位置跟踪误差

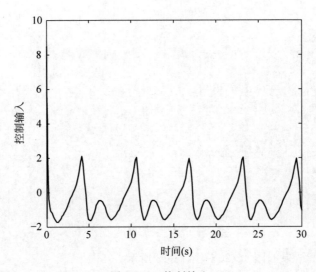

图 13-22　控制输入

13.3.4　输入输出的反馈线性化滑模控制

在线性化反馈系统控制中,如果添加滑模控制,将增加系统的鲁棒性。

考虑如下不确定系统:

$$\begin{cases} \dot{x}_1 = \sin x_2 + x_2 x_3 + x_3 + d_1 \\ \dot{x}_2 = x_1^5 + x_3 + d_2 \\ \dot{x}_3 = x_1^2 + u + d_3 \\ y = x_1 \end{cases}$$

其中,d_1、d_2 和 d_3 为系统的不确定部分。

控制任务为对象输出 y 跟踪理想轨迹 y_d。由上式可知,对象输出 y 与控制输入 u 没有直接的联系,无法直接设计控制器。

为了得到 y 和 u 的联系,对 y 求微分得

$$\dot{y} = \dot{x}_1 = \sin x_2 + x_2 x_3 + x_3 + d_1$$

可见$\dot{y}$和u没有直接的关系。为此,对$\dot{y}$求微分得

$$\ddot{y} = \ddot{x}_1 = \dot{x}_2 \cos x_2 + \dot{x}_2 x_3 + x_2 \dot{x}_3 + \dot{x}_3 + \dot{d}_1$$
$$= (x_1^5 + x_3 + d_2)\cos x_2 + (x_1^5 + x_3 + d_2)x_3 + (x_2 + 1)(x_1^2 + u + d_3) + \dot{d}_1$$
$$= (x_1^5 + x_3)(\cos x_2 + x_3) + (x_2 + 1)x_1^2 + (x_2 + 1)u + d$$

其中$d = d_2\cos x_2 + d_2 x_3 + (x_2+1)d_3 + \dot{d}_1$,假设$|d| \leqslant D$。

取$f(x) = (x_1^5 + x_3)(\cos x_2 + x_3) + (x_2+1)x_1^2$,则

$$\ddot{y} = f(x) + (x_2 + 1)u + d$$

表明了y和u之间的关系。

定义$e = y_d - y$,则滑模函数为

$$s(x,t) = CE$$

其中,$C = [c, 1], c > 0, E = [e, \dot{e}]^{\mathrm{T}}$。

取控制律为

$$u = \frac{1}{x_2 + 1}(v - f - \eta \cdot \mathrm{sgn}(s))$$

其中,v为控制律的辅助项,$\eta \geqslant D$。

取 Lyapunov 函数为

$$V = \frac{1}{2}s^2$$

则

$$\dot{V} = s\dot{s} = s(\ddot{e} + c\dot{e}) = s(\ddot{y}_d - \ddot{y} + c\dot{e})$$
$$= s(\ddot{y}_d - (x_2 + 1)u - f(x) - d + c\dot{e})$$

取$v = \ddot{y}_d + c\dot{e}$,则

$$\dot{V} = s(-\eta\mathrm{sgn}(s) - d) = ds - \eta|s| \leqslant (D - \eta)\cdot|s| \leqslant 0$$

考虑理想轨迹$y_d = \sin(t), c = 10, \eta = 3$,控制器为$u = \frac{1}{x_2+1}(v - f - \eta \cdot \mathrm{sgn}(s))$,建立系统仿真图如图 13-23 所示。

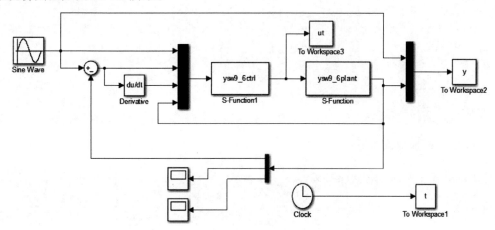

图 13-23 仿真框图

该系统控制器 S 函数文件如下：

```
function [sys,x0,str,ts] = obser(t,x,u,flag)
switch flag,
case 0,
    [sys,x0,str,ts] = mdlInitializeSizes;
case 1,
    sys = mdlDerivatives(t,x,u);
case 3,
    sys = mdlOutputs(t,x,u);
case {1, 2, 4, 9 }
    sys = [];
otherwise
    error(['Unhandled flag = ',num2str(flag)]);
end
function [sys,x0,str,ts] = mdlInitializeSizes
sizes = simsizes;
sizes.NumDiscStates   = 0;
sizes.NumOutputs      = 1;
sizes.NumInputs       = 6;
sizes.DirFeedthrough  = 1;
sizes.NumSampleTimes  = 0;
sys = simsizes(sizes);
x0 = [];
str = [];
ts = [];
function sys = mdlOutputs(t,x,u)
yd = u(1);
dyd = cos(t);
ddyd = - sin(t);
e = u(2);
de = u(3);
x1 = u(4);
x2 = u(5);
x3 = u(6);

f = (x1 ^ 5 + x3) * (x3 + cos(x2)) + (x2 + 1) * x1 ^ 2;
c = 10;
s = de + c * e;
v = ddyd + c * de;
xite = 3.0;
ut = 1.0/(x2 + 1) * (v - f + xite * sign(s));
sys(1) = ut;
```

被控对象 S 函数如下：

```
function [sys,x0,str,ts] = obser(t,x,u,flag)
switch flag,
case 0,
```

```
    [sys,x0,str,ts] = mdlInitializeSizes;
case 1,
    sys = mdlDerivatives(t,x,u);
case 3,
    sys = mdlOutputs(t,x,u);
case {2, 4, 9 }
    sys = [];
otherwise
    error(['Unhandled flag = ',num2str(flag)]);
end
function [sys,x0,str,ts] = mdlInitializeSizes
sizes = simsizes;
sizes.NumContStates    = 3;
sizes.NumDiscStates    = 0;
sizes.NumOutputs       = 3;
sizes.NumInputs        = 1;
sizes.DirFeedthrough   = 1;
sizes.NumSampleTimes   = 0;
sys = simsizes(sizes);
x0 = [0.15,0,0];
str = [];
ts = [];
function sys = mdlDerivatives(t,x,u)
ut = u(1);
d1 = sin(t);
d2 = sin(t);
d3 = sin(t);
sys(1) = sin(x(2)) + (x(2) + 1) * x(3) + d1;
sys(2) = x(1)^5 + x(3) + d2;
sys(3) = x(1)^2 + ut + d3;
function sys = mdlOutputs(t,x,u)
sys(1) = x(1);
sys(2) = x(2);
sys(3) = x(3);
```

仿真程序运行输出结果作图分析程序如下：

```
close all;
clc
figure(1);
subplot(211);
plot(t,y(:,1),'k',t,y(:,2),'r:','linewidth',2);
xlabel('时间(s)');ylabel('位置跟踪');
legend('实际信号','仿真结果');
figure(2);
plot(t,y(:,1) - y(:,2),'k','linewidth',2);
xlabel('时间(s)');ylabel('位置跟踪误差');
legend('跟踪误差');
figure(3);
plot(t,ut(:,1),'k','linewidth',2);
xlabel('时间(s)');ylabel('控制输入');
```

运行程序输出结果如图 13-24～图 13-26 所示。

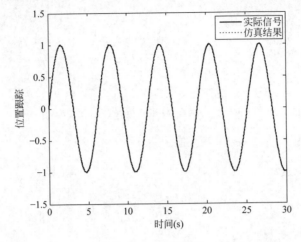

图 13-24　位置跟踪

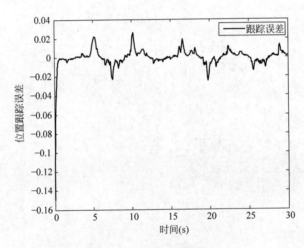

图 13-25　位置跟踪误差

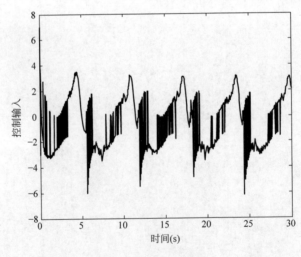

图 13-26　控制输入

13.4 基于模型参考的滑模控制

考虑如下二阶系统：

$$\ddot{y} = a(t) + \dot{y} + b(t)u(t) + d(t)$$

其中，$b(t)>0$，$d(t)$ 为外部干扰，$|d(t)|<D$。

参考模型为如下二阶系统：

$$\ddot{y}_m = a_m \dot{y}_m + b_m r(t)$$

模型跟踪误差为 $e=y-y_m$，则 $\dot{e}=\dot{y}-\dot{y}_m$，滑模函数设计为

$$s = \dot{e} + ce$$

滑模控制律为

$$u = \frac{1}{b(t)}(-c|\dot{e}|-|b_m r|-D-\eta-|a_m \dot{y}_m|-|a\dot{y}|) \cdot \mathrm{sgn}(s)$$

其中，$\eta>0$。

取 Lyapunov 函数为

$$V = \frac{1}{2}s^2$$

由滑模函数 $s=\dot{e}+ce$ 得

$$\dot{s} = \ddot{e} + c\dot{e} = \ddot{y} - \ddot{y}_m + c\dot{e} = a\dot{y} - a_m \dot{y}_m + bu - b_m r + d(t) + c\dot{e}$$

将滑模控制律 u 代入上式得

$$\dot{s} = a\dot{y} - a_m \dot{y}_m - (c|\dot{e}| + |b_m r| + D + \eta + |a\dot{y}| + |a_m \dot{y}_m|) \cdot \mathrm{sgn}(s)$$
$$- b_m r + d(t) + c\dot{e}$$

则

$$s\dot{s} = a\dot{y}s - a_m \dot{y}_m s - (c|\dot{e}| + |b_m r| + D + \eta + |a\dot{y}| + |a_m \dot{y}_m|) \cdot |s|$$
$$- b_m rs + d(t)s + c\dot{e}s$$
$$= a\dot{y}s - |a\dot{y}| \cdot |s| - a_m \dot{y}_m s - |a_m \dot{y}_m| \cdot |s| - c\dot{e}s - c|\dot{e}| \cdot |s|$$
$$- b_m rs - |b_m r| \cdot |s| + d(t)s - D|s| - \eta|s| \leqslant \eta|s|$$

即

$$\dot{V} \leqslant -\eta|s|$$

采用饱和函数代替符号函数，可消除抖振，饱和函数设计为

$$\mathrm{sat}(s) = \begin{cases} 1, & s > \delta \\ \dfrac{s}{\delta}, & |s| \leqslant \delta \\ -1, & s < -\delta \end{cases}$$

考虑下列被控对象：

$$\ddot{x} + a\dot{x} = bu(t) + d(t)$$

其中，$a=25$，$b=133$，$d(t)=10\sin(t)$。

设计参考模型为 $\ddot{x} + a_m \dot{x} = b_m r(t)$，$a_m=20$，$b_m=100$，$r=\sin(\pi t)$。采用控制律 $u=$

$\dfrac{1}{b(t)}(-c|\dot{e}|-|b_m r|-D-\eta-|a_m\,\dot{y}_m|-|a\,\dot{y}|)\cdot\mathrm{sgn}(s)$，取 $D=10,\eta=0.02,c=10$。

$M=1$表示采用符号函数，$M=2$ 为采用饱和函数，本文采用 $M=2$，饱和函数中取 $\delta=0.02$。系统初始状态为$[1.5,0]^{\mathrm{T}}$。仿真框图如图 13-27 所示。

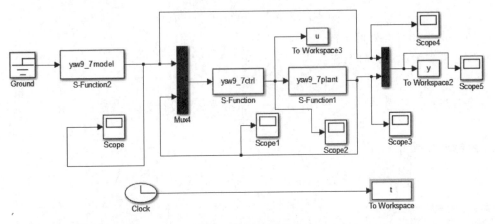

图 13-27　仿真框图

该系统控制器 S 函数文件如下：

```
function [sys,x0,str,ts] = spacemodel(t,x,u,flag)
switch flag,
case 0,
    [sys,x0,str,ts] = mdlInitializeSizes;
case 3,
    sys = mdlOutputs(t,x,u);
case {2,4,9}
    sys = [];
otherwise
    error(['Unhandled flag = ',num2str(flag)]);
end
function [sys,x0,str,ts] = mdlInitializeSizes
sizes = simsizes;
sizes.NumContStates   = 0;
sizes.NumDiscStates   = 0;
sizes.NumOutputs      = 1;
sizes.NumInputs       = 4;
sizes.DirFeedthrough  = 1;
sizes.NumSampleTimes  = 1;
sys = simsizes(sizes);
x0 = [];
str = [];
ts = [0,0];
function sys = mdlOutputs(t,x,u)
a = 25;b = 133;
am = 20;bm = 100;
D = 10;
```

```
c = 10;
ym = u(1);y = u(3);
dym = u(2);dy = u(4);

e = y - ym;
de = dy - dym;
s = c * e + de;

r = sin(pi * t);
xite = 0.02;

wt = 1/b * ( - c * abs(de) - abs(bm * r) - D - xite - abs(am * dym) - abs(a * dy));

M = 2;
if M == 1
    ut = wt * sign(s);
elseif M == 2
    delta = 0.02;
    if s > delta
        sats = 1;
    elseif abs(s)< = delta
        sats = s/delta;
    elseif s < - delta
        sats = - 1;
    end
    ut = wt * sats;
end
sys(1) = ut;
```

被控对象 S 函数文件如下:

```
function [sys,x0,str,ts] = spacemodel(t,x,u,flag)

switch flag,
case 0,
    [sys,x0,str,ts] = mdlInitializeSizes;
case 1,
    sys = mdlDerivatives(t,x,u);
case 3,
    sys = mdlOutputs(t,x,u);
case {2,4,9}
    sys = [];
otherwise
    error(['Unhandled flag = ',num2str(flag)]);
end

function [sys,x0,str,ts] = mdlInitializeSizes
sizes = simsizes;
sizes.NumContStates    = 2;
```

```
sizes.NumDiscStates    = 0;
sizes.NumOutputs       = 2;
sizes.NumInputs        = 1;
sizes.DirFeedthrough   = 0;
sizes.NumSampleTimes   = 1;
sys = simsizes(sizes);
x0 = [1.5,0];
str = [];
ts = [0,0];

function sys = mdlDerivatives(t,x,u)
a = 25;
b = 133;

sys(1) = x(2);
sys(2) = -a*x(2)+b*u+10*sin(t);
function sys = mdlOutputs(t,x,u)
sys(1) = x(1);
sys(2) = x(2);
```

采用的参考模型 S 函数文件如下：

```
function [sys,x0,str,ts] = spacemodel(t,x,u,flag)

switch flag,
case 0,
    [sys,x0,str,ts] = mdlInitializeSizes;
case 1,
    sys = mdlDerivatives(t,x,u);
case 3,
    sys = mdlOutputs(t,x,u);
case {2,4,9}
    sys = [];
otherwise
    error(['Unhandled flag = ',num2str(flag)]);
end

function [sys,x0,str,ts] = mdlInitializeSizes
sizes = simsizes;
sizes.NumContStates    = 2;
sizes.NumDiscStates    = 0;
sizes.NumOutputs       = 2;
sizes.NumInputs        = 1;
sizes.DirFeedthrough   = 0;
sizes.NumSampleTimes   = 1;
sys = simsizes(sizes);
x0 = [0,0];
str = [];
ts = [0,0];
```

```
function sys = mdlDerivatives(t,x,u)
am = 20;
bm = 100;
r = sin(pi * t);

sys(1) = x(2);
sys(2) = - 20 * x(2) + 100 * r;

function sys = mdlOutputs(t,x,u)
sys(1) = x(1);
sys(2) = x(2);
```

仿真程序运行输出结果作图分析程序如下：

```
close all;
clc
figure(1);
plot(t,y(:,1),'r',t,y(:,3),'b','linewidth',2);
xlabel('时间(s)');ylabel('位置跟踪');
legend('实际信号','仿真结果');
figure(2);
plot(t,y(:,2),'r',t,y(:,4),'b','linewidth',2);
xlabel('时间(s)');ylabel('速度跟踪');
legend('实际信号','仿真结果');
figure(3);
plot(t,u(:,1),'r','linewidth',2);
xlabel('时间(s)');ylabel('控制输入');
```

运行程序输出结果如图 13-28～图 13-30 所示。

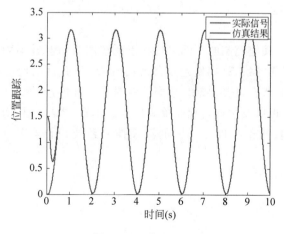

图 13-28 位置跟踪

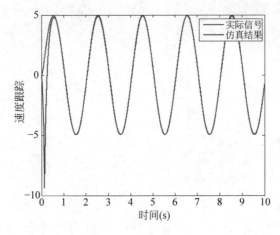

图 13-29　速度跟踪

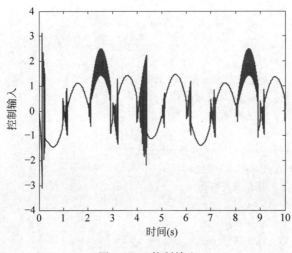

图 13-30　控制输入

13.5　本章小结

　　滑模控制策略与其他控制的不同之处在于系统的"结构"并不固定,而是可以在动态过程中,根据系统当前的状态(如偏差及其各阶导数等)有目的地不断变化,迫使系统按照预定"滑动模态"的状态轨迹运动。滑模控制具有快速响应、对应参数变化和扰动不灵敏、无须系统在线辨识以及物理实现简单等优点。本章主要介绍了基于名义模型的滑模控制、全局滑模控制、基于线性化反馈的滑模控制系统设计和基于模型参考的滑模控制等。

本章介绍汽车系统仿真,主要包括汽车制动系统仿真、汽车悬架的仿真、包含汽车悬架系统的方程建立、汽车悬架系统仿真、白噪声路面模拟输入仿真和汽车四轮转向系统仿真(分别考虑在低速和高速运行情况下的四轮系统仿真),很好地解释了汽车系统的建模、分析和仿真过程,可使读者深入地了解和掌握汽车系统建模方法。

学习目标:

(1) 学习和掌握汽车制动系统仿真;

(2) 学习和掌握汽车悬架的仿真;

(3) 学习和掌握汽车四轮转向系统仿真。

14.1　汽车制动系统仿真

汽车的实际制动过程是非常复杂的,制动过程中受力分析如图 14-1 所示。

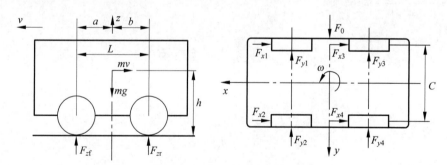

图 14-1　汽车制动过程受力分析

一般分析处理时,常对汽车制动过程做如下假设:

(1) 汽车左右结构是完美对称的;

(2) 忽略汽车悬架的影响;

(3) 汽车在制动过程中忽略俯仰运动,考虑横摆运动;

(4) 忽略路面的不平,即忽略系统界面的各种冲击激励;

(5) 汽车在进行直线制动时,受到一个侧向干扰力作用;

(6) 忽略轮胎的转动惯量和滚动阻力。

考虑汽车的纵向、横向以及绕 z 轴的转动,则汽车的运动方程式如下:

$$
\begin{cases}
M\dot{v}_x = -\sum_{i=1}^{4} F_{xi} + M\dot{\varphi}v_y \\[2mm]
M\dot{v}_y = F_0 - \sum_{i=1}^{4} F_{yi} + M\dot{\varphi}v_x \\[2mm]
I_z\ddot{\varphi} = (F_{x2} + F_{x4} - F_{x1} - F_{x3})\dfrac{C}{2} + (F_{y3} + F_{y4})b - (F_{y1} + F_{y2})a
\end{cases}
$$

轮胎侧偏角表达式为

$$
\beta = \frac{v_y}{v_x}
$$

由于汽车在制动过程中,受到制动力和侧向力的影响,产生纵向和横向的加速度使得汽车的轮胎载荷产生变化,通过分析得到每个轮胎的载荷模型如下:

$$
\begin{cases}
F_{z1} = \dfrac{M\dot{v}_x h - Mgb}{2L} - \dfrac{F_0 h + M\dot{v}_y h}{2C} \\[3mm]
F_{z2} = \dfrac{M\dot{v}_x h - Mgb}{2L} + \dfrac{F_0 h + M\dot{v}_y h}{2C} \\[3mm]
F_{z3} = \dfrac{M\dot{v}_x h - Mga}{2L} - \dfrac{F_0 h + M\dot{v}_y h}{2C} \\[3mm]
F_{z4} = \dfrac{M\dot{v}_x h - Mga}{2L} + \dfrac{F_0 h + M\dot{v}_y h}{2C}
\end{cases}
$$

考虑轮胎受到侧向力的作用,采用 Gim 模型对汽车制动系统进行仿真设计,其侧向力和回转力矩分别如下所示:

考虑 $\xi_s = 1 - \dfrac{K_s}{3\mu F_z}\dfrac{\lambda}{1-s} \geqslant 0$,则

纵向力:

$$
F_x = -\frac{K_s s}{1-s}\xi_s^2 - 6\mu F_z\cos\theta\left(\frac{1}{6} - \frac{\xi_s^2}{2} + \frac{\xi_s^3}{3}\right)
$$

侧向力:

$$
F_y = -\frac{K_\beta\tan\beta}{1-s}\xi_s^2 - 6\mu F_z\sin\theta\left(\frac{1}{6} - \frac{\xi_s^2}{2} + \frac{\xi_s^3}{3}\right)
$$

回转力矩:

$$
\begin{aligned}
M =\ & \frac{lK_\beta\tan\beta}{2(1-s)}\xi_s^2\left(1 - \frac{4\xi_s}{3}\right) - \frac{3}{2}l\mu F_z\sin\theta\xi_s^2(1-\xi_s)^2 \\
& + \frac{2lK_s s\tan\beta}{3(1-s)^2}\xi_s^3 + \frac{3l\mu^2 F_z^2\sin\theta\cos\theta}{5K_\beta}(1 - 10\xi_s^3 + 15\xi_s^4 + 6\xi_s^5)
\end{aligned}
$$

考虑 $\xi_s = 1 - \dfrac{K_s}{3\mu F_z}\dfrac{\lambda}{1-s} < 0$,则

纵向力:

$$
F_x = -\mu F_z\cos\theta
$$

侧向力:

$$
F_y = -\mu F_z\sin\theta
$$

回转力矩：

$$M = \frac{3l\mu^2 F_z^2 \sin\theta\cos\theta}{5K_\beta}$$

其中，

$$\lambda = \sqrt{s^2 + \left(\frac{K_\beta}{K_s}\right)^2 \tan^2\beta}, \quad K_\beta = \frac{bl^2 K_y}{2}, \quad K_s = \frac{bl^2 K_x}{2}$$

$$\cos\theta = \frac{s}{\lambda}, \quad \sin\theta = \frac{K_\beta \tan\beta}{K_s\lambda}$$

式中，K_x 为轮胎的纵向刚度，K_y 为轮胎的侧向刚度，b 为轮胎印记的宽度，l 为轮胎印记的长度，s 为滑移率。

（1）未含 ABS 系统的制动过程：

$$s = \begin{cases} t, & t \leqslant 1 \\ 1, & t > 1 \end{cases}$$

（2）含有 ABS 系统的制动过程：

$$s = \begin{cases} t, & t \leqslant 0.2 \\ 0.2, & t > 0.2 \end{cases}$$

（3）滑移率与附着系数之间的关系：

$$\mu = \begin{cases} s, & 0 < s \leqslant 0.2 \\ \mu_s - 0.17s, & 1 \geqslant s > 0.2 \end{cases}$$

其中，μ_s 为路面的最大附着系数。

考虑单轮车辆系统制动模型，具体如图 14-2 所示。

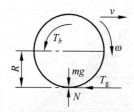

图 14-2　单轮车辆系统制动模型

如图 14-2 所示，u 为车轮中心速度即车辆速度；ω 为车轮角速度；R 为车轮半径；mg 为车轮重力；m 为车辆质量；T_b 为制动力矩；F_z 为地面制动力。

由此建立单轮车辆制动模型的微分方程式如下：

$$\begin{cases} m\dot{u} = -F_\omega - F_b \\ J\dot{\omega} = F_b r - T_b \\ F_b = F_z \cdot \varphi \end{cases}$$

制动过程仿真模型参数如表 14-1 所示。

表 14-1　制动过程仿真模型参数

参　　数	数　　值
整车重量 W/N	3900×4
车轮转动惯量 J/(km/m²)	1.7
车轮半径 R/m	0.3
制动初速度 V/(m/s)	30
制动力增长因数 a/(N·m/s)	8000
理想滑移率 s	0.2

建立汽车单轮制动模型仿真框图如图 14-3 所示。

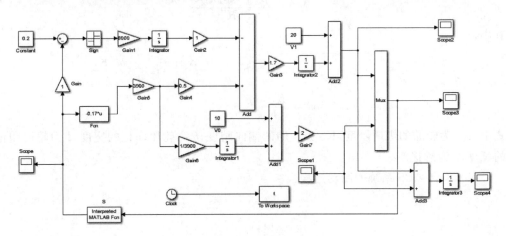

图 14-3　仿真框图

模型根据不同滑移率下的地面附着系数得到相应的汽车加速度,积分后与初始化车速得到相应的车速,运行仿真文件输出结果如图 14-4～图 14-7 所示。

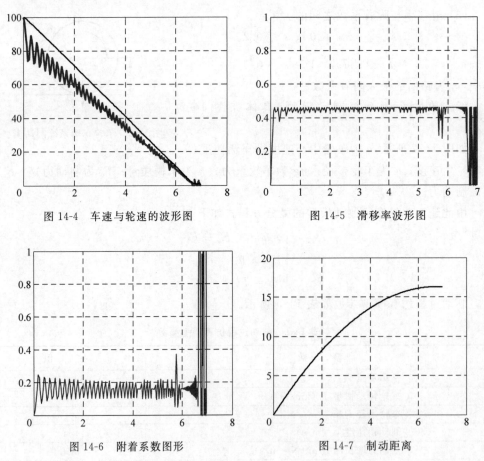

图 14-4　车速与轮速的波形图　　　　　图 14-5　滑移率波形图

图 14-6　附着系数图形　　　　　　图 14-7　制动距离

由车速与轮速的波形图可知,车轮在制动过程中,并没有处于抱死状态,而是始终在小于车速的附近波动,出于系统安全性能考虑,紧急制动是危险的。

14.2 汽车悬架系统仿真

汽车本身就是一个较复杂的系统,通常对系统采用简化分析的思想,在此为了简化分析,考虑 1/4 车辆模型(即单轮车辆模型),设其悬挂质量 M_s,它包括车身、车架等。悬挂质量通过减振器和弹簧原件与车轴和车轮相连。车轮和车轴构成的非悬挂质量为 m_t。车轮通过减振弹簧连接于地面。具体的悬架简化结构图如图 14-8 所示。

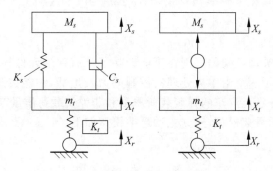

图 14-8　悬架简化结构图

如图 14-8 所示简化模型,考虑轮胎阻尼较小,在此忽略其影响。图中,M_s 为车身质量,M_t 为轮胎质量,k_s 为被动悬架刚度,c_s 为被动悬架阻尼系数,k_t 为轮胎刚度,x_s 为车身相对平衡位置的位移,x_t 为车轮相对平衡位置的位移,x_r 为路面不平度的位移输入,$\dot{x}_r$ 为零均值的白噪声,$u(t)$ 为主动悬架的控制力。

14.2.1 汽车悬架系统运动方程建立

如图 14-8 所示,建立被动悬架系统的运动微分方程为

$$\begin{cases} m_s \ddot{x}_s + k_s(x_s - x_t) + c_s(\dot{x}_s - \dot{x}_t) = 0 \\ m_t \ddot{x}_t - k_t(x_r - x_t) - k_s(x_s - x_t) - c_s(\dot{x}_s - \dot{x}_t) = 0 \end{cases}$$

选取状态变量 $x_1 = x_s - x_t, x_2 = \dot{x}_s, x_3 = x_r - x_t, x_4 = \dot{x}_t$。

构成状态向量 $X = [x_1 \quad x_2 \quad x_3 \quad x_4]^T$,于是得到状态方程为

$$\dot{X} = AX + Bw(t)$$

其中,$w(t)$ 为零均值的白噪声,且

$$A = \begin{bmatrix} 0 & 1 & 0 & -1 \\ -k_s/m_s & -c_s/m_s & 0 & c_s/m_s \\ 0 & 0 & 0 & -1 \\ k_s/m_t & c_s/m_t & k_t/m_t & -c_s/m_t \end{bmatrix}, \quad B = \begin{bmatrix} 0 \\ 0 \\ 1 \\ 0 \end{bmatrix}$$

评价汽车悬架性能时,主要是考虑它对汽车平顺性和操作稳定性的影响,而评价汽

车这些性能时,常涉及一些参数,如车身加速度、悬架动扰度和轮胎动变形等,因此分析汽车这些性能指标特性显得尤为必要。

选取如下三个性能指标:

(1) 车身加速度:$y_1 = \ddot{x}_s = \dot{x}_2$;

(2) 悬架动扰度:$y_2 = x_s - x_t = x_1$;

(3) 轮胎动变形:$y_3 = x_r - x_t = x_3$。

y_1、y_2、y_3 构成输出向量,于是得到输出方程为

$$Y = CX$$

其中,

$$C = \begin{bmatrix} -k_s/m_s & -c_s/m_s & 0 & c_s/m_s \\ 1 & 0 & 0 & 0 \\ 0 & 0 & 1 & 0 \end{bmatrix}$$

由于主动悬架和被动悬架的区别在于前者除了具有弹性元件和减振器以外,它还在车身和车轴之间安装了一个由中央处理器控制的力发生器,它能按照中央处理器下达的指令上下运动,进而分别对汽车的弹簧载荷质量和非弹簧载荷质量产生力的作用。

针对图 14-8 所示悬架模型,建立主动悬架模型如下:

$$\begin{cases} m_s \ddot{x}_s = u \\ m_t \ddot{x}_t = -u - k_t(x_t - x_r) \end{cases}$$

与被动悬架类似,选取状态变量 $x_1 = x_s - x_t, x_2 = \dot{x}_s, x_3 = x_r - x_t, x_4 = \dot{x}_t$,构成状态向量 $X = \begin{bmatrix} x_1 & x_2 & x_3 & x_4 \end{bmatrix}^T$,于是得到状态方程为

$$\dot{X} = A_1 X + B_1 u + D_1 \omega(t)$$

其中,

$$A = \begin{bmatrix} 0 & 1 & 0 & -1 \\ 0 & 0 & 0 & 0 \\ 0 & 0 & 0 & -1 \\ 0 & 0 & 5333.333 & 0 \end{bmatrix}, \quad B_1 = \begin{bmatrix} 0 \\ 1/m_s \\ 0 \\ -1/m_t \end{bmatrix}, \quad D_1 = \begin{bmatrix} 0 \\ 0 \\ 1 \\ 0 \end{bmatrix}$$

选择输出变量 $y_1 = \ddot{x}_s = \dot{x}_2, y_2 = x_s - x_t = x_1, y_3 = x_r - x_t = x_3$,构成状态向量 $Y = \begin{bmatrix} y_1 & y_2 & y_3 \end{bmatrix}^T$,于是得到状态方程为

$$Y = C_1 X + E_1 u$$

其中,

$$C_1 = \begin{bmatrix} 0 & 0 & 0 & 0 \\ 1 & 0 & 0 & 0 \\ 0 & 0 & 1 & 0 \end{bmatrix}, \quad E_1 = \begin{bmatrix} 1/m_s \\ 0 \\ 0 \end{bmatrix}$$

14.2.2　汽车悬架系统仿真

1. 被动悬架

考虑被动悬架汽车的结构参数:车身质量 $M_s = 240\text{kg}$,轮胎质量 $m_t = 30\text{kg}$,被动悬

架刚度 $k_s = 16000\text{N/m}$，被动悬架阻尼系数 $c_s = 980\text{N/(m/s)}$，轮胎刚度 $k_t = 160000\text{N/m}$，代入后得到：

$$A = \begin{bmatrix} 0 & 1 & 0 & -1 \\ -66.667 & -4.083 & 0 & 4.0833 \\ 0 & 0 & 0 & -1 \\ 533.333 & 32.667 & 5333.333 & -32.667 \end{bmatrix}, \quad B = \begin{bmatrix} 0 \\ 0 \\ 1 \\ 0 \end{bmatrix}$$

$$C = \begin{bmatrix} -66.667 & -4.083 & 0 & 4.083 \\ 1 & 0 & 0 & 0 \\ 0 & 0 & 1 & 0 \end{bmatrix}, \quad D = \begin{bmatrix} 0 \\ 0 \\ 0 \end{bmatrix}$$

在 MATLAB 中利用命令 $[z, p, k] = \text{ss2zp}(A, B, C, D)$ 可求得汽车被动悬架系统的极点，编程求解如下：

```
clc,clear,close all
A = [0,1,0, -1;
     -66.667, -4.083,0,4.0833;
     0,0,0,1;
     533.333,32.667,5333.333, -32.667];
B = [0,0,1,0]';
C = [ -66.667, -4.083,0,4.083;
     1,0,0,0;
     0,0,1,0];
D = [0,0,0]';
[z,p,k] = ss2zp(A,B,C,D)
```

运行程序输出结果如下：

```
z =
  Columns 1 through 2
    0.0003 + 0.0000i  0.0003 + 0.0000i
 -16.3279 + 0.0000i     Inf + 0.0000i
      Inf + 0.0000i     Inf + 0.0000i
  Column 3
 -18.3751 + 16.1974i
 -18.3751 - 16.1974i
   0.0003 + 0.0000i
p =
 -88.1584 + 0.0000i
  56.2600 + 0.0000i
  -2.4258 + 8.1119i
  -2.4258 - 8.1119i
k =
  1.0e + 04 *
   2.1776
  -0.5333
   0.0001
```

这些极点都在左半 s 平面内,满足系统稳定性的条件,故可判断汽车被动悬架系统是稳定的。

1)脉冲响应

采用脉冲响应对该被动悬架模型进行仿真,仿真框图如图 14-9 所示。

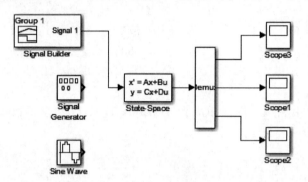

图 14-9　脉冲响应

运行程序输出结果如图 14-10～图 14-12 所示。

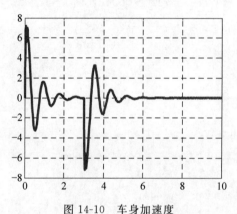

图 14-10　车身加速度

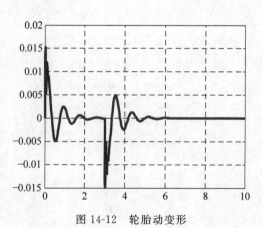

图 14-11　悬架动扰度　　　　　　图 14-12　轮胎动变形

2)锯齿波响应

采用锯齿波响应对该被动悬架模型进行仿真,仿真框图如图 14-13 所示。

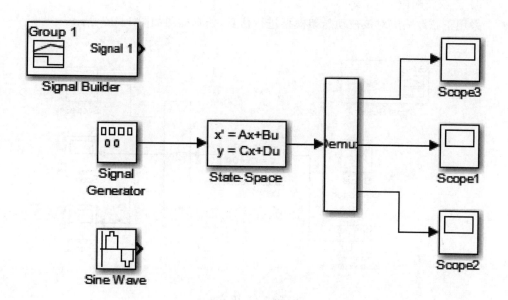

图 14-13　锯齿波响应

运行程序输出结果如图 14-14～图 14-16 所示。

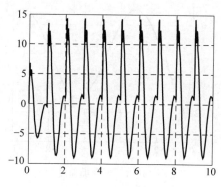

图 14-14　车身加速度

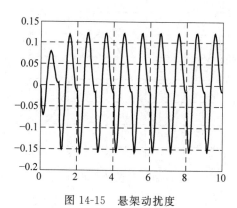

图 14-15　悬架动扰度

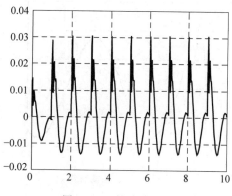

图 14-16　轮胎动变形

3）正弦波响应

采用正弦波响应对该被动悬架模型进行仿真,仿真框图如图 14-17 所示。

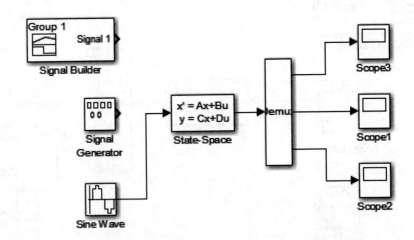

图 14-17 正弦波响应

运行程序输出结果如图 14-18～图 14-20 所示。

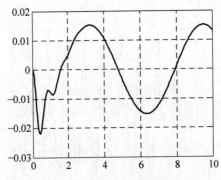

图 14-18 车身加速度

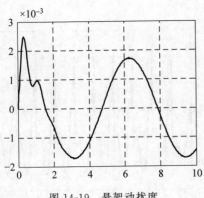

图 14-19 悬架动扰度

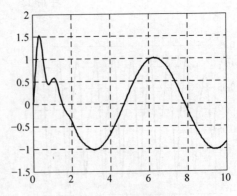

图 14-20 轮胎动变形

2. 主动悬架

为了得到系统的反馈力 $U=-KX$，可以先求出系统的状态变量 X，再求出反馈系数 K，从而得到反馈力 U。为了快速响应，状态加权系数应远大于控制信号的加权系数 R，且权系数对悬架性能有很大影响，取值较大，车身加速度越大，悬架动扰度则越小，但权系数对轮胎的变形影响不明显。在本系统仿真中，设 $q_1=335000$，$q_2=4050000$，有

$$Q = \begin{bmatrix} q_2 & 0 & 0 & 0 \\ 0 & 0 & 0 & 0 \\ 0 & 0 & q_1 & 0 \\ 0 & 0 & 0 & 0 \end{bmatrix}$$

对于反馈系数 K，编程求解如下：

```
clc,clear,close all
A1 = [0,1,0, - 1;
    0,0,0,0;
    0,0,0, - 1;
    0,0,5333.333,0];
B1 = [0;0.00417;0; - 0.0333];
Q = [4050000,0,0,0;
    0,0,0,0;
    0,0,3350000,0;
    0,0,0,0];
R = [1];
[K,P,E] = lqr(A1,B1,Q,R)
```

运行程序输出结果如下：

```
K =
  1.0e + 03 *
  2.0125 0.9768 - 1.8409 - 0.0372
P =
  1.0e + 06 *
    1.9657    0.4771   - 1.8909   - 0.0007
    0.4771    0.2344   - 0.4414    0.0000
  - 1.8909   - 0.4414    7.7881    0.0000
  - 0.0007    0.0000    0.0000    0.0011
E =
  - 0.6202 + 73.0316i
  - 0.6202 - 73.0316i
  - 2.0354 + 2.0611i
  - 2.0354 - 2.0611i
```

原系统状态方程为

$$\begin{cases} \dot{X} = (A_1 - B_1K)X + D_1\omega(t) \\ Y = (C_1 - E_1K)X \end{cases}$$

其中，

$$
A = \begin{bmatrix} 0 & 1 & 0 & -1 \\ -8.4 & -4.1 & 7.7 & 0.2 \\ 0 & 0 & 0 & -1 \\ 67 & 32.5 & 5272 & 1.2 \end{bmatrix}, \quad B = \begin{bmatrix} 0 \\ 0 \\ 1 \\ 0 \end{bmatrix}
$$

$$
C = \begin{bmatrix} -8.3859 & -4.0703 & 7.6711 & 0.1549 \\ 1 & 0 & 0 & 0 \\ 0 & 0 & 1 & 0 \end{bmatrix}, \quad D = \begin{bmatrix} 0 \\ 0 \\ 0 \end{bmatrix}
$$

在 MATLAB 中利用命令$[z,p,k] = ss2zp(A,B,C,D)$可求得汽车主动悬架系统的极点，编程求解如下：

```
clc,clear,close all
A = [0,1,0,-1;
    -8.4,-4.1,7.7,0.2;
    0,0,0,-1;
    67,32.5,5272,1.2];
B = [0,0,1,0]';
C = [-8.3859,-4.0703,7.6711,0.1549;
    1,0,0,0;
    0,0,1,0];
D = [0,0,0]';
[z,p,k] = ss2zp(A,B,C,D)
```

运行程序输出结果如下：

```
z =
  Columns 1 through 2
 -52.6463 +54.1895i -3.9550 + 0.0000i
 -52.6463 -54.1895i    Inf + 0.0000i
   0.0224 + 0.0000i    Inf + 0.0000i
  Column 3
  -1.6174 + 7.9023i
  -1.6174 - 7.9023i
   0.3348 + 0.0000i
p =
   0.5991 +73.0214i
   0.5991 -73.0214i
  -2.0491 + 2.0500i
  -2.0491 - 2.0500i
k =
   1.0e+03 *
   0.0077
  -5.2643
   0.0010
```

这些极点都在左半 s 平面内，满足系统稳定性的条件，故可判断汽车主动悬架系统是稳定的。

1）脉冲响应

采用脉冲响应对该主动悬架模型进行仿真,仿真框图如图 14-21 所示。

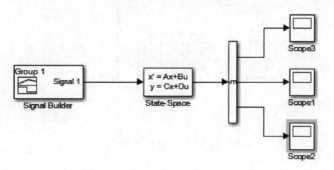

图 14-21 脉冲响应

运行程序输出结果如图 14-22～图 14-24 所示。

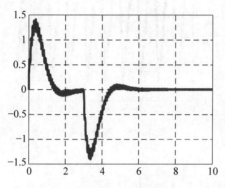

图 14-22 车身加速度

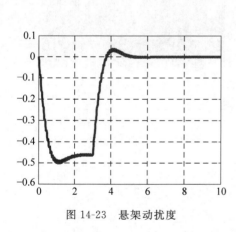

图 14-23 悬架动扰度

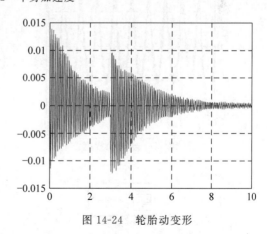

图 14-24 轮胎动变形

2）锯齿波响应

采用锯齿波响应对该主动悬架模型进行仿真,仿真框图如图 14-25 所示。

运行程序输出结果如图 14-26～图 14-28 所示。

3）正弦波响应

采用正弦波响应对该主动悬架模型进行仿真,仿真框图如图 14-29 所示。

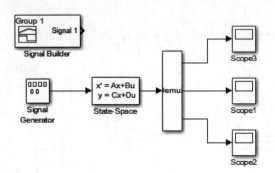

图 14-25　锯齿波响应

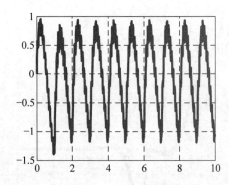

图 14-26　车身加速度

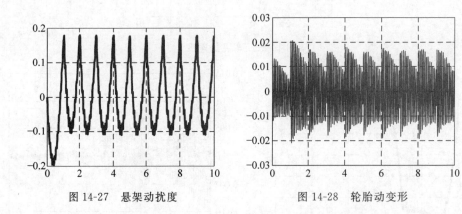

图 14-27　悬架动扰度　　　　　　　图 14-28　轮胎动变形

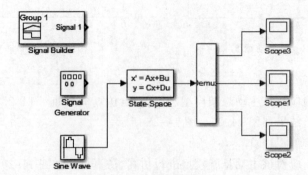

图 14-29　正弦波响应

运行程序输出结果如图 14-30～图 14-32 所示。

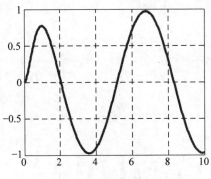

图 14-30　车身加速度

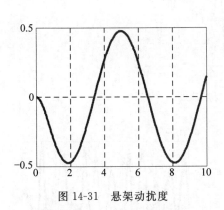

图 14-31　悬架动扰度

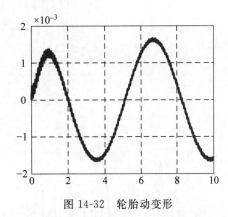

图 14-32　轮胎动变形

14.2.3　白噪声路面模拟输入仿真

在模拟路面输入时,用白噪声信号作为路面不平度的输入信号。建立悬架模拟仿真模型如图 14-33 所示。为了仿真实际路面工况,本系统采用有限带宽白噪声,经积分后得到仿真路面。

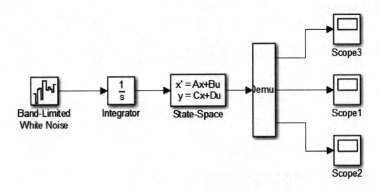

图 14-33　白噪声路面模拟仿真模型

1）被动悬架仿真

$$A = \begin{bmatrix} 0 & 1 & 0 & -1 \\ -66.667 & -4.083 & 0 & 4.0833 \\ 0 & 0 & 0 & -1 \\ 533.333 & 32.667 & 5333.333 & -32.667 \end{bmatrix}, \quad B = \begin{bmatrix} 0 \\ 0 \\ 1 \\ 0 \end{bmatrix}$$

$$C = \begin{bmatrix} -66.667 & -4.083 & 0 & 4.083 \\ 1 & 0 & 0 & 0 \\ 0 & 0 & 1 & 0 \end{bmatrix}, \quad D = \begin{bmatrix} 0 \\ 0 \\ 0 \end{bmatrix}$$

运行程序输出结果如图 14-34～图 14-36 所示。

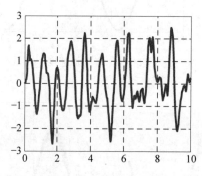

图 14-34　车身加速度

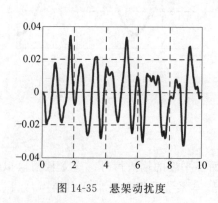

图 14-35　悬架动扰度

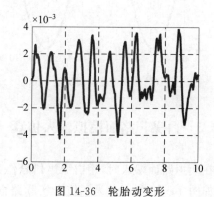

图 14-36　轮胎动变形

2）主动悬架仿真

$$A = \begin{bmatrix} 0 & 1 & 0 & -1 \\ -8.4 & -4.1 & 7.7 & 0.2 \\ 0 & 0 & 0 & -1 \\ 67 & 32.5 & 5272 & 1.2 \end{bmatrix}, \quad B = \begin{bmatrix} 0 \\ 0 \\ 1 \\ 0 \end{bmatrix}$$

$$C = \begin{bmatrix} -8.3859 & -4.0703 & 7.6711 & 0.1549 \\ 1 & 0 & 0 & 0 \\ 0 & 0 & 1 & 0 \end{bmatrix}, \quad D = \begin{bmatrix} 0 \\ 0 \\ 0 \end{bmatrix}$$

运行程序输出结果如图 14-37～图 14-39 所示。

综上所述，从车身垂直振动加速度对比图中可以看出：安装了主动控制装置的悬架极大地降低了车身在垂直方向的振动，使汽车的平顺性得到了很好的提高。

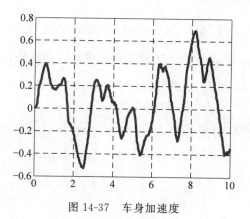

图 14-37　车身加速度

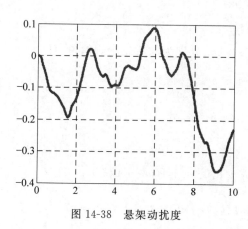

图 14-38　悬架动扰度

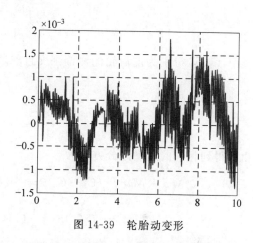

图 14-39　轮胎动变形

从悬架变形对比图中可以看出：安装了主动控制装置的悬架使限位块冲击车身的可能性减少，在一定程度上改善了汽车的平顺性。

从轮胎变形对比图中可以看出：安装了主动悬架系统的轿车的后轮胎变形小，即轮胎跳离地面的可能性减小，在一定程度上提高了汽车的安全性和操纵稳定性。

14.3　汽车四轮转向控制系统仿真

在四轮转向分析中，通常把汽车简化为一个二自由度的两轮车模型，如图 14-40 所示。

一般情况下，忽略悬架的作用，认为汽车只作平行于地面的平面运动，即汽车只有沿 y 轴的侧向运动和绕质心的横摆运动。此外，汽车的侧向加速度限定为 $0.4g$ 以下，轮胎侧偏特性处于线性范围内。

模型的运动微分方程为

$$\begin{cases} Mu(r+\dot{\beta}) = F_{y1}\cos\delta_f + F_{y2}\cos\delta_r \\ I_z\dot{r} = F_{y1}L_f\cos\delta_f - F_{y2}L_r\cos\delta_r \end{cases}$$

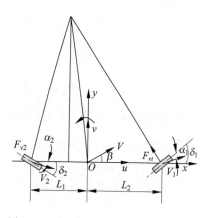

图 14-40　二自由度四轮转向汽车模型

469

其中，M 为整车质量；V 为车速；u 为沿 x 轴方向的前进速度；v 为沿 y 轴方向的侧向加速度；β 为质心处的侧偏角，$\beta=\dfrac{v}{u}$；r 为横摆角速度；I_z 为绕质心的横摆转动惯量；δ_y 和 δ_r 分别为前后轮转角；L_f 和 L_r 分别为质心至前后轴的距离；F_{y1} 和 F_{y2} 分别为前后轮侧偏力。

考虑到前后轮转角较小，即 $\cos\delta_f=1,\cos\delta_r=1$，方程可简化为

$$\begin{cases} Mu(r+\dot{\beta}) = F_{y1}+F_{y2} \\ I_z\dot{r} = F_{y1}L_f - F_{y2}L_r \end{cases}$$

其中，

$$\begin{cases} F_{y1} = C_f\alpha_f \\ F_{y2} = C_r\alpha_r \end{cases}$$

其中，C_f、C_r 分别为前后轮的侧偏刚度且取负值；α_f、α_r 分别为前后轮胎侧偏角，且

$$\begin{cases} \alpha_f = \beta+\dfrac{L_f}{u}r-\delta_f \\ \alpha_r = \beta-\dfrac{L_r}{u}r-\delta_r \end{cases}$$

由此得到相应的运动微分方程为

$$\begin{cases} M\ddot{v}+Mur-(C_f+C_r)\beta-\dfrac{1}{u}(L_fC_f-L_rC_r)r+(C_f\delta_f+C_r\delta_r)=0 \\ I_z\dot{r}-(L_fC_f-L_rC_r)\beta-\dfrac{1}{u}(L_f^2C_f+L_r^2C_r)r+L_fC_f\delta_f-L_rC_r\delta_r=0 \end{cases}$$

当后轮转角 $\delta_f=0$ 时，系统即为二轮转向系统。

采用 Sano 等提出的定前后轮转向比——四轮转向系统。定义 i 为前后轮转向比，即

$$i = \frac{-L_r-\dfrac{ML_f}{C_rL}u^2}{L_f-\dfrac{ML_r}{C_fL}u^2}$$

则四轮转向系统汽车后轮转角 $\delta_r=i\delta_f$，且 $|i|<1$，当前后轮转向比 $0<i<1$ 时，前后轮同方向转向；当 $-1<i<0$ 时，前后轮反方向转向。则相应的运动微分方程变为

$$\begin{cases} M\ddot{v}+Mur-(C_f+C_r)\beta-\dfrac{1}{u}(L_fC_f-L_rC_r)r+\delta_f(C_f+C_ri)=0 \\ I_z\dot{r}-(L_fC_f-L_rC_r)\beta-\dfrac{1}{u}(L_f^2C_f+L_r^2C_r)r+\delta_f(L_fC_f-L_rC_ri)=0 \end{cases}$$

其中，M 为整车质量；u 为沿 x 轴方向的前进速度；v 为沿 y 轴方向的侧向加速度；β 为质心处的侧偏角，$\beta=\dfrac{v}{u}$；r 为横摆角速度；I_z 为绕质心的横摆转动惯量；δ_f 和 δ_r 分别为前后轮转角；L_f 和 L_r 分别为质心至前后轴的距离。

r 横摆角速度与前后轮转角、质心处的侧偏角 β 与前后轮转角关系如下：

转角输入-横摆角速度输出的关系函数：

$$r(s) = \frac{a_1s+a_0}{m's^2+hs+f}\delta_f + \frac{b_1s+b_0}{m's^2+hs+f}\delta_r$$

转角输入-质心侧偏角输出的关系函数:

$$\beta(s) = \frac{c_1 s + c_0}{m's^2 + hs + f}\delta_f + \frac{d_1 s + d_0}{m's^2 + hs + f}\delta_r$$

其中,

$$\begin{cases} m' = MV^2 I_z \\ h = -\left[(L_f^2 C_f + L_r^2 C_r)M + (C_f + C_r)I_z\right]V \\ f = (C_f + C_r)(L_f^2 C_f + L_r^2 C_r) - (L_f C_f - L_r C_r)^2 + (L_f C_f - L_r C_r)MV^2 \\ a_1 = -ML_f C_f V^2 \\ a_0 = (L_f + L_r)C_f C_r V \\ b_1 = ML_r C_r V^2 \\ b_0 = -(L_f + L_r)C_f C_r V \\ c_1 = -I_z C_f V \\ c_0 = C_f\left[(L_f + L_r)L_r C_r + ML_f V^2\right] \\ d_1 = -I_z C_r V \\ d_0 = -C_r\left[-(L_f + L_r)L_f C_f + ML_r V^2\right] \end{cases}$$

车辆在一定速度行驶时,前轮角阶跃输入下的稳态响应可以用稳态横摆角速度增益来评价。所谓稳态横摆角速度增益是指稳态横摆角速度与前轮转角之比。稳态时,横摆角速度 r 为定值,此时 $\dot{v}=0$, $\dot{r}=0$,则得到稳态横摆角速度增益方程如下:

$$\frac{r}{\delta_f} = \frac{(1-i)u}{\left[1 + \frac{M}{L^2}\left(\frac{L_r}{C_f} - \frac{L_f}{C_r}\right)u^2\right]L} = \frac{(1-i)u}{(1+Ku^2)L}$$

其中,$L = L_f + L_r$ 为轴距;$K = \frac{M}{L^2}\left(\frac{L_r}{C_f} - \frac{L_f}{C_r}\right)$ 为稳定性因数,其单位为 $(s/m)^2$,它是用来保证汽车稳定响应的一个重要参数。

Sano 提出的定前后轮转向比四轮转向系统,过分追求减小高速转向时的横摆角速度,使得后轮转角的随动性差,调节作用被限制在一个具体的范围之内,不可能充分利用其机动性来提高相应的稳定性,并且一般有较长时间的滞后。因此,本模型引入一种横摆角速度反馈信息,进行再调节控制。

具体的做法是给出一个前轮转角阶跃输入后,不直接根据当前速度给出后轮转角,而是在忽略后轮转角的情况下,得出相应的横摆角速度响应,然后和稳态横摆角速度相比较,得出一个需要调整的值;以这个值通过一定的关系,求出当前需要的后轮横摆角。整个过程动态进行,后轮根据需要,不断接近后轮横摆角最优值。其相应的控制原理图如图 14-41 所示。

如图 14-41 所示,各传递函数表达式如下:

$$G_{r/\delta_f}(s) = \frac{a_1 s + a_0}{m's^2 + hs + f} \quad G_{r/\delta_r}(s) = \frac{b_1 s + b_0}{m's^2 + hs + f}$$

$$G_{\beta/\delta_f}(s) = \frac{c_1 s + c_0}{m's^2 + hs + f} \quad G_{\beta/\delta_r}(s) = \frac{d_1 s + d_0}{m's^2 + hs + f}$$

本模型设计的模型参数如表 14-2 所示。

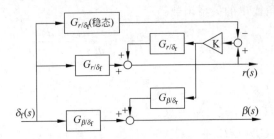

图 14-41 基于横摆角速度反馈的 4WS 系统控制原理图

表 14-2 汽车模型参数设置

变量名称	数值	单位	变量名称	数值	单位
M	2045	kg	I_z	5428	kg·m²
L_f	1.488	m	L_r	1.712	m
C_f	−38925	N/rad	C_r	−39255	N/rad

14.3.1 低速四轮转向系统仿真

由图 14-41 所示，在低速运行情况下，各传递函数如下：

$$G_{r/\delta_f}(s) = \frac{10.66s + 14.6688}{s^2 + 2.5077s + 3.2734}, \quad G_{r/\delta_r}(s) = \frac{-12.369s - 14.6688}{s^2 + 2.5077s + 3.2734}$$

$$G_{\beta/\delta_f}(s) = \frac{0.6339s - 9.8231}{s^2 + 2.5077s + 3.2734}, \quad G_{\beta/\delta_r}(s) = \frac{0.6392s + 13.0966}{s^2 + 2.5077s + 3.2734}$$

稳态横摆角速度增益：

$$\frac{r}{\delta_f} = 4.4812$$

前后轮比例常数：$i = 0.844$。

考虑 $V = 30$km/h 下的系统仿真，仿真框图如图 14-42 所示。

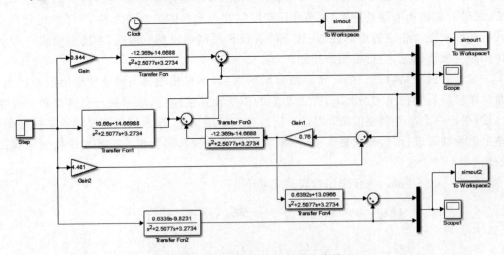

图 14-42 低速下四轮转向系统仿真模型

运行程序,输出响应的结果到变量空间,编写程序绘图如下:

```
clc,close all
figure(1);
l = length(simout1);
t = 0:10/(l-1):10;
plot(t,simout1(:,1),'r','linewidth',2)
hold on
plot(t,simout1(:,2),'g','linewidth',2)
plot(t,simout1(:,3),'b','linewidth',2)
legend('定前后轮比例控制的4WS系统','2WS系统','横摆角速度反馈的4WS系统')
figure(2),
plot(t,simout2(:,1),'r','linewidth',2)
hold on
plot(t,simout2(:,2),'b','linewidth',2)
legend('横摆角速度反馈的4WS系统','2WS系统')
```

运行程序输出结果如图 14-43 和图 14-44 所示。

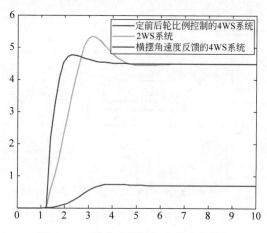

图 14-43　低速时横摆角速度响应曲线

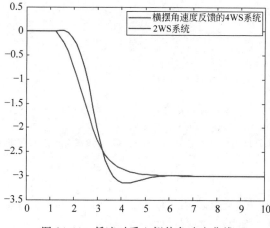

图 14-44　低速时质心侧偏角响应曲线

14.3.2 高速四轮转向系统仿真

如图 14-41 所示,在高速运行情况下,各传递函数如下:

$$G_{r/\delta_f}(s) = \frac{95.9422s + 44.0064}{8.9912s^2 + 7.5231s + 16.9434}, \quad G_{r/\delta_r}(s) = \frac{-111.321s - 44.0064}{8.9912s^2 + 7.5231s + 16.9434}$$

$$G_{\beta/\delta_f}(s) = \frac{1.9016s - 95.1051}{8.9912s^2 + 7.5231s + 16.9434}, \quad G_{\beta/\delta_r}(s) = \frac{1.9177s + 111.3376}{8.9912s^2 + 7.5231s + 16.9434}$$

稳态横摆角速度增益:

$$\frac{r}{\delta_f} = 2.5972$$

前后轮比例常数:$i = 0.86$。

考虑 $V = 90 \text{km/h}$ 下的系统仿真,仿真框图如图 14-45 所示。

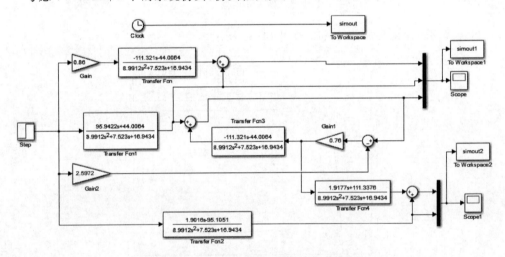

图 14-45 高速下四轮转向系统仿真模型

运行程序,输出响应的结果到变量空间,编写程序绘图如下:

```
clc,close all
figure(1);
l = length(simout1);
t = 0:10/(l-1):10;
plot(t,simout1(:,1),'r','linewidth',2)
hold on
plot(t,simout1(:,2),'g','linewidth',2)
plot(t,simout1(:,3),'b','linewidth',2)
legend('定前后轮比例控制的4WS系统','2WS系统','横摆角速度反馈的4WS系统')
figure(2),
plot(t,simout2(:,1),'r','linewidth',2)
hold on
plot(t,simout2(:,2),'b','linewidth',2)
legend('横摆角速度反馈的4WS系统','2WS系统')
```

运行程序输出结果如图 14-46 和图 14-47 所示。

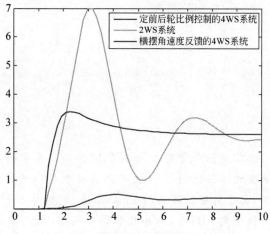

图 14-46　高速时横摆角速度响应曲线

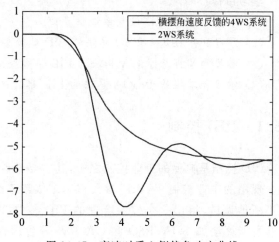

图 14-47　高速时质心侧偏角响应曲线

由以上分析可知,单纯采用 2WS 转向系统,不但超调量较大,而且系统达到稳态的时间较长,很不适合高速下的稳态操作;而采用 Sano 提出的定前后轮比例控制的 4WS 系统,在汽车横摆角速度的稳定值上得到了很好的调整,唯一不足的是其响应时间较长,但整体性能均较好。

14.4　本章小结

本章讲述了汽车系统仿真,主要包括汽车制动系统仿真、汽车悬架的仿真、包含汽车悬架系统的方程建立、汽车悬架系统仿真、白噪声路面模拟输入仿真和汽车四轮转向系统仿真(分别考虑在低速和高速运行情况下的四轮系统仿真),很好地解释了汽车系统建模、分析和仿真过程,可使读者深入地了解和掌握汽车系统建模方法。

第15章 群智能算法控制系统仿真

本章介绍群智能算法在 PID 控制仿真中的应用研究。PID 控制是典型的工业控制之一,主要难点在于 PID 的参数整定。现今工业控制中,由于群智能算法(粒子群算法、遗传算法和人群搜索算法等)能够快速整定 PID 参数,并且鲁棒性很好,因此学习并掌握群智能算法控制系统仿真显得尤为重要。

学习目标:

(1) 学习和掌握 PID 控制系统仿真;

(2) 学习和掌握基于 PSO 算法的 PID 参数整定仿真;

(3) 学习和掌握基于 GA 算法的 PID 参数整定仿真;

(4) 学习和掌握基于 SOA 算法的 PID 参数整定仿真。

15.1 PID 控制

PID 控制是典型的工业控制之一,其主要难点在于 PID 的参数整定。现用的工业控制中,PID 参数整定多依赖于经验法,往往需要经过不断地调试,得出一个较为合理的 PID 参数,以满足系统的要求。一些智能算法如 SOA、PSO 和 GA 算法等鲁棒性较好,能够为系统 PID 参数整定提供参考依据,使得系统收敛于最佳状态。

在模拟控制系统中,最常用的控制规律是 PID 控制,模拟 PID 控制系统的框图如图 15-1 所示。系统由控制器和被控对象组成。

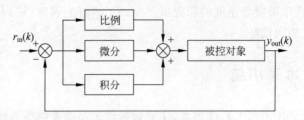

图 15-1 PID 控制系统框

PID 控制器是一种线性控制器,其输入值 $r_{in}(t)$ 与输出值 $y_{out}(t)$ 构成的偏差为

$$e(t) = r_{in}(t) - y_{out}(t) \qquad (15\text{-}1)$$

PID 的控制规律为

$$u(t) = K_p \left(e(t) + \frac{1}{T_i} \int_0^t e(t) \mathrm{d}t + T_d \frac{\mathrm{d}e(t)}{\mathrm{d}t} \right) \tag{15-2}$$

将式(15-2)写成传递函数的形式：

$$G(S) = \frac{E(S)}{U(S)} = K_p \left(1 + \frac{1}{T_i s} + T_d s \right) \tag{15-3}$$

其中, K_p 为比例系数, T_i 为积分时间常数, T_d 为微分时间常数。

PID 控制器各个校正环节的作用如下：

(1) 比例环节：成比例地反映控制系统的偏差 $e(t)$,偏差一旦产生,控制器立即产生作用,以减少偏差。

(2) 积分环节：主要用于消除静差,提高系统的无差度,积分作用的强度取决于积分时间常数 T_i , T_i 越大,积分作用就越弱,反之则越强。

(3) 微分环节：反映偏差信号的变化趋势,并能在偏差信号变得太大之前,在系统中引入一个有效的早期修正信号,从而加快系统的动作速度,减少调节时间。

本章针对二阶延迟系统对象,采用 PSO 优化算法、GA 遗传算法和 SOA 人群搜索算法对 PID 控制器参数进行整定。

15.2 粒子群算法控制仿真

粒子群算法适应性广,对于 PID 参数优化整定表现出较好的收敛性。本节主要采用粒子群对 PID 参数进行整定,并将参数用于控制系统仿真设计。

15.2.1 基本粒子群算法

粒子群算法(PSO)是一种基于群体的随机优化技术。与其他基于群体的进化算法相比,相同之处在于它们均初始化为一组随机解,通过迭代搜寻最优解。不同之处在于进化计算遵循适者生存原则,而 PSO 模拟社会。将每个可能产生的解表述为群中的一个微粒,每个微粒都具有自己的位置向量和速度向量,以及一个由目标函数决定的适应度。所有微粒在搜索空间中以一定速度飞行,通过追随当前搜索到的最优值来寻找全局最优值。

PSO 模拟社会采用了以下三条简单规则对粒子个体进行操作：

(1) 飞离最近的个体,以避免碰撞；

(2) 飞向目标；

(3) 飞向群体的中心。

以上规则是粒子群算法的基本概念之一。

Reynolds、Boyd 和 Richerson 在研究人类的决策过程时,提出了个体学习和文化传递的概念。根据他们的研究结果,人们在决策过程中使用两类重要信息,一是自身的经验,二是其他人的经验。也就是说,人们根据自身的经验和他人的经验进行自己的决策。这是粒子群算法的另一基本概念。

粒子群算法最早是在 1995 年由美国社会心理学家 James Kennedy 和电气工程师 Russell Eberhart 共同提出,其基本思想是受他们早期对许多鸟类的群体行为进行建模与仿真研究结果的启发。而他们的建模与仿真算法主要利用了生物学家 Frank Heppner 的模型。

Frank Heppner 的鸟类模型在反映群体行为方面与其他类模型有许多相同之处,不同的地方在于:鸟类被吸引飞向栖息地。在仿真中,一开始每只鸟均无特定的目标进行飞行,直到有一只鸟飞到栖息地,当设置期望栖息比期望留在鸟群中具有较大的适应值时,每只鸟都将离开群体而飞向栖息地,随后就自然的形成了鸟群。由于鸟类用简单的规则确定自己的飞行方向与飞行速度(实质上,每只鸟都试图停在鸟群中而又不相互碰撞),当一只鸟飞离鸟群而飞向栖息地时,将导致它周围的其他鸟也飞向栖息地。这些鸟一旦发现栖息地,将降落在此,驱使更多的鸟落在栖息地,直到整个鸟群都落在栖息地。

鸟类寻找栖息地与对一个特定问题寻找解很类似,已经找到栖息地的鸟引导它周围的鸟飞向栖息地的方式,增加了整个鸟群都找到栖息地的可能性,这也符合信念社会的认知观点。J. Kennedy 和 R. Eberhart 对 Frank Heppner 的模型进行了修正,以使粒子能够飞向解空间并在最好解处降落。其关键在于如何保证粒子降落在最好解而不降落在其他解处,这就是信念的社会性及智能性所在。

信念具有社会性的实质在于个体向它周围的成功者学习。个体和周围的其他同类比较,并模仿优秀者的行为。要解决这一问题,关键在于在探索(寻找一个好解)和开发(利用一个好解)之间寻找一个好的平衡。太小的探索导致算法收敛于早期遇到的好解处,而太小的开发会使算法不收敛。

另一方面,需要在个性与社会性之间寻找平衡。也就是说:既希望个体具有个性化,像鸟类模型中的鸟不相互碰撞,又希望其知道其他个体已经找到的好解并向它们学习,即社会性。

J. Kennedy 与 R. Eberhart 很好地解决了这个问题,1995 年他们在 IEEE 国际神经网络学术会议上正式发表了题为"Particle Swarm Optimization"的文章,标志着粒子群算法的诞生。

粒子群算法与其他进化类算法类似,也采用"群体"和"进化"的概念,同样也根据个体的适应值大小进行操作。不同的是,PSO 中没有进化算子,而是将每个个体看作搜索空间中没有重量和体积的微粒,并在搜索空间中以一定的速度飞行,该飞行速度由个体飞行经验和群体的飞行经验进行动态调整。

15.2.2 粒子群算法流程

设在一个 S 维的目标搜索空间中,有 m 个粒子组成一个群体,其中第 i 个粒子表示为一个 S 维的向量 $\vec{x}_i = (x_{i1}, x_{i2}, \cdots, x_{iS})$, $i = 1, 2, \cdots, m$,每个粒子的位置就是一个潜在的解。将 $\vec{x}_i$ 代入一个目标函数就可以算出其适应值,根据适应值的大小衡量解的优劣。第 i 个粒子的飞翔的速度是 S 维向量,记为 $\vec{V} = (V_{i1}, V_{i1}, \cdots, V_{iS})$。

记第 i 个粒子迄今为止搜索到的最优位置为 $\vec{P}_{iS} = (P_{iS}, P_{iS}, \cdots, P_{iS})$,整个粒子群迄

今为止搜索到的最优位置为 $\vec{P}_{gS} = (P_{gS}, P_{gS}, \cdots, P_{gS})$。

不妨设 $f(x)$ 为最小化的目标函数,则微粒 i 的当前最好位置由下式确定:

$$p_i(t+1) = \begin{cases} p_i(t) \to f(x_i(t+1)) \geqslant f(p_i(t)) \\ X_i(t+1) \to f(x_i(t+1)) < f(p_i(t)) \end{cases}$$

Kennedy 和 Eberhart 用下列公式对粒子操作:

$$v_{is}(t+1) = v_{is}(t) + c_1 r_{1s}(t)(p_{is}(t) - x_{is}(t))$$
$$+ c_2 r_{2s}(t)(p_{gs}(t) - x_{is}(t)) \tag{15-4}$$
$$x_{is}(t+1) = x_{is}(t) + v_{is}(t+1) \tag{15-5}$$

其中,$i=[1,m]$,$s=[1,S]$;学习因子 c_1 和 c_2 是非负常数;r_1 和 r_2 为相互独立的伪随机数,服从 $[0,1]$ 上的均匀分布。$v_{is} \in [-v_{max}, v_{max}]$,$v_{max}$ 为常数,由用户设定。

从以上进化方程可见,c_1 为调节粒子飞向自身最好位置方向的步长,c_2 为调节粒子飞向全局最好位置方向的步长。为了减少进化过程中粒子离开搜索空间的可能,v_{is} 通常限定在一个范围之中,即 $v_{is} \in [-v_{max}, v_{max}]$,$v_{max}$ 为最大速度,如果搜索空间在 $[-x_{max}, x_{max}]$ 中,则可以设定 $v_{max} = kx_{max}$,$0.1 \leqslant k \leqslant 1.0$。

Y. Shi 和 Eerhart 在对式(15-4)作了改进:

$$v_{is}(t+1) = \omega \cdot v_{is}(t) + c_1 r_{1s}(p_{is}(t) - x_{is}(t)) + c_2 r_{2s}(t)(p_{gs}(t) - x_{gs}(t)) \tag{15-6}$$

在式(15-6)中 ω 为非负数,称为动力常量,控制前一速度对当前速度的影响,ω 较大时,前一速度影响较大,全局搜索能力较强;ω 较小时,前一速度影响较小,局部搜索能力较强。通过调整 ω 大小来跳出局部极小值。

终止条件为具体问题已取得最大迭代次数或粒子群搜索到的最优位置已满足预定的最小适应阈值。

初始化过程如下:

(1) 设定群体规模 m。

(2) 对任意的 i,s,在 $[-x_{max}, x_{max}]$ 内产生服从均匀分布的 x_{is};

(3) 对任意的 i,s,在 $[-v_{max}, v_{max}]$ 内产生服从均匀分布的 v_{is};

(4) 对任意的 i,设 $y_i = x_i$。

PSO 算法步骤如下:

(1) 初始化一个规模为 m 的粒子群,设定初始位置和速度。

(2) 计算每个粒子的适应值。

(3) 对每个粒子,将其适应值和其经历过的最好位置 p_{is} 的适应值进行比较,若较好,则将其作为当前的最好位置。

(4) 对每个粒子,将其适应值和全局经历过的最好位置 p_{gs} 的适应值进行比较,若较好,则将其作为当前的全局最好位置。

(5) 根据式(15-4)和式(15-5)分别对粒子的速度和位置进行更新。

(6) 如果满足终止条件,则输出解;否则返回步骤(2)。

15.2.3 被控对象 PID 整定

在过程控制中,许多系统常常被近似为一阶或二阶的典型系统,这其中有许多温控

延迟系统,本节针对二阶延迟系统对象,采用 PSO 优化算法对 PID 控制器参数进行整定。选取被控对象如下:

$$G_1(s) = \frac{1.6}{s^2 + 1.5s + 1.6} e^{-0.1s} \qquad (15\text{-}7)$$

对该对象利用 PSO 算法进行仿真,种群规模为 30,最大迭代次数为 100 代;用 PSO 算法对时滞对象的 PID 参数进行优化。编写 MATLAB 程序如下:

```
%基于 PSO 算法的 PID 参数优化
clc %清屏
clear all;              %删除工作区变量
close all;              %关掉显示图形窗口

%参数设置
w = 0.6;                %惯性因子
c1 = 2;                 %加速常数
c2 = 2;                 %加速常数

Dim = 3;                %维数
SwarmSize = 100;        %粒子群规模
MaxIter = 100;          %最大迭代次数
MinFit = 0.1;           %最小适应值
Vmax = 1;
Vmin = -1;
Ub = [50,50,50];
Lb = [0,0,0];

%粒子群初始化
    Range = ones(SwarmSize,1) * (Ub - Lb);
Swarm = rand(SwarmSize,Dim) .* Range + ones(SwarmSize,1) * Lb;   %初始化粒子群
VStep = rand(SwarmSize,Dim) * (Vmax - Vmin) + Vmin;              %初始化速度
    fSwarm = zeros(SwarmSize,1);
for i = 1:SwarmSize
    fSwarm(i,:) = pid_pso(Swarm(i,:));                           %粒子群的适应值
end

%个体极值和群体极值
[bestf bestindex] = min(fSwarm);
zbest = Swarm(bestindex,:);                                      %全局最佳
gbest = Swarm;                                                   %个体最佳
fgbest = fSwarm;                                                 %个体最佳适应值
fzbest = bestf;                                                  %全局最佳适应值

%迭代寻优
iter = 0;
y_fitness = zeros(1,MaxIter);                                    %预先产生 4 个空矩阵
K_p = zeros(1,MaxIter);
```

```matlab
K_i = zeros(1,MaxIter);
K_d = zeros(1,MaxIter);
while( (iter < MaxIter) && (fzbest > MinFit) )
    for j = 1:SwarmSize
        %速度更新
        VStep(j,:) = w * VStep(j,:) + c1 * rand * (gbest(j,:) - Swarm(j,:)) + c2 * rand
* (zbest - Swarm(j,:));
        if VStep(j,:)> Vmax, VStep(j,:) = Vmax; end
        if VStep(j,:)< Vmin, VStep(j,:) = Vmin; end
        %位置更新
        Swarm(j,:) = Swarm(j,:) + VStep(j,:);
        for k = 1:Dim
            if Swarm(j,k)> Ub(k), Swarm(j,k) = Ub(k); end
            if Swarm(j,k)< Lb(k), Swarm(j,k) = Lb(k); end
        end
        %适应值
        fSwarm(j,:) = pid_pso(Swarm(j,:));
        %个体最优更新
        if fSwarm(j) < fgbest(j)
            gbest(j,:) = Swarm(j,:);
            fgbest(j) = fSwarm(j);
        end
        %群体最优更新
        if fSwarm(j) < fzbest
            zbest = Swarm(j,:);
            fzbest = fSwarm(j);
        end
    end
    iter = iter + 1;                    %迭代次数更新
    y_fitness(1,iter) = fzbest;         %为绘图做准备
    K_p(1,iter) = zbest(1);
    K_i(1,iter) = zbest(2);
    K_d(1,iter) = zbest(3);
end
%绘图
figure(1)       %绘制性能指标 ITAE 的变化曲线
plot(y_fitness,'LineWidth',2)
title('最优个体适应值','fontsize',10);
xlabel('迭代次数','fontsize',10);ylabel('适应值','fontsize',10);
set(gca,'Fontsize',10);
grid on

figure(2)       %绘制 PID 控制器参数变化曲线
plot(K_p)
hold on
plot(K_i,'k','LineWidth',3)
plot(K_d,'--r')
```

```
title('Kp、Ki、Kd 优化曲线','fontsize',10);
xlabel('迭代次数','fontsize',10);ylabel('参数值','fontsize',10);
set(gca,'Fontsize',10);
legend('Kp','Ki','Kd',1);
grid on
```

PID-PSO 粒子群适应度函数如下：

```
function BsJ = pid_pso(Kpidi)
ts = 0.001;
sys = tf([1.6],[1,1.5,1.6],'inputdelay',0.1);
dsys = c2d(sys,ts,'z');
[num,den] = tfdata(dsys,'v');
u_1 = 0.0;u_2 = 0.0;
y_1 = 0.0;y_2 = 0.0;
x = [0,0,0]';
B = 0;
error_1 = 0;
tu = 1;
s = 0;
P = 100;
for k = 1:1:P
    timef(k) = k * ts;
    r(k) = 1;
    u(k) = Kpidi(1) * x(1) + Kpidi(2) * x(3) + Kpidi(3) * x(2);
    if u(k)>= 10
        u(k) = 10;
    end
    if u(k)<= - 10
        u(k) = - 10;
    end
    yout(k) = - den(2) * y_1 - den(3) * y_2 + num(2) * u_1 + num(3) * u_2;
    error(k) = r(k) - yout(k);
    % Return of PID parameters
    u_2 = u_1;u_1 = u(k);
    y_2 = y_1;y_1 = yout(k);
    x(1) = error(k);                    % 计算 P 参数
    x(2) = (error(k) - error_1)/ts;     % 计算 D 参数
    x(3) = x(3) + error(k) * ts;        % 计算 I 参数
    error_2 = error_1;
    error_1 = error(k);
    if s == 0
        if yout(k)> 0.95&yout(k)< 1.05
            tu = timef(k);
            s = 1;
        end
    end
end
for i = 1:1:P
```

```
    Ji(i) = 0.999 * abs(error(i)) + 0.01 * u(i)^2 * 0.1;
    B = B + Ji(i);
    if i > 1
        erry(i) = yout(i) - yout(i - 1);
        if erry(i) < 0
            B = B + 100 * abs(erry(i));
        end
    end
end
BsJ = B + 0.2 * tu * 10;
```

运行程序产生如图 15-2 所示的 PSO 优化 PID 参数变化曲线以及图 15-3 所示的 PSO 优化适应度函数变化的曲线。

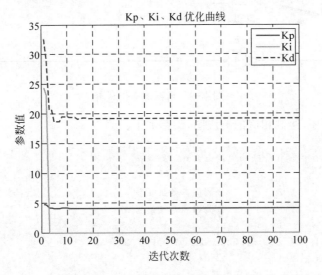

图 15-2　PSO 优化 PID 参数变化曲线

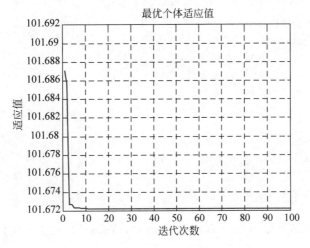

图 15-3　PSO 优化适应度函数变化的曲线

15.2.4　阶跃响应性能检测

采用粒子群优化得到的 PID 参数进行阶跃响应分析,建立相应的仿真框图,如图 15-4 所示。

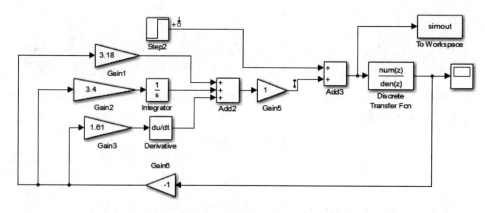

图 15-4　阶跃响应仿真图

运行仿真程序,绘制相应的响应图,编程如下:

```
%基于 PSO 算法的优化阶跃响应输出曲线
clc %清屏
clear all;                      %删除工作区变量
close all;                      %关掉显示图形窗口
ts = 0.001;
sys = tf([1.6],[1,1.5,1.6],'inputdelay',0.1);
dsys = c2d(sys,ts,'z');
[num,den] = tfdata(dsys,'v');
sim('ysw_PID1.slx');
figure(1)
time = 0:1/(length(simout)-1):1;
plot(time,1-simout,'b','LineWidth',2)
xlabel('时间(s)'),ylabel('yout');
grid on
title('PSO 优化阶跃响应输出曲线')

figure(2)
plot(time,simout,'r--','LineWidth',2)
xlabel('时间(s)'),ylabel('误差');
grid on
title('PSO 优化阶跃响应输出误差曲线')
```

运行程序输出结果如图 15-5 和图 15-6 所示,结果表明,粒子群优化的 PID 控制系统稳定性较好。

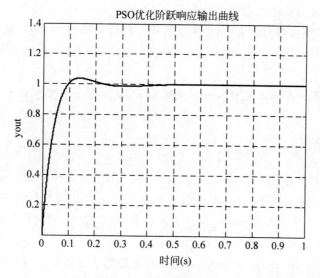

图 15-5　阶跃响应图

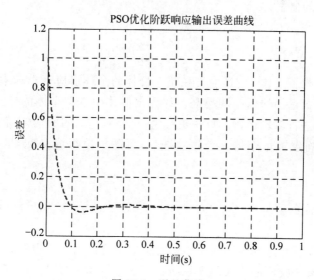

图 15-6　误差曲线

15.3　遗传算法控制仿真

遗传算法(Genetic Algorithm)是一类借鉴生物界的进化规律(适者生存、优胜劣汰的遗传机制)演化而来的随机优化搜索方法。它由美国的 J. Holland 教授于 1975 年首先提出,其主要特点是直接对结构对象进行操作,不存在求导和函数连续性的限定;具有内在的隐并行性和更好的全局寻优能力;采用概率化的寻优方法,能自动获取和指导优化的搜索空间,自适应地调整搜索方向,且不需要确定的规则。遗传算法的这些性质,已被人们广泛地应用于组合优化、机器学习、信号处理、自适应控制和人工生命等领域,它是现代相关智能计算中的关键技术。

由于遗传算法的整体搜索策略和优化搜索方法在计算时不依赖于梯度信息或其他辅助知识,而只需要影响搜索方向的目标函数和相应的适应度函数,所以遗传算法提供了一种求解复杂系统问题的通用框架,它不依赖于问题的具体领域,所以广泛应用于许多科学。

遗传操作包括三个基本遗传算子:选择算子、交叉算子和变异算子。

15.3.1　选择算子

从群体中选择优胜的个体,淘汰劣质个体的操作称为选择(Selection)。选择的目的是把优化的个体直接遗传到下一代或通过配对交叉产生新的个体再遗传到下一代。选择操作建立在群体中个体的适应度评估的基础上,目前常用的选择算子有适应度比例方法、随机遍历抽样法和局部选择法。

轮盘赌选择法(Roulette Wheel Selection)是最简单也是最常用的选择方法。在该方法中,各个个体的选择概率和其适应度值成比例。设群体大小为 n,其中个体 i 的适应度为 f_i,则 i 被选择的概率为

$$P_i = \frac{f_i}{\sum\limits_{j=1}^{n} f_j}$$

显然,概率反映了个体 i 的适应度在整个群体的个体适应度总和中所占的比例。个体适应度越大,其被选择的概率就越高。计算出群体中各个个体的选择概率后,为了选择交配个体,需要进行多轮选择。每一轮产生一个[0,1]之间的均匀随机数,将该随机数作为选择指针来确定被选个体。个体被选后,可随机地组成交配对,以供后面的交叉操作。

15.3.2　交叉算子

在自然界生物进化过程中起核心作用的是生物遗传基因的重组。同样,遗传算法中起核心作用的是遗传操作的交叉算子(Crossover)。所谓交叉是指把两个父代个体的部分结构加以替换重组而生成新个体的操作。通过交叉,遗传算法的搜索能力得以快速提高。

交叉算子根据交叉率将种群中的两个个体随机地交换某些基因,产生新的基因组合,并期望将有益基因组合在一起。根据编码表示方法的不同分为实值重组和二进制交叉两类算法。

实值重组(Real Valued Recombination)可分为

(1) 离散重组(Discrete Recombination);

(2) 中间重组(Intermediate Recombination);

(3) 线性重组(Linear Recombination);

(4) 扩展线性重组(Extended Linear Recombination)。

二进制交叉(Binary Valued Crossover)可分为

(1) 单点交叉(Single-point Crossover)；

(2) 多点交叉(Multiple-point Crossover)；

(3) 均匀交叉(Uniform Crossover)；

(4) 洗牌交叉(Shuffle Crossover)；

(5) 缩小代理交叉(Crossover with Reduced Surrogate)。

其中,最常用的交叉算子为单点交叉(One-point Crossover)。具体操作是在个体串中随机设定一个交叉点,实行交叉时,将该点前或后的两个个体的部分结构进行互换,并生成两个新个体。

下面给出了单点交叉的一个例子:

个体 A：1 0 0 1 ↑1 1 1 → 1 0 0 1 0 0 0 新个体；

个体 B：0 0 1 1 ↑0 0 0 → 0 0 1 1 1 1 1 新个体。

15.3.3　变异算子

变异算子(Mutation)的基本内容是对群体中的个体串的某些基因座上的基因值作变动。依据个体编码表示方法的不同,分为实值变异和二进制变异。

一般而言,变异算子操作分如下两步完成:

(1) 对群中所有个体以事先设定的编译概率判断是否进行变异；

(2) 对进行变异的个体随机选择变异位进行变异。

遗传算法引入变异的目的有两个:一是使遗传算法具有局部的随机搜索能力。当遗传算法通过交叉算子已接近最优解邻域时,利用变异算子的这种局部随机搜索能力可以加速向最优解收敛。显然,此种情况下的变异概率应取较小值,否则接近最优解的积木块会因变异而遭到破坏。二是使遗传算法可维持群体多样性,以防止出现未成熟收敛现象。此时收敛概率应取较大值。

在遗传算法中,交叉算子因其全局搜索能力而作为主要算子,变异算子因其局部搜索能力而作为辅助算子。遗传算法通过交叉和变异这对相互配合又相互竞争的操作而使其具备兼顾全局和局部的均衡搜索能力。

所谓相互配合,是指当群体在进化中陷于搜索空间中某个超平面而仅靠交叉不能摆脱时,通过变异操作可有助于这种摆脱。所谓相互竞争,是指当通过交叉已形成所期望的积木块时,变异操作有可能破坏这些积木块。如何有效地配合使用交叉和变异操作,是目前遗传算法的一个重要研究内容。

15.3.4　适应度值评估

适应度值评估需要计算交换产生的新个体的适应度。适应度是用来度量种群中个体优劣的指标,这里的适应度就是特征组合的判据的值。该判据的选取是遗传算法的关键。

遗传算法在搜索进化过程中一般不需要其他外部信息,而仅用评估函数来评估个体或解的优劣,并作为以后遗传操作的依据。由于遗传算法中,适应度函数要比较排序并在此基础上计算选择概率,所以适应度函数的值要取正值。由此可见,在不少场合,将目标函数映射成求最大值形式且函数值非负的适应度函数是必要的。

适应度函数的设计主要满足以下条件:

(1) 单值、连续、非负、最大化;

(2) 合理、一致性;

(3) 计算量小;

(4) 通用性强。

在具体应用中,适应度函数的设计要根据求解问题本身的要求而定。适应度函数设计直接影响到遗传算法的性能。

15.3.5 遗传算法流程

遗传进化操作简单、易懂,是其他一些遗传算法的雏形和基础,它不仅为各种遗传算法提供了一个基本框架,同时也具有一定的应用价值。

遗传算法 GA 的流程图如图 15-7 所示。

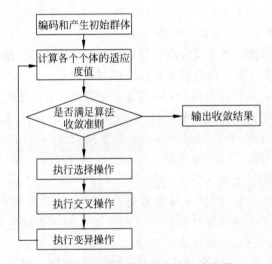

图 15-7 简单遗传算法(SGA)流程图

15.3.6 被控对象 PID 整定

下面针对二阶延迟系统对象,用 GA 遗传算法对 PID 控制器参数进行整定。选取被控对象如下:

$$G_1(s) = \frac{1.6}{s^2 + 1.5s + 1.6} e^{-0.1s}$$

对该对象利用遗传算法进行仿真,编写 MATLAB 程序如下:

```
% 基于 GA 算法的 PID 参数优化
clc                               % 清屏
```

```
clear all;                                      % 删除工作区变量
close all;                                      % 关掉显示图形窗口


size = 30;
codel = 3;
minx(1) = zeros(1);
maxx(1) = 50 * ones(1);
minx(2) = zeros(1);
maxx(2) = 50 * ones(1);
minx(3) = zeros(1);
maxx(3) = 50 * ones(1);
kpid( :,1) = minx(1) + (maxx(1) − minx(1)) * rand(size,1);
kpid( :,2) = minx(2) + (maxx(2) − minx(2)) * rand(size,1);
kpid( :,3) = minx(3) + (maxx(3) − minx(3)) * rand(size,1);
G = 100;
BsJ = 0;
for kg = 1:1:G
    time(kg) = kg;
    for i = 1:1:size
        kpidi = kpid(i, :);
        BsJ = pid_GA(kpidi);
        BsJi(i) = BsJ;
    end
[OderJi, IndexJi] = sort(BsJi);
BestJ(kg) = OderJi(1);
BJ = BestJ(kg);
Ji = BsJi + 1e − 10;
fi = 1. /Ji;
[Oderfi, Indexfi] = sort(fi);
Bestfi = Oderfi(size);
BestS = kpid(Indexfi(size), :);
% 选择算子
fi_sum = sum(fi);
fi_size = (Oderfi/fi_sum) * size;
fi_s = floor(fi_size);
r = size − sum(fi_s);
Rest = fi_size − fi_s;
[Restvalue, Index] = sort(Rest);
for i = size: − 1:size − r + 1
    fi_s(Index(i)) = fi_s(Index(i)) + 1;
end
k = 1;
for i = size: − 1:1
    for j = 1:1:fi_s(i)
        TempE(k, :) = kpid(Indexfi(i), :);
        k = k + 1;
    end
```

```
    end
    %交叉算子
    Pc = 0.90;
    for i = 1:2:(size - 1)
        temp = rand;
        if Pc > temp
            alfa = rand;
            TempE(i, :) = alfa * kpid(i + 1, :) + (1 - alfa) * kpid(i, :);
            TempE(i + 1, :) = alfa * kpid(i, :) + (1 - alfa) * kpid(i + 1, :);
        end
    end
    TempE(size, :) = BestS;
    kpid = TempE;
    %变异算子
    Pm = 0.1 - [1:1:size] * (0.01)/size;
    Pm_rand = rand(size, codel);
    Mean = (maxx + minx)/2;
    Dif = (maxx - minx);
    for i = 1:1:size
        for j = 1:1:codel
            if Pm(i) > Pm_rand(i, j)
                TempE(i, j) = Mean(j) + Dif(j) * (rand - 0.5);
            end
        end
    end
    %保证 TempE(size, :)属于最优个体
    TempE(size, :) = BestS;
    kpid = TempE;
end
Bestfi;
BestS;
Best_J = BestJ(G);
figure(1);
plot(time, BestJ, 'LineWidth', 3);
title('最优个体适应值', 'fontsize', 10);
xlabel('迭代次数'); ylabel('适应值');
grid on
```

PID-GA 粒子群适应度函数如下：

```
function BsJ = pid_GA(Kpidi)
ts = 0.001;
sys = tf([1.6], [1, 1.5, 1.6], 'inputdelay', 0.1);        %传递函数
dsys = c2d(sys, ts, 'z');
[num, den] = tfdata(dsys, 'v');
rin = 1;
u_1 = 0.0; u_2 = 0.0;
```

```
y_1 = 0.0;y_2 = 0.0;
x = [0,0,0]';
B = 0;
error_1 = 0;
tu = 1;
s = 0;
P = 100;
for k = 1:1:P
    timef(k) = k * ts;
    r(k) = 1.0;
    u(k) = Kpidi(1) * x(1) + Kpidi(2) * x(3) + Kpidi(3) * x(2);
    if u(k)>= 10
        u(k) = 10;
    end
    if u(k)<= -10
        u(k) = -10;
    end
    yout(k) = - den(2) * y_1 - den(3) * y_2 + num(2) * u_1 + num(3) * u_2;
    error(k) = r(k) - yout(k);
    % PID 参数
    u_2 = u_1;u_1 = u(k);
    y_2 = y_1;y_1 = yout(k);
    x(1) = error(k);                        %计算P参数
    x(2) = (error(k) - error_1)/ts;         %计算D参数
    x(3) = x(3) + error(k) * ts;            %计算I参数
    error_2 = error_1;
    error_1 = error(k);
    if s == 0
        if yout(k)> 0.95&yout(k)< 1.05
            tu = timef(k);
            s = 1;
        end
    end
end
for i = 1:1:P
    Ji(i) = 0.999 * abs(error(i)) + 0.01 * u(i)^2 * 0.1;
    B = B + Ji(i);
    if i > 1
        erry(i) = yout(i) - yout(i-1);
        if erry(i)< 0
            B = B + 100 * abs(erry(i));
        end
    end
end
BsJ = B + 0.2 * tu * 10;
```

运行程序可得 GA 优化适应度函数变化的曲线如图 15-8 所示。

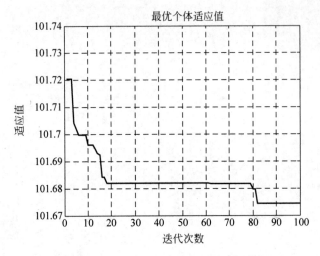

图 15-8　GA 优化适应度函数变化的曲线

15.3.7　阶跃响应性能检测

采用遗传算法优化得到的 PID 参数进行阶跃响应分析,建立相应的仿真框图,如图 15-9 所示。

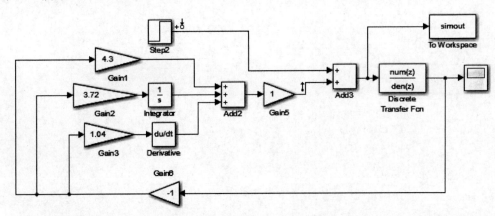

图 15-9　阶跃响应仿真图

运行仿真程序,绘制相应的响应图,编程如下:

```
% 基于 GA 算法的 PID 参数优化
clc                    % 清屏
clear all;             % 删除工作区变量
close all;             % 关掉显示图形窗口
ts = 0.001;
sys = tf([1.6],[1,1.5,1.6],'inputdelay',0.1);
dsys = c2d(sys,ts,'z');
[num,den] = tfdata(dsys,'v');
sim('ysw_PID1.slx');
```

```
figure(1)
time = 0:1/(length(simout) − 1):1;
plot(time,1 − simout,'b','LineWidth',2)
xlabel('时间(s)'),ylabel('yout');
grid on
title('GA 优化阶跃响应输出曲线')

figure(2)
plot(time,simout,'r − − ','LineWidth',2)
xlabel('时间(s)'),ylabel('误差');
grid on
title('GA 优化阶跃响应输出误差曲线')
```

运行程序输出结果如图 15-10 和图 15-11 所示。遗传算法优化的 PID 控制系统稳定性较好。

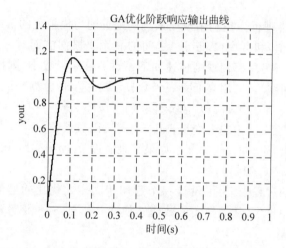

图 15-10　阶跃响应图

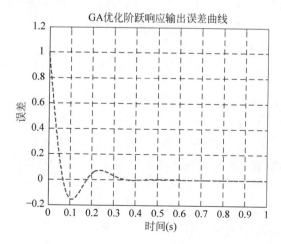

图 15-11　误差曲线

15.4   人群搜索算法控制仿真

SOA 算法对人的随机搜索行为进行分析,借助脑科学、认知科学、心理学、人工智能、多 Agents 系统和群体智能等的研究成果,分析研究人作为高级 Agent 的利己行为、利他行为、自组织聚集行为、预动行为和不确定性推理行为,对其进行建模并用于计算搜索方向和步长。

SOA 直接模拟人的智能搜索行为,立足传统的直接搜索算法,概念明确、清晰、易于理解,是进化算法研究领域的一种新型群体智能算法。SOA 算法有以下几种行为:利己行为、利他行为、预动行为和不确定推理行为等。

15.4.1   搜索步长的确定

SOA 的不确定推理行为是利用模糊系统的逼近能力模拟人的智能搜索行为,用以建立感知(即目标函数值)和行为(即步长)之间的联系。根据前面对人的随机搜索行为的理解,人的智能搜索行为用模糊规则描述如下:如果目标函数小,则搜索步长也小(假设优化对象为最小化问题)。采用高斯隶属函数表示搜索步长模糊变量,如式(15-8)所示:

$$u_A(x) = \exp[-(x-u)^2/2\delta^2] \tag{15-8}$$

其中,u_A 为高斯隶属度;x 为输入变量;u、δ 为隶属函数参数。

当输出变量超出 $[u-3\delta, u+3\delta]$ 时,如果其隶属度 $u_A(u+3\delta) < 0.0111$,可以忽略,故设定最小隶属度 $u_{min} = 0.0111$。

在不确定推理的过程中,为了设计一个适用于大多数优化问题的模糊系统,将目标函数值按递减的顺序排序,从而把实函数值转换成从 1 到 S(S 是种群大小)的自然数作为不确定推理的输入。

目标函数的模糊变量"小",采用线性隶属函数使隶属度直接与函数值的排列顺序成正比,即在最佳位置有最大隶属度值 $u_{max} = 1.0$,最差位置有最小隶属度 $u_{min} = 0.0111$,在其他的位置 $u < 1.0$。可由式(15-9)和式(15-10)表示:

$$u_i = u_{max} - \frac{s - I_i}{s - I}(u_{max} - u_{min}), \quad i = 1, 2, \cdots, s \tag{15-9}$$

$$u_{ij} = \text{rand}(u_i, 1), \quad j = 1, 2, \cdots, D \tag{15-10}$$

其中,u_i 为目标函数值 i 的隶属度;u_{ij} 为 j 维搜索空间目标函数值 i 的隶属度;I_i 是种群函数值按降序排列后 $x_i(t)$ 的序列编号;D 为搜索空间维数。

式(15-10)是为了模拟人的搜索行为中的随机性,函数 $\text{rand}(u_i, 1)$ 是均匀随机地分布在区间 $[u_i, 1]$ 上的实数。不确定性推理条件部分(式(15-9)和式(15-10))得出隶属度 u_{ij} 后,根据不确定推理的行为部分(式(15-11))可得出步长:

$$\alpha_{ij} = \delta_{ij}\sqrt{-\ln(u_{ij})} \tag{15-11}$$

其中,α_{ij} 为 j 维搜索空间的搜索步长;δ_{ij} 为高斯隶属函数参数,其值可由式(15-12)和式(15-13)确定:

$$\vec{\delta}_{ij} = \omega \cdot \text{abs}(\vec{x}_{min} - \vec{x}_{max}) \tag{15-12}$$

$$\omega = (T_{\max} - t)/T_{\max} \tag{15-13}$$

其中,$x_{\min}$ 和 $x_{\max}$ 分别是同一子群中的具有最小和最大函数值的位置;ω 是惯性权值,随进化代数的增加从 0.9 线性递减至 0.1;t 和 $T_{\max}$ 分别为当前迭代次数和最大迭代次数;函数 abs($\cdot$)对输入的每一个元素取绝对值。

15.4.2　搜索方向的确定

通过对人的利己行为、利他行为和预动行为的分析和建模,分别得到任意第 i 个搜寻个体的利己方向$\vec{d}_{i,\text{ego}}$、利他方向$\vec{d}_{i,\text{alt}}$以及预动方向$\vec{d}_{i,\text{pro}}$,如式(15-14)～式(15-16)所示:

$$\vec{d}_{i,\text{ego}}(t) = \vec{p}_{i,\text{best}} - \vec{x}_i(t) \tag{15-14}$$

$$\vec{d}_{i,\text{alt}}(t) = \vec{p}_{i,\text{best}} - \vec{x}_i(t) \tag{15-15}$$

$$\vec{d}_{i,\text{pro}}(t) = x_i(t_1) - x_i(t_2) \tag{15-16}$$

搜寻者综合考虑各个因素,采用三个方向随机加权几何平均确定搜索方向如式(15-17)所示:

$$\vec{d}_i(t) = \text{sign}(\omega \vec{d}_{i,\text{pro}} + \varphi_1 \vec{d}_{i,\text{ego}} + \varphi_2 \vec{d}_{i,\text{alt}}) \tag{15-17}$$

其中,$t_1,t_2 \in \{t,t-1,t-2\}$;$\vec{x}_i(t_1)$和$\vec{x}_i(t_2)$分别为$\{\vec{x}_i(t-2),\vec{x}_i(t-1)\vec{x}_i(t)\}$中的最佳位置;$g_{i,\text{best}}$为第 i 个搜寻个体所在邻域的集体历史最佳位置,$p_{i,\text{best}}$为第 i 个搜寻个体到目前为止经历过的最佳位置;sign($\cdot$)表示输入矢量每一维的符号函数;φ_1 和 φ_2 是在已知区间[0,1]内被均匀随机选择的实数;ω 是惯性权值,它随着进化代数的增加从 0.9 线性递减到 0.1。

15.4.3　搜寻者个体位置的更新

确定搜索方向和步长后,就要进行位置更新,其依据为式(15-18)和式(15-19):

$$\Delta x_{ij}(t+1) = \alpha_{ij}(t)d_{ij}(t) \tag{15-18}$$

$$x_{ij}(t+1) = x_{ij}(t) + \Delta x_{ij}(t+1) \tag{15-19}$$

15.4.4　人群搜索算法流程

SOA 算法的流程如下:

(1) $t \rightarrow 0$;

(2) 初始化,在可行解域随机产生 s 个初始位置:

$$\{\vec{x}_i(t) \mid \vec{x}_i(t) = (x_{i1}, x_{i2}, \cdots, x_{iM})\}$$

其中,$i = 1,2,3,\cdots,x,t=0$;

(3) 评价,计算每个位置的目标函数值;

(4) 搜寻策略,计算每一个个体 i 在每一维 j 的搜索方向和步长 $d_{ij}(t)$ 和 $\alpha_{ij}(t)$;

(5) 位置更新,按公式更新每个搜寻者的位置;

（6）$t \rightarrow t+1$；

（7）若满足停止条件，停止搜索；否则，转步骤（3）。

其中，每步 t 分别计算每个搜寻者 i 在每一维 j 的搜索方向 $d_{ij}(t)$ 和 $\alpha_{ij}(t)$，且 $\alpha_{ij}(t) \geqslant 0$，$d_{ij}(t) \in \{-1, 0, 1\}$，$i = 1, 2, 3, \cdots, s$；$j = 1, 2, \cdots, M$。$d_{ij}(t) = 1$ 表示搜寻者 i 沿着 j 维坐标的正方向前进；$d_{ij}(t) = -1$ 表示搜寻者 i 沿着 j 维坐标的负方向前进；$d_{ij}(t) = 0$ 表示搜寻者 i 在第 j 维坐标下保持静止。确定搜索方向和步长后，根据式(15-18)和式(15-19)进行位置更新，通过不断更新搜寻者的位置，得到更好的搜寻者，直到得到较好的结果。

15.4.5 被控对象 PID 整定

下面针对二阶延迟系统对象，用 SOA 人群搜索算法对 PID 控制器参数进行整定。选取被控对象如下：

$$G_1(s) = \frac{1.6}{s^2 + 1.5s + 1.6} e^{-0.1s}$$

对该对象利用 SOA 人群搜索算法进行仿真，编写 MATLAB 程序如下：

```
% 基于 SOA 算法的 PID 参数优化
clc                                              % 清屏
clear all;                                       % 删除工作区变量
close all;                                       % 关掉显示图形窗口

% 参数设置
Umax = 0.9500;                                   % 最大隶属度值
Umin = 0.0111;                                   % 最小隶属度值
Wmax = 0.9;                                       % 权重最大值
Wmin = 0.1;                                       % 权重最小值
Dim = 3;                                          % 维数
SwarmSize = 30;                                   % 粒子群规模
MaxIter = 100;                                    % 最大迭代次数
MinFit = 10;                                      % 最小适应值
Ub = [100 100 100];
Lb = [0 0 0];
% 种群初始化
Range = ones(SwarmSize,1) * (Ub - Lb);
Swarm = rand(SwarmSize,Dim) .* Range + ones(SwarmSize,1) * Lb;    % 初始化粒子群
fSwarm = zeros(SwarmSize,1);
for i = 1:SwarmSize
    fSwarm(i,:) = PID_SOA(Swarm(i,:));           % 粒子群的适应值
end
% 个体极值和群体极值
[bestf bestindex] = min(fSwarm);
zbest = Swarm(bestindex,:);                      % 全局最佳
gbest = Swarm;                                    % 个体最佳
fgbest = fSwarm;                                  % 个体最佳适应值
fzbest = bestf;                                   % 全局最佳适应值
```

```matlab
% 迭代寻优
Di = 0 * rand(SwarmSize, Dim);
Buchang = 0 * rand(SwarmSize, Dim);
C = 0 * rand(SwarmSize, Dim);
Diego = 0 * rand(SwarmSize, Dim);
Dialt = 0 * rand(SwarmSize, Dim);
Dipro = 0 * rand(SwarmSize, Dim);
iter = 0;
y_fitness = zeros(1, MaxIter);                    % 预先产生 4 个空矩阵
K_p = zeros(1, MaxIter);
K_i = zeros(1, MaxIter);
K_d = zeros(1, MaxIter);
while( (iter < MaxIter) && (fzbest > MinFit) )
    for i = 1:SwarmSize
        W = Wmax - iter * (Wmax - Wmin)/MaxIter;
        Diego(i, :) = sign(gbest(i, :) - Swarm(i, :));        % 确定利己方向
        Dialt(i, :) = sign(zbest - Swarm(i, :));              % 确定利他方向
        if PID_SOA(gbest(i, :)) >= PID_SOA(Swarm(i, :))       % 确定预动方向
            Dipro(i, :) = - Di(i, :);
        else
            Dipro(i, :) = Di(i, :);
        end
        Di(i, :) = sign(W * Dipro(i, :) + 0.5 * Diego(i, :) + 0.5 * Dialt(i, :));  % 确定经验梯度方向
        [Orderfgbest, Indexfgbest] = sort(fgbest, 'descend');
        u = Umax - (SwarmSize - Indexfgbest(i)) * (Umax - Umin)/(SwarmSize - 1);
        U = u + (1 - u) * rand;
        H = (MaxIter - iter)/MaxIter;                         % 迭代过程中权重的变化
        C(i, :) = H * abs(zbest - 10 * rand(1,3));            % 确定高斯函数的参数
        T = sqrt( - log(U));
        Buchang(i, :) = C(i, :) * T;                          % 确定搜索步长
        Buchang(i, find(Buchang(i, :) > 3 * max(C(i, :)))) = 3 * max(C(i, :));
        % 更新位置
        Swarm(i, :) = Swarm(i, :) + Di(i, :). * Buchang(i, :);
        Swarm(i, find(Swarm(i, :) > 100)) = 100;
        Swarm(i, find(Swarm(i, :) < 0)) = 0;
        % 适应值
        fSwarm(i, :) = PID_SOA(Swarm(i, :));
        % 个体最优更新
        if fSwarm(i) < fgbest(i)
            gbest(i, :) = Swarm(i, :);
            fgbest(i) = fSwarm(i);
        end
        % 群体最优更新
        if fSwarm(i) < fzbest
            zbest = Swarm(i, :);
            fzbest = fSwarm(i);
        end
    end
    iter = iter + 1;                                          % 迭代次数更新
```

```
    y_fitness(1,iter) = fzbest;                    %为绘图做准备
    K_p(1,iter) = zbest(1);
    K_i(1,iter) = zbest(2);
    K_d(1,iter) = zbest(3);
end
%绘图
figure(1)                                          %绘制性能指标ITAE的变化曲线
plot(y_fitness,'LineWidth',4)
title('最优个体适应值','fontsize',10);
xlabel('迭代次数','fontsize',10);ylabel('适应值','fontsize',10);
set(gca,'Fontsize',10);
grid on

figure(2)                                          %绘制PID控制器参数变化曲线
plot(K_p,'LineWidth',4)
hold on
plot(K_i,'k','LineWidth',4)
plot(K_d,'--r','LineWidth',4)
title('Kp、Ki、Kd优化曲线','fontsize',10);
xlabel('迭代次数','fontsize',10);ylabel('参数值','fontsize',10);
set(gca,'Fontsize',10);
legend('Kp','Ki','Kd',1);
grid on
```

PID-SOA 粒子群适应度函数如下：

```
function BsJ = PID_SOA(Kpidi)
ts = 0.001;
sys = tf([1.6],[1,1.5,1.6],'inputdelay',0.1);
dsys = c2d(sys,ts,'z');
[num,den] = tfdata(dsys,'v');
u_1 = 0.0;u_2 = 0.0;
y_1 = 0.0;y_2 = 0.0;
x = [0,0,0]';
B = 0;
error_1 = 0;
tu = 1;
s = 0;
P = 100;
for k = 1:1:P
    timef(k) = k * ts;
    r(k) = 1;
    u(k) = Kpidi(1) * x(1) + Kpidi(2) * x(3) + Kpidi(3) * x(2);
    if u(k)>= 10
        u(k) = 10;
    end
    if u(k)<= -10
        u(k) = -10;
    end
```

```
yout(k) = − den(2) * y_1 − den(3) * y_2 + num(2) * u_1 + num(3) * u_2;
error(k) = r(k) − yout(k);
% 返回 PID 参数
u_2 = u_1;u_1 = u(k);
y_2 = y_1;y_1 = yout(k);
x(1) = error(k);                          % 计算 PID Kp 参数
x(2) = (error(k) − error_1)/ts;           % 计算 PID Kd 参数
x(3) = x(3) + error(k) * ts;              % 计算 PID Ki 参数
error_2 = error_1;
error_1 = error(k);
if s == 0
    if yout(k)> 0.95&yout(k)< 1.05
        tu = timef(k);
        s = 1;
    end
end
end
end
for i = 1:1:P
    Ji(i) = 0.999 * abs(error(i)) + 0.01 * u(i)^2 * 0.1;
    B = B + Ji(i);
    if i > 1
        erry(i) = yout(i) − yout(i − 1);
        if erry(i)< 0
            B = B + 100 * abs(erry(i));
        end
    end
end
BsJ = B + 0.2 * tu * 10;
```

运行程序得到如图 15-12 所示的 SOA 优化 PID 参数变化曲线以及图 15-13 所示的 SOA 优化适应度函数变化的曲线。

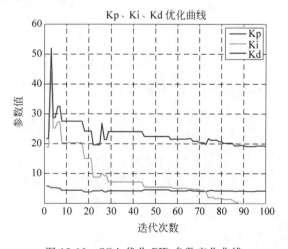

图 15-12　SOA 优化 PID 参数变化曲线

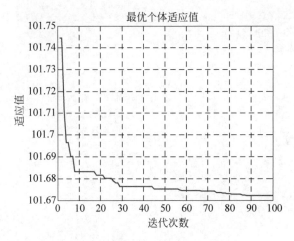

图 15-13　SOA 优化适应度函数变化的曲线

15.4.6　阶跃响应性能检测

采用人群搜索算法优化得到的 PID 参数进行阶跃响应分析,建立相应的仿真框图,如图 15-14 所示。

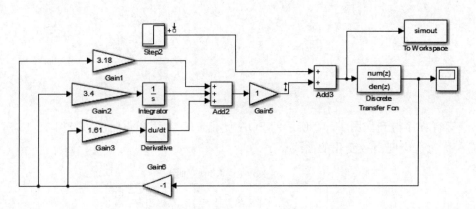

图 15-14　阶跃响应仿真图

运行仿真程序,绘制相应的响应图,编程如下:

```
% SOA 优化的阶跃响应输出曲线
clc                              % 清屏
clear all;                       % 删除工作区变量
close all;                       % 关掉显示图形窗口
ts = 0.001;
sys = tf([1.6],[1,1.5,1.6],'inputdelay',0.1);
dsys = c2d(sys,ts,'z');
[num,den] = tfdata(dsys,'v');
sim('ysw_PID1.slx');
figure(1)
```

```
time = 0:1/(length(simout) − 1):1;
plot(time,1 − simout,'b','LineWidth',2)
xlabel('时间(s)'),ylabel('yout');
grid on
title('SOA 优化阶跃响应输出曲线')

figure(2)
plot(time,simout,'r − − ','LineWidth',2)
xlabel('时间(s)'),ylabel('误差');
grid on
title('SOA 优化阶跃响应输出误差曲线')
```

运行程序输出结果如图 15-15 和图 15-16 所示,结果表明 SOA 算法优化的 PID 控制系统稳定性较好。

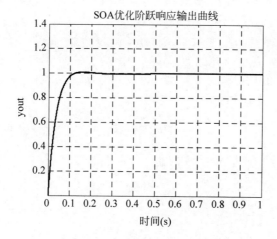

图 15-15　阶跃响应图

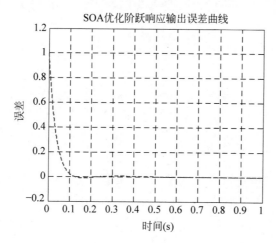

图 15-16　误差曲线

15.5　本章小结

粒子群算法(PSO)是一种基于群体的随机优化技术。遗传算法是一类借鉴生物界的进化规律(适者生存、优胜劣汰的遗传机制)演化而来的随机优化搜索方法。SOA 对人的随机搜索行为进行分析,借助脑科学、认知科学、心理学、人工智能、多 Agents 系统和群体智能等的研究成果,分析研究人作为高级 Agent 的利己行为、利他行为、自组织聚集行为、预动行为和不确定性推理行为,对其建模并用于计算搜索方向和步长。本章分别采用粒子群算法、遗传算法和人群搜索算法对控制系统 PID 整定进行了优化设计,各算法均表现出了较好的性能。

为了方便 MATLAB 用户进行图像处理，Simulink 中设置了的 Video and Image Processing Blockset 模块库，它包含了很多专门用于图像处理的子模块，用户可以利用这些基本的子模块，实现多种图像处理功能。本章主要介绍使用 Video and Image Processing Blockset 模块库进行图像处理的基本方法和步骤。

学习目标：

（1）学习和熟悉图像处理模块库的组成；

（2）学习和掌握基于 Simulink 的图像增强仿真的原理和方法；

（3）学习和掌握基于 Simulink 的图像转换处理仿真的原理和方法；

（4）学习和掌握基于 Simulink 的图像几何变换仿真的原理和方法；

（5）学习和掌握基于 Simulink 的形态学操作仿真的原理和方法。

16.1 图像处理模块库

启动 Simulink 后，将出现 Simulink 所有的仿真模块工具箱，选择 Computer Vision System Toolbox，系统就会自动载入信号处理模块工具箱。如图 16-1 所示为信号处理模块库，包含 11 个子模块：

（1）分析和增强（Analysis & Enhancement）；

（2）转换（Conversions）；

（3）滤波（Filtering）；

（4）几何变换（Geometric Transformations）；

（5）形态学操作（Morphological Operations）；

（6）接收器（Sinks）；

（7）输入源（Sources）；

（8）统计（Statistics）；

（9）文本和图形（Text & Graphics）；

（10）变换（Transforms）；

（11）工具（Utilities）。

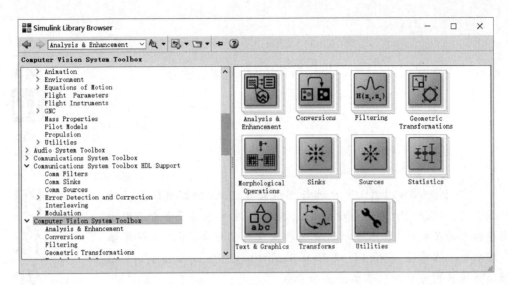

图 16-1　图像处理模块库

16.1.1　分析和增强模块

如图 16-2 所示，分析和增强(Analysis & Enhancement)模块库共包含 10 个子模块：

(1) 块匹配(Block Matching)；

(2) 对比度调节(Contrast Adjustment)；

(3) 角点检测(Corner Detection)；

(4) 反交错处理(Deinterlacing)；

(5) 边缘检测(Edge Detection)；

(6) 直方图均衡化(Histogram Equalization)；

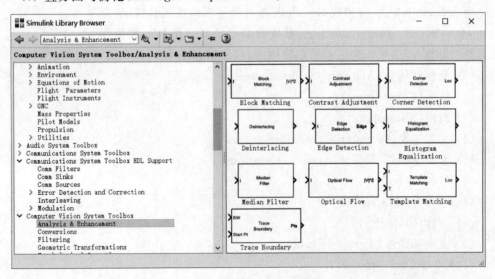

图 16-2　分析和增强模块

（7）中值滤波（Median Filter）；

（8）光流法（Optical Flow）；

（9）绝对误差和（SAD）；

（10）边界跟踪（Trace Boundaries）。

16.1.2 转换模块库

如图 16-3 所示，转换（Conversions）模块库包含 7 个子模块库：

（1）自动阈值（Autothreshold）；

（2）色度重采样（Chroma Resampling）；

（3）色彩空间转换（Color Space Conversion）；

（4）去马赛克（Demosaic）；

（5）伽马校正（Gamma Correction）；

（6）图像求补（Image Complement）；

（7）图像数据类型转换（Image Data Type Conversion）。

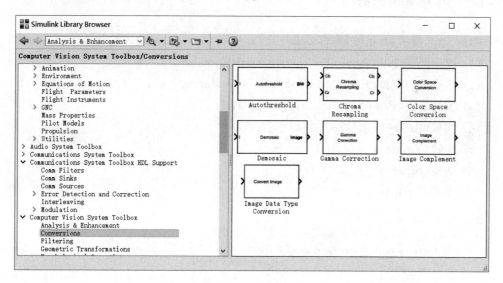

图 16-3　转换模块库

16.1.3 滤波模块库

如图 16-4 所示，滤波（Filtering）模块库包含 3 个子模块库：

（1）二维卷积（2-D Convolution）；

（2）二维 FIR 数字滤波（2-D FIR Filter）；

（3）中值滤波（Median Filter）。

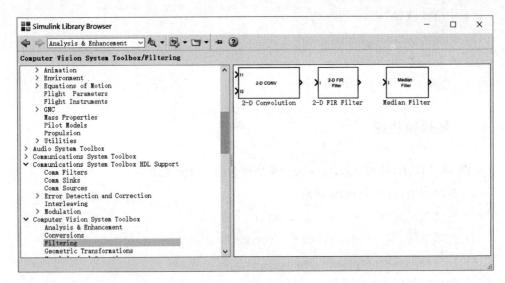

图 16-4　滤波模块库

16.1.4　几何变换模块库

如图 16-5 所示,几何变换(Geometric Transformations)模块库包含 7 个子模块库:

(1) 应用几何变换(Apply Geometric Transformation);

(2) 估算几何变换(Estimate Geometric Transformation);

(3) 投影变换(Projective Transformation);

(4) 缩放(Resize);

(5) 旋转(Rotate);

(6) 切变(Shear);

(7) 平移(Translate)。

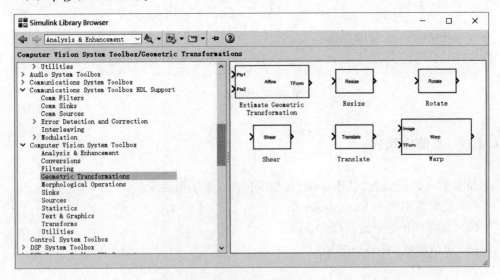

图 16-5　几何变换模块库

16.1.5　形态学操作模块库

如图 16-6 所示,形态学操作(Morphological Operations)模块库包含 7 个子模块库:

(1) 底帽滤波(Bottom-hat);

(2) 闭合(Closing);

(3) 膨胀(Dilation);

(4) 腐蚀(Erosion);

(5) 标记(Label);

(6) 开启(Opening);

(7) 顶帽滤波(Top-hat)。

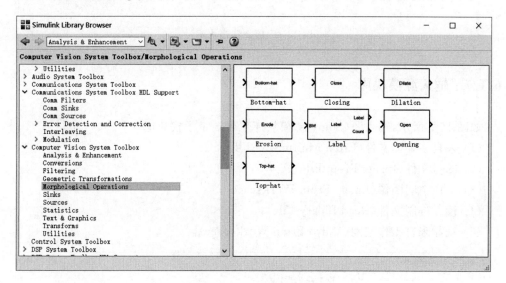

图 16-6　形态学操作模块库

16.1.6　接收器模块库

如图 16-7 所示,接收器(Sinks)模块库包含 6 个子模块库:

(1) 帧频显示(Frame Rate Display);

(2) 输出多媒体文件(To Multimedia File);

(3) 输出视频显示器(To Video Display);

(4) 向工作空间输出视频(Video To Workspace);

(5) 视频显示器(Video Viewer);

(6) 写二进制文件(Write Binary File)。

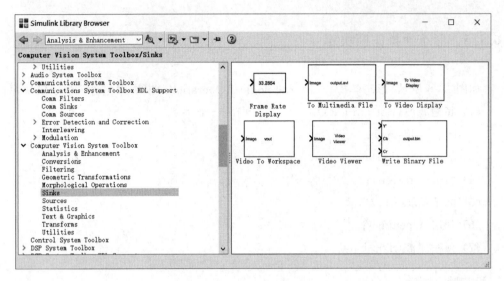

图 16-7　接收器模块库

16.1.7　输入源模块库

如图 16-8 所示,输入源(Sources)模块库包含 5 个子模块库:

(1) 来自多媒体文件(From Multimedia File);

(2) 图像文件(Image From File);

(3) 工作空间图像(Image From Workspace);

(4) 读二进制文件(Read Binary File);

(5) 视频来自工作空间(Video From Workspace)。

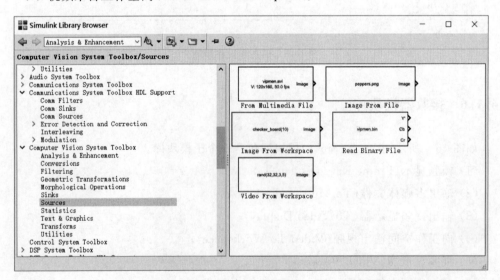

图 16-8　输入源模块库

16.1.8 统计模块库

如图 16-9 所示,统计(Statistics)模块库包含 12 个子模块库:

(1) 二阶自相关系数(2-D Autocorrelation);

(2) 二阶互相关系数(2-D Correlation);

(3) Blob 分析(Blob Analysis);

(4) 求局部极大值(Find Local Maxima);

(5) 直方图(Histogram);

(6) 最大值(Maximum);

(7) 平均值(Mean);

(8) 中值(Median);

(9) 最小值(Minimum);

(10) 峰值信噪比(PSNR);

(11) 标准差(Standard Deviation);

(12) 方差(Variance)。

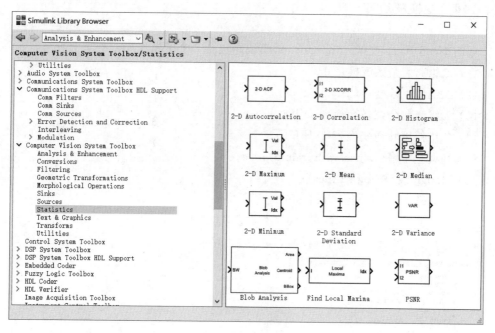

图 16-9 统计模块库

16.1.9 文本和图形模块库

如图 16-10 所示,文本和图形(Text & Graphics)模块库包含 4 个子模块库:

(1) 合成(Compositing);

(2) 绘制标记(Draw Markers);

(3) 绘图(Draw Shapes);

(4) 插入文本(Insert Text)。

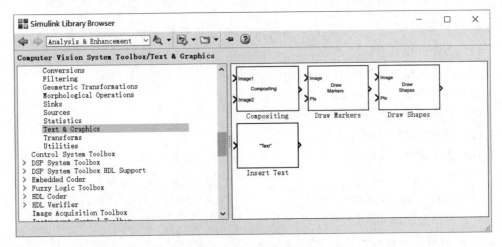

图 16-10　文本和图形模块库

16.1.10　变换模块库

如图 16-11 所示,变换(Transforms)模块库包含 7 个子模块库:

(1) 二维离散余弦变换(2-D DCT);

(2) 二维傅里叶变换(2-D FFT);

(3) 二维离散余弦逆变换(2-D IDCT);

(4) 二维傅里叶逆变换(2-D IFFT);

(5) 高斯金字塔(Gaussian Pyramid);

(6) Hough 线(Hough Lines);

(7) Hough 变换(Hough Transform)。

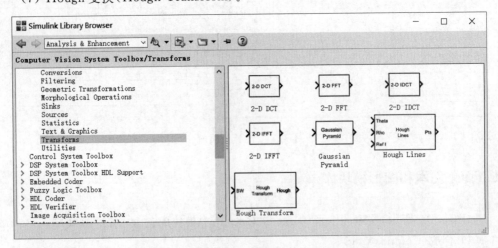

图 16-11　变换模块库

16.1.11　工具模块库

如图 16-12 所示,工具(Utilities)模块库包含 3 个子模块库:

(1) 块处理(Block Processing);

(2) 图像填补(Image Pad);

(3) 可变选择器(Variable Selector)。

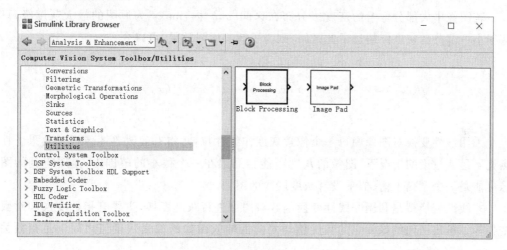

图 16-12　工具模块库

16.2　基于 Simulink 的图像增强

图像增强处理技术是图像处理领域中一项很重要的技术。对图像恰当增强,能在去除图像噪声的同时较好地保护图像特征,使图像更加清晰明显,从而提供给我们准确的信息。

目前根据处理的空间不同,图像增强技术可分为两大类:空域方法和频域方法。前者直接在图像所在像素空间进行处理;后者则在图像进行傅里叶变换后的频域上间接进行处理,具体包括灰度变换增强、图像平滑、图像锐化、色彩增强和频域增强等多种方法。利用 Simulink 视频和图像处理模块集的分析和增强模块库以及其他相关模块可对图像进行图像增强操作。本节将结合实例介绍几种常见的图像增强方法。

16.2.1　图像灰度变换增强

灰度变换增强是把图像的对比度从弱变强的过程,所以灰度变换增强通常被称为对比度增强。由于各种因素的限制,导致图像的对比度比较差,图像的直方图分布不够均衡,主要的元素集中在几个像素值附近,通过对比度增强,可使得图像中各个像素值尽可能均匀分布或者服从一定形式的分布,从而提高图像的质量。

灰度变换可使图像动态范围增大,对比度得到扩展,使图像清晰、特征明显,它是图像增强的重要手段之一。灰度变换主要利用点运算来修正像素灰度,由输入像素点的灰度值确定相应输出点的灰度值,是一种基于图像变换的操作。

设原图像为 $f(x,y)$,其灰度范围为 $[a,b]$;变换后的图像为 $g(x,y)$,其灰度范围线性的扩展至 $[c,d]$;则对于图像中的任一点的灰度值 $f(x,y)$,灰度变换后为 $g(x,y)$,其数学表达式为

$$g(x,y) = \frac{d-c}{b-a} \times [f(x,y)-a] + c$$

若图像中大部分像素的灰度级分布在区间 $[a,b]$ 内,$\max f$ 为原图的最大灰度级,只有很小一部分的灰度级超过了此区间,则为了改善增强效果,可以令

$$g(x,y) = \begin{cases} c & 0 \leqslant f(x,y) \leqslant a \\ \frac{d-c}{b-a}[f(x,y)-a]+c & a \leqslant f(x,y) \leqslant b \\ d & b \leqslant f(x,y) \leqslant \max f \end{cases}$$

采用线性变换对图像中每一个像素灰度作线性拉伸,将有效改善图像视觉效果。在曝光不足或过度的情况下,图像的灰度可能会局限在一个很小的范围内,这时得到的图像可能是一个模糊不清、似乎没有灰度层次的图像。

非线性变换就是利用非线性变换函数对图像进行灰度变换,主要有指数变换和对数变换等。输出图像的像素点的灰度值与对应的输入图像的像素灰度值之间满足指数关系,其一般公式为

$$g(x,y) = b^{f(x,y)}$$

其中,b 为底数。为了增加变换的动态范围,可以在上述一般公式中加入一些调制参数,以改变变换曲线的初始位置和曲线的变化速率。这时的变换公式为

$$g(x,y) = b^{c[f(x,y)-a]} - 1$$

其中,a,b,c 都是可以选择的参数;当 $f(x,y)=a$ 时,$g(x,y)=0$,此时指数曲线交于 X 轴,由此可见参数 a 决定了指数变换曲线的初始位置;参数 c 决定了变换曲线的陡度,即决定曲线的变化速率。指数变换用于扩展高灰度区,一般适于过亮的图像。

对数变换是指输出图像的像素点的灰度值与对应的输入图像的像素灰度值之间为对数关系,其一般公式为

$$g(x,y) = \lg[f(x,y)]$$

其中,$\lg$ 表示以 10 为底的对数,也可以选用自然对数 $\ln$。为了增加变换的动态范围,可以在上述一般公式中加入一些调制参数,这时的变换公式为

$$g(x,y) = a + \frac{\ln[f(x,y)+1]}{b\ln c}$$

其中,a,b,c 都是可以选择的参数;式中 $f(x,y)+1$ 是为了避免对 0 求对数,确保 $\ln[f(x,y)+1] \geqslant 0$;当 $f(x,y)=0$ 时,$\ln[f(x,y)+1]=0$,则 $y=a$,即 a 为 Y 轴上的截距,确定了变换曲线的初始位置的变换关系;b、c 两个参数确定变换曲线的变化速率。对数变换用于扩展低灰度区,一般适用于过暗的图像。

通过 MATLAB 程序实现图像的灰度变换:

```
A = imread('cell.tif');                      %读入并显示原始图像
I = double(A);                               %图像数据类型转换
[M,N] = size(I);
for i = 1:M                                  %进行现行灰度变换
for j = 1:N
    if I(i,j)< = 30
I(i,j) = I(i,j);
        elseif I(i,j)< = 150
            I(i,j) = (200 - 30)/(150 - 30) * (I(i,j) - 30) + 30;
        else
            I(i,j) = (255 - 200)/(255 - 150) * (I(i,j) - 150) + 200;
        end
end
end
figure,
subplot(1,2,1);imshow(A);
subplot(1,2,2);imshow(uint8(I));             %显示变换后的结果
```

运行结果如图 16-13 所示。

图 16-13　图像灰度变换增强

通过 Simulink 实现图像灰度变换增强的步骤如下：

1）启动 Simulink。

2）选择 Simulink 窗口菜单栏,新建一个 *.mdl 文件。

3）将仿真模型所需要的子模块添加到 *.mdl 文件的窗口中：

（1）从 Sources 子模块库中选择 Image From File 模块拖放到 *.mdl 文件中相应的位置；

（2）从 Analysis & Enhancement 子模块库中选择 Contrast Adjustment 模块拖放到 *.mdl 文件中相应的位置；

（3）从 Sink 子模块库中选择 Video Viewer 模块拖放到 *.mdl 文件中相应的位置两次。

4）连接各模块,形成仿真模型如图 16-14 所示。

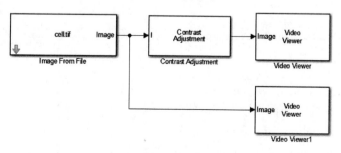

图 16-14　图像灰度变换增强仿真模型

5) 各模块参数的设置：双击相应的模块，在弹出的对话框中进行相应设置。

(1) Image From File 模块中设置：Main 标签 File name 文件为 cell. tif，如图 16-15 所示。

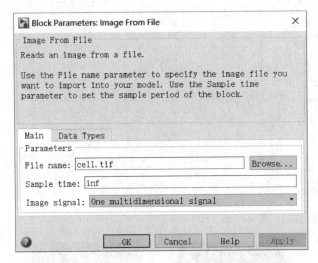

图 16-15　Image From File 模块中设置

(2) Contrast Adjustment 模块中设置：Main 标签 Adjust pixels values from 下拉列表中选择 Range determined by saturating outlier pixels，如图 16-16 所示。

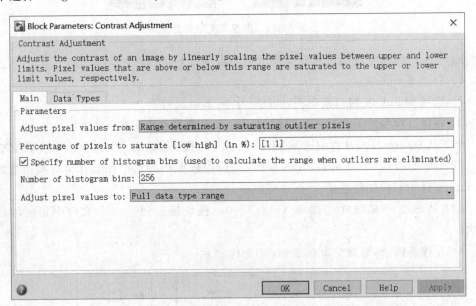

图 16-16　Contrast Adjustment 模块中设置

6) 仿真器参数的设置：单击 ＊. mdl 文件窗口的 Simulation → Configuration Parameters 选项，弹出如图 16-17 所示的对话框，并进行相应设置。选择 Select 标签的 Solver 选项；Simulation time 标签中，将 Start time 和 Stop time 分别设为 0；在 Type 标签下拉列表选择 Fixed step；在 Solver 标签下拉列表中选择 Discrete(no continous

states)，如图 16-17 所示。

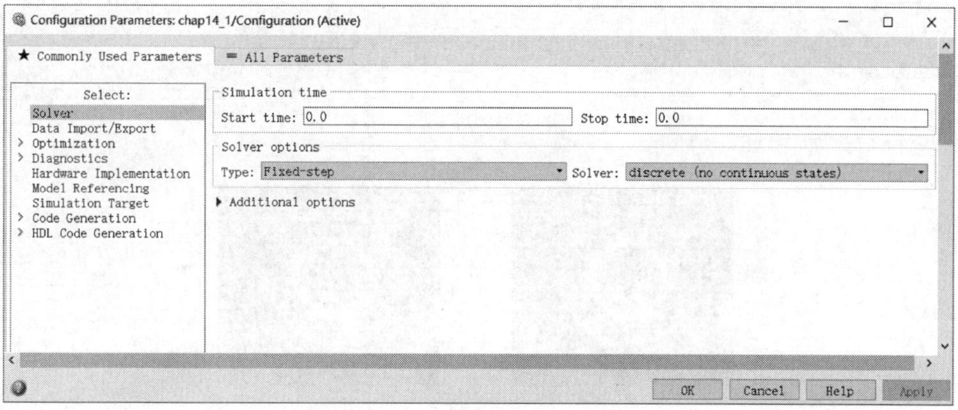

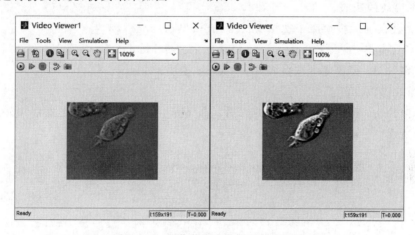

图 16-17　仿真器参数的设置

7）运行仿真系统，仿真结果如图 16-18 所示。

图 16-18　图像灰度变换增强仿真结果

16.2.2　图像的平滑增强

中值滤波是一种基于排序统计理论的能有效抑制噪声的非线性信号处理技术。中值滤波的基本原理是把数字图像或数字序列中一点的值用该点的一个邻域中各点值的中值代替，让周围的像素值接近真实值，从而消除孤立的噪声点。在 MATLAB 中，medfilt2 函数用于实现中值滤波，该函数的调用方法如下：

B = medfilt2(A)

B = medfilt2(A,[m,n])

其中，m 和 n 的默认值为 3；每个输出像素为 m×n 邻域的中值。

通过 MATLAB 程序实现图像的平滑增强。

```
A = imread('tire.tif');                    %读取图像
B = imnoise(A,'salt & pepper',0.02);       %添加椒盐噪声
```

```
K = medfilt2(B);                      % 中值滤波
figure % 显示
subplot(1,2,1),imshow(B);             % 显示添加椒盐噪声后的图像
subplot(1,2,2),imshow(K);             % 显示平滑处理后图像
```

运行结果如图 16-19 所示。

图 16-19　图像的平滑增强

通过 Simulink 实现图像平滑增强如下：

1）子模块的选取。

(1) 在 Sources 模块库中选择 Image From Workspace 模块；

(2) 在 Analysis & Enhancement 模块库中选择 Median Filter 模块；

(3) 在 Sinks 模块库中选择 Video Viewer 模块。

2）模块参数设置。

Image From Workspace 模块的参数：在 Main 标签 Value 的文本框中输入 B，如图 16-20 所示。

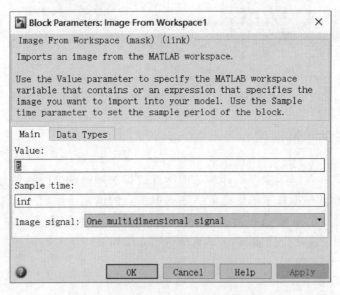

图 16-20　Image From Workspace 模块的参数

3）仿真器参数设置与上例相同。

4）建立连接，形成仿真模型，并保存结果。图像的平滑增强的仿真模型如图 16-21 所示。

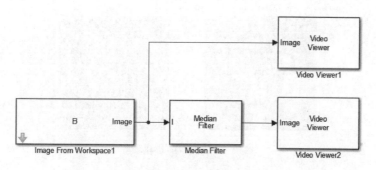

图 16-21　图像的平滑增强仿真模型

5）运行仿真系统，仿真结果如图 16-22 所示。

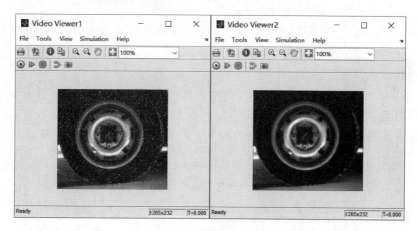

图 16-22　图像的平滑增强

16.2.3　图像锐化增强

数字图像处理中图像锐化的目的有两个：一是增强图像的边缘，使模糊的图像变得清晰；这种模糊一般来自于错误操作，或者特殊图像获取方法的固有影响。二是提取目标物体的边界，对图像进行分割，便于目标区域的识别。通过图像的锐化，可使图像的质量有所改变，产生更适合人观察和识别的图像。

通过 MATLAB 程序实现图像的锐化增强。

```
A = imread('rice.png');            % 读入并显示图像
B = fspecial('Sobel');             % 用 Sobel 算子进行边缘锐化
fspecial('Sobel');
B = B';                            % Sobel 垂直模板
C = filter2(B,A);
figure
subplot(1,2,1),imshow(A);          % 显示添加椒盐噪声后的图像
subplot(1,2,2),imshow(C);          % 显示平滑处理后图像
```

运行结果如图 16-23 所示。

图 16-23 图像的锐化增强

通过 Simulink 实现图像锐化增强如下：

1）子模块的选取。

（1）在 Sources 模块库中选择 Image From File 模块；

（2）在 Filtering 模块库中选择 2-D FIR Filter 模块；

（3）在 Sinks 模块库中选择 Video Viewer 模块。

2）模块参数设置。

Image From File 模块的参数：在 Main 标签 Value 的文本框中输入文件。

3）仿真器参数设置。

4）建立连接，形成仿真模型，并保存结果。图像锐化增强仿真模型如图 16-24 所示。

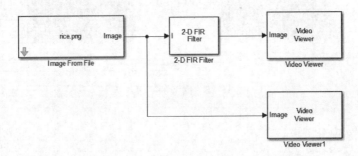

图 16-24 图像锐化增强仿真模型

5）运行仿真系统，仿真结果如图 16-25 所示。

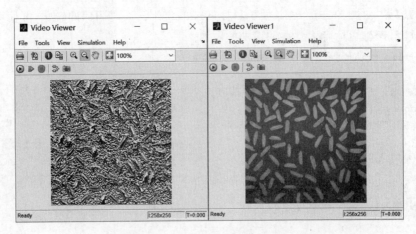

图 16-25 图像锐化增强仿真结果

16.3 基于 Simulink 的图像转换处理

在数字图像处理中,图像转换主要包括图像类型的转换、颜色模型的转换和图像数据的转换等。下面将介绍两种基于 Simulink 的图像转换处理方法。

16.3.1 图像类型转换

在对图像进行处理时,很多时候对图像的类型有特殊的要求,例如在对索引图像进行滤波时,必须把它转换为 RGB 图像,否则仅对图像的下标进行滤波,得到的是毫无意义的结果。在 MATLAB 中,提供了许多图像类型转换的函数,从这些函数的名称就可以看出它们的功能。

在 MATLAB 中,im2bw 函数用于设定阈值将灰度、索引和 RGB 图像转换为二值图像。该函数的调用方法如下:

BW＝im2bw(I,level)

BW＝im2bw(X,map,level)

BW＝im2bw(RGB,level)

其中,level 是一个归一化阈值,取值范围为[0,1]。

通过 MATLAB 程序实现灰度图像转换为二值图像如下:

```
I = imread('eight.tif');
X = im2bw(I);                  % 将灰度图像转换为二值图像
subplot(1,2,1),
imshow(I);
subplot(1,2,2),
imshow(X);
```

运行结果如图 16-26 所示。

图 16-26　灰度图像转换为二值图像

通过 Simulink 实现将灰度图像转换为二值图像如下:

1) 子模块的选取。

(1) 在 Sources 模块库中选择 Image From File 模块;

(2) 在 Conversion 模块库中选择 Autothreshold 模块;

(3) 在 Sinks 模块库中选择 Video Viewer 模块。

2）模块参数设置。

Image From File模块的参数：在 Main 标签 Value 的文本框中输入文件。

3）仿真器参数设置。

4）建立连接，形成仿真模型，并保存结果。灰度图像转换为二值图像仿真模型如图 16-27 所示。

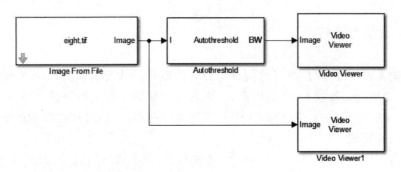

图 16-27　灰度图像转换为二值图像仿真模型

5）运行仿真系统，仿真结果如图 16-28 所示。

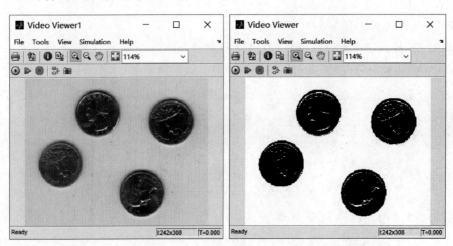

图 16-28　转换为二值图像仿真结果

16.3.2　颜色模型转换

RGB 是基于颜色发光的原理来设计的，RGB 模型分成了三个颜色通道：红（R）、绿（G）和蓝（B）。RGB 色彩模式使用 RGB 模型为图像中每一个像素的 RGB 分量分配一个 0～255 范围内的强度值。RGB 图像只使用三种颜色，按照不同的比例混合，可以在屏幕上重现 16777216 种颜色，每个颜色通道每种色各分为 255 阶亮度，在 0 时"灯"最弱，而在 255 时"灯"最亮。

HSV 模型是一种符合主观感觉的颜色模型。H、S、V 分别指的是色调（彩）（Hue）、色饱（Saturation）和明度（Value）。所以在该模型中，一种颜色的参数便是由 H、S、V 三个分量构成的三元组。

在 MATLAB 中,rgb2hsv 函数用于将 RGB 模型转换为 HSV 模型;hsv2rgb 函数用于将 HSV 模型转换到 RGB 模型。这些函数的调用方法如下:

HSVMAP=rgb2hsv(RGBMAP):表示将 RGB 色表转换成 HSV 色表。

HSV=rgb2hsv(RGB):表示将 RGB 图像转换为 HSV 图像。

RGBMAP=hsv2rgb(HSVMAP):表示将 HSV 色表转换成 RGB 色表。

RGB=hsv2rgb(HSV):表示将 HSV 图像转换为 RGB 图像。

通过 MATLAB 程序实现颜色模型转换如下:

```
RGB = imread('peppers.png');
HSV = rgb2hsv(RGB);              %将 RGB 模型转换为 HSV 模型
subplot(1,2,1),
imshow(RGB)
subplot(1,2,2),
imshow(HSV)
```

运行结果如图 16-29 所示。

图 16-29　将 RGB 模型转换为 HSV 模型

通过 Simulink 实现将灰度图像转换为二值图像如下:

1)子模块的选取。

(1)在 Sources 模块库中选择 Image From File 模块;

(2)在 Conversion 模块库中选择 Image Data Type Conversion 模块和 Color Space Conversion 模块;

(3)在 Sinks 模块库中选择 Video Viewer 模块。

2)模块参数设置。

(1)Image From File 模块的参数:在 Main 标签 Value 的文本框中输入文件;

(2)在 Image Data Type Conversion 模块的 Out Data Type 下拉列表中选择 double;

(3)在 Color Space Conversion 模块的 Conversion 下拉列表中选择 R'G'B' to HSV。

3)仿真器参数设置。

4)建立连接,形成仿真模型,并保存结果。颜色模型转换的仿真模型如图 16-30 所示。

5)运行仿真系统,仿真结果如图 16-31 所示。

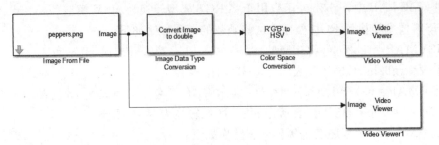

图 16-30　颜色模型转换的仿真模型

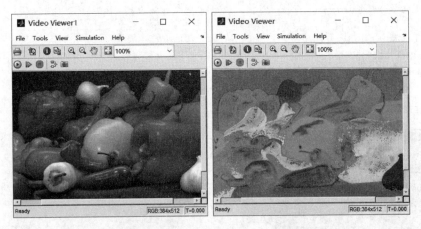

图 16-31　颜色模型转换仿真结果

16.4　基于 Simulink 的图像几何变换

图像的几何运算是指引起图像几何形状发生改变的变换,几何运算可以看成是像素在图像内的移动过程,该移动过程可以改变图像中物体对象之间的空间关系。虽然几何运算可以不受任何限制,但是通常都需要做出一些限制以保持图像的外观顺序。

16.4.1　图像的旋转

旋转变换的表达式如下:

$$a(x,y) = x\cos(a) - y\sin(a)$$
$$b(x,y) = x\sin(a) + y\cos(a)$$

可用齐次矩阵表示如下:

$$\begin{vmatrix} a(x,y) \\ b(x,y) \\ 1 \end{vmatrix} = \begin{vmatrix} \cos\alpha & 0 & x_0 \\ \sin\alpha & 1 & y_0 \\ 0 & 0 & 1 \end{vmatrix} \begin{vmatrix} x \\ y \\ 1 \end{vmatrix}$$

在 MATLAB 中,使用 imrotate 函数来旋转一幅图像,调用格式如下:

```
B = imrotate(A, ANGLE, METHOD, BBOX)
```

其中，A 是需要旋转的图像；ANGLE 是旋转的角度，正值为逆时针；METHOD 是插值方法；BBOX 表示旋转后的显示方式。

通过 MATLAB 程序实现图像的旋转如下：

```
A = imread('trees.tif');              %读取并显示图像
B = imrotate(A,90,'nearest');          %将图像旋转90°
figure                                  %显示旋转后的图像
subplot(1,2,1),
imshow(A);
subplot(1,2,2),
imshow(B);
```

运行结果如图 16-32 所示。

图 16-32　图像的旋转

通过 Simulink 实现图像的旋转如下：

1）子模块的选取。

（1）在 Sources 模块库中选择 Image From File 模块；

（2）在 Geometric Transformations 模块库中选择 Rotate 模块；

（3）在 Sinks 模块库中选择 Video Viewer 模块。

2）模块参数设置。

（1）Image From File 模块的参数：在 Main 标签 Value 的文本框中输入文件 trees.tif；

（2）在 Rotate 模块 Main 标签下的 Angle(radians)输入 pi/2。

3）仿真器参数设置。

4）建立连接，形成仿真模型，并保存结果。图像旋转的仿真模型如图 16-33 所示。

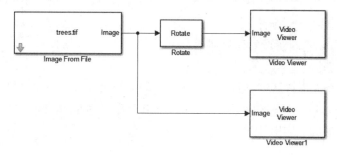

图 16-33　图像的旋转仿真模型

5）运行仿真系统，仿真结果如图 16-34 所示。

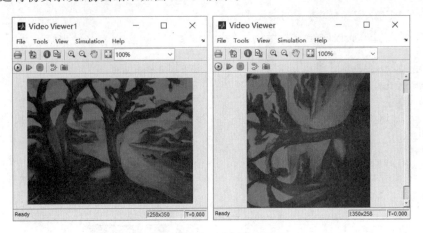

图 16-34　图像的旋转仿真结果

16.4.2　图像的缩放

图像的缩放是指在保持原有图像形状的基础上对图像进行扩大或缩小。若在 x 方向缩放 c 倍，在 y 方向缩放 d 倍，则用齐次矩阵表示为

$$\begin{vmatrix} a(x,y) \\ b(x,y) \\ 1 \end{vmatrix} = \begin{vmatrix} c & 0 & 0 \\ 0 & d & 0 \\ 0 & 0 & 1 \end{vmatrix} \begin{vmatrix} x \\ y \\ 1 \end{vmatrix}$$

在 MATLAB 中，imresize 函数用于改变一幅图像的大小，该函数的调用格式如下：
B＝imresize(A,M,METHOD)

其中，A 是原图像；M 为缩放系数；B 为缩放后的图像；METHOD 为插值方法，可取值 nearest、bilinear 和 bicubic。

通过 MATLAB 程序来实现图像的缩放如下：

```
A = imread('pout.tif');              % 读取并显示图像
B = imresize(A,0.5,'nearest');       % 缩小图像至原始图像的 50%
figure(1)
imshow(A);                           % 显示原始图像
figure(2)
imshow(B);                           % 显示缩小后的图像
```

运行结果如图 16-35 所示。

通过 Simulink 实现图像的缩放如下：

1）子模块的选取。

（1）在 Sources 模块库中选择 Image From File 模块；

（2）在 Geometric Transformations 模块库中选择 Resize 模块；

（3）在 Sinks 模块库中选择 Video Viewer 模块。

图 16-35 图像的缩放

2）模块参数设置。

（1）Image From File 模块的参数：在 Main 标签 Value 的文本框中输入文件 kits. tif；

（2）在 Resize 模块 Main 标签下的 Resize facter in 文本框中输入[50 50]。

3）仿真器参数设置。

4）建立连接，形成仿真模型，并保存结果。图像缩放的仿真模型如图 16-36 所示。

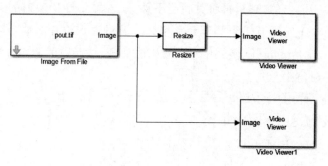

图 16-36 图像缩放的仿真模型

5）运行仿真系统，仿真结果如图 16-37 所示。

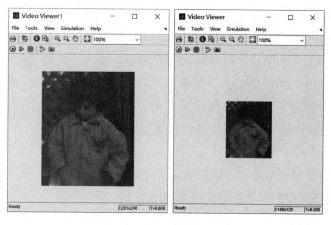

图 16-37 图像的缩放仿真结果

16.5　基于 Simulink 的图像数学形态学操作

数学形态学是由一组形态学的代数运算子组成的,它的基本运算有四个:膨胀(或扩张)、腐蚀(或侵蚀)、开启和闭合。这些运算在二值图像和灰度图像中各有特点。

16.5.1　图像膨胀和腐蚀

膨胀在数学形态学中的作用是把图像周围的背景点合并到物体中。如果两个物体之间距离比较近,那么膨胀运算可能会使这两个物体连通在一起,所以膨胀对填补图像分割后物体中的空洞很有用。

腐蚀在数学形态学运算中的作用是消除物体边界点,它可以把小于结构元素的物体去除,选取不同大小的结构元素可以去掉不同大小的物体。如果两个物体之间有细小的连通,当结构元素足够大时,通过腐蚀运算可以将两个物体分开。

膨胀的运算符为 $\oplus$,A 用 B 来膨胀写作 $A \oplus B$,定义为

$$A \oplus B = \{x \mid [(\hat{B})_x \bigcap A \neq \varphi\}$$

先对 B 作关于原点的映射,再将其映射平移 x,这里 A 与 B 映射的交集不为空集,即 B 的映射的位移与 A 至少有 1 个非零元素相交时 B 的原点位置的集合。

在 MATLAB 中,imdilate 函数用于实现膨胀处理,该函数的调用方法为

J＝imdilate (I,SE)

J＝imdilate (I,NHOOD)

J＝imdilate (I,SE,PACKOPT)

J＝imdilate (…,PADOPT)

其中,SE 表示结构元素;NHOOD 为一个只包含 0 和 1 元素值的矩阵,用于表示自定义形状的结构元素;PACKOPT 和 PADOPT 是两个优化因子,分别可以取值 ispacked、notpacked、same 和 full,分别用来指定输入图像是否为压缩的二值图像和输出图像的大小。

腐蚀的运算符为 Θ,A 用 B 来腐蚀,写作 $A\Theta B$,定义为

$$A\Theta B = \{x \mid (B)_x \subseteq A\}$$

上式表明,A 用 B 腐蚀的结果是所有满足将 B 平移后 B 仍旧全部包含在 A 中的 x 的集合,也就是 B 经过平移后全部包含在 A 中的原点组成的集合。

MATLAB 用 imerode 函数实现图像腐蚀,用法为

Imerode(X,SE)

其中,X 是待处理的图像,SE 是结构元素对象。

用 MATLAB 程序实现图像的膨胀和腐蚀如下:

```
A = imread('cell.tif');           %读取并显示图像
SE = strel('disk',4,4);           %定义模板
B = imdilate(A,SE);               %按模板膨胀
C = imerode(A,SE);                %按模板腐蚀
figure
subplot(1,3,1),imshow(A);
subplot(1,3,2),imshow(B);
subplot(1,3,3),imshow(C);
```

运行结果如图 16-38 所示。

图 16-38　图像膨胀和腐蚀

通过 Simulink 实现图像的膨胀和腐蚀如下：

1）子模块的选取。

（1）在 Sources 模块库中选择 Image From File 模块；

（2）在 Morphological Operation 模块库中选择 Dilation 模块和 Erosion 模块；

（3）在 Sinks 模块库中选择 Video Viewer 模块。

2）模块参数设置。

Image From File 模块的参数：在 Main 标签 Value 的文本框中输入文件。

3）仿真器参数设置。

4）建立连接，形成仿真模型，并保存结果。图像膨胀和腐蚀的仿真模型如图 16-39 所示。

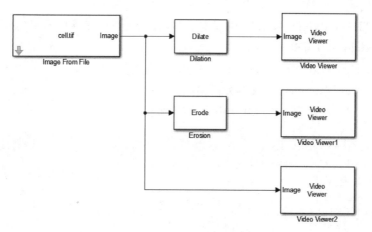

图 16-39　图像膨胀和腐蚀的仿真模型

5）运行仿真系统，仿真结果如图 16-40 所示。

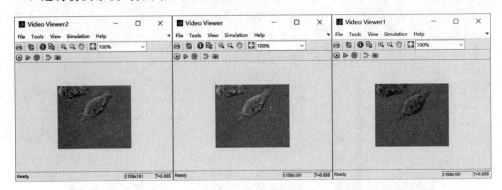

图 16-40　图像的膨胀和腐蚀仿真结果

16.5.2　图像的开运算与闭运算

先腐蚀后膨胀的运算称为开运算。开启的运算符为"∘"，A 用 B 来开启记为 $A \circ B$。定义如下：

$$A \circ B = (A \ominus B) \oplus B$$

该运算可以用来消除小对象物，在纤细点处分离物体，在平滑较大物体的边界的同时并不明显改变其体积。

在 MATLAB 中，imopen 函数用于实现图像的开运算，该函数的调用方法为

IM2＝imopen(IM,SE)：表示用结构元素 SE 来执行图像 IM 的开运算。

IM2＝imopen(IM,NHOOD)：表示用结构元素 NHOOD 执行图像 IM 的开运算。

A 被 B 闭运算就是 A 被 B 膨胀后的结果再被 B 腐蚀。设 A 是原始图像，B 是结构元素图像，则集合 A 被结构元素 B 作闭运算，记为 $A \cdot B$，其定义为

$$A \cdot B = (A \oplus B) \ominus B$$

该运算具有填充图像物体内部细小孔洞，连接邻近的物体，在不明显改变物体的面积和形状的情况下平滑其边界的作用。

在 MATLAB 中，imclose 函数用于实现图像的闭运算，该函数的调用方法为

IM2＝imclose(IM,SE)

IM2＝imclose(IM,NHOOD)

imclose 函数与 imopen 函数用法相类似。

用 MATLAB 程序实现图像的开运算和闭运算如下：

```
A = imread('pout.tif');
B = imnoise(A,'salt & pepper');
SE = strel('disk',2);
C = imopen(B,SE);
D = imclose(C,SE);
figure
subplot(1,3,1),imshow(B);
```

```
subplot(1,3,2), imshow(C);
subplot(1,3,3), imshow(D);
```

运行结果如图 16-41 所示。

图 16-41　图像的开运算和闭运算

通过 Simulink 实现图像的开运算和闭运算如下：

1）子模块的选取。

（1）在 Sources 模块库中选择 Image From File 模块；

（2）在 Morphological Operation 模块库中选择 Opening 模块和 Closing 模块；

（3）在 Sinks 模块库中选择 Video Viewer 模块。

2）模块参数设置。

（1）Image From Workspace 模块的参数：在 Main 标签 Value 的文本框中输入 B；

（2）在 Opening 模块中，将 Neighborhood or strucuring element 设为 strel('disk',2)。

3）仿真器参数设置。

4）建立连接，形成仿真模型，并保存结果。图像的开运算和闭运算仿真模型如图 16-42所示。

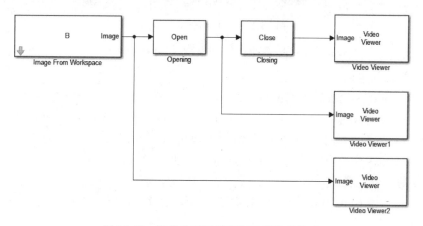

图 16-42　图像的开运算和闭运算仿真模型

5）运行仿真系统，仿真结果如图 16-43 所示。

对于二值图像，可以考虑用形态学对图像进行适当的操作，以此来提取图像的描述。

图 16-43　图像的开运算和闭运算仿真结果

用 MATLAB 程序实现二值图像的开运算如下：

```
A = imread('eight.tif');                    % 读取图像
B = im2bw(A);                               % 转换成二值图像
SE = strel('disk',5);
C = imopen(B,SE);                           % 对图像进行开启操作
figure
subplot(1,2,1),imshow(B);                   % 显示二值图像
subplot(1,2,2),imshow(C);                   % 显示开运算后的图像
```

运行结果如图 16-44 所示。

图 16-44　二值图像的开运算

通过 Simulink 实现二值图像的开运算的仿真模型如下：

1) 子模块的选取。

(1) 在 Sources 模块库中选择 Image From File 模块；

(2) 在 Morphological Operation 模块库中选择 Opening 模块和 Label 模块；

(3) 在 Conversion 子模块中选择 Autothreshold 模块；

(4) 在 Sinks 模块库中选择 Video Viewer 模块和 Display 模块。

2) 模块参数设置。

(1) Image From File 模块的参数在 Main 标签 Value 的文本框中输入文件 coins.png；

(2) 在 Autothreshold 模块中，将 Main 标签的 Scale threshold 复选框选中，在其下的 Threshold scaling factor 文本框中输入 0.9，在 Label 模块中，在 Output 下拉列表中选择 Number of Labels。

3）仿真器参数设置。

4）建立连接，形成仿真模型，并保存结果。二值图像的开运算仿真模型如图 16-45 所示。

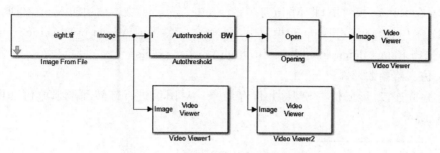

图 16-45　二值图像的开运算仿真模型

5）运行仿真系统，仿真结果如图 16-46 所示。

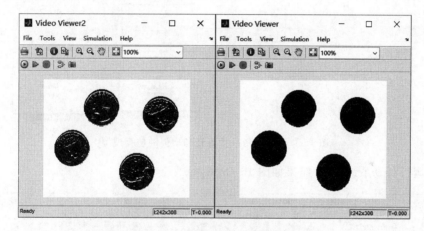

图 16-46　二值图像的开运算仿真结果

16.6　基于 Simulink 的图像增强综合实例

Simulink 图像处理模块集包括多个子模块，在实际应用中，可以根据实际项目的需要，选取适当的模块对图像进行处理。下面通过实例介绍图像处理模块集对图像的综合处理。

16.6.1　图像进行旋转和增强

通过 Simulink 对图像进行旋转和增强，改善图像的显示效果，步骤如下：

1）子模块的选取。

（1）在 Sources 模块库中选择 Image From File 模块；

（2）在 Geometric Transformation 模块库中选择 Rotate 模块；

（3）在 Analysis & Enhancement 模块中选择 Contrast Adjustment 模块；

（4）在 Sinks 模块库中选择 Video Viewer 模块和 Display 模块。

2）模块参数设置。

（1）Image From File 模块的参数：在 Main 标签 Value 的文本框中输入文件 pout. tif；

（2）在 Rotate 模块中，将 Main 标签的 Angle(radians)文本框中输入 pi/2(即 90°)；

（3）在 Contrast Adjustment 模块中，在 Main 标签下的 Adjust pixel value from 下拉列表中选择 Range determined by saturating Outlier pixels。

3）仿真器参数设置。

4）建立连接，形成仿真模型，并保存结果。对图像进行旋转和增强的仿真模型如图 16-47 所示。

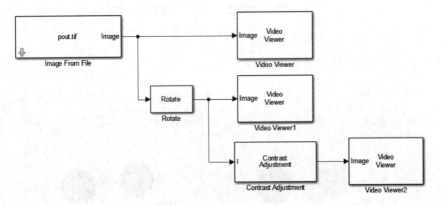

图 16-47　对图像进行旋转和增强的仿真模型

5）运行仿真系统，仿真结果如图 16-48 所示。

图 16-48　图像进行旋转和增强的仿真结果

16.6.2　图像缩小旋转及边缘检测处理

通过 Simulink 实现对图像缩小旋转及边缘检测处理，步骤如下：

1）子模块的选取。

（1）在模块库中选择 Image From File 模块；

（2）在 Geometric Transformation 模块库中选择 Resize 模块；

（3）在 Analysis & Enhancement 模块中选择 Edge Detection 模块；

（4）在 Conversions 模块库中选择 Color Space Conversion 模块；

（5）在 Sinks 模块库中选择 Video Viewer 模块和 Display 模块。

2）模块参数设置。

（1）Image From File 模块的参数：在 Main 标签 Value 的文本框中输入文件 peppers.png；

（2）在 Resize 模块中，将 Main 标签的 Resize factor in ％ 的文本框中输入[50 50]；

（3）在 Color Space Conversion 模块中，Conversion 下拉列表中选择 R'G'B' to intensity。

3）仿真器参数设置。

4）建立连接，形成仿真模型，并保存结果。图像缩小旋转及边缘检测处理的仿真模型如图 16-49 所示。

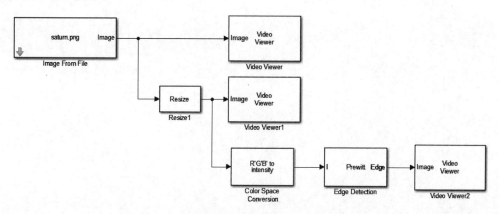

图 16-49　图像缩小旋转及边缘检测处理仿真模型

5）运行仿真系统，仿真结果如图 16-50 所示。

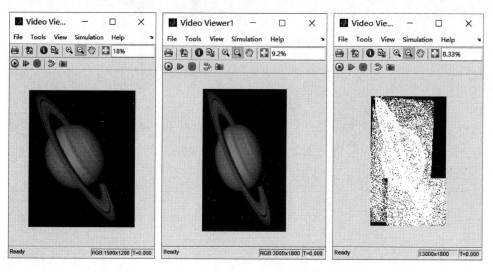

图 16-50　图像缩小旋转及边缘检测处理仿真结果

16.7 本章小结

本章详细介绍了在 Simulink 中进行图像处理的基本过程和方法,介绍了 Computer Vision System Toolbox 中各个子模块库的基本组成,包括分析和增强、转换、滤波、几何变换、形态学操作等模块库,以及接收器和输入源模块库;以静态图像为主要对象,着重讨论了图像处理模块在图像处理中的基本应用方法;最后介绍基于子模块进行图像处理的实例。

1. 仿真命令

仿真命令如附表 1 所示。

附表 1　仿真命令

MATLAB 命令	命 令 含 义	MATLAB 命令	命 令 含 义
sim	仿真运行一个 Simulink 模块	sldebug	调试一个 Simulink 模块
simset	设置仿真参数	simget	获取仿真参数

2. 线性化和整理命令

线性化和整理命令如附表 2 所示。

附表 2　线性化和整理命令

MATLAB 命令	命 令 含 义	MATLAB 命令	命 令 含 义
linmod	从连续时间系统中获取线性模型	linmod2	获取线性模型,采用高级方法
dinmod	从离散时间系统中获取线性模型	trim	为一个仿真系统寻找稳定的状态参数

3. 构建模型命令

构建模型命令如附表 3 所示。

附表 3　构建模型命令

MATLAB 命令	命 令 含 义	MATLAB 命令	命 令 含 义
open_system	打开已有的模型	close_system	关闭打开的模型或模块
new_system	创建一个新的空模型窗口	load_system	加载已有的模型并使模型不可见
save_system	保存一个打开的模型	add_block	添加一个新的模块
add_line	添加一条线(两个模块之间的连线)	delete_block	删除一个模块

MATLAB 命令	命 令 含 义	MATLAB 命令	命 令 含 义
delete_line	删除一根线	find_system	查找一个模块
hilite_system	使一个模块醒目显示	replace_block	用一个新模块代替已有的模块
set_param	为模型或模块设置参数	get_param	获取模块或模型的参数
add_param	为一个模型添加用户自定义的字符串参数	delete_param	从一个模型中删除一个用户自定义的参数
bdclose	关闭一个 Simulink 窗口	bdroot	根层次下的模块名字
gcb	获取当前模块的名字	gcbh	获取当前模块的句柄
gcs	获取当前系统的名字	getfullname	获取一个模块的完全路径名
slupdate	将 1.x 的模块升级为 3.x 的模块	addterms	为未连接的端口添加 Terminators 模块
boolean	将数值数组转化为布尔值	slhelp	Simulink 的用户向导或者模块帮助

4. 封装命令

封装命令如附表 4 所示。

附表 4 封装命令

MATLAB 命令	命 令 含 义	MATLAB 命令	命 令 含 义
hasmask	检查已有模块是否封装	hasmaskdlg	检查已有模块是否有封装的对话框
hasmaskicon	检查已有模块是否有封装的图标	iconedit	使用 ginput 函数来设计模块图标
maskpopups	返回并改变封装模块的弹出菜单项	movemask	重建内置封装模块为封装的子模块

5. 库命令

库命令如附表 5 所示。

附表 5 库命令

MATLAB 命令	命 令 含 义
libinfo	从系统中得到库信息

6. 诊断命令

诊断命令如附表 6 所示。

附表 6 诊断命令

MATLAB 命令	命 令 含 义	MATLAB 命令	命 令 含 义
sllastdiagnostic	上一次诊断信息	sllasterror	上一次错误信息
sllastwarning	上一次警告信息	sldiagnostics	为一个模型获取模块的数目和编译状态

7. 硬拷贝和打印命令

硬拷贝和打印命令如附表 7 所示。

附表 7　硬拷贝和打印命令

MATLAB 命令	命 令 含 义	MATLAB 命令	命 令 含 义
frameedit	编辑打印画面	print	将 Simulink 系统打印成图片，或将图片保存为 m 文件
printopt	打印机默认设置	orient	设置纸张的方向

8. Sources 库中的模块

Sources 库中的模块如附表 8 所示。

附表 8　Sources 库中的模块

模 块 名 称	作 用	模 块 名 称	作 用
Band-Limited White Noise	给连续系统引入白噪声	Chirp Signal	产生一个频率递增的正弦波(线性调频信号)
Clock	显示并提供仿真时间	Constant	生成一个常量值
Counter Free-Running	自运行计数器，计数溢出时自动清零	Counter Limited	有限计数器，可自定义计数上限
Digital Clock	生成有给定采样间隔的仿真时间	From File	从文件读取数据
From Workspace	从工作空间中定义的矩阵中读取数据	Ground	地线，提供零电平
Pulse Generator	生成有规则间隔的脉冲	In1	提供一个输入端口
Ramp	生成一个连续递增或递减的信号	Random Number	生成正态分布的随机数
Repeating Sequence	生成一个重复的任意信号	Repeating Sequence Interpolated	生成一个重复的任意信号，可以插值
Repeating Sequence Stair	生成一个重复的任意信号，输出的是离散值	Signal Builder	带界面交互的波形设计
Signal Generator	生成变化的波形	Sine Wave	生成正弦波
Step	生成一个阶跃函数	Uniform Random Number	生成均匀分布的随机数

9. Sinks 库中的模块

Sinks 库中的模块如附表 9 所示。

附表 9　Sinks 库中的模块

模块名称	作 用	模块名称	作 用
Display	显示输入的值	Floating Scope	显示仿真期间产生的信号，浮点格式

模 块 名 称	作　　用	模 块 名 称	作　　用
Out1	提供一个输出端口	Scope	显示仿真期间产生的信号
Stop Simulation	当输入非零时停止仿真	Terminator	终止没有连接的输出端口
To File	向文件中写数据	To Workspace	向工作空间中的矩阵写入数据
XY Graph	使用 MATLAB 的图形窗口显示信号的 X-Y 图		

10. Discrete 库中的模块

Discrete 库中的模块如附表 10 所示。

附表 10　Discrete 库中的模块

模 块 名 称	作　　用	模 块 名 称	作　　用
Difference	差分器	Difference Derivative	计算离散时间导数
Discrete Filter	实现 IIR 和 FIR 滤波器	Discrete State-Space	实现用离散状态方程描述的系统
Discrete Transfer Fcn	实现离散传递函数	Discrete Zero-Pole	实现以零极点形式描述的离散传递函数
Discrete-time Integrator	执行信号的离散时间积分	First-Order Hold	实现一阶采样保持
Integer Delay	将信号延迟多个采样周期	Memory	从前一时间步输出模块的输入
Tapped Delay	延迟 N 个周期,然后输出所有延迟数据	Transfer Fcn First Order	离散时间传递函数
Transfer Fcn Lead or Lag	超前或滞后传递函数,主要由零极点数目决定	Transfer Fcn Real Zero	有实数零点,没有极点的传递函数
Unit Delay	将信号延迟一个采样周期	Weighted Moving Average	加权平均
Zero-Order Hold	零阶保持		

11. Continuous 库中的模块

Continuous 库中的模块如附表 11 所示。

附表 11　Continuous 库中的模块

模 块 名 称	作　　用	模 块 名 称	作　　用
Derivative	输入对时间的导数	Integrator	对信号进行积分
State-Space	实现线性状态空间系统	Transfer Fcn	实现线性传递函数
Transfer Delay	以给定的时间量延迟输入	Variable Transfer Delay	以可变的时间量延迟输入
Zero-Pole	实现用零极点形式表示的传递函数		

12. Discontinuities 库中的模块

Discontinuities 库中的模块如附表 12 所示。

附表 12　Discontinuities 库中的模块

模块名称	作　用	模块名称	作　用
Backlash	模拟有间隙系统的行为	Coulomb & Viscous Friction	模拟在零点处不连续，在其他地方有线性增益的系统
Dead Zone	提供输出为零的区域	Dead Zone Dynamic	动态提供输出为零的区域
Hit Crossing	检测信号上升沿、下降沿以及与指定值的比较结果，输出 0 或 1	Quantizer	以指定的间隔离散化输入
Rate Limiter	限制信号的变化速度	Relay	在两个常数中选出一个作为输出
Saturation	限制信号的变化范围	Saturation Dynamic	动态限制信号的变化范围
Wrap to Zero	若输入大于门限则输出 0，小于门限则直接输出		

13. Math 库中的模块

Math 库中的模块如附表 13 所示。

附表 13　Math 库中的模块

模块名称	作　用	模块名称	作　用
Abs	输出输入的绝对值	Add	对信号进行加法或减法运算
Algebraic Constant	将输入信号抑制为零	Assignment	赋值
Bias	给输入加入偏移量	Complex to Magnitude-Angle	输出复数输入信号的相角和幅值
Complex to Real-Imag	输出复数输入信号的实部和虚部	Divide	对信号进行乘法或除法运算
Dot Product	产生点积	Gain	将模块的输入乘以一个数值
Magnitude-Angle to Complex	由相角和幅值输入输出一个复数信号	Matrix Concatenation	矩阵串联
MinMax	输出信号的最小或最大值	Min Max Running Resettable	输出信号的最小或最大值，带复位功能
Polynomial	计算多项式的值	Product	产生模块各输入的简积或商
Product of Elements	产生模块各输入的简积或商	Real-Imag to Complex	由实部和虚部输入输出复数信号

续表

模 块 名 称	作　用	模 块 名 称	作　用
Reshape	改变矩阵或向量的维数	Rounding Function	执行圆整函数
Sign	指明输入的符号	Sine Wave Function	输出正弦信号
Slider Gain	使用滑动器改变标量增益	Subtract	对信号进行加法或减法运算
Sum of Elements	生成输入的和	Trigonometric Function	执行三角函数
Unary Minus	对输入取反		

14. 非线性模块

非线性模块如附表14所示。

附表 14　非线性模块

模 块 名 称	作　用	模 块 名 称	作　用
Saturation	饱和输出,让输出超过某一值时能够饱和	Relay	滞环比较器,限制输出值在某一范围内变化
Switch	开关选择,当第二个输入端大于临界值时,输出由第一个输入端而来,否则输出由第三个输入端而来	Manual Switch	手动选择开关

15. 信号和系统模块

信号和系统模块如附表15所示。

附表 15　信号和系统模块

模 块 名 称	作　用	模 块 名 称	作　用
In1	输入端	Out1	输出端
Mux	将多个单一输入转化为一个复合输出	Demux	将一个复合输入转化为多个单一输出
Ground	连接到没有连接到的输入端	Terminator	连接到没有连接到的输出端
SubSystem	建立新的封装(Mask)功能模块		

16. 接收器模块

接收器模块如附表16所示。

附表 16　接收器模块

模 块 名 称	作　用	模 块 名 称	作　用
Scope	示波器	XY Graph	显示二维图形
To Workspace	将输出写入 MATLAB 的工作空间	To File(.mat)	将输出写入数据文件

参 考 文 献

[1] 高飞.MATLAB智能算法超级学习手册[M].北京：人民邮电出版社,2014.

[2] 王亮,冯国臣,王兵团.基于MATLAB的线性代数实用教程[M].北京：科学出版社,2008.

[3] 吴受章.最优控制理论与应用[M].北京：机械工业出版社,2008.

[4] 刘豹.现代控制理论[M].北京：机械工业出版社,2000.

[5] 徐国林,杨世勇.单级倒立摆系统的仿真研究[J].四川大学学报(自然科学版),2007,44(5).

[6] 黄丹等.基于LQR最优调节器的倒立摆控制系统[J].微计算机信息,2004,2.

[7] 陈杰,辛斌,窦丽华.关于智能优化方法的集聚性与弥散性问题[J].智能系统学报,2007.

[8] 余胜威,曹中清.基于人群搜索算法的PID控制器参数优化[J].计算机仿真,2013.

[9] 刘金琨.先进PID控制MATLAB仿真(第3版)[M].北京：电子工业出版社,2011.

[10] 江维.微粒群算法理论研究及其在PID参数优化中的研究[D].武汉：武汉工程大学,2010.4.

[11] 戴朝华.搜寻者优化算法及其运用研究[D].成都：西南交通大学,2009.2.

[12] 郑智琴.Simulink电子通信仿真与应用[M].北京：国防工业出版社,2002.

[13] 李建新.现代通信系统分析与仿真——MATLAB通信工具箱[M].西安：西安电子科技大学出版社,2000.

[14] 王正林.MATLAB/Simulink与控制系统仿真[M].北京：电子工业出版社,2012.